U0296629

国家科学技术学术著作出版基金资助出版

现代物理基础丛书·典藏版

同步辐射光源及其应用

（下册）

麦振洪 等 著

科学出版社

北 京

内 容 简 介

本书是由国内三个同步辐射装置第一线的 40 多名业务骨干共同编纂而成. 全面介绍同步辐射的产生、性质、加速器、光束线和实验方法、数据分析、应用实例以及国际发展趋势. 全书共分 19 章: 前 4 章介绍同步辐射装置, 主要包括同步辐射源、同步辐射产生原理、同步辐射装置光路和同步辐射探测器. 第 5~19 章介绍同步辐射实验方法, 主要包括国内三个同步辐射装置目前已有的部分光束线站、实验方法及应用实例. 本书力图理论联系实际、深入浅出, 而又不失其先进性、实用性和普适性, 既有基础理论、基本原理深入浅出的介绍, 也有实验装置和翔实的应用实例.

本书可供从事材料科学、生命科学、环境科学、物理学、化学、医药学、地质学等学科领域的高等院校和科研院所的教师、科研人员和工程技术人员以及研究生参考, 也可供从事同步辐射应用专业人员和各实验站管理人员参阅, 尤其适合那些计划到同步辐射实验站进行实验的研究人员阅读和参考.

图书在版编目(CIP)数据

同步辐射光源及其应用. 下册/麦振洪等著. —北京: 科学出版社, 2013
(现代物理基础丛书·典藏版)
ISBN 978-7-03-036534-7

I. ①同… II. ①麦… III. ①同步辐射-加速器 IV. ①TL54

中国版本图书馆 CIP 数据核字(2013) 第 016598 号

责任编辑: 刘凤娟 尹彦芳/责任校对: 包志虹
责任印制: 吴兆东/封面设计: 陈 敬

科学出版社 出版
北京东黄城根北街 16 号
邮政编码: 100717
http://www.sciencep.com
北京凌奇印刷有限责任公司印刷
科学出版社发行 各地新华书店经销
*
2013 年 3 月第一版 开本: 720 × 1000 1/16
2024 年 4 月印 刷 印张: 27 3/4
字数: 521000
定价: 128.00 元
(如有印装质量问题, 我社负责调换)

序

1947 年, 位于美国纽约州 Schenectady 的通用电气实验室 (GE Lab) 在调试新建成的一台 70MeV 电子同步加速器时, 看到一种强烈的光辐射, 从此这种辐射便被称为 "同步加速器辐射"(synchrotron radiation), 在中国的文献中简称其为 "同步辐射". 同步辐射是速度接近光速的带电粒子在磁场中做变速运动时放出的电磁辐射, 一些理论物理学家早些时候曾经预言过这种辐射的存在. 这些预言, 大多是针对其负面效应而作的. 以加速电子为例, 建造加速器令电子在其中运行, 通过磁场增加电子的速度, 从而得到高能量, 视为正面效应; 然而在加速器中转圈运行的电子一定要放出辐射, 从而丢失能量, 视为负面效应. 得失的平衡, 给出加速器提速的限制. 纵观当年与加速器有关的研究论文题目, 大多冠以 "论感应电子加速器的能量获得极限" 之类的标题, 还推算出这个极限是 500MeV. 好在没过多久, 苏联和美国加速器物理学家 Veksler 和 McMillan 先后独立提出了新的同步加速器原理, 总算突破了这个 "限速关". 通用电气实验室建造的那台电子同步加速器, 就是美国人为了检验新原理而建造的.

同步辐射是加速器物理学家发现的, 但最初它并不受欢迎, 因为建造加速器的目的在于使粒子得到更高的能量, 而它却把粒子获得的能量以更高的速率辐射掉 (电子每绕加速器一圈辐射掉的能量 $\propto E^4$, 能量越高的电子辐射损失越快), 它只作为一种不可避免的现实被加速器物理学家和高能物理学家接受. 不过固体物理学家对这种辐射相当感兴趣, 即使在发现同步辐射的早期, 已经有人在构思它在非核物理中可能的重要应用, 但真正恢复名誉还要再等十年.

1956 年, Tamboulian 与 Hartman 对康奈尔大学的 300MeV 电子同步加速器产生的同步辐射性质进行了研究, 如同理论所预期, 该加速器发出的同步辐射最丰富的光谱范围在真空紫外 (VUV) 光波段, 对光谱及角分布的实验测量结果与理论预期完全吻合, 他们还测量了同步辐射在铍及铝上的吸收谱, 测得 Be-K 及 Al-L$_{2,3}$ 的不连续谱线. 他们的工作是同步辐射早期应用的先行性工作之一. 也就在这个时候, 在莫斯科 Lebedev 研究所的 250MeV 加速器上也开展了类似的先行性工作.

1961 年, Madden 和 Codling 沿华盛顿美国国家标准局 (NBS) 的 180MeV 电子同步加速器中一处电子轨道的切线方向引出了同步辐射, 以研究它作为真空紫外波段标准光源的可行性, 并首次用它来进行原子光谱学的研究. 结果表明, 辐射性质完全与理论计算相符, 完全可以作为标准 VUV 光源. 他们把辐射中最为丰富的真空紫外连续光谱部分 (16.5~27.5nm) 作为连续背景源用于氦的吸收谱研究, 观

察到许多此前没有观测到的自电离态, 它们都是处在比氢的第一激发限 (24.6eV)
高 35eV 之上、由双电子同时激发的态, 它们与附近的连续态相互作用的结果是寿
命非常短, 只能用同步辐射作为光源才能得到它们的吸收谱, 可见此加速器是一个
理想的 VUV 光源. 他们的实验结果澄清了关于氦原子双电子激发理论计算的分
歧, 并证实了近十年前中国物理学家吴大猷和马仕俊在这方面理论工作的正确性.
Madden 和 Codling 的工作被认为是走向系统应用同步辐射的巨大推动, 直至今日,
这些惰性气体内壳层双电子激发态仍然是研究电子–电子关联的重要实验手段.

大概也就在这个时候, 一组日本物理学家应用东京大学原子核研究所的 750 MeV
电子同步加速器在软 X 射线 (SX) 区域的辐射作为连续背景, 进行 KCl 和 NaCl 的
Cl-L$_{2,3}$ 吸收谱研究, 在氯的 2p 电子激发阈附近观察到由芯激子形成而产生的尖锐
吸收谱线. 他们还得到一系列金属和合金 (Be、Al、Sb、Bi、Al-Mg) 的软 X 射线波
段的吸收谱. 他们的工作是同步辐射应用于固体物理研究的开端.

受到这些先行性工作的鼓舞, 人们在世界各地的电子同步加速器上, 尝试进行
了大量 VUV-SX 波段的吸收谱学实验研究, 得到许多令人振奋的结果, 而且把这种
方法, 迅速应用到物理和化学与原子、分子、固体等许多有关的领域中. 直到今天,
同步辐射仍然是在真空紫外至软 X 射线波段最强的连续光源. 由于早期的电子同
步加速器的能量较低, 由加速器弯转磁铁产生的同步辐射的实用波长限于 VUV-SX
范围, 较高通量的同步辐射 X 射线的产生要等到能量为几个吉电子伏量级的电子
加速器建成之后才谈得到. 1965 年德国汉堡的 5GeV 电子同步加速器 (DESY) 建
成, 那时人们认为对 DESY 提供的 X 射线波段同步辐射的性质与理论预言完全一
致是理所当然的, 从此在较高能量的加速器上使用 X 射线波段同步辐射的研究也
就开始了.

这样, 从 20 世纪 60 年代中叶开始, 在世界各地能量较高的电子同步加速器上
普遍地开展了同步辐射的应用研究的第一波热潮. 同步辐射的优异性质, 使分处在
十分广泛领域中的众多科技工作者看到一个巨大的机会, 越来越多的研究人员成为
使用同步辐射进行他们本学科研究的用户. 由于这些研究都是在电子同步加速器
进行高能物理实验时一种不可避免的负面产物的应用, 所以有相当一段时间被称为
寄生 (parasitic) 应用, 加速器的这种产生同步辐射的运行模式也就称为寄生模式,
从字面就可以知道, 此称谓是不无贬义的. 后来人们把这些在做高能物理实验时引
出同步辐射以供用户应用的加速器称为第一代同步辐射光源.

把同步辐射应用推向一个新阶段的事件是在 20 世纪 60 年代储存环的建成.
储存环本来是为高能物理研究而发展起来的设备, 传统的高能物理实验通过用加速
到高能量的粒子轰击固定靶来产生新粒子和探索微观世界的新现象, 但是这种实验
模式在能量方面看是低效的, 因为只有入射粒子和靶粒子二者质心系的能量才是它
们相互作用的有效能量, 对于质量为 m 的静止靶粒子, 虽然入射粒子被加速到很

高的能量 E, 但在质心系中发生碰撞的系统能量 $\propto (mE)^{1/2}$, 即有用能量只占加速器达到的能量 E 的小部分. 1956 年 Kerst 等以及 O'Neill 建议用具有高能量的入射粒子束和靶粒子束的对撞来克服这个缺点. 这种想法的可行性在 20 世纪 60 年代初随着储存环的建成得到证实, 从此, 对撞机在高能物理实验中开辟了一个新方向, 发挥了十分重大的作用. 储存环的出现, 也迅速引起了在广大科学技术领域中为数众多使用同步辐射的研究群体的注意, 它提供的相当稳定的电子束流、在各个频段上可调可控的同步光谱分布以及超高真空的工作环境, 使人们看到一个十分有利的、推进他们的科研应用的先进光源 —— 专用同步辐射光源的前景.

随着在日本东京大学第一个专为产生同步辐射用的 400MeV 储存环的建成, 推动了在世界各地新一轮建造专用同步光源、成立同步辐射应用中心的热潮. 这些新中心的储存环或是由退役的高能加速器改造而成, 或者索性就是从头开始, 为优化同步辐射的产生和实验特点而设计和建造的. 从加速器的观点看来, 优化光源当时最重大的进展是 1976 年提出的以低电子束发射度得到高同步光亮度的磁铁聚焦结构 (chasman-green lattice). 这些同步辐射中心的建成标志着同步辐射专用运行时代的到来. 它们被称为专用同步辐射设施, 或第二代同步辐射设施, 而把依附于高能物理实验运行的寄生运行的设施称为第一代同步辐射设施, 它们大多建于 1965~1975 年, 而第二代同步辐射设施则大多建于 1975~1990 年. 这个潮流的出现, 有两个突出的背景: 一是同步辐射用户群在各个学科领域中的迅速成长, 他们对机时的要求很快就超出在高能物理中心里 "寄生" 运行的设施所能提供的能力; 二是同步辐射先进手段的迅速普及, 其用户来自空前广泛的科技领域, 从理工科的基础研究到应用研究部门, 甚至到工业的研发及质控部门, 其影响之大在当代大科学装置中是首屈一指的. 如此广泛众多的应用群体的参加, 使它很快就成为多学科融合与相互渗透的大平台, 这正是适应当代科技发展规律所要求的, 故很快就为各发达国家科技规划部门所认识, 予以大力支持. 许多第二代光源建造在已有的国立研究中心近旁, 如美国 Brookhaven 的国立同步光源 (NSLS)、英国 Daresbury 的同步辐射光源 (SRS)、日本筑波的光子工厂 (PF) 等.

逐渐地, 即使在第一代光源上, 和高能物理学家一同使用加速器中同步辐射产物的群体, 在人数和领域广度都超过前者, "寄生" 一词更显不妥, 于是有人采用了 "共生"(symbiotic) 一词. 这两个词都来自生物学, 当初引用 "寄生" 一词的人对 20 年后同步辐射装置上发展出今日的局面想有始料不及之感吧.

第二代光源发展的同时, 插入件磁铁的研制有着重大的进展. 所谓插入件磁铁, 简称插入件, 是一些极性在空间有周期性变化的磁体组件, 这些组件装置在存储环的直线段中, 电子在经过时走的路径是与磁场垂直的正弦形轨迹, 只要在直线段中插入件的磁场积分为零, 在该直线段之外电子的理想轨道将不受到影响. 插入件技术的发展及应用, 使同步辐射光源的发射度可以建造得非常小, 不但得到束流长期稳定、亮度十分高的同步光, 而且在偏振、相干性方面都有很优越的品质. 从 20 世经 90 年代开始出现了新一代大量使用插入件的新光源 —— 第三代光源, 如在 Grenoble 的欧洲同步辐射光源就装置了三十几条插入件光束线, 在日本的 Spring-8 同步辐射光源装置了近 40 条插入件光束线. 到 90 年代中期, 全世界已建和在建的同步辐射中心约有 55 个, 十多年过去, 还是差不多这个数目, 这是因为退役与改造、新建的装置数目大致达到平衡. 这些中心的地理分布集中在欧洲、亚洲及北美洲. 在中国现在共有四个: 1991 年开始运行的北京光源 (BSRF) 属第一代同步辐射光源; 1992 年开始运行的合肥光源 (NSRL) 属第二代同步辐射光源; 1994 年开始运行的台湾光源 (SRRC) 以及 2007 年开始运行的上海光源 (SSRF) 属第三代同步辐射光源.

自同步辐射面世以来, 同步辐射中心一直有着用户群体急剧增加、工作领域迅速开拓的特色. 一方面, 同步辐射平台的先进手段帮助用户开拓新的工作前沿; 另一方面, 用户专家又对平台在光源品质、实验方法、束线更新等发展提出方向与要求, 促进平台工作能力的提高. 这两个方面, 都是以很高的速度进行的. 因此, 本书在这两个方面兼具检索性与引导性的、由用户专家与光源装置专家密切合作共同撰写的, 这是一件具有高度战略意义的事. 首先, 它将帮助众多在本领域中的高手掌握这种先进的手段用于他们从事的研究, 因而有着可贵的参考价值; 其次, 对于有志进入同步辐射应用领域的年轻人来说, 它将带引他们穿过浩如烟海的文献, 尽快进入这个领域; 另外, 总结用户就同步辐射平台在装置 (instrumentation) 与方法学 (methodology) 上的需求建议, 将更有力促进平台在诞生之日起就不断发展与创新.

我谨向该书的编者与全体作者致深挚的敬意.

冼鼎昌

中国科学院高能物理研究所

2011 年 1 月 20 日

前 言

1895 年 11 月 8 日德国科学家伦琴 (Röntgen) 发现 X 射线, 开创了科学技术的新纪元. 不久, Larmor、Lienard 和 Schott 等的出色工作, 奠定了加速运动带电粒子电磁辐射的经典理论基础. 他们的研究是在电子发现之后, 但大大超前于粒子加速器的发展. 粒子加速器的研究开始于 20 世纪 20 年代, 但发展缓慢. 直至 20 世纪四五十年代, 物理学家应用同步加速器产生高能带电粒子, 并应用磁场把带电粒子限制在环形轨道内运动. 对于基本粒子物理实验所需要的高能量, 对撞前带电粒子的速度接近光速. 带电粒子加速期间, 能量损失的主要原因是电磁辐射, 因此, 40 年代同步辐射被认为是限制加速器达到高能量的主要障碍.

1947 年 Elder 等在美国通用电气实验室的 70MeV 电子同步加速器上观察和研究了同步辐射的性质, 标志着一种新的光源时代开始. 20 世纪 50 年代苏联和美国的科学家都进行了大量实验, 并与理论计算进行比较, 60 年代初开始了同步辐射应用可行性的研究, 很快同步辐射的应用进入了实用阶段.

同步辐射是指以接近光速运动的电子在磁场中做曲线运动时在切线方向发射出的电磁辐射. 由于这种辐射是在同步加速器上被发现的, 因而被命名为 "同步加速器辐射"(synchrotron radiation), 在中国简称为 "同步辐射". 理论和实验结果表明, 同步辐射光源具有许多常规光源不具备的异常优越的特征, 如宽的频谱范围、高光谱亮度、高光子通量、高准直性、高偏振性以及具有脉冲时间结构等. 同步辐射光源的应用给科学技术发展提供了新的实验平台和新的途径. 一些常规光源认为不可能做的实验成为可能, 已经成为材料科学、生命科学、环境科学、物理学、化学、医药学、地质学等学科领域的基础和应用研究的一种最先进的、不可替代的工具, 并且在电子工业、医药工业、石油化工、生物工程和微纳加工等领域具有重要而广泛的应用. 现在同步辐射应用已被广泛认为是几乎所有学科不可缺少的分析工具, 有力地促进和推动科学技术的各个领域的发展, 成为当今最重要的光源之一.

20 世纪 60 年代开始, 发达国家逐步开展同步辐射的应用研究. 同步辐射光源的理论和技术日趋成熟和完善, 在科学技术研究领域显示出巨大威力. 随着科学研究的不断深入以及同步辐射技术和实验方法的发展和应用范围的不断开拓, 对同步辐射光源的要求也不断提高, 从 60 年代到目前, 同步辐射光源的发展已经历了三代, 并正在探索第四代光源. 第一代同步辐射光源 "寄生" 于高能物理实验用的电子储存环. 随着同步辐射光的巨大利用前景和需求的显现, 70 年代初, 专门用来产生同步辐射光的第二代同步辐射光源应运而生. 90 年代出现的第三代同步辐射则是在此基础上实现低发射度电子储存, 并主要利用插入件来产生低发射度、高亮度的同步辐射, 其最高亮度与第二代同步辐射光源相比可提高上千倍.

迄今为止, 国际上已有 60 多台同步辐射光源投入运行, 正在建造和设计中的同步辐射光源有 10 多台. 我国政府对同步辐射装置的发展给予高度的重视和支持, 发展尤堪称道, 从无到有, 从涉足到深入, 从仅求 "占有一席之地" 到足以展现世界同类光源的先进水平. 目前, 我国有四个同步辐射装置: 北京正负电子对撞机国家实验室 (BEPC) 的同步辐射装置 (BSRF) 于 1988 年建成、出光 (第一代同步辐射光源); 合肥国家同步辐射实验室 (NSRL) 于 1989 年建成、出光 (第二代同步辐射光源); 中国台湾同步辐射装置 (SRRC) 于 1991 年建成、出光 (第三代同步辐射光源); 上海光源 (SSRF) 于 2007 年 12 月 24 日出光, 并投入运行 (第三代同步辐射光源). 更为可喜的是, 上海光源的一期建设的光束线和实验站已经取得一批重要的科学成果, 二期线站建设方案已获国家批准; 北京光源也已经完成改造, 能量达 2.5GeV, 并兴建了一些新的线站. 新的、更为先进的第三代北京先进光源预研即将启动; 合肥光源也已经启动新一轮升级, 计划改造成更加先进的光源; 中国台湾新的第三代光源正在建造. 可以肯定, 高速发展的中国同步辐射装置群对中国科学技术和国民经济的发展将起巨大作用.

本书是由国内三个同步辐射装置第一线的 40 多名业务骨干共同编纂而成. 全面介绍同步辐射的产生、性质、加速器、光束线和实验方法、数据分析、应用实例以及国际发展趋势. 既有基础理论、基本原理深入浅出的介绍, 也有实验装置和翔实的应用实例. 力图理论联系实验、深入浅出, 而又不失其先进性、实用性和普适性, 全书共分 19 章.

第 1~4 章介绍同步辐射装置, 主要包括同步辐射源、同步辐射原理、同步辐射光线束和同步辐射探测器. 使读者对同步辐射装置的结构、同步辐射的特性、同步辐射装置的国内外现状以及同步辐射与物质相互作用有初步的了解.

第 5~19 章介绍同步辐射实验方法, 主要包括中国内地三个同步辐射装置目前已有的部分光束线站、实验方法及应用实例. 除了总结作者和用户在研究中解决该领域前沿问题的实例外, 还尽量收集近年来国内外相关的重要结果, 以供读者参考. 使读者初步掌握研究所需要的实验条件、实验装置配置、实验数据处理分析以及国际研究动态等.

同步辐射装置是多学科的实验平台, 涉及的学科内容很广. 本书仅集中介绍同步辐射装置的特性、实验方法及应用实例. 由于各学科都有本学科的专业术语和英文符号, 为了尊重各学科的特点和习惯, 在本书撰写中, 我们保留了各学科惯用的英文符号和定义, 以便于专业读者的阅读.

本书可供从事材料科学、生命科学、环境科学、物理学、化学、医药学、地质学等学科领域的高等院校和科研院所的教师、科研人员和工程技术人员以及研究生应用同步辐射装置实验站参考, 也可供从事同步辐射应用专业人员和各实验站管理人员参阅, 尤其适合那些计划到同步辐射实验站进行实验的研究人员阅读和参考. 同时, 也可作为高等院校和研究院所相关专业的研究生的参考书.

本书承蒙冼鼎昌院士的大力支持, 并撰写序言, 各章撰写人如下:

(上册)

第 1 章　同步辐射源　刘祖平

第 2 章　同步辐射原理　刘祖平、高琛

第 3 章　同步辐射光束线　乔山

第 4 章　同步辐射探测器　刘鹏、黎忠

第 5 章　同步辐射 X 射线衍射、异常衍射　麦振洪、吴忠华、潘国强、贾全杰

第 6 章　同步辐射 X 射线反射、散射　麦振洪、潘国强、贾全杰、李明

第 7 章　同步辐射小角 X 射线散射　董宝中

第 8 章　同步辐射 X 射线生物大分子结构分析　董宇辉　高增强

第 9 章　同步辐射 X 射线吸收谱精细结构　韦世强、孙治湖、李媛媛、吴自玉、潘志云、闫文盛、谢亚宁、胡天斗

第 10 章　同步辐射 X 射线荧光分析　黄宇营、魏向军

第 11 章　同步辐射光电发射技术　徐彭寿、奎热西·依布拉欣、徐法强、朱俊发

(下册)

第 12 章　同步辐射角分辨光电子能谱　周兴江、刘国东、孟建桥、赵林

第 13 章　同步辐射 X 射线成像　朱佩平、吴自玉、肖体乔、田扬超、余笑寒、储旺盛、李恩荣、洪友丽

第 14 章　同步辐射软 X 射线显微术　邰仁忠、陈敏、许子健

第 15 章　同步辐射材料结构分析高压技术　刘景

第 16 章　真空紫外光电离质谱技术　齐飞

第 17 章　同步辐射 X 射线磁圆二色　闫文盛、郭玉献、李红红、王劼

第 18 章　同步辐射紫外圆二色光谱　张国斌、陶冶

第 19 章　同步辐射微纳加工技术　刘刚、吴衍青

在编写过程中得到北京同步辐射装置、合肥国家同步辐射实验室和上海光源领导的大力支持; 吴自勤教授对本书的书名、章节内容以及编写提纲都提出了宝贵的建议. 李晨曦研究员与作者进行了有益的讨论, 并对第 5 章提出了宝贵建议. 不少工作人员和研究生提供了有关研究结果, 参与了书稿资料收集、图表制作, 对本书的出版起了重要作用. 科学出版社焉德平编审对本书出版给予了大力的支持. 此外, 本书得以顺利出版, 与国家科学技术学术著作出版基金委员会的及时资助分不开. 在此, 对他们表示衷心的感谢.

　　由于参加撰写的人较多, 大家一起合作殊为不易, 各人的文风颇为不同, 故各章内容编排、叙述手法有所差别. 另外原计划还有一章 "真空紫外—软 X 射线波段辐射计量标准与标定方法研究", 因作者实在无暇撰写, 本书只好暂缺.

　　同步辐射光源及其实验技术发展很快, 应写的内容日新月异, 层出不穷, 异常丰富. 书籍的成书周期比较长, 必须有一个资料收集的截止时间. 这正如一条奔腾向前的河流, 任何凝固在纸面上的东西至多反映它的一个截面. 加之, 作者学识水平的限制, 本书内容虽涉及很广, 但仍不能对当今同步辐射装置及其发展作完整的概述, 疏漏之处在所难免, 敬请读者不吝指正.

麦振洪

2011 年 1 月 20 日

目 录

上　册

第 12 章　同步辐射角分辨光电子能谱

先进材料, 包括关联电子系统和复杂材料、磁性材料和自旋电子学材料、纳米结构和纳米材料等, 是现代凝聚态物理领域异常活跃的前沿课题研究材料. 一方面, 这些材料的应用将直接在能源、信息技术和环境等与国计民生密切相关的领域产生巨大影响, 如对新兴的自旋电子学的研究, 将对研发新一代的信息技术具有至关重要的意义; 另一方面, 这些新材料和新的物理现象本身也为新的科学突破提供了契机, 如在强关联电子系统中, 因为电子–电子的强相互作用, 尤其是电荷、自旋、轨道以及晶格之间的相互关联 (图 12.1), 导致一系列奇异的量子现象[1], 如铜氧化合物中的高温超导电性、锰氧化合物中的庞磁电阻特性等. 这些新奇的量子现象对传统的理论提出了挑战, 超越传统固体理论的新的理论亟待建立. 尽管高温超导电性自从发现已被研究了二十多年, 但导致高温超导的机理目前仍不清楚, 成为凝聚态物理研究中的最重要物理问题之一.

光电子能谱技术正是研究高温超导体等先进材料微观电子结构的最直接和最有力的实验手段. 由于任何材料的宏观物理性质都由其微观的电子运动过程所支配, 所以要了解、控制和利用先进材料中众多的新奇物理现象, 就必须首先研究它们的电子结构. 众所周知, 如果要完全描述材料中电子的状态, 需要获得三个基本的参量: 能量 (E)、动量 (k) 和自旋 (s). 光电子能谱技术能够对这些参量进行直接的测量, 所以它在强关联电子体系和其他先进材料的研究及理论发展中处于非常突出的地位. 美国能源部 2006 年的研究报告《和超导相关的基础科学》[2] 中选出的几个和超导物理研究相关的关键实验手段中, 角分辨光电子能谱技术 (angle-resolved photoemission spectroscopy, ARPES) 就名列前茅.

正因为如此, 光电子能谱技术受到广泛的重视, 在过去二十多年中更是取得突飞猛进的发展. 一方面, 这得益于光源的不断改善, 特别是一批先进的第三代同步辐射光源的投入使用, 使得光源的强度和分辨率得到显著的提升. 新的紫外激光光源的使用, 为提升光电子能谱技术提供了一个新的途径. 另一方面, 先进的电子探测技术的引入, 大大提高了光电子能谱的分辨率和探测效率, 在光电子能谱技术的发展中起着关键的作用. 光电子能谱技术的进展, 其原动力在于科学研究的需要, 归根结底是一些深刻的科学问题, 对实验技术的精度不断提出新要求. 而实验手段的每一次显著改进, 又会导致新现象的发现. 这种仪器的发展和科学的深入两者相互依存, 彼此促进的关系, 在光电子能谱技术中的表现尤为明显.

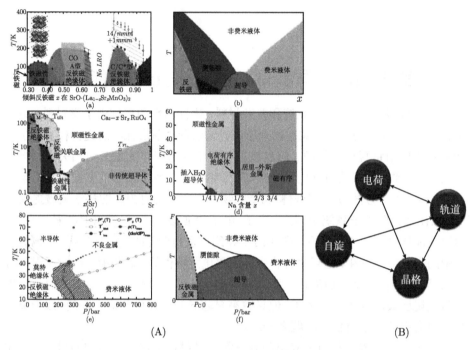

图 12.1　强关联体系中的丰富的物理内容[1]

(A) 分别为双层锰氧化合物的相图 (a)、铜氧化合物高温超导体的相图(b)、钌氧化合物 $(Ca_{2-x}Sr_x)RuO_4$ 的相图 (c)、钠钴氧化合物 Na_xCoO_2 的相图(d)、有机化合物相图 (e) 和重费米子材料相图 (f). (B) 这些丰富的相图与这些体系中电荷、自旋、轨道以及晶格之间相互作用密切相关 $(1bar=10^5Pa)$

　　本章将简明扼要地阐述角分辨光电子能谱技术的基本原理、最新进展, 以及在科学研究中的应用, 以便读者对这个领域的现状和发展趋势有一个比较全面的了解. 本章共分为五个大部分. 第一部分简要阐述角分辨光电子能谱的工作原理, 内容包括该技术所涉及的基本原理、基本功能、主要特点, 以及技术本身的新进展; 第二部分介绍实验装置, 分为四个部分 (光源、电子能量分析仪、超高真空系统和温度可控样品转角系统) 分别做了阐述, 特别注重阐述仪器的最新发展; 在第三部分的理论描述部分, 重点阐述了单步模型、三步模型、突发近似以及单粒子谱函数的格林函数描述的基本精神; 为帮助刚进入该领域的学生和研究人员尽快熟悉角分辨光电子能谱实验中的数据处理问题, 在第四部分简要介绍了实验数据分析的原理和方法; 最后, 在第五部分中, 以铜氧化合物高温超导体系和超大磁电阻锰氧化合物体系为例, 介绍了角分辨光电子能谱在这两个典型强关联体系研究中的应用, 特别注重尽量包括这方面研究的新的进展. 应该指出, 角分辨光电子能谱无论是在技术本身, 还是在研究对象的范围和研究内容的深度和广度方面, 都是一个快速发展的领域, 本章不可能做到面面俱到和包罗万象, 但期望能起到抛砖引玉的作用. 限于作者的水平, 我们偏重于选取一些作者直接参与的工作作为例子, 这样不可避免地会有一些重要的工作和文献没能采用或提及, 希望能谅解.

12.1 角分辨光电子能谱的工作原理

12.1.1 角分辨光电子能谱的基本原理

光电子能谱技术的原理是基于光电效应[3,4](图 12.2). 最早可以追溯到 1887 年赫兹 (Hertz) 所做的光电效应实验[5], 随后爱因斯坦于 1905 年提出的光电效应方程对其做出圆满的解释[6]. 当一束能量为 $h\nu$ 的单色光照射到样品时, 样品内部不同能级 (芯能级和价带) 上的电子在吸收光子能量后, 可以克服材料的逸出功 (ϕ) 而逃逸出样品. 通过对这些出射光电子的能量、角度和数量的探测, 可以获得材料内部电子结构的信息. 如果探测的是价电子, 使用的光源其光子能量一般在紫外波段, 所以通常把这种光电子能谱称为紫外光电子能谱 (UPS). 而测量芯能级需要较高的光子能量, 通常采用 X 射线作为光源, 这时把对应的光电子能谱称为 X 射线光电子能谱 (XPS).

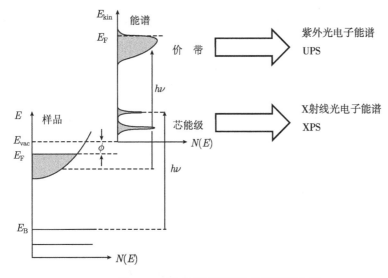

图 12.2　光电子能谱实验的原理和分类

光电子能谱技术也可以按照测量的物理量 (能量、动量和自旋) 来分类 (表12.1). 根据测量的物理量, 可以分为角积分光电子能谱 (只测量能量)、角分辨光电子能谱 (测量能量和动量)、自旋分辨光电子能谱 (测量能量和自旋) 和角分辨/自旋分辨光电子能谱 (测量能量、动量和自旋).

表 12.1　光电子能谱技术按所测量物理量的分类

光电子能谱	角积分	角分辨
非自旋分辨	E	E, k
自旋分辨	E, s	E, s, k

　　角分辨光电子能谱技术, 通过测量在实空间不同方向上光电子的数量和能量, 从而获得材料内部电子的能量和动量信息. 图 12.3 为 ARPES 实验几何示意图, 一束单色的光源照射到样品时, 由于光电效应, 电子被激发并沿各个方向逃逸到真空. 通过一个电子能量探测器在空间不同角度收集这些光电子, 测出这些光电子数量随动能 $E_{\rm kin}$ 的分布, 可以由下式确定其光电子动量 p 的大小

$$p = \sqrt{2mE_{\rm kin}} \tag{12.1}$$

式中, 动量 p 平行和垂直样品表面的分量由极角 θ 和方位角 ϕ 确定. 在光电子发射过程中, 总的能量以及平行样品表面的动量是守恒的, 而垂直样品表面的动量, 因为表面平移对称性的破坏而不守恒. 考虑到 ARPES 实验中所用的光子能量比较低, 光子本身的动量可以忽略 (如光子能量 21.2eV 对应的光子动量 $k = 2\pi/\lambda$ 约为 0.03Å^{-1}, 占典型铜氧化合物布里渊区长度 $(2\pi/a \approx 1.6\text{Å}^{-1})$ 的 2%), 因此, 光电子的能量和动量与固体内部的结合能 $(E_{\rm B})$ 和晶体动量可以通过下面的守恒关系联系起来

$$E_{\rm kin} = h\nu - |E_{\rm B}| - \phi \tag{12.2}$$

$$p_{/\!/} = \hbar k_{/\!/} = \sqrt{2mE_{\rm kin}} \cdot \sin\theta \tag{12.3}$$

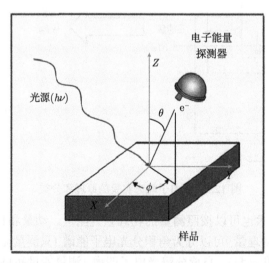

图 12.3　ARPES 实验几何示意图. $h\nu$ 为入射光子能量; $\rm e^-$ 为出射的光电子, 出射方向由极角 θ 和方位角 ϕ 确定

式中, $\hbar k_{/\!/}$ 为扩展布里渊区内电子晶体动量平行于表面的分量. 对于大的 θ, 实际探测的电子动量可能到达高阶的布里渊区. 通过扣除倒格子矢量 G, 可以得到在第一布里渊区内的简约电子晶体动量.

由于垂直样品表面方向的晶体平移周期性被破坏, 光电子动量垂直样品表面方向的分量 $\hbar k_{\perp}$ 不再守恒, 这导致确定 $k_{\perp}$ 变得相对复杂一些. 有几种方法可以获得 $k_{\perp}$, 其中一种比较方便而且也比较准确的方法是假设自由电子型的终态[3]. 这时存在如下的关系:

$$\hbar(k + G) = \sqrt{2m(E_{\text{kin}} + V_0)} \tag{12.4}$$

式中, V_0 代表所谓的内势(inner potential), 它可以通过把测量的能带和理论计算比配, 或通过理论近似, 或利用测量能带中的内在对称性获得. 一个比较常用的方法, 是采用一系列不同的光子能量, 测量样品沿法线方向的光电子谱. 这时, 一方面, $k_{/\!/}$ 等于零; 另一方面, 通过发现这些谱线随光子能量变化的对称性, 可以获得 V_0.

在低维材料中, 角分辨光电子能谱测量的结果变得直接和容易分析和解释. 例如, 在电子结构各向异性的低维系统中, 通常无法确定的沿 z 方向 (通常垂直样品表面, 如图 12.3 所示) 的色散 ($\hbar k_{\perp}$) 基本可以忽略. 例如, 铜氧化物高温超导体的电子结构表现出强烈的各向异性, 其电子结构主要表现为准二维特性. 当然, 其中微弱的三维特性对电子结构的影响, 在数据分析和理解时, 仍需要警惕和给予足够的重视和考虑.

值得指出的是, ARPES 实验所使用的光源能量一般处在紫外光范围 ($h\nu < 100\text{eV}$), 这样容易获得高的能量和动量分辨率. 考虑式 (12.3), 动量分辨率 $\Delta k_{/\!/}$(忽略有限的能量分辨率的影响) 和光子能量直接相关

$$\Delta k_{/\!/} \approx \sqrt{2mE_{\text{kin}}/\hbar^2} \cdot \cos\theta \cdot \Delta\theta \tag{12.5}$$

式中, $\Delta\theta$ 对应于电子能量分析仪的角度分辨率. 从式 (12.5) 可以清楚看出, 低光子能量和大极角 θ(可以将测量移出第一布里渊区) 有利于提高动量分辨率.

12.1.2 角分辨光电子能谱的功能

角分辨光电子谱的强大功能在于它能够直接测量许多基本的物理参量, 这些参量直接决定着材料表现出来的宏观物理性质. 如图 12.4 所示, 通过能量–动量色散关系可以得到电子的速度和有效质量; 通过研究能谱谱线型, 从能量分布曲线 (energy distribution curve, EDC) 的线宽可以得到散射率, 从 EDC 峰或者带边的位置可以得到超导能隙或者赝能隙的大小; 另外通过研究费米面, 可以从费米面的体积得到载流子浓度, 从费米面的拓扑结构得到嵌套 (nesting) 矢量.

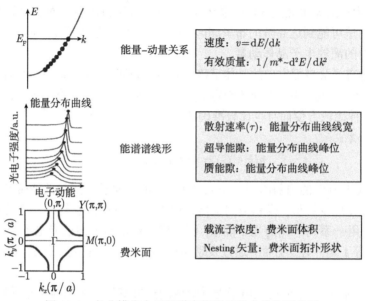

图 12.4   角分辨光电子能谱直接测量基本的物理参量

12.1.3   角分辨光电子能谱技术的进展

第一个角分辨光电子能谱技术是在 20 世纪 70 年代由 Smith 等首次实现的[7]. 后来, 该技术逐渐发展成为测量材料能带结构和费米面的重要实验手段. ARPES 技术在过去 30 年, 得到突飞猛进的发展[8,9]. 一方面, 一些重要的材料和物理问题的出现, 对 ARPES 的性能提出了越来越高的要求; 另一方面, 先进同步辐射光源的应用, 大大提升了光源的质量, 特别是新的电子能量分析器的出现和不断进步, 极大地提高了 ARPES 的分辨率和探测效率. 例如, 早期的光电子能谱实验中, 紫外光电子能谱的能量分辨率约为 30meV, 角度分辨率通常为 2°. 1990 年以后光电子能谱技术不断进步, 目前 UPS(动能为 20eV 时)的能量分辨率一般可达 3~10meV, 个别甚至可以接近 1meV[10]. 光电子能谱技术能量分辨率的显著改进, 可以以 Ag(111) 表面的 L-gap Shockley 表面态的测量为例. 图 12.5 显示了不同时期在不同分辨率条件下测量得到的结果[11] (注意上面的两条谱线都是在室温下测量的, 下面两条谱线分别是在 57K 和 30K 测量得到的). 从图中明显看出, 随着能量分辨率的改进, 获得的谱线逐渐逼近本征的电子结构. 从最下部所示的谱线可以求得表面态的线宽为 (6.2±0.5)meV, 与理论预计值 7.2meV 非常接近[11].

角分辨光电子能谱技术的进步, 另一方面表现在角度分辨率的显著改进和角度的多通道测量. 如图 12.6 所示, 早期的电子能量分析器, 一次只测量空间一个角度, 而且角度分辨率一般为 2°. 现代新型的电子能量分析器, 可以实现对多个角度的同时测量, 大大提高了数据的采集效率, 提高了角度分辨率, 目前最佳角度分辨率可

以达到 $0.1°$[12].

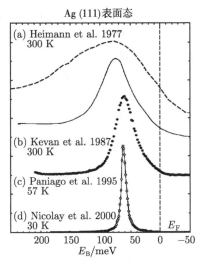

图 12.5 光电子能谱技术的发展导致的能量分辨率的不断改进, 对 Ag(111) 表面态测量的影响[11]. 图中四条谱线都是用 He I ($h\nu = 21.2$eV) 光源测量得到的, 从上往下为不同时期的测量结果, 显示了光电子谱数据质量随时间的改进

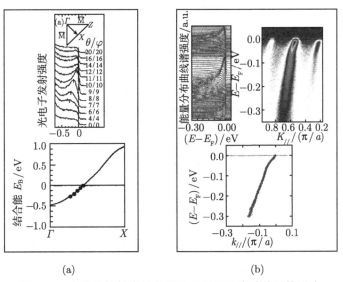

(a)　　　　　　　　(b)

图 12.6 角度分辨技术的发展对 ARPES 实验结果的影响

(a) 为早期对 Bi2212 高温超导体沿 $(0,0) - (\pi, \pi)$ 节点方向能带色散关系测量的结果. 一次测量一个角度, 角度分辨率为 $2°$, 一条曲线的采集时间约为 1h[13]. (b) 为采用新型的电子能量分析器的角分辨模式对同样材料、同样动量位置测量的结果, 可以同时测量上百个角度, 角度分辨率约为 $0.3°$. 测量时间约 20min. 在 (b) 中, 可以发现在色散关系中存在一个扭折[14]. 这是仪器分辨率显著改善后观察到的新的现象[15]

12.1.4　表面敏感性与体效应

　　光电子能谱技术的一个显著特征就是对表面的极端敏感性, 这是因为在目前使用的光子能量范围内, 电子非弹性散射平均自由程较短. 图 12.7 给出了不同金属材料的电子逃逸深度(电子非弹性散射平均自由程) 与它们在固体中的动能的"普适" 关系[16]. 光子能量在 20~50eV(该光子能量通常用于价电子光电子能谱的研究) 时, 相应的电子非弹性散射平均自由程只有 0.5~1nm, 相当于样品表面的 1~2 层原子. 这种表面敏感性对研究样品的表面是一个显著的优势, 但对研究材料体效应时则是一个明显的欠缺. 例如, 对高温超导机理研究, 关注的是体的性质.

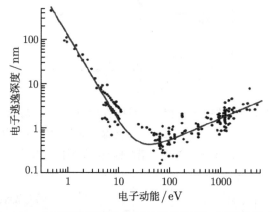

图 12.7　电子逃逸深度与电子动能关系的 "普适曲线"[16]

ARPES 在研究高温超导体等材料时, 测量得到的光电子谱在多大程度上能代表体的性质, 是一个普遍关心的问题. 因此, 如何增强光电子能谱技术对体效应的测量, 一直是大家关注的问题. 一种方法是提高光子能量, 从而增加体效应, 如当光子能量增加到 1000eV 时, 非弹性散射平均自由程可以增加到 20Å. 但是, 这时体效应的些许增加是建立在牺牲信号强度、降低能量和动量分辨率的基础上的[17]. 发展硬 X 射线 (2~10keV) 光电子能谱技术, 是近期一个活跃的方向, 它能显著增强体态电子结构的测量 (电子逃逸深度达 100Å), 但能否开展高分辨 ARPES 的测量仍是一个挑战[18]. 另一种增加体效应的方法就是将光子能量变低, 如当光子能量为 7eV 时, 电子逃逸深度可增至 3~10nm[10,19~21]. 并且从式 (12.5) 可以知道, 低光子能量有利于获得更高的动量分辨率.

12.1.5　光电子能谱实验中的空间电荷效应

　　当一束脉冲光照射到样品表面上时, 由于光电效应会激发出一个脉冲光电子团 (图 12.8(a)). 在光电子从样品表面抵达探测器的过程中, 光电子将受到所有其他光电子的库仑排斥作用, 以及镜像电荷的库仑吸引作用, 导致到达探测器时光电子的能量与当初刚逸出样品时的能量不同. 对于一个脉冲中的大量光电子而言, 空间电荷效应将导致电子能量分布的改变, 具体表现在能量 (费米边) 的移动和展宽. 图 12.8(b) 显示的是低温下多晶金的费米边的位置和宽度随光束流强度 (用通过金的光电子强度表示) 的变化关系. 可以看到, 对一个典型的第三代同步辐射光源, 这两种效应导致的能量的移动和展宽可以达到 10meV 的量级[22]. 实验发现, 两种效应的强弱与入射光子的能量、光子的通量、光斑的尺寸以及发射角密切相关[22]. 因此该效应已成为决定测量精度需要考虑的一个重要因素. 对发展新一代高亮度光源, 或追求超高能量分辨率, 对空间电荷效应的影响必须给予足够的重视.

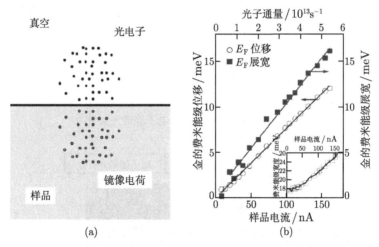

图 12.8 光电子发射的空间电荷和镜像电荷效应[22]

(a) 为当一束光脉冲打到样品上, 产生一团光电子, 并伴随着样品内部的镜像电荷. 对任何一个光电子而言, 它将受到其他电子的库仑排斥作用和镜像电荷的库仑吸引作用. (b) 实验测量的空间电荷效应, 表现为低温下金费米边展宽 (实心方块) 及费米边位移 (空心圆圈) 与样品电流的关系. 光斑尺寸为 0.43mm×0.30mm. 图中小的插图显示的是实验测得的总的费米边宽度与样品电流的关系, 包括光束线、能量分析仪以及温度展宽的影响. 脉冲光源导致的费米边展宽是通过对实验数据去卷积得到的 (当光子通量非常低的时候, 费米边的展宽完全由其他因素决定)

12.2 角分辨光电子能谱实验装置

ARPES 系统一般由四大部分组成: 光源、电子能量分析仪、超高真空系统及温度控制系统.

12.2.1 光源

角分辨光电子能谱仪使用的光源通常有三种: ①同步辐射光源; ②气体放电光源; ③激光光源.

1. 同步辐射光源

同步辐射光源是由加速到相对论速度的高能带电粒子被静磁场偏转后沿切向发出的电磁辐射. 现代的同步辐射光源具有高准直性、高偏振性、宽频谱范围、高亮度及窄脉冲等优异特性. 根据光子能量覆盖区域和电子储存环中电子束能量的不同, 又可进一步细分为高能光源、中能光源和低能光源. 图 12.9 是一个典型的光电子能谱光束线[9]. 图 12.10 是美国伯克利国家实验室同步辐射光源上的一个 ARPES 系统[15].

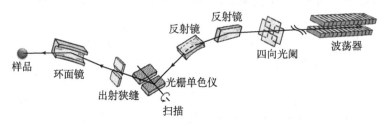

图 12.9　典型的同步辐射光电子能谱光束线[9]

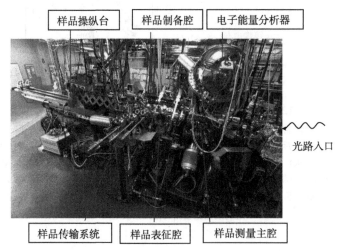

图 12.10　美国伯克利国家实验室同步辐射光源上的一个 ARPES 系统[15]

同步辐射光源的高亮度、高准直性以及光子能量连续可调的特点, 使光电子能谱光束线发出很高光通量的高度单色化真空紫外或软 X 射线光, 而且光斑可以聚焦到微米甚至亚微米量级, 使比较小的样品也可以获得统计很好的高能量分辨率的光电子谱数据. 同步辐射的偏振可调特性 (线偏振方向的变化以及圆偏振的产生) 对研究光电子过程中的矩阵元效应和物理研究很有帮助. 另外, 同步辐射光源具有时间结构, 其脉冲宽度为几十皮秒, 这可以被应用在时间分辨光电子能谱中.

2. 气体放电光源

气体放电光源是 ARPES 实验室常用光源. 最普遍的是用 He 作为放电气体, 也就是通常所说的氦灯. 处在激发态的 He 原子或离子退激发所产生的紫外谱线, 主要是来自 He 原子的 2p→1s 跃迁, 标记为 HeI, 能量为 21.218eV, 占总强度的 85%~90%; 相对较弱的谱线是 He^+ 的退激发, 标记为 HeII, 能量为 40.814eV, 占总强度的 5%左右. 另外, 还有多个更弱的卫星谱线. 经过单色仪后, 可以把 HeI 和 HeII 分别挑选出来.

氦灯的主要优点, 在于它占用空间小、造价低, 可以很方便地移动, 是理想的实验室光源, 而且它的 HeI 主线的线宽窄 (约为 1.25meV), 光通量可以与同步辐射相当. 不足之处在于光子能量不连续, 只有两条主要谱线可供选择 (21.218eV 和 40.814eV); 工作时要保持大约 10^{-4}mbar 的氦气压, 并且使用石英毛细管引导光束, 影响测量室的真空; 它的光斑较大, 一般为 2mm 左右; 而且它的偏振一般不可调 (要实现偏振可调可以通过旋转氦灯完成, 颇为麻烦).

值得注意的是, 利用其他气体作为工作气体的放电光源也有了很大的发展, 如使用 Xe 的放电光源 (氙灯), 可以得到 8.4~10.7eV 的高通量光子[23].

3. 激光光源

除了同步辐射光源, 近年来, 激光在角分辨光电子能谱上的应用也有很大的发展[10,19~21]. 特别是 $KBe_2BO_3F_2$(KBBF) 新型非线性光学倍频晶体的使用, 实现了 355nm 激光的倍频, 从而获得了 177nm (6.994eV) 的真空紫外激光, 成功应用于具有超高能量分辨率的真空紫外激光角分辨光电子能谱仪中[10](图 12.11). 相比同步辐射光源, 该激光光源极大地节省了空间.

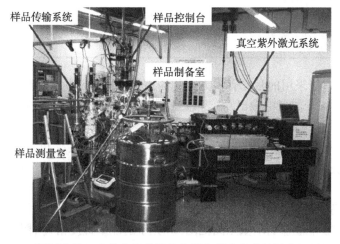

图 12.11 国际上第一台具有超高能量分辨率的真空紫外激光 ARPES[10]

如图 12.12 所示, 其激光光源系统包括 354.7nm 泵浦源、多个反射镜、两个聚焦透镜、两个 CaF_2 窗口和 KBBF 棱镜耦合器件 (KBBF-PCT).

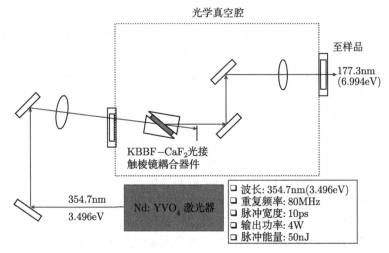

图 12.12　177.3nm (6.994eV) 的真空紫外激光系统[10]

与同步辐射光源相比, 采用真空紫外激光可以获得超高能量分辨率 (可达亚毫电子伏量级)、高动量分辨率、超高光通量、更大的电子逃逸深度[10]. 表 12.2 给出了其与典型同步辐射光源的比较.

表 12.2　真空紫外激光 (6.994eV) 与典型同步辐射光源的比较

光源	真空紫外激光	同步辐射光源
能量分辨率/meV	0.26	~10
动量分辨率/$Å^{-1}$	0.0036(6.994eV)	0.0091(21.2eV)
光束流强度/(光子数/s)	$10^{14} \sim 10^{15}$	$10^{12} \sim 10^{13}$
样品探测深度/Å	30~100(体效应)	5~10(表面)

ARPES 对能采用的激光有多方面的约束条件: ①光电发射过程要能发生, 光子的能量必须大于材料的逸出功. 考虑到材料的逸出功一般在 4.5eV 左右, 加上要保留一定的测量能量窗口, 所以激光的能量起码要在 5eV 以上; ②激光的强度必须能满足 ARPES 的需要, 如光束流强度能达到 10^{12} 光子数/s 以上; ③激光本身的线宽将直接决定 ARPES 的能量分辨率, 为了获得高能量分辨率, 激光的线宽必须足够窄 (如小于 10meV); ④由于光电发射过程牵涉到前面所说的空间电荷效应, 所以为了达到高能量分辨率, 应采用连续或准连续激光, 以减少单脉冲中光子的数量; ⑤由于 ARPES 能涵盖的动量空间范围, 和光子的能量直接相关 (图 12.13), 所以高能量的激光有利于达到大的动量空间, 从这点考虑, 激光的能量高更有利. 6.994eV

的真空紫外激光, 是满足以上所有条件, 目前固态激光器能够达到的最高能量. 它的成功获得, 与新的非线性光学晶体 KBBF 的采用有关.

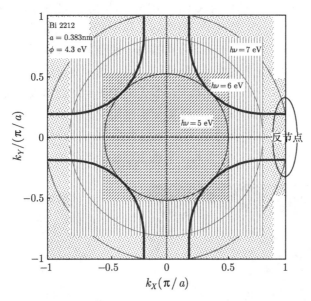

图 12.13　光子能量与其探测的布里渊区范围. 这里以 Bi2212 为例, 其功函数约为 4.3eV. 图中粗黑线是最佳掺杂 Bi2212 高温超导体的费米面, 可见只有能量为 7eV 以上的激光光子, 才能观察到 Bi2212 中关键的反节点 $(\pi, 0)$ 的信息

对于材料的诸多特性, 如 1meV 左右的超导能隙、强关联体系中耦合模式的探测, 都需要有高的能量分辨率. 真空紫外激光的超高光通量, 保证了更好的光电子能谱数据质量. 同步辐射所用的光子能量一般为 20~50eV, 光电子的逃逸深度在 5~10Å. 如果要获得样品的体信号, 必须要有更大的逃逸深度, 如 12.1.4 节所述, 也可以从图 12.5 定性得到, 改进的方法是把光子能量增大到几百甚至上千电子伏, 这样不可避免地会牺牲能量分辨率; 更好的方法是降低光子能量到几个电子伏左右, 使光电子逃逸深度达到上百埃. 但是一般材料的电子逃逸功函数在 4~5eV, 如果要得到光电子, 入射光子能量必须大于 5eV, 因此光子能量不能太低. 另外, 能量越小的光子, 所能够探测到的布里渊区范围也越小.

12.2.2　电子能量分析仪

1. 半球形电子能量分析仪

电子能量分析仪是 ARPES 谱仪最核心的部件之一. 现代的 ARPES 谱仪几乎都采用半球形静电电子能量分析器, 它由两个同心半球组成, 半球上加上高精度静电电压. 半球电子入射口处通常有几级静电透镜, 起减速 (加速)、聚集和角度分离电子束的作用. 半球电子出口处加有 "电子探测系统", 以探测光电子流强度和位置. 1994 年以前的商业能量分析器一般采用 VSW 和 VG 公司生产的半球分析器, 分析器本身被装在一个两轴测角仪上, 以改变探测角度. 这种分析器标称的最好能量和角度分辨率为 10meV 和 ±1°, 但实际工作中能量分辨率比标称的要差. 1994 年以后, 瑞典的 Gammadata Scienta公司推出一种高能量和动量分辨率、拥有多通道角度探测能力和高传输性能的半球分析器, 目前这种分析器的能量和动量分辨率可以达到好于 1meV 和 ±0.1°. 世界上许多先进的光电子能谱设备都装备了这样的高性能能量分析器(关于角分辨光电子能谱实验用的拥有多角度同时探测的电子能量分析仪, 目前世界上除瑞典的 Gammadata Scienta 公司[24] 以外, 德国的 SPECS 公司[25] 和瑞典的 MBScientific 公司 [25] 也生产性能类似的能量分析器 (图 12.14).

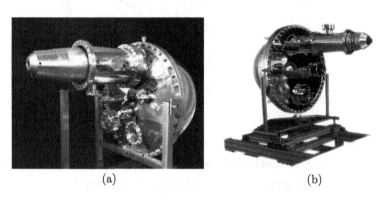

(a)   (b)

图 12.14   Scienta 公司的 R4000 型电子能量分析器 (a) 及 SPECS 公司的 Phoibos 225 型电子能量分析器 (b)

新型 Scienta 电子能量分析仪最突出的两个特点是实现了超高能量分辨率和电子能量和角度的同时二维探测. 通过静电透镜和半球形电子能量分析器将真空中运动电子的能量和角度转换到位置灵敏探测器上, 通过 CCD 相机读取探测器上的相关信息从而完成对电子能量和动量的探测和分析; 下面主要以目前广泛使用的 Scienta R4000 电子能量分析仪为例说明其工作原理. Scienta 电子能量分析仪依照电子传输的先后顺序依次由多元静电透镜、静电半球分析器、狭缝机构和电子探测系统四部分组成.

1) 多元静电透镜

如图 12.15 所示, 精心设计的多元静电透镜是实现电子能量和角度同时二维探测的关键部件. 静电透镜可以有两种工作模式: 成像 (或角积分) 模式和角分辨模式. 两种模式之间通过软件控制可以方便地进行实时切换.

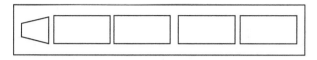

图 12.15 多元静电透镜示意图

图 12.16 给出了 Phoibos 225 电子能量分析仪的静电透镜在角分辨模式工作时通过电子光学计算所得到的电子轨迹图[26]. 从样品表面上激发光斑区域内不同位置出射但具有相同空间角度的光电子经过静电透镜的传输和色散后, 在进入半球分析器之前被聚焦在狭缝内不同的位置上, 以实现光电子角度到位置的变换, 为利用下面所述的电子探测系统进行出射光电子角度的探测奠定了基础.

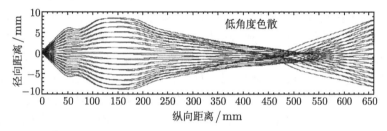

图 12.16 静电透镜工作在角分辨模式下通过电子光学计算得到的电子轨迹图

图 12.17 给出了 Phoibos 225 电子能量分析器的静电透镜在成像模式工作时通过电子光学计算所得到的电子轨迹图[27]. 从样品表面上激发光斑区域内不同位置出射, 且具有不同空间角度的光电子, 经过静电透镜的传输和色散后, 在进入半球分析器之前被聚焦在狭缝内基本上同样的位置上.

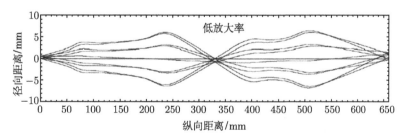

图 12.17 静电透镜工作在成像模式下通过电子光学计算得到的电子轨迹图

2) 狭缝机构

进入狭缝位于不同位置 (同一位置可具有不同动能) 的光电子将近似按照图 12.18 所示的中心反演方式通过静电半球分析器, 到达圆形探测器平面上. 这样, 探测器上从左到右的方向相应于能量方向, 从上到下的方向相应于角度方向, 越靠近内半球一侧, 探测到的光电子动能越小.

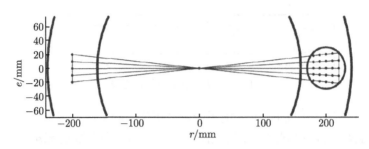

图 12.18   进入狭缝位于不同位置 (同一位置可具有不同动能) 的光电子按照中心反演方式通过静电半球分析器, 到达圆形探测器平面上

毫无疑问, 狭缝尺寸越小, 能量分辨率越高, 但是电子计数率却随之大幅度降低. 因此, 为了在实际的试验中, 兼顾合适的能量分辨率和电子计数率, 在静电半球分析器的入口处设置有一个狭缝机构, 以便在真空环境下原位更换不同尺寸的狭缝. R4000 通常配备有两种不同形状的狭缝, 一种是拥有与半球平均半径相同曲率半径的弯曲 (curved slits) 狭缝. 另一种是直线形 (straight slits) 狭缝. 使用弯曲 (curved slits) 狭缝的优点是可以获得最优的能量分辨率, 而使用直线形 (straight slits) 狭缝的优点是可以完美成像样品上的发射点, 因而可以获得更高的电子计数率.

3) 静电半球分析器

静电半球分析器是完成光电子能量色散的部件. 如图 12.19 所示, 进入两个同心半球电极产生的径向静电场内的光电子被偏转 180°, 偏转半径依赖于光电子的初始动能[28].

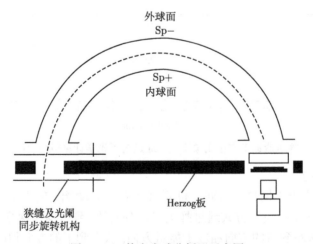

图 12.19   静电半球分析器示意图

电子能量分析器的能量分辨率 ΔE 由半球分析器的特性所决定[28], 当入射狭缝尺寸 s 较小时, ΔE 可以表示为

$$\Delta E = E_\mathrm{p}\frac{s}{2R} \tag{12.6}$$

式中, E_p 为通过能(pass energy); R 为平均半径.

两个同心半球电极上所施加的电压差与通过能 E_p 相关[29], 如下

$$E_\mathrm{p} = \frac{eV}{\dfrac{R_\mathrm{o}}{R_\mathrm{i}} - \dfrac{R_\mathrm{i}}{R_\mathrm{o}}} \tag{12.7}$$

式中, R_o 为外半球半径; R_i 为内半球半径. 通常, 内、外半球上施加的电压按照如下方程来设定: 外半球电压

$$V_0 = E_\mathrm{p}\left(3 - \frac{2R}{R_\mathrm{o}}\right) \tag{12.8}$$

内半球电压

$$V_\mathrm{i} = E_\mathrm{p}\left(3 - \frac{2R}{R_\mathrm{i}}\right) \tag{12.9}$$

式中, $R = (R_\mathrm{o} + R_\mathrm{i})/2$ 为平均半径.

对于 R4000 分析器, 平均半径 $R = 200\mathrm{mm}$, 最小狭缝尺寸 $s=0.1\mathrm{mm}$, 最小可定义的通过能 $E_\mathrm{p} = 1\mathrm{eV}$, 则最佳理论分辨率为 $0.25\mathrm{meV}$. 对于其他的狭缝尺寸和通过能条件, 可以任意组合根据式 (12.6) 算出相应的能量分辨率, 在实际的实验中加以应用. 而在所有可定义的通过能的条件下, 当狭缝尺寸较小时, R4000 实际的能量分辨本领非常接近理论值.

4) 电子探测系统

在静电半球分析器的出口处安装有电子探测系统. 通常有 MCP + CCD 和 MCP + Delay line Detector 两种形式的电子探测系统. 这样的探测系统将经过能量分析器色散的电子记录为一个二维像, 像的一个维度代表电子动能, 另一维度代表电子离开样品表面的发射角度.

如图 12.20 所示[28], MCP + CCD 型的电子探测系统主要由三部分组成: 电场阻断筛、探测器组件和 CCD 相机. 电场阻断筛有两个作用: ①确保分析器电场均匀地被阻断; ②施加偏压阻滞低能的二次电子, 从而降低信号背底. 探测器组件由两个叠合在一起的多通道板 (multi-channel plates; MCP) 和一个磷屏组成. 两个多通道板可以将每一个入射的电子倍增约 10^8 倍, 形成一个电子束脉冲. 当该电子束脉冲被加速打到磷屏上时, 便产生一次闪光. 这样, 磷屏上存在闪光和不存在闪光的区域连接起来就构成一幅图像. 利用 CCD 摄像机就可以记录图像, 并将模数转换后的数据快速传到计算机中供分析和存储.

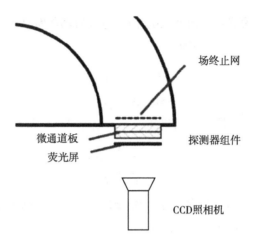

图 12.20   MCP + CCD 型电子探测系统示意图

多通道板(MCP) 实际上就是成千上万个微孔型单通道电子倍增器 (channel-tron) 密排在一起形成的平面型阵列探测器 (图 12.21), 实际上它是一种位敏探测器. 每个微孔的直径约 $50\mu m$, 所有微孔截面面积之和构成的有效探测面积约占多通道板面积的 60%. 微孔的开口方向通常同多通道板平面的法线方向成 8°, 以避免正离子反馈引起的假脉冲信号. 多通道板上施加的高电压通常在 1500V 左右. 新型电子能量分析器中, 通常将两块多通道板叠合在一起构成多通道的光电子探测器. 多通道板是一种目前被广泛应用于各种成像探测仪器的电子倍增器件. 它具有位置分辨率高、增益大、响应时间快等优点, 对电子、重离子、X 射线等都具有较高的探测效率.

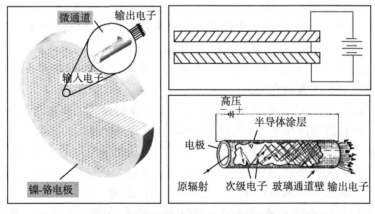

图 12.21   具有多通道探测能力的二维多通道板电子探测器

Scienta R4000 电子能量分析器有三种角分辨模式, 可同时分别测量 30°、14° 和 7°, 最佳角度分辨率为 0.1°. 需要强调的是, 角度分辨率的大小和照射到样品

上的光斑尺寸 (大小) 密切相关, 小的光斑有利于获得高的角度分辨率. 对于直径 40mm 的 MCP 探测器, 在能量方向上一次可以同时测量约 10% 通过能范围的光电子.

2. 飞行时间型电子能量分析仪

近期刚刚开发出来的 "飞行时间型电子能量分析仪", 是一种可望用于角分辨光电子能谱测量领域, 并且非常有前途的新型电子能量分析仪. 这种能量分析仪通过测量光电子从样品表面到达探测器的飞行时间来确定其动能. 该探测器的最显著优点, 是从原测量动量空间的一条线 (一维动量) 发展到同时测量动量空间的一个面 (二维动量), 因此对角度的探测而言, 效率可以成百倍提高. 由于受电子从样品表面到探测器飞行时间的限制, 目前这种分析仪适用于重复频率相对较低 (几百千赫兹到几兆赫兹) 的脉冲光源, 特别是利用激光做光源的高分辨角分辨光电子能谱实验中. 目前, 瑞典的 VG Scienta 公司和德国的 SPECS 公司都在积极地开发这样的能量分析仪[24,25], 分别称为 Artof10K (图 12.22(a)) 和 Themis1000/600 (图 12.22(b)).

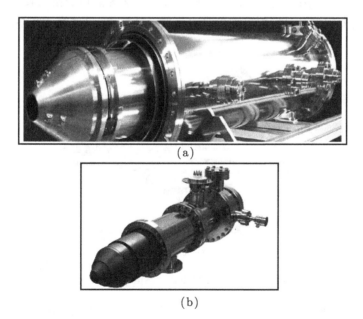

(a)

(b)

图 12.22　Artof10K 飞行时间型电子能量分析仪 (a) 及 Themis1000/600 飞行时间型电子能量分析仪 (b)

飞行时间型电子能量分析仪实际上是结合了两家公司用于半球形电子能量分析仪的多元电子透镜技术和传统的用于飞行时间质谱仪中的飞行时间型离子能量分析器的一种产品. 相比半球形电子能量分析仪, 飞行时间型电子能量分析仪取消了狭缝和半球, 因此从发射点出射的位于一个立体圆锥内(绕透镜轴对称) 的所有光电子的能量和角度信息能够被一次探测完成, 一次探测的角度信息量较半球形电子能量分析仪高 250 倍左右(半球形电子能量分析仪一次仅能探测立体圆锥内穿过顶点和底面圆心的一个狭窄截面内的电子).

在飞行时间探测技术中, 具有一定动能的电子或离子在一个固定长度 L 的无电磁场的漂移管 (drifting tube) 中匀速 (v) 移动到探测器, 因此其飞行时间 t 与其动能 E_k 的平方根成反比, 即

$$t = L/v, \quad E_k = \frac{1}{2}mv^2 \tag{12.10}$$

而对于新型飞行时间型电子能量分析仪, 电子运动的 "漂移管" 实际上是由一组静电透镜组成, 因此电子运动过程中存在加速和减速以及偏转, 结果其运动轨迹是一条条复杂的曲线, 如图 12.23 所示[24]. 该图是对 Artof10K 分析器, 动能为 2eV 的电子, 光斑尺寸为 0.4mm, +/-15° 角度模式的情况, 经过电子光学计算所得到的穿过透镜轴的一个截面上的电子轨迹图. 请注意, 因为静电透镜组具有 360° 轴对称的属性, 要想得到各种发射方向的光电子的运动轨迹, 只要将该图绕透镜轴线旋转一周即可.

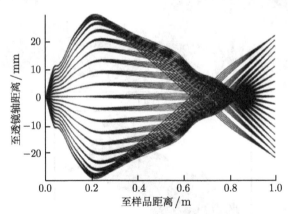

图 12.23   Artof10K 分析仪工作在角分辨模式下经电子光学计算获得的电子运动轨迹

图 12.24 显示了通过电子光学计算在探测器的一个维度上探测到的光电子的时间和位置信息是如何转化为电子动能 (水平方向曲线) 和角度 (竖直方向曲线) 信息的[24].

实际测量过程中, 每个激光脉冲定义了时间零点, 透镜组末端的三维延迟线 (3D–delay line detector)探测器测量每个电子的到达时间和它的位置. 到达时间依赖于电子的初始动能, 其位置由电子的初始发射角度决定.

　　目前, 这样的新型飞行时间型电子能量分析仪的能量分辨率可以达到 0.15meV, 角度分辨率可以达到 0.08°, 一次可同时探测的角度范围可以达到 +/−15°. 利用同步辐射或激光进行的一些初步的实验测试证明这样的能量分析仪可以用于现代的高分辨角分辨光电子能谱实验中[24,25].

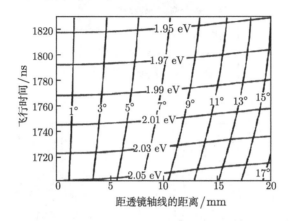

图 12.24　Artof10K 分析仪工作在角分辨模式下, 在探测平面上光电子的飞行时间和位置信息与电子动能 (水平方向曲线) 和角度 (竖直方向曲线) 转化的等高图 (电子光学计算结果)

　　一般 CCD 不能够提供时间性能好于微秒量级的时间信号, 因而不可能用于飞行时间能量分析仪中以测量电子动能. 而延迟线阳极[30] 既能够给出好的位置分辨信号 (约 50μm), 又能够给出好的时间分辨信号 (约 100ps). 延迟线探测器 (DLD) 探测的是真正的事件计数, 而 CCD 测量的是模拟光信号, 这使从 DLD 的成像中可直接进行定量分析, 而后者难以直接进行定量分析, 尤其是在光电子信号较强时. DLD 具有线性度好、动态范围宽和信噪比高的优点, 但其最高计数率受到限制.

　　图 12.25 是一个实际使用的 MCP–DLD 探测器 (RoentDek 公司), 它由叠合在一起的两个微通道板和位于其后的延迟线阳极组成[31]. 延迟线阳极通常有两种: 四角形阳极和六角形阳极[32,33], 这些阳极上的金属丝呈螺旋线状等间距缠绕. 四角形阳极由相互垂直的两层延迟线组成, 六角形阳极由相互之间成 120° 夹角的三层延迟线组成. 每组延迟线都包括并行缠绕的参考丝和信号丝, 用以抑制噪声. 其中, 每一层丝所代表的位置方向与该层丝缠绕方向垂直. 延迟线阳极丝位置灵敏读出原理事实上很简单: 经过 MCP 放大的脉冲电子束入射到一定长度的一段导线上 (阳极丝) 后, 形成的电脉冲以恒定速度向导线两端传播, 这样测量出到达导线两端的脉冲的时间差或者测量出脉冲到达 MCP 和导线任意一端的时间差就可以确定入射的脉冲电子束在阳极丝上的位置[30~33].

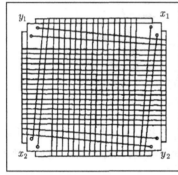 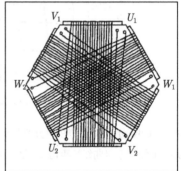

图 12.25　RoentDek 公司开发的 MCP–DLD 探测器以及四角形阳极和六角形阳极示意图

12.2.3　超高真空系统

由于 ARPES 技术对表面非常敏感, 因此进行 ARPES 实验至关重要的是需有一个清洁表面, 即优良的晶体表面, 因为晶体表面杂质的价电子会对光电子谱有贡献, 并且如果这些杂质与晶体形成任何形式的化学键, 都会影响晶体的价电子谱.

典型的角分辨光电子谱实验是在超高真空中, 在清洁平整的样品表面上进行的. 在普通高真空, 如 10^{-6}Torr 时, 对于室温下的氮气, 如果每次碰撞均被表面吸附, 一个 "干净" 的表面只要一秒多钟就被覆盖满了一个单分子层的气体分子, 而在超高真空 10^{-11}Torr 情况下, 按照类似的估计, "干净" 表面吸附单分子层的时间将达几小时甚至到几十小时之久. 因此超高真空可以提供一个 "原子级清洁" 的固体表面, 可有足够的时间对表面进行实验研究.

实验中, 分子泵、离子泵、冷泵、钛升华泵、机械真空泵以及隔断阀门等真空元件一起组成高真空抽气系统 (可达到 10^{-9}mbar 左右). 为获得角分辨光电子谱实验所需超高真空 (通常小于 5×10^{-11}mbar), 需进行烘烤和灯丝除气等措施. 各真空腔安装必要的真空测量、残余气体分析等仪器.

在进行角分辨光电子谱实验前, 需要从大气中传入样品到超高真空分析室. 为了能快速传递样品, 同时不破坏分析室的超高真空, 并避免对样品烘烤, 可以通过多级样品分级传递系统来实现. 样品从大气经快速进样室送入预备室, 再进入分析室, 这样可以使传送样品时不破坏分析室超高真空环境. 快速进样室和预备室都有样品存放装置, 真空腔之间用超高真空隔断阀门隔开. 当传送样品时, 快速进样室充入高纯氮气并从大气传入样品; 将快速进样室抽气到 $10^{-8} \sim 10^{-7}$mbar, 再将样品传入更高真空 ($10^{-10} \sim 10^{-9}$mbar) 的预备室, 最后传入超高真空的分析室 (约 10^{-11}mbar).

对于角分辨光电子能谱实验, 单晶样品一般选择在分析室 (超高真空环境) 内原位解理. 通常用一层薄环氧银胶 (要求导电) 将样品装在一个金属柱上, 再用环氧胶将上表面粘上一个小的陶瓷棒上. 当分析室真空为 10^{-11}mbar 时, 将样品冷却到低于 40K, 在此温度, 用分析室内一个可移动的小棍打击上面的陶瓷棒. 通常晶体会被解理, 形成平整清洁的表面.

ARPES 测量中, 光电子相对样品法线的出射方向, 代表着光电子的动量信息. 当光电子从样品向能量分析仪运动的过程中, 它们有可能受到外界电磁场的作用而改变运动方向, 从而扭曲或丧失原先的动量信息. 在使用低能光源 (如激光光源 $h\nu = 6.994$eV) 时, 光电子的动能非常小 (小于 3eV), 这时磁场对光电子运动影响很大, 要保证低能电子的角分辨模式工作正常, 分析室内样品附近的剩余磁场必须要保证非常小 (小于 10mGs). 为此, 可以用磁屏蔽材料 μ 金属① 加工真空测量室, 并在里面另外再加一层 μ 金属屏蔽层[10]. 另外, 当测量室内的绝缘材料被电子轰击时, 将会带电, 这样在其周围产生的电场有可能使向能量分析仪运动的光电子发生偏转. 因此, 测量室内的任何绝缘材料都必须被严格接地的金属遮挡或包裹.

12.2.4 温度可控样品转角系统

对角分辨光电子能谱仪, 一方面要求样品能自由转动, 以测量任意方向的动量; 另一方面, 样品必须能达到低温, 以避免温度引起的谱线增宽. 这两者之间往往是互不相容的, 因为样品转动能力的提高将导致转动机械结构的复杂化, 从而使样品难以达到低温.

对样品的操纵一般是由一个有三个平动自由度 (X,Y,Z) 的样品控制台 (许多真空部件公司有成熟的产品出售, 如 VGscienta 公司的 Centiax 真空位移台) 和一个具有三个转动自由度的低温转角仪 (通常由客户自己设计或从真空部件公司定制) 组合完成, 可以实现样品在全空间的平动和转动. 通过计算机控制步进马达精确实现所有的平动和转动.

---

① μ 金属: 镍铁合金 (镍:75%, 铁:15%, 其他为铜和钼), 非常高的磁导率, 屏蔽静磁场和低频磁场非常有效.

图 12.26 是一个典型的低温样品转角仪[10], 它采用连续流动液氦冷却, 具有两个转动自由度, 把它和真空位移台组合, 可以实现对样品的三个平动和三个转动的全自由控制. 当转角仪装有无氧铜热辐射屏蔽罩 (图中未显示) 时, 样品可以实现更低的温度. 图示低温转角仪的另一个优点是, 转角仪是连在近于恒温的支撑管上, 而不是直接与液氦制冷器相连, 所以样品的位置对温度变化很稳定. 在制冷端靠近样品位置附近有一加热器, 这样使得样品温度可以从低温到高温变化. 外置先进的比例–积分–微分 (PID) 温度控制器可以实现样品温度稳定在设定值 (变化小于 0.1K). 在极低温条件下有着丰富的物理内容, 因此, 角分辨光电子谱研究者们还在致力于如何达到更低的样品温度 (低于 1K).

图 12.26   典型的低温样品转角仪

12.3   角分辨光电子能谱的理论描述

12.3.1   三步模型和单步模型

从量子力学的观点出发, 光电子发射是一个极为复杂的过程, 被视为一个单步的量子力学事件. 固体中的电子在电磁场 (光) 的作用下, 从占据态激发并发射进入探测器是作为一个整体的相互关联的过程发生的. 这就是所谓的单步模型(one-step model)[3,4,34~38], 如图 12.27(a) 所示. 这时, 把光子吸收、电子发射和光电子的探测作为一个整体的相干过程来处理. 这就意味着需要用一个同时包含了固体表面的、体的和真空的信息的哈密顿量来描述样品状态, 包括体态、表面态、衰逝态及表面共振, 大大增加了定量分析光电子能谱实验数据的复杂性.

为了给出光电子发射过程跃迁几率的普遍描述公式, 可以考虑一个包含 N 个电子的初态 Ψ_i^N 和一个可能的终态 Ψ_f^N 之间的激发. 跃迁几率近似由黄金费米定则给出[39]

$$w_{fi} = \frac{2\pi}{\hbar} |\langle \Psi_f^N | H_{int} | \Psi_i^N \rangle|^2 \delta(E_f^N - E_i^N - h\nu) \tag{12.11}$$

式中, $E_i^N = E_i^{N-1} - E_B^k$ 和 $E_f^N = E_f^{N-1} + E_{kin}$ 分别为含有 N 个电子系统的初态和末态的能量 (E_B^k 为光电子的结合能, 其动能是 E_{kin}, 动量是 k). 系统与光子的相

互作用被看成是微扰

$$H_{\text{int}} = -\frac{e}{2mc}(\boldsymbol{A} \cdot \boldsymbol{p} + \boldsymbol{p} \cdot \boldsymbol{A}) = -\frac{e}{mc}\boldsymbol{A} \cdot \boldsymbol{p} \tag{12.12}$$

式中, $\boldsymbol{p}$ 为动量算符; $\boldsymbol{A}$ 为电磁场矢势 (标量势 $\varPhi = 0$, 在线性光学区, $\boldsymbol{A}$ 的二次项是可以忽略的). 利用对易关系 $[\boldsymbol{p}, \boldsymbol{A}] = -\mathrm{i}\hbar\nabla \cdot \boldsymbol{A}$ 和偶极子近似, 在紫外光区, 在原子尺度上 $\boldsymbol{A}$ 是常数, 这样 $\nabla \cdot \boldsymbol{A} = 0$. 这是经常用的近似, 但是在电磁场空间分布剧烈变化的固体表面时 $\nabla \cdot \boldsymbol{A}$ 将非常重要, 不能忽略.

　　由于单步模型非常复杂, 所以实际上通常用一个更加简单的所谓的三步模型 (three-step model, 如图 12.27(b) 所示)[3,4,38,40,41] 来描述光电子发射. 三步模型认为光电子发射可描述为三个连续的过程:

(1) 电子的光激发;

(2) 移向表面的非弹性散射的电子输运;

(3) 光电子向真空的逃逸.

主要的光电流 $I(E, h\nu)$ 是和这三个过程一一对应的三个因子的乘积

$$I(E, h\nu) = P(E_{\text{f}}, h\nu)T(E_{\text{f}})X(E_{\text{f}}) \tag{12.13}$$

式中, E 为光电子的动能; $h\nu$ 为光子能量; E_{f} 为样品内被激发电子的能量; $P(E_{\text{f}}, h\nu)$ 为总的光电子发射几率函数; $T(E_{\text{f}})$ 为电子输运到样品表面的散射几率函数; $X(E_{\text{f}})$ 为透过样品表面势垒的逃逸几率函数. 第一步中包含了材料本征电子结构的所有信息. 第二步可以由有效平均自由程来描述: 有效平均自由程正比于到达表面未经散射的被激发电子的几率. 这一过程中非弹性散射的二次电子在 ARPES 谱上形成一个连续的背底, 可以被扣除. 第三步, 电子的逃逸几率取决于样品的功函数和激发电子的能量.

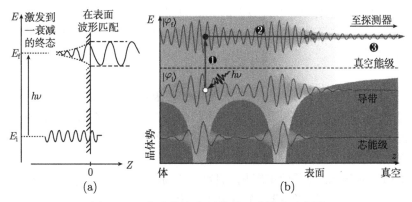

图 12.27　角分辨光电子能谱理论描述示意图

(a) 单步模型; (b) 三步模型[42]

　　三步模型简单、有效和实用, 是被很多实验证明了的[9,40,41], 特别是用于理解利用光电子谱测定固体的电子能带结构的情况. 三步模型虽然取得了很大的成功, 但是也存在很多的缺陷. 三步模型是建立在独立电子模型基础上的, 所以它没能考虑多体关联效应, 而这在如高温超导体等强关联体系材料中是非常重要的; 三步模型没有包含表面光电效应; 没有包含任何表面特征效应, 如表面态可以出现在非常理想的中止表面上, 也可以出现在弛豫的或重构的表面上; 三步模型根本的问题是, 光电子谱非常小的取样深度引起了概念上的困难, 因为表面的输运过程和从表面的逃逸过程是分不开的[43,44]. 实际上, 电子的激发, 其末态波函数是一个波包, 其中心在表面下一个典型的逃逸深度内, 当跃迁发生的时候, 末态在表面就已经有了很大的幅度.

12.3.2　突发近似和单粒子谱函数

　　在光电子激发的过程中, 系统和光电子本身会发生弛豫, 因此在上述的处理中利用了所谓的 "突发近似"(sudden approximation) 来进行简化. 这被用在处理有相互作用电子体系中的价电子光电子谱的多体计算中, 原则上它只对高能光电子适用. 在这个近似下, 光电子被认为是 "突发" 产生的, 所用的时间远比系统的弛豫时间短.

　　如果光电子能量较低, 当它从表面逃逸出去的时间和系统的弛豫时间可以比拟时, 这就是所谓的 "绝热极限"(adiabatic limit)[45], 波函数将不能进行分解简化.

　　当来自价带的光电子能量低到什么时候, "突发近似" 开始失效还一直没有研究清楚. 芯能级的研究表明, 它依赖于研究的体系, 不仅依赖于原子种类, 而且依赖于其化学环境[46~51]. 对高温超导体的价带光电子能谱研究发现, 当光子能量为 20eV 时, 突发近似是成立的[52]. 更近期的实验认为对于处理低能激发的情况, 即使光子能量为 6.05eV 时, 突发近似也是成立的[19,20].

　　"突发近似" 是解释 ARPES 数据的关键, 它将 ARPES 谱与包含固体中所有的电子信息的单粒子谱函数 $A(k, \omega)$ 直接联系起来. 在 "突发近似" 下, 前面提到的可能的终态可以写成

$$\Psi_{\mathrm{f}}^{N} = \mathcal{A}\phi_{\mathrm{f}}^{k} \Psi_{\mathrm{f}}^{N-1} \tag{12.14}$$

式中, $\mathcal{A}$ 为反对称算符 (完全反对称 N 个电子波函数, 这样满足泡利不相容原理); ϕ_{f}^{k} 为动量为 k 的光电子波函数; Ψ_{f}^{N-1} 为剩余 $(N-1)$ 电子系统的终态波函数, 它可以被视为是一个本征函数是 Ψ_{m}^{N-1} 和能量是 E_{m}^{N-1} 的系统的激发态. 这样, 总的跃迁几率则是对所有的可能的激发态 m 的求和.

　　对于所有的初态, 为了简单起见, 假定 Ψ_{i}^{N} 是单个 Slater 行列式 (如 Hartree-Fock 形式), 这样可以将它写成一个单电子轨道函数 ψ_{i}^{N} 和 $(N-1)$ 个粒子的形式

$$\Psi_{i}^{N} = \mathcal{A}\phi_{i}^{k} \Psi_{i}^{N-1} \tag{12.15}$$

更一般地, Ψ_i^{N-1} 应写成 $\Psi_i^{N-1} = c_k \Psi_i^N$ 的形式, 其中 c_k 为动量为 k 的电子湮灭算符. 这也说明 Ψ_i^{N-1} 不是 $(N-1)$ 个电子体系的本征态, 只是拿掉一个电子后 N 个粒子波函数的剩余部分. 基于这一点, 式 (12.10) 中的矩阵元可以写成如下形式:

$$\langle \Psi_f^N | H_{\mathrm{int}} | \Psi_i^N \rangle = \langle \phi_f^k | H_{\mathrm{int}} | \phi_i^k \rangle \langle \Psi_m^{N-1} | \Psi_i^{N-1} \rangle \tag{12.16}$$

式中, $\langle \phi_f^k | H_{\mathrm{int}} | \phi_i^k \rangle \equiv M_{f,i}^k$ 是单电子偶极矩阵元, 第二项是 $(N-1)$ 个电子的交叠积分. 注意这里用本征态 Ψ_m^{N-1} 替代 Ψ_f^{N-1}. 这样, 总的光电子谱强度 $I(k, E_{\mathrm{kin}}) = \sum_{f,i} w_{f,i}$ 可以写成下面的形式

$$I(k, E_{\mathrm{kin}}) = \sum_{f,i} |M_{f,i}^k|^2 \sum_m |c_{m,i}|^2 \delta(E_{\mathrm{kin}} + E_m^{N-1} - E_i^N - h\nu) \tag{12.17}$$

式中, $|c_{m,i}|^2 = |\langle \Psi_m^{N-1} | \Psi_i^{N-1} \rangle|^2$ 是从 i 态移出一个电子, 剩余的 $(N-1)$ 个电子处在激发态 m 的几率. 对某个特定的态 $m = m_0$, 如果 $\Psi_i^{N-1} = \Psi_{m_0}^{N-1}$, 那么相应的 $|c_{m_0,i}|^2 = 1$, 其余的 $c_{m,i}$ 为零. 在这种情况下, 如果 $M_{f,i}^k \neq 0$, ARPES 谱是一个的 δ 函数 (图 12.28(a))[53,54], 对应位置的能量为 Hartree-Fock 能量 $E_B^k = -\varepsilon_k$. 在强关联系统中, 移出光电子将导致系统的有效势能剧烈改变, 这样许多的 $|c_{m,i}|^2 \neq 0$, 取而代之的是, Ψ_i^{N-1} 将与很多本征 Ψ_m^{N-1} 态交叠. 这样 ARPES 谱不再是 δ 函数, 而是呈现出一个主峰和几个卫星峰的图像 (图 12.28(b))[9,53].

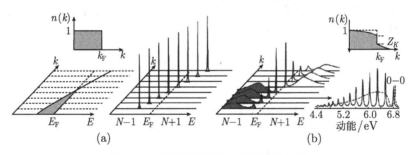

图 12.28 不同情形下 ARPES 谱情形

(a) 非相互作用电子系统; (b) 相互作用的费米液体系统. 右下角显示的是氢气 (实线) 和固体氢 (虚线) 对应的光电子谱

在讨论固体的光电子发射过程, 特别是对于关联电子体系 (这时式 (12.17) 中很多 $(|c_{m,i}|^2 \neq 0)$ 时, 最强大和普遍使用的是基于格林函数的形式 (Green's-function formalism)[55~59]. 这里多体系统中单电子的传播, 用一个时序的单电子格林函数 $G(t-t')$ 来描述. 它可以被解释为, 在零时刻时添加一个电子到一个动量为 k 的布洛赫态的系统后, 经过时间 $|t-t'|$ 其仍然处在相同态的几率幅度. 故 $G(t-t')$ 经过傅里叶变换后能够在能量和动量表象下写成 $G(k, \omega) = G^+(k, \omega) + G^-(k, \omega)$ 的形

式, 其中 $G^+(k, \omega)$ 和 $G^-(k, \omega)$ 分别表示单电子的增加和移除格林函数. 当 $T = 0$ 时

$$G^\pm(k, \omega) = \sum_m \frac{|\langle \Psi_m^{N\pm1}|c_k^\pm|\Psi_i^N\rangle|^2}{\omega - E_m^{N\pm1} + E_i^N \pm i\eta} \tag{12.18}$$

式中, 算子 $c_k^+ = c_{k\sigma}^+(c_k^- = c_{k\sigma})$ 表示对 N 个粒子的初态 Ψ_i^N 产生 (湮灭) 一个能量为 ω、动量为 k、自旋为 σ 的电子. 求和需要对所有可能的 $(N \pm 1)$ 粒子本征态 $\Psi_m^{N\pm1}$(本征能量为 $E_m^{N\pm1}$) 进行, η 是正的无穷小量, 在 $\eta \to 0^+$ 极限下, 利用 $(x \pm i\eta)^{-1} = \mathcal{P}(1/x) \mp i\pi\delta(x)$, 可以获得所谓的单粒子谱函数 (one-particle spectral function)

$$A(k, \omega) = A^+(k, \omega) + A^-(k, \omega) = -(1/\pi)\mathrm{Im}G(k, \omega) \tag{12.19}$$

$$A^\pm(k, \omega) = \sum_m |\langle \Psi_m^{N\pm1}|c_k^\pm|\Psi_i^N\rangle|^2 \delta(\omega - E_m^{N\pm1} + E_i^N) \tag{12.20}$$

式中, $G(k, \omega) = G^+(k, \omega) + [G^-(k, \omega)]^*$ 定义为推迟格林函数; $A^+(k, \omega)$ 和 $A^-(k, \omega)$ 分别定义为单电子添加和移除谱函数, 可以直接通过光电子和反光电子(inverse photoemission) 能谱实验得到.

对光电子发射过程, 比较 $A^-(k, \omega)$ 与光电子发射强度式 (12.17)(注意 $\Psi_i^{N-1} = c_k\Psi_i^N$), 可以重新将式 (12.17) 写成

$$I(k, E_{\mathrm{kin}}) \propto \sum_{f,i} |M_{f,i}^k|^2 A^-(k, \omega) \tag{12.21}$$

这样, 光电子谱的强度直接和格林函数相互联系起来了. 将格林函数推广到 $T \neq 0$ 的情形, 测量的二维单带系统的 ARPES 谱强度可以写成

$$I(k, \omega) = I_0(k, \nu, \omega)f(\omega)A(k, \omega) \tag{12.22}$$

式中, $k = k_{/\!/}$ 为面内电子动量; ω 为相对费米能级的电子能量; $I_0(k, \nu, \omega) \propto |M_{f,i}^k|^2$, 依赖于固体内电子动量以及入射光子的能量和极化方向; $f(\omega) = (e^{\omega/k_\mathrm{B}T} + 1)^{-1}$ 为费米–狄拉克分布函数, 可以看出, 光电子能谱只能测量电子的占据态. 值得注意的是, 在式 (12.22) 中忽略了由于有限的能量和动量分辨率带来的额外的背底和谱线展宽, 当定量分析 ARPES 数据的时候, 这些都是需要认真考虑的.

电子–电子相互作用带来的对格林函数的修正可以方便地用电子的真自能 (proper self-energy) 来表示: $\Sigma(k, \omega) = \Sigma'(k, \omega) + i\Sigma''(k, \omega)$. 自能的实部与虚部分别包含了一个在多体系统中传播的能带能量 (band energy) 为 ε_k, 动量为 k 的电子的所有能量重整化信息及寿命信息. 格林函数和谱函数用自能的形式表示如下

$$G(k, \omega) = \frac{1}{\omega - \varepsilon_k - \Sigma(k, \omega)} \tag{12.23}$$

$$A(k, \omega) = -\frac{1}{\pi}\frac{\Sigma''(k, \omega)}{[\omega - \varepsilon_k - \Sigma'(k, \omega)]^2 + [\Sigma''(k, \omega)]^2} \tag{12.24}$$

由于 $G(t, t')$ 是外部扰动的线性响应函数, 那么它的傅里叶变换形式 $G(k, \omega)$ 的实部和虚部必须满足因果关系, 二者之间通过 Kramers-Kronig 变换 (K-K 变换) 联系起来. 这意味着如果能够从光电子能谱和反光电子能谱得到完整的 $A(k, \omega) = -(1/\pi) \mathrm{Im} G(k, \omega)$, 将可以计算实部 $\mathrm{Re} G(k, \omega)$, 并从式 (12.24) 得到自能的实部和虚部. 实际上由于缺乏高质量的反光电子能谱实验数据, 自能的实部和虚部通常是在一定的假设下仅使用 ARPES 谱分析得到的[39].

12.3.3 矩阵元效应

从式 (12.22) 可知, ARPES 直接测量单粒子谱函数 $A(k, \omega)$, 并且通过前面的分析知道测量得到的光电子谱强度 $I_0(k, \nu, \omega) \propto |M_{f,i}^k|^2$, 也就是光电子谱强度依赖于固体内电子动量 k 以及入射光子的能量和极化方向, 这就是所谓的矩阵元效应 (matrix element effect).

为了具体说明矩阵元效应, 如图 12.29(a) 所示, 考虑光沿着样品的一个对称镜面 M 入射, 电子能量分析器也位于该对称镜面内[61,62]. 此时, 终态相对于此镜面的对称性必须为偶对称; 否则, 由于电子能量分析器也在镜面上, 将不会有光电子被检测到, 即终态在对称镜面上的取值将处处为 0.

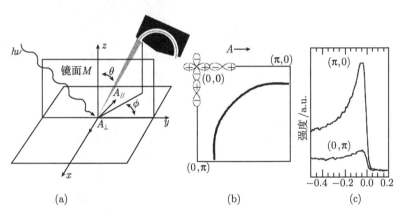

图 12.29　入射光束与电子能量分析仪的位置关系 (a), Cu3$d_{x^2-y^2}$ 和 O2p 轨道杂化示意图 (b), 入射光子能量 $h\nu = 22$eV 时, 与 (b) 对应轨道的 EDC(c)[63]

偶极跃迁矩阵元 (即 $I_0(k, \nu, \omega)$) 若不为 0, 则参与积分的全部函数整体必须为偶函数, 由上面分析得知终态必然为偶函数, 这样就有两种可能: ①初态相对于镜面为奇函数, 入射光子偏振方向垂直于镜面; ②初态相对于镜面为偶函数, 入射光子偏振方向平行于镜面. 可以总结如下:

$$\langle \phi_f^k | A \cdot p | \phi_i^k \rangle \begin{cases} \phi_i^k \text{偶函数} \langle +|+|+\rangle \Rightarrow A \text{偶函数} \\ \phi_i^k \text{奇函数} \langle +|-|-\rangle \Rightarrow A \text{奇函数} \end{cases} \qquad (12.25)$$

　　考虑高温超导体中杂化的 Cu3d − O2p 初态, 如图 12.29(b) 所示, 电子在每一个 Cu 位具有 $d_{x^2-y^2}$ 对称性, 容易发现初态相对于 $(0,0) − (\pi,0)$(或者由此方向和 k_z 方向决定的镜面) 为偶对称, 而相对于 $(0,0) − (\pi,\pi)$ 方向为奇对称. 根据上面的分析结果, 沿 $(0,0) − (\pi,0)$ 方向的光电子只有当 A 与其平行的时候才能被观察到; 同理, 沿 $(0,0) − (\pi,\pi)$ 方向的光电子只有在当 A 与其垂直的时候才能被观察到. 图 12.29(c) 给出了当初态关于 $(0,0) − (\pi,0)$ 成偶对称的时候 A 分别平行和垂直于该方向时的情况: 当 A 平行于 $(0,0) − (\pi,0)$ 时, 光电子谱强度达到极大; 当 A 垂直于 $(0,0) − (\pi,0)$ 时, 光电子谱强度达到极小[62].

　　图 12.30(a) 显示的是光子极化方向对光电子谱强度的影响[64]. 从图中可以发现, 即使入射光子的能量相同, 但是由于不同的极化方向使得光电子谱强度不同. 图 12.30 右侧三幅图是理论模拟的 Bi2212 的光电子谱强度, 白色的双箭头表示光子的极化方向, 左侧显示与右侧图对应的光电子谱强度随角度 α、β、γ 的变化情况. 从图中可以明显地看出光电子谱强度与入射光子的极化方向关系密切.

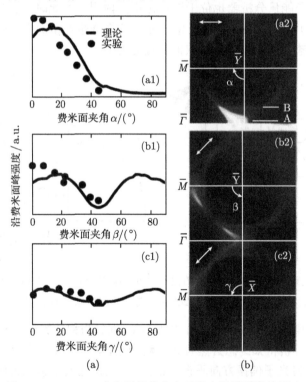

图 12.30　Bi2212 中光子极化方向对光电子谱强度的影响

(a2)∼(c2) 模拟的费米能级 E_f 附近的 ARPES 强度图, 其中入射光子能量 $h\nu = 22\text{eV}$, 极化方向如图中白色双箭头所示. A 和 B 分别表示 CuO$_2$ 层的两个不同能带. (a1)∼(c1) 显示了外层能带 A 的强度与角度 α、β、γ 的关系. 图中黑点显示了实际测量结果[65]

12.4 实验数据分析

在 ARPES 数据分析中, 常用到四种谱图: 能量分布曲线、动量分布曲线、色散关系和费米面. 下面将简要介绍这四种谱图. 自能分析也是现代 ARPES 数据的常用分析方法, 本书也将作介绍.

12.4.1 能量分布曲线和动量分布曲线

现代的电子能量分析仪具有多通道的探测能力, ARPES 实验能够同时得到光电子强度作为能量和动量的函数关系图. 如果固定动量 k, 沿能量 ω 变化方向进行线扫描, 就得到一条强度 $I(k,\omega)$ 随结合能 $\hbar\omega$ 变化的谱线, 这就是能量分布曲线 (EDC). 类似的, 如果固定能量 ω, 沿动量 k 方向进行线扫描, 将得到一条强度 $I(k,\omega)$ 随动量 k 变化的曲线, 即动量分布曲线 (momentum distribution curve, MDC).

图 12.31(a) 为一个典型的原始 ARPES 数据谱图, 包括动量、能量和强度信息, 其中强度是用颜色尺度来表示的[66]. 图 12.31(b) 为对应的不同动量 k 的能量分布曲线, 可以看到, 能量分布曲线在费米能级处有明显的费米截止, 并且在高能区存在着很强的二次电子背底.

图 12.31 (c) 为相应的动量分布曲线. MDC 通常拥有简单的线型, 可能是因为费米函数和非弹性散射背底强烈地依赖于能量, 而对动量的依赖性较小的缘故; 另外, 自能通常对动量的依赖性较小, 在 MDC 峰宽的尺度范围基本不变, 使 MDC 呈现简单的洛伦兹线型.

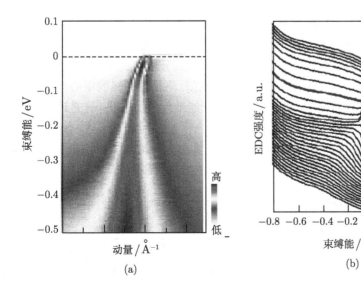

(a)

(b)

续

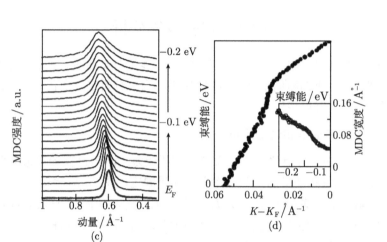

图 12.31 $(La_{2-x}Sr_x)CuO_4(x=0.063, T_c \sim 12K)$ 样品 20K 时沿节点方向 $(0,0) - (\pi,\pi)$的原始 ARPES 数据谱图 (a); 相应的能量分布曲线, 在标记费米动量 (k_F) 的曲线上, 可见明显的准粒子峰和费米截止 (b); 相应的动量分布曲线, 最下面一条曲线为费米能级处的动量分布曲线, 曲线为简单的洛伦兹线型 (c); MDC 拟合得到的能量–动量色散关系 (黑点), 其中小图为 MDC 半高宽与能量的关系 (圆圈)(d) (图来自 Zhou 等[66])

12.4.2 色散关系和费米面

目前从原始探测数据抽取出色散关系有两种经验性的方法: 能量分布曲线拟合和动量分布曲线拟合.

由于 1994 年前的能量分析仪单次测量只能得到一条 EDC, 因此早期是通过观察不同动量对应的 EDC 峰位的变化来得到色散关系.

通过对材料内部电子色散关系的分析, 能够直接得到电子自能, 这是用来研究体系内部多体相互作用的重要手段. 作为一种先进的实验手段, ARPES 能够直接探测材料内部单电子谱函数, 通过对所探测谱函数的分析能直接得到色散关系.

12.4.1 节分析得到了 MDC 是简单洛伦兹线型, 洛伦兹曲线的中心即是重整化态的位置, 使得 MDC 拟合成为理想的用来分析能带色散的方法. 这是近些年分析色散关系普遍使用的方法. 在费米能级附近的一个小的能量范围内, 如果裸带 ε_k 可以近似成 $\varepsilon_k = V_0 k$, 其中 V_0 为裸带的费米速度, k 为相对于费米动量 k_F 的动量, 并且假设电子自能对动量的依赖性很弱, 则式 (12.24) 可以写为

$$A(k,\omega) = -\frac{1}{\pi}\frac{\Sigma''(k,\omega)}{[\omega - V_0 k - \Sigma'(k,\omega)]^2 + [\Sigma''(k,\omega)]^2}$$
$$= \frac{-1/\pi\Sigma''(\omega)/V_0^2}{[k-(\omega-\Sigma'(\omega))/V_0]^2 + [\Sigma''(\omega)/V_0]^2} \tag{12.26}$$

不难看出, 式 (12.26) 中 $A(k,\omega)$ 是一个相对于 k 的洛伦兹函数. 如果把它与

标准的洛伦兹线型比较

$$L = \frac{H(\Gamma/2)^2}{(x-x_0)^2 + (\Gamma/2)^2} \tag{12.27}$$

式中, x_0、Γ 和 H 分别代表洛伦兹线型的位置、半高宽和高度, 由式 (12.27) 与式 (12.26) 的比较可以得出

$$\Sigma'(\omega)/V_0 = \omega - x_0 V_0 \tag{12.28}$$

$$\Sigma''(\omega) = V_0 \Gamma/2 \tag{12.29}$$

$$\Sigma''(\omega) = 1/(\pi H) \tag{12.30}$$

由此可以看出, 在一定的近似下, MDC 拟合得到的信息能直接与电子的自能相联系. 这为 ARPES 研究材料中的多体相互作用提供了条件. 图 12.31(d) 为通过拟合 MDC 得到的能量–动量色散关系, 同时也得到了 MDC 半高宽随能量的变化关系 (圆圈所示)[66].

对色散关系的分析, 不管是通过 MDC 还是 EDC 分析, 都假设矩阵元效应的贡献为一常量, 而实际上矩阵元效应的影响是不可忽略的. 因此, 矩阵元效应的存在会影响到最终得到的色散关系. 近来有研究者用二维拟合的方法来对 ARPES 谱图进行拟合[67], 这种拟合方法能够消除矩阵元效应的影响得到色散关系. 虽然如此, 如何从 ARPES 原始谱图抽取出色散关系仍然是一个值得深究的问题.

ARPES 还有一个强大的功能就是能够研究材料费米面的拓扑结构及大小. 通过对原始光电子发射谱费米能级附近的能量窗口 $\delta\omega$(如 ±5meV) 积分, 再将此积分强度以色阶 (或灰度) 表示在布里渊区相应的 k 点上, 这样在整个二维色阶 (灰阶) 图上高亮部分形成的轨迹就是费米面. 图 12.32 (a) 为对 Pb-Bi2212 实验测得的费米面[68], 可以发现其与理论计算得到的费米面 (图 12.32 (b)) 符合得相当好.

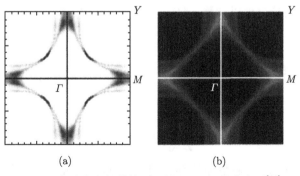

图 12.32　实验上测得的掺 Pb 的 Bi2212 的费米面[68] (a)
及理论计算得到的 Bi2212 费米面 (b)[49]

12.4.3　电子自能分析和最大熵方法

实验发现, 在铜氧化合物高温超导体中, 在超导态传递电流的有效单元仍然是位相相干, 并已形成凝聚的库珀对系统[69]. 解释库珀对的配对机制是理解高温超导体的终极目标之一. 这需要找到令两个电子联系起来的纽带 (pairing glue). 在 BCS 超导体中, 这个纽带就是声子. 而在铜氧化合物超导体中, 对纽带有着各种不同的观点: 声子[70~74]、自旋涨落[75~81] 和其他[82]. 如何确定导致电子配对的纽带, 是解决高温超导机理的关键问题.

要真正解决这个问题, 关键是要获得相关玻色子的谱函数. 超导理论表明, 当电子–声子耦合较强时, 电子态密度曲线就会出现有效声子态密度 $\alpha^2 F(\omega)$(Eliashberg 函数, α 是电子–声子耦合强度, $F(\omega)$ 为声子态密度) 引起的附加结构. 由这种具有声子结构的电子态密度曲线可以计算出有效声子谱 $\alpha^2 F(\omega)$. 在传统超导体中, 从电子隧道谱数据中成功地获得了声子谱函数, 这也证实了 BCS 超导体是以声子为媒介的. 同样, 如果获得高温超导体的玻色子谱函数, 对高温超导机理的解决也将起到决定性的作用.

要获取玻色子谱函数, 首先必须知道电子的自能. 由于 ARPES 能够直接测量色散关系, 从而获得费米能级附近电子的自能, 因此能够直接从 ARPES 数据中抽取玻色子谱函数.

根据前面的理论分析, 电子自能的实部是相互作用电子的色散与无相互作用电子的色散 (裸带) 的能量差. 在靠近费米能级附近小的能量范围内, 有理由相信裸带色散为一光滑的曲线. 通过从实际测量得到色散中扣除裸带色散来获得电子自能的实部. 图 12.33 给出最为简单的从 ARPES 数据中获得电子自能的方法[83]. 选取一条直线作为裸带色散, 自能的实部为实验测得色散与裸带色散的差值: $\mathrm{Re}\Sigma$, $\Sigma'(\omega) = \omega - (k_{\mathrm{m}} - k_{\mathrm{F}}) \cdot V_0$, 其中 k_{F} 为费米动量, V_0 为裸带费米速度. 自能的虚部: $\mathrm{Im}\Sigma$, $\Sigma''(\omega) = V_0 \cdot (k_2 - k_1)/2$, 其中 $(k_2 - k_1)$ 为 MDC 半高宽.

获得电子的自能后可以计算 $\alpha^2 F(\omega)$ 和分辨其中的精细结构. 对于金属, 电子自能实部与 Eliashberg 函数满足如下关系[84]:

$$\mathrm{Re}\Sigma(k, \varepsilon; T) = \int_0^\infty \mathrm{d}\omega \alpha^2 F(\omega; \varepsilon, k) K\left(\frac{e}{kT}, \frac{\omega}{kT}\right) \tag{12.31}$$

式中

$$K(y, z) = \int_{-\infty}^{+\infty} \mathrm{d}x \frac{2z}{x^2 - y^2} f(x - y) \tag{12.32}$$

$f(x)$ 为费米分布函数. 这种联系能够应用到任意电子–玻色子耦合系统,$\alpha^2 F(\omega)$ 将描述潜在的玻色子谱函数. 将电子自能实部 $\mathrm{Re}\Sigma$ 进行 $K - K$ 变换后可以获得电子自能的虚部 $\mathrm{Im}\Sigma$.

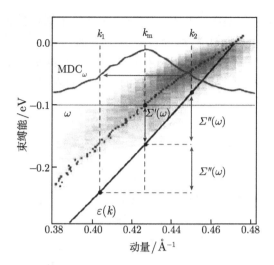

图 12.33　从 ARPES 数据中抽取电子自能. 自能的实部和虚部分别用 Σ' 和 Σ'' 的双箭头在光电子发射谱中标示. 裸带色散和重整化后的色散 (实验测量得到的色散) 分别用斜实线和圆点标示. 峰形实线表示在能量为 $-0.1\,\mathrm{eV}$ 处的动量分布曲线, k_m 为 MDC 最大值的位置, k_1 和 k_2 的位置由半高宽确定 (图来自 Kordyuk 等[83])

　　由于实验数据不可避免地存在噪声, 利用传统的最小二乘法 (least-square-method) 进行反积分, 式 (12.31) 在数学上是没有稳定解的. 施均仁等发展了最大熵方法 (maximum entropy method, MEM)[85]—— 从高分辨率角分辨光电子能谱数据中获得玻色子谱函数的系统的数值方法.

　　MEM 首先要求获得电子的自能, 并且对 ARPES 实验数据提出了非常苛刻的要求, 要求数据具有非常高的分辨率和高的统计性[85,86]. 对于同步辐射装置, 高的分辨率和高的数据统计通常是对立的, 必须采取一个折中的办法使二者都达到一个较好情况. 周兴江实验室最近研制的真空紫外激光角分辨光电子能谱仪将非常适合开展这方面工作, 因为它能够同时非常好地满足这两个要求[10].

　　MEM 逼近与传统的最小二乘法相比有如下优点:

　　(1) 视抽取的玻色子谱函数为一概率函数, 并选取其中最有可能的解.

　　(2) 在拟合过程中自然地将先验知识作为束缚条件. 事实上, 为获得公正的数据判断, 只给玻色子谱函数加了很少的基本物理束缚: ①函数是正的; ② 当 $\omega \to 0$ 时, 函数为零; ③ 在自能特征的最大能量以上函数为零. 后来 MEM 被引入到分析高温超导体的电子自能, 以获取有关集体激发耦合模式的信息[86].

　　前面提到了在一个很小的能量窗口, 裸带被认为是光滑的. 基于这种假设, MEM 假设了一种比直线更为复杂, 也更合理的裸带: $\varepsilon_0(k) \approx \alpha_1(k - k_\mathrm{F}) + \alpha_2(k - k_\mathrm{F})^2$, 式中, 系数 α_1 和 α_2 的选取将使得裸带与实验所得色散在高能部分是重合的. 假设在能量稍高的范围 (如 150~200meV) 玻色子耦合模式消失, 裸带和重整化的色散 (实验测得的色散) 将重合. 图 12.34 显示了不同裸带的选择 (即 α_1 和 α_2 的选择) 对有效玻色子谱函数的影响, 结果表明这对获取耦合模式信息的影响非常小[86], 也就是说 MEM 得到的结果反映的是材料的内秉性质.

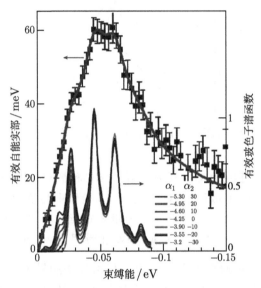

图 12.34　不同裸带的选择对 MEM 结果的影响[86]

12.5　角分辨光电子能谱的应用

12.5.1　高温超导体能带结构和费米面

费米面是动量空间中无能隙激发电子的等能面. 弄清楚费米面情况对理解固体材料的物理特性起着决定性作用. 因为费米面的拓扑结构与材料的输运特性和热力学特性密切相关, 它的形状、尺寸决定了电荷载流子的类型、数量及电荷、自旋特性. 对于高温超导体, 详细的费米面知识对研究超导能隙、赝能隙的对称性必不可少. 因此, 高温超导体的费米面的问题是自发现以来一直被深入研究、激烈争论的问题.

对费米面问题研究最系统、最深入的工作是在铜氧化物高温超导体 $Bi_2Sr_2CaCu_2O_8$ (简称 Bi2212) 系统上做的, 这是因为该材料拥有层间的自然解理面, 容易获得高品质单晶样品 (图 12.35). 下面我们将以 Bi2212 的正常态电子特性为例, 主要围绕其费米面的拓扑结构进行阐述. 按照能带计算的结果[87], 由于 Bi2212 一个结构单元中, 包含两个邻近的 CuO_2 面, 因此, 这将导致两个能级和两个费米面

(通常称为双层劈裂, 图 12.35). 而实际上对 Bi2212 费米面的认识, 由于存在多重复杂因素, 长期以来一直存在争论. 如 Bi2212 在其动量空间的反节点 $(\pi, 0)$ 区域的电子结构复杂, 在这个区域 ARPES 测量到的准粒子色散关系随动量变化很小, 即所谓的平带 (flat band)[13,88,89].

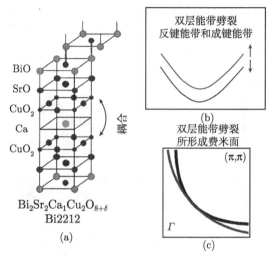

图 12.35 铜氧化合物高温超导体 Bi2212 的晶体结构 (a), 能带 (b) 和理论计算的费米面[87](c). 由于 Bi2212 一个结构单元中, 包含两个邻近的 CuO_2 面 (中间只由 Ca 隔开), 因此这导致两个能带 (成键能带和反键能带) 以及相对应的两个费米面

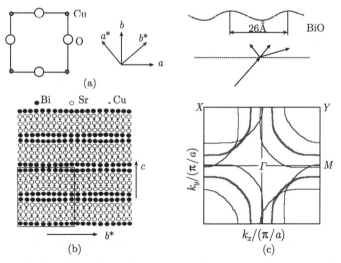

图 12.36 Bi2212 的 BiO 层具有非公度超结构 (b), 其对应的非公度矢量 Q 沿着 b^* 方向 ((a), 和 CuO 键的方向成 45°). 电子经过 BiO 层时, 由于该超结构的作用, 形成除原来主费米面 ((c) 中的粗实线) 之外的额外的费米面 ((c) 中的细实线)

引起 Bi2212 费米面复杂性的第一个因素, 是 Bi2212 中通常存在的超结构, 导致形成主能带以外的新的超结构带 (umklapp band) (图 12.36), 通常认为是起源于出射光电子穿过 BiO 层超结构区域的衍射引起, 它本质上也可能是由非公度畸变引起 CuO_2 面内固有电子结构的修正[90~92,99]. 畸变沿 b^* 轴方向, 其周期约为 26Å, 这样形成一个 b^* 轴方向的近似是原来 5 倍大小的晶胞[93,94]. 导致了如图 12.37 所示的两个相对主费米面平移 $Q = \pm(0.21\pi, 0.21\pi)$ 波矢复制的超结构费米面, 甚至还有更高阶的超结构费米面 (平移 nQ)[95,96].

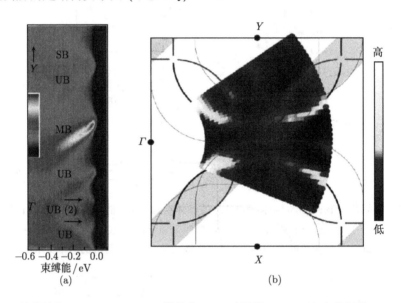

图 12.37　最佳掺杂 Bi2212(T_c=90K) 样品在 40K 时用沿 $\varGamma - X$ 方向偏振的 33eV 光子沿 $\varGamma - Y$ 方向测量得到的二维谱图 (a)[95] 从图中可以清楚地看到主带 (main band, MB)、超结构带 (umklapp band, UB)、二阶超结构带 (second-order umklapp band, UB(2)), 以及影子带 (shadow band, SB); 用 21.2eV 光子测得的 Bi2212 正常态 E_F 附近强度积分图 (b)[96]. 主费米面和影子费米面分别向上下变曲和向左右弯曲的粗实线标示. 一阶和二阶超结构费米面分别用粗黑线和细虚线标示

引起 Bi2212 费米面复杂性的另一个因素, 是所谓影子带的存在. 图 12.37 所示存在影子带, 这被认为是在二维布里渊区内对主费米面进行 (π, π) 波矢平移的一个复制[97]. 这些带与主电子结构关于垂直于 $\varGamma - X$ 或者 $\varGamma - Y$ 的镜面对称是一致的. 一种观点认为它起源于短程和动态反铁磁关联引起的磁性超结构[97]; 另一种观点认为它起源于面心正交单胞中每一 CuO_2 面两个不等价铜位引起的结构变化[98,99].

如图 12.35 所示的双层能带劈裂结构, 在相当长一段时间没有被观察到. 后来在实验精度得到明显改善后, 双层劈裂才被清晰地观察到[68,100,101] (图 12.32). 劈裂

在反节点方向 $(\pi, 0)$ 到达最大, 而在节点方向 $(0, 0) - (\pi, \pi)$ 则最小, 但不为零[102]. 而且, 双层劈裂在过掺杂样品中表现得最为明显.

按严格意义上的定义, 费米面代表电子填充的费米能级处的等能面. 高温铜氧化物超导体的过掺杂区域, 可以被认为接近传统金属. 在其正常态, 即在超导转变温度以上, 尽管不存在有良好定义的元激发, 但是有证据表明存在着一个大的费米面[52,103,104]. 对过掺杂样品的磁输运特性测量, 也表明存在大的封闭的费米面[105]. 而在欠掺杂区域和最佳掺杂区域的费米面的拓扑结构, 则存在长期的争议. 包括大的费米面、费米弧(Fermi arc) 和费米口袋(Fermi pocket). 在欠掺杂区域, 由于存在着 "赝能隙"[106~109], 当样品冷却时, 赝能隙在费米面上不同点的打开温度不同[110]. 这导致了原来完整费米面在 $T = T^*$(反节点赝能隙打开温度) 时开始破碎, 演变成分离的弧, 并且随温度降低逐渐收缩. 当温度降低进入超导态时 $(T < T_c)$ 时, 费米弧突变为节点方向的一个点 (图 12.38). 这是一个不寻常的行为, 因为费米面不再是与传统金属类似的动量空间中封闭的等高线.

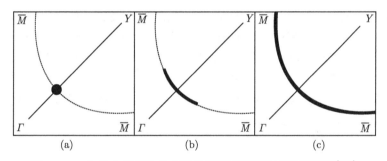

图 12.38 欠掺杂铜氧化物超导体费米面随温度变化示意图[110]

T_c 以下的 d 波节点 (a) 当温度升高到 T_c 以上时变成一段无能隙的费米弧 (b), 温度继续升高到高于 T^* 时, 费米弧扩展成一个完整的费米面 (c)

进一步的 ARPES 实验研究发现[111], 费米弧长依赖于 $T/T^*(x)$(x 为空穴浓度). 如图 12.39 所示, 费米弧长随着 $T/T^*(x)$ 减小呈线性收缩, 并且当 $T \to 0$ 时, 能够外推到零. 这被解释为 $T = 0$K 的赝能隙态是节点费米液体, 是一种无能隙激发只存在于动量空间的一个点的奇异金属态.

关于费米弧的理论非常多, 基本上可以分成两类: 一种假设费米弧的出现是由于存在一种和配对无关的长程序 (或准长程序), 包括轨道电流 (orbital currents)[112]、电荷密度波有序 (charge-density-wave ordering)[113,114]、s 波或 d 波对称的电荷密度波有序[115,116] 和更多额外的假设[117,118] 另外一种假设则是 "单一能隙", 认为赝能隙是超导能隙的残余. 虽然 $T > T_c$ 时热涨落破坏了长程序, 但是在一定的高温范围内仍然允许谱保留类似能隙的特征[119~121].

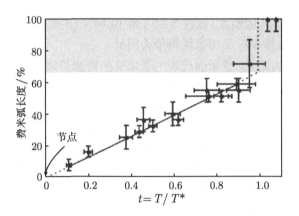

图 12.39　费米弧长随约化温度 T/T^* 的变化[111]

费米弧长的误差取决于测量的角度取样密度, 水平误差则定义为数据点的角度差值, 垂直误差则是由于确定 T^* 带来的误差. 在 T^* 以下, 费米弧长线性地依赖于 t, T^* 以上, 赝能隙消失, 费米弧扩展到整个费米面

以往的 ARPES 测量, 都支持费米弧的图像. 但欠掺杂的铜氧化物高温超导体是否具有连续、封闭的费米口袋则一直是备受关注的重要问题[112,116,122]. 最近, 周兴江研究组利用超高分辨率的真空紫外激光 ARPES 研究了 La 掺杂的 Bi2201 单晶的费米面拓扑结构[123], 在铜氧化物高温超导体中第一次直接观察到费米口袋的存在. 如图 12.40 所示, 在欠掺杂的样品 (UD18K) 中观察到了构成费米口袋的另一条非常微弱的能带 (靠近 Y 点一侧). 这项工作对超导理论的研究, 提供了一个重要的信息.

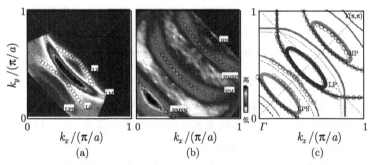

图 12.40　欠掺杂的 La-Bi2201 样品 (UD18K) 费米面的 ARPES 数据[123]

(a) 激光获得的数据, 从图中可见 LM 与 LP 构成一个封闭的椭圆, 即费米口袋; (b) 氦灯获得的数据, 可见 HP 与 HMSP 构成一个封闭的椭圆即费米口袋; (c) 合并激光和氦灯所获得的数据, 可以看到三个封闭的椭圆, 即在第一布里渊区的第一象限, 存在三个费米口袋, 其中间的为主费米口袋, 两侧灰色的椭圆为主费米口袋平移超结构波矢形成的. 圆圈为使用激光和氦灯获得的数据; 向左下方弯曲的实线为影子带及其平移超结构波矢形成的能带; 向右下方弯曲的虚线为第三象限的主费米面平移超结构波矢形成的可能的高阶超结构费米面

12.5.2 高温超导体超导能隙

超导体进入超导态后, 配对的电子将在费米能级处打开能隙, 对超导能隙的研究, 对理解超导序参量的对称性以及对超导机理的研究都具有重要的意义. 在过去的二十几年间, 角分辨光电子能谱由于其独特的动量分辨本领, 在高温超导能隙函数的对称性研究上发挥了巨大的作用.

1993 年, 斯坦福大学沈志勋研究组[124] 发现 (图 12.41), 在 Bi2212(T_c=78K) 高温超导体中, 沿对角线 $|k_x| = |k_y|$ 方向 (节点) 测得的能隙值最小, 甚至可以认为是零, 而沿 k_x 或 k_y 方向 (反节点) 能隙取最大值. 该实验表明, 铜氧化物高温超导体的超导能隙, 可能具有 d 波对称性.

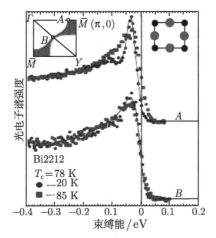

图 12.41 Bi2212(T_c=78K) 超导态和正常态 ARPES 谱线的对比[124]

对反节点方向 $(\pi,0)$ 附近的 A 点, 可以清楚地看到谱线的移动, 意味着存在能隙; 而节点方向的 B 点则很难观察到谱线的移动, 意味着能隙非常小或者能隙为零

进一步详细的测量表明[125], 在过掺杂的 T_c=87K 的 Bi2212 样品中, 超导能隙从节点方向到反节点方向是逐渐增大, 其变化趋势的确满足 d 波对称性 (图 12.42): $\Delta = \Delta_0 |\cos(k_x a) - \cos(k_y a)|$

后来的工作, 在其他空穴型高温超导体中, 如 Bi2201[109,126,127]、Bi2223[128~130]、LSCO[131]、YBCO[132] 中都发现了近似 d 波的超导能隙, 表明 d 波对称性在空穴型超导体中具有普遍性.

对于电子型超导体来说, 由于其能隙较小 (最大 5~6meV), 早期的 ARPES 研究并没有发现 d 波对称性, 而且许多其他实验手段都给出了各向同性能隙的结果. 随着实验精度的提高, 沈志勋研究组[133] 和 Takahashi 研究组[134] (图 12.43) 发现 NCCO 的超导能隙也为 d 波对称能隙.

Mesot 等[135] 研究了超导能隙随掺杂的变化情况, 发现当样品过掺杂时, 为简单的 d 波对称性, 而在欠掺杂区域, 却偏离简单 d 波对称形式:

$$\Delta = \Delta_0 \left| \cos(k_x a) - \cos(k_y a) \right|$$

作者认为是由于在欠掺杂区域长程配对相互作用开始变得重要而引起的.

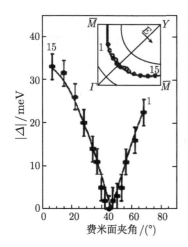

图 12.42   超导能隙随费米面不同位置角度的变化关系[125]

自 2008 年以来, 一类新的高温超导体 —— 铁基高温超导体的发现, 掀起了新一轮高温超导研究的浪潮. 自然的, 研究者们对于其超导能隙非常感兴趣, 迫切需要知道其超导能隙大小及对称性与铜氧化物高温超导体是否相同. 很快的, 在同一时间里物理所的周兴江研究组[136] 和丁洪研究组[137] 就各自独立地发现最佳掺杂的铁基高温超导体 $(Ba_{0.6}K_{0.4})Fe_2As_2$ 的 Γ 点附近存在两个空穴型的费米面, 两费米面上的超导能隙有着不同的尺寸甚至对称性: 里面的费米面上 (图 12.44 中 FS1 所示费米面) 的能隙较大 (10~12meV), 并且随着动量的变化而缓慢的改变; 外面的费米面上 (图 12.44 中 FS2 所示费米面) 的能隙较小 (7~8meV), 是各向同性的. 两个能隙函数都没有能隙节点, 近似为 s 波对称.

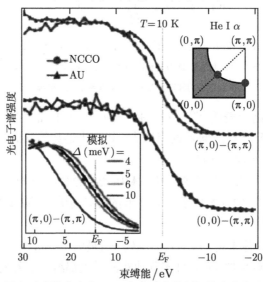

图 12.43   NCCO 超导态时反节点方向 $(\pi, 0)$(上方曲线) 与节点方向(下方曲线) 的 EDC 与 Au 的费米边的比较. 左下角为能隙模拟的结果

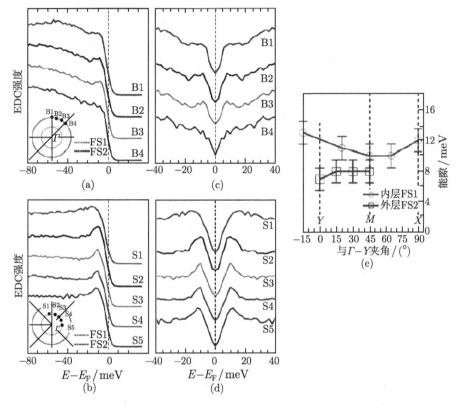

图 12.44 $(Ba_{0.6}K_{0.4})Fe_2As_2(T_c=35K)$ 的超导能隙函数[136]

(a) 和 (c) 分别为较大的费米面 (FS2) 对应的超导态的原始 EDC 和对称后的 EDC; (b) 和 (d) 分别为较小的费米面 (FS1) 对应的超导态的原始 EDC 和对称后的 EDC; (e) 为两个不同费米面上的能隙函数 (图来自 Zhao 等)

12.5.3 高温超导体中的赝能隙研究

对于传统的 BCS 超导体, 系统只有在超导转变温度 T_c 以下时, 才打开一个能隙 (即超导能隙). 对于铜氧化物高温超导体, 实验发现, 在欠掺杂区域, 在远高于超导转变温度 T_c 以上的一定温度区间, 已经有能隙的打开 (即所谓的赝能隙). 赝能隙的存在是高温超导体一个最为奇异的性质. 角分辨光电子谱在对高温超导体赝能隙的研究中发挥了重要作用[106~108]. 实验发现, 赝能隙存在于欠掺杂区域, 而不存在重过掺杂区域. 如图 12.45 所示, 从不同掺杂的 Bi2201 样品在不同温度下节点与反节点 EDC 的比较可以清楚地看到, 在欠掺杂以及最佳掺杂样品的正常态靠近反节点方向的 EDC 相对节点方向的 EDC 有一个位移, 这表明有 (赝) 能隙的打开, 而在过掺杂样品则没有[126]. 实验还发现, 赝能隙和超导能隙类似, 具有类似 d 波的对称性, 这在 Bi2201(图 12.45(b))[126,109]、Bi2212[106,107,108,138] 和 Bi2223[128,130]

中都观察到类似结果.

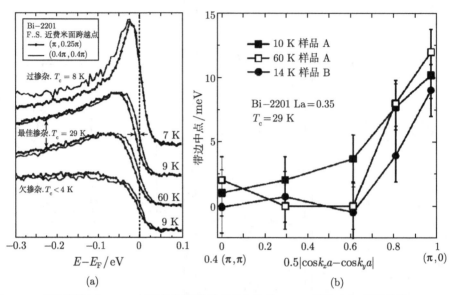

图 12.45   不同掺杂 Bi2201 在节点及靠近反节点方向的 EDC 谱线 (a); 最佳掺杂 Bi2201 的
EDC 谱线带边中点位移 (对应于能隙大小)(b)

赝能隙起源究竟是什么? 它和超导能隙和超导电性有着什么样的关系? 这是理解高温超导机制和奇异正常态性质的一个重要问题[116,139~143]. 对于二者的关系主要有两种不同的观点: 一种是认为赝能隙与超导能隙相关, 赝能隙是超导能隙的前驱[123,144~146]; 另一种是认为赝能隙和超导能隙无关, 赝能隙起源于其他的与超导无关的竞争序[147~150].

近年来关于二者的关系做了大量的实验, 但是结果明显对立, 分别支持两种不同的观点[146,149~154]. 一部分 ARPES 实验发现节点和反节点区域的能隙有着不同的掺杂和温度依赖关系[149,150], 支持 "两能隙"(two-gap) 图像, 认为赝能隙和超导态能隙之间是松散联系的或者干脆是互不相干的. 还有实验发现超导态时存在不寻常的能隙函数[148,151], 明显偏离标准的 d 波形式 (图 12.46 (a)), 被解释为由 "两分量" 构成: 一个是 "真实的"d 波对称的超导能隙, 剩下的则是在正常态就已经打开的赝能隙的残余. 另一部分 ARPES 实验则支持 "单能隙"(one-gap) 图像, 认为赝能隙是超导能隙的前驱, 二者有着相同的起源. 这些实验发现在超导态时能隙符合标准的 d 波形式[109,146,154] (图 12.46 (b)), 并且超导能隙和赝能隙有着相似的对称性, 当温度降低经过 T_c 时, 赝能隙平滑的转变成超导能隙; 在欠掺杂区域超导能隙轻微地偏离标准的 d 波形式, 则被解释为含有高阶的配对形式[155]. 有关超导能隙和赝能隙的关系[156], 争论仍将持续一段时间, 最终需要通过更系统更精确的实验来解决.

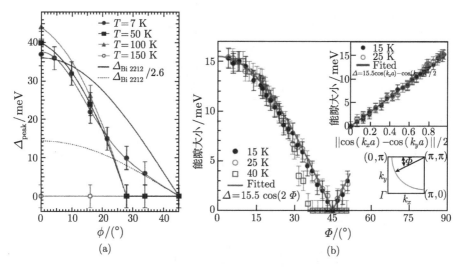

图 12.46 赝能隙与超导能隙的关系

(a) 两能隙图像[151]; (b) 单能隙图像[109]

12.5.4 高温超导体中的多体相互作用

多体相互作用是指电子与其他粒子 (如其他电子) 或者集体模式 (如声子、磁振子等) 之间的相互作用. 从铜氧化物高温超导体发现以来, 多体效应的研究被认为是理解超导起源的关键. 铜氧化物超导体是通过对反铁磁 Mott 绝缘体进行掺杂得到的, 电子–电子相互作用主要表现为强关联的多体相互作用, 这在文献中已有广泛的讨论[9,61], 这里只讨论近年来 ARPES 在电子与其他玻色子模式 (如声子) 相互作用研究方面的进展 —— 结点方向的 "扭折"、电子自能中的多种耦合模式和反结点区域的电子–声子耦合. 近年来在这方面的发展归因于单晶质量的改善, 仪器分辨率的提高和理论上的进展.

理论研究表明, 当靠近费米面的电子与一个集体模式相互作用时, 动量–能量色散曲线将会在耦合模式能量附近产生 "扭折"(kink)[157] (图 12.47), 导致自能实部增加, 与此同时, 电子寿命, 即电子自能虚部, 也在耦合模式能量附近有突然的变化.

2000 年, 沈志勋研究组的 Bogdanov 等发现在 Bi2212 中存在着某种能量尺度[14]; 2001 年同一研究组的 Lanzara 等认为这就是电子自能重整化效应 (表现为色散曲线上的扭折)[70], 证实了高温超导体中存在着某种能量尺度为 50~80meV 的集体玻色子模式 (collective bosonic modes) 与电子的耦合, 并且是在空穴型高温超导体中普遍存在的. 该结果在不同的研究组中获得了证实, 引起了相关学术界极大的关注[9,71,74,81,86,158~161]. 近期的研究发现, 扭折不仅存在于空穴型超导体中, 同样也存在于电子型超导体中 (图 12.48)[162~164].

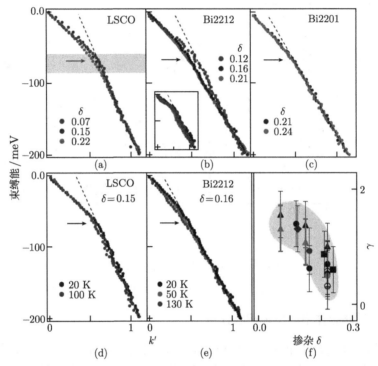

图 12.47　铜氧化物高温超导体结点方向色散曲线上普遍存在的扭折[70]

(a)~(c) 不同样品节点方向 $(0,0) - (\pi,\pi)$ 的色散随掺杂的变化: (a) LSCO 在 20K 的测量结果;
(b) Bi2212 在 20K 超导态的结果; (c) Bi2201 在 30K 正常态的结果; (d) 和 (e) 分别是最佳掺杂的
LSCO($x=0.15$) 和最佳掺杂的 Bi2212 沿节点方向 $(0,0) - (\pi,\pi)$ 的色散随温度的变化; (f) 电子–声子相
互作用的有效强度随着掺杂变化的关系

目前已经确定, 铜氧化物超导体中 "扭折" 具有以下特点:

(1) 在空穴型和电子型的铜氧化物超导体中都存在, 包括 $Bi_2Sr_2CaCu_2O_8$ (Bi2212)、　$Bi_2Sr_2CuO_6$(Bi2201)、　$(La_{2-x}Sr_x)CuO_4$(LSCO)、　$(Nd_{1.85}Ce_{0.15})CuO_4$ (NCCO) 等. 在不同体系的材料里出现的扭折, 其能量尺度都在 50~70meV.

(2) 在超导转变温度以上和以下均存在.

(3) 扭折在所有的掺杂范围内都存在. 在欠掺杂区域, 扭折效应很强, 随着掺杂的增加, 逐渐变弱.

尽管对实验数据存在着共识, 但是扭折究竟意味着什么还是众说纷纭. 首先就是正常态的扭折是否与某个能量尺度有关. Valla 等曾认为系统存在量子相变, 这样正常态不存在某个能量尺度, 尽管在他们的数据中显示了能带的重整化效应[165].

由于他们的有关散射率的数据没有在相应的能量位置显示突然的变化, 这样他们认为 Bi2212 样品 T_c 以上出现的扭折是无能量尺度的边缘费米液体 (marginal Ferimi liquid, MFL) 行为[158]. 进一步的实验表明, 扭折结构伴随着散射率的陡降行为, 如欠掺杂的 LSCO(x=0.063) 的正常态 (图 12.49(b))[71], 这很难与边缘费米液体行为统一起来. 目前, 逐渐形成的一个基本共识认为, 该 "扭折" 和电子与低能集体激发 (玻色子) 的耦合有关, 但对玻色子的本质却有不同的看法, 具体包括声子[70,86,166]、磁激发[81,158] 或者其他因素[82]. 综合众多的实验现象和理论, 电子–声子相互作用是理解高温超导体沿节点方向扭折的最合理的解释[15].

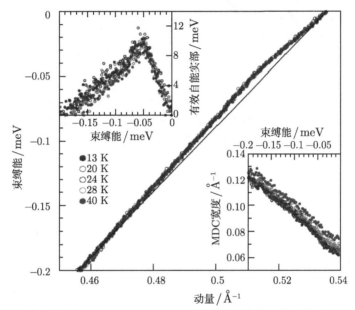

图 12.48　电子型最佳掺杂$(Nd_{1.85}Ce_{0.15})CuO_4$($T_c$=24K) 节点方向色散随温度的变化. 图中可以见明显的扭折. 左上角为扣除一线性裸带得到的有效电子自能实部 ReΣ, 箭头指示极大值位置, 即扭折对应能量位置; 右下角图为 MDC 宽度随能量的变化[162]

进一步的研究发现, 在很大的掺杂范围内, 从欠掺杂的非超导体、欠掺杂超导体、最佳掺杂、过掺杂超导体到过掺杂非超导体, 节点电子的速度 (色散曲线的斜率) 在费米能量以下 70meV 的范围内没有太大的变化 (图 12.49)[71]. 低能费米速度的恒定和掺杂导致的其他物理特征的显著变化形成了强烈的对比. 然而在超过费米面以下 70meV 的区域, 费米速度随掺杂的减少而反常地增加. 这种行为与简单的费米液体图像截然不同. 在费米液体图像中, 当能量与费米能级的差距大于声子能量时, 它所对应的速度就会保持稳定; 而当能量与费米能级的差距小于声子能量时, 它所对应的速度就会随着电声子耦合强度的变化而变化, 这和图 12.48 所示的实验观察到的行为恰恰相反[8]. 这表明, 高温超导体中的电子–声子耦合, 与通常金属中的电子–声子耦合有明显的不同[15].

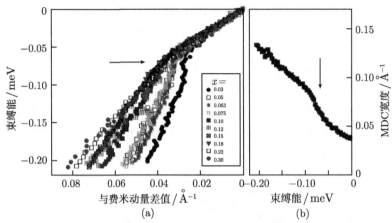

(a)　　　　　　　　　　　　　　　　(b)

图 12.49　LSCO 节点方向的电子动力学性质与掺杂的关系[71]

(a) LSCO 节点方向 $(0,0) - (\pi,\pi)$ 的色散在 20K 时随掺杂的变化, 箭头所指是扭折的位置; (b) LSCO $(x=0.63)$ 在 20K 时的 MDC 的宽度随能量的变化, 在箭头所指处有一个明显的陡降. 两幅图箭头所指示的能量位置都为 70meV 左右

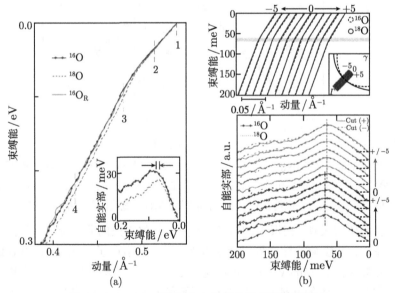

(a)　　　　　　　　　　　　　　　　(b)

图 12.50　Bi2212 节点方向能带色散的同位素效应

(a) $T \approx 25$K 时, 沿节点方向在含有不同的氧的同位素 ^{16}O 和 ^{18}O 的最佳掺杂的 Bi2212 样品的色散关系[166]. 低能色散中几乎看不到同位素效应, 而在高能色散中则看到明显的同位素效应. 这个效应是可逆的 (用 ^{16}O 替代 ^{18}O, (最左侧实线)). 内部小图显示了电子自能实部 $\mathrm{Re}\varSigma$. (b) 上部为节点附近含有不同氧的同位素的 Bi2212 的色散曲线, 下部为自能的实部. 可见同位素效应不如(a)图明显, 只是转折对应能量的位置有细微的移动[169]

为了进一步验证电子–声子耦合的可能性, 同位素效应实验是非常直接的手段. 研究发现, 用 ^{18}O 替换 Bi2212 中的 ^{16}O, 其节点方向的色散存在强烈的同位素效应[166] (图 12.50(a)). 令人惊奇的是, 他们发现同位素效应在扭折能量之上的高束缚能区域表现得尤为明显; 而在费米能级附近的低束缚能区域则不明显. 这与传统的电子–声子耦合中的同位素替代非常不同. 在传统的电子–声子耦合中的同位素替代导致声子能量产生微小的移动, 大部分的色散仍然保持原样. 这种奇怪的现象究竟是由什么引起的仍然在研究. 同时, 对于同位素效应的实验, 其他研究组也有着不同的观点[168,169], 特别是在实验精度提高以后, 并没有在高束缚能区域观察到强烈的同位素效应, 而是发现用 ^{18}O 替换 Bi2212 中的 ^{16}O 时扭折的能量向低能方向有着微小的移动 (图 12.50 (b)): (3.4 ± 0.5)meV, 而且位移量与把 70meV 扭折理解为氧的振动相符合.

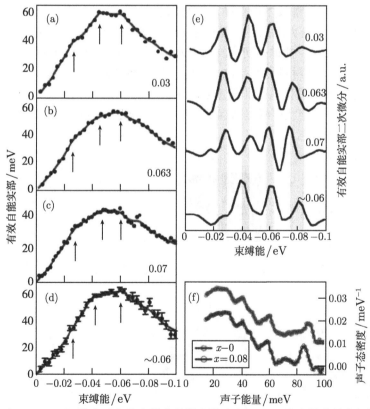

图 12.51 LSCO 的电子自能中的多种耦合模式和 LSCO 的有效自能实部[86]

(a) $x=0.03$; (b) $x=0.063$; (c) $x=0.07$ 和 (d) 0.06 样品; (e) 对有效自能实部进行拟合后的二次微分;

(f) $x=0$ 和 $x=0.08$ 样品由中子散射所得到的声子态密度[167,170]

在 12.4.3 节中, 提到了如果能够获得相关玻色子的谱函数, 那么将可以知道有关多体耦合模式的信息. 周兴江等用最大熵方法对欠掺杂 LSCO 样品的 ARPES 数据进行了处理, 得到的玻色子谱函数显示出若干峰的结构[86](图 12.51). 这些峰结构和中子衍射测得的声子态密度的结构相对应[167,170]. 进一步证明, 色散关系上的扭折可能是由电子-声子相互作用引起的, 而且可能参与的声子不是原来认为的一个声子, 而是包括多个声子.

最近周兴江研究组利用具有超高能量分辨率的真空紫外激光 ARPES 在最佳掺杂 Bi2212 的高能区域观察到新的电子耦合模式: 位于 115meV 和 150meV 处[171]. 如此高的耦合能量, 不可能是电子与单个的声子或磁振子模式的耦合, 意味着在高温超导体中存在着某种未知的电子耦合. 关于参与耦合的玻色子的起源, 随着实验精度的进一步改进, 将得到更加深入的研究.

12.5.5　角分辨光电子能谱对其他材料电子结构的研究

角分辨光电子能谱技术在对高温超导材料的研究中发挥了巨大的作用, 取得了许多重要的结果, 有力地推进了人们对高温超导电性本质的认识和超导机理的研究. 因为角分辨光电子能谱是研究材料微观电子结构最直接和最有力的实验手段, 因此该技术在对其他材料特别是许多先进材料体系的研究中也扮演着同样重要的角色, 是研究这些材料体系的非常重要的手段, 如图 12.52 所示. 下面以另一类典型的复杂材料 —— 层状巨磁电阻锰氧化物为例, 阐述角分辨光电子能谱对其研究取得的成果和进展.

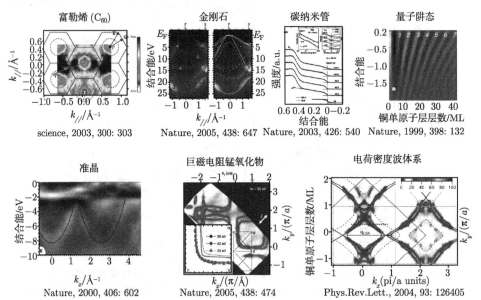

图 12.52　角分辨光电子能谱技术是研究许多材料体系的重要手段

巨磁阻效应 (collosal magnetoresistance, CMR), 是指一些材料 (典型的锰氧化合物) 在磁场的作用下, 电阻出现剧烈变化的现象[172,173]. 尽管对 CMR 的研究取得很大进展, 但其微观机理仍然没有达成共识. 起初人们认为, 锰氧化合物中的巨磁阻效应, 起源于 "双交换" 机制, 但随后发现, 单独靠这个机制并不能定量解释 CMR 特性[174]. Millis 等发现单独的 "双交换" 机制仅仅能解释 30% 的电阻率变化, 而实验上观察到的变化却达到几个量级的幅度[175]. 因此除 "双交换" 外, 必须引入额外的新的物理机制来解释 CMR 效应, 这个最可能的额外的物理过程被认为是电子-声子耦合. 实际上, 最近十多年, 大量的实验结果和理论研究表明, 锰氧化物材料中的 CMR 行为不仅与双交换相互作用有关, 而且与电子晶格相互作用乃至与这些相互作用之间竞争 (不同基态间竞争) 导致的电子相分离有关 [172,173]. 当然, CMR 材料中的电子晶格相互作用与传统金属材料中的电子-声子相互作用有很大不同.

目前, 关于 CMR 材料中的电子晶格相互作用, 虽然理论和实验一定程度上定性一致, 但相互作用的细节远未清楚, 参与电子-声子相互作用的声子的特征, 以及它们随动量、掺杂和温度如何演变等问题, 都需要深入的研究. 另外, 最近发现的一个非常重要的赝能隙效应[176,177] (与电子晶格相互作用或其他多体相互作用, 甚至与这些相互作用之间竞争密切相关), 被认为是一个理解 CMR 锰氧化物物理乃至 CMR 机理非常重要的问题. 研究这些电子-声子相互作用细节和赝能隙问题最好的途径是弄清它们的电子结构. 由于实验对象的特殊性以及实验条件的限制, 国际上利用角分辨光电子能谱对巨磁电阻材料的研究进展相对缓慢, 目前还只有有限的几篇论文. 究其原因, 主要是由于巨磁电阻锰氧化物材料近费米能级处的光发射强度很弱, 要增加信号强度, 就要牺牲能量分辨率, 而这样又导致信息细节的模糊和丢失.

1. 巨磁电阻材料中赝能隙对称性及其起源

Dessau 等[178] 首次报道了层状 CMR 材料近费米能级电子结构的角分辨光电子能谱实验研究, 并且首次进行了相关的能带结构计算. 结果发现低温铁磁态近费米能级的谱权重被严重 "耗尽", 这个与传统金属显著不同的特性被认为是由于一个大能量尺度的赝能隙的存在所致. 赝能隙既影响铁磁金属态, 更严重地影响顺磁绝缘态. 赝能隙可能与跨越顺磁-铁磁转变 (T_c) 时电阻的突然改变有关. 因为赝能隙基本不随动量变化, 说明是由局域效应贡献的, 据此他们认为赝能隙的形成机理是电子-晶格耦合或电子-声子耦合. 2001 年, 该研究组[176] 又利用改进的实验条件进一步研究了赝能隙问题, 并指出赝能隙起源于由费米面嵌套 (nesting) 效应增强的短程电荷轨道密度波. 这样的密度波与 Jahn-Teller 畸变相互耦合, 与双交换的巡游化能量竞争, 结果导致涨落电荷有序与金属性区域共存的相分离局面 (这被认为是 CMR 发生的关键条件). 至此, 赝能隙表现的谱特征没有显示出明显的各向异性行为, 基本上被认为是各向同性的, 而且在全动量空间没有发现类费米液体准粒子的存在.

　　最近, Shen 研究组[177] 报道了 $La_{1.2}Sr_{1.8}Mn_2O_7$ 中赝能隙态强烈各向异性的证据. 其赝能隙非常类似于高温超导体中的各向异性赝能隙态 (具有节点–反节点二向性). 两种不同基态 (高温超导和铁磁金属) 的材料系统表现了类似的赝能隙态, 这对一直认为的各向异性赝能隙态是高温超导体特有性质的观点提出了疑问. 在该研究中, 还首次发现了类费米液体准粒子, 但仅仅出现在节点附近, 稍微偏离节点区域, 准粒子很快消失, 而在反节点附近, 准粒子根本不存在 (图 12.53).

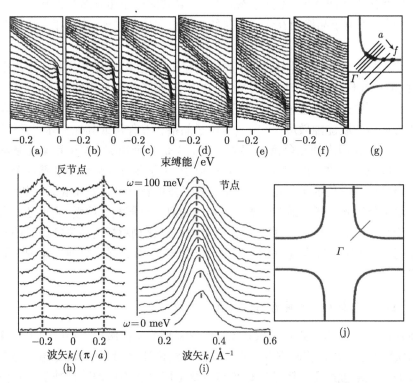

图 12.53　$La_{1.2}Sr_{1.8}Mn_2O_7$ 中节点附近区域存在准粒子峰, 偏离节点区域准粒子峰很快消失[177]

　　然而, 几乎在同时, Dessau 研究组[179] 却报道了与 Shen 研究组不一致的结果. 关键的不同在于: 在 $x = 0.36$ 和 0.38 的 $La_{2-2x}Sr_{1+2x}Mn_2O_7$ (LSMO) 样品中, 正是在反节点 $(\pi, 0)$ 区域, 发现了类费米液体准粒子峰 (图 12.54), 而准粒子峰在 $x = 0.4$ 样品中却不存在. 这样就产生了几个问题: Shen 组报道的强烈各向异性赝能隙态的结果在层状 CMR 锰氧化物材料中是否是一个普适的本征行为? 为什么微小的

组合改变 (从 0.4 到 0.38 变化仅 0.02) 会引起如此大的差别？在 x=0.38 到 0.40 之间是否存在未被发现的新的相变？要澄清这些问题, 就需要对不同掺杂水平的样品进行更多更细致深入的角分辨光电子能谱测量.

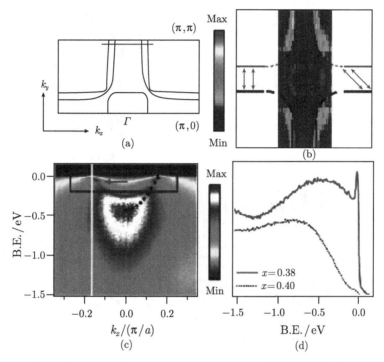

图 12.54　(a) 和 (b) 是 x=0.38 的 $La_{2-2x}Sr_{1+2x}Mn_2O_7$ 中反节点附近的费米面, (c) 能带色散以及 (d) 尖锐的准粒子峰特征

de Jong 等[180] 利用小光斑尺寸的高分辨角分辨光电子能谱对 x=0.36 的 $La_{2-2x}Sr_{1+2x}Mn_2O_7$ 的研究表明, 费米能级附近的准粒子峰实际上存在于从节点到反节点区域的整个费米面上. 如图 12.55 所示, 在布里渊区内从 1 到 7 的七个线切测量 ("cuts") 分别穿过费米面从反节点到节点的部分, 相应的所有 EDC 曲线上都存在可分辨的准粒子峰, 说明费米面并非如 Mannella 等[177] 在 x=0.40 样品中报道的 "费米弧", 因此, 费米面在本质上仍然是闭合的, 而不是开放的或形成不连续的费米弧. 对节点和反节点附近费米动量处 EDC 曲线随温度变化的详细测量, 同样没有发现在任何温度在费米能处有能隙打开的证据, 因而也证明不存在赝隙态.

另外, 关于赝能隙的起源, Dessau 研究组认为是与 Jahn-Teller 畸变相互耦合的短程电荷轨道密度波有关, Shen 组则认为是一个所谓的有着各向异性能带结构的极化子金属相. 虽然这两种 "起源说" 有类似之处, 但究竟是有明确定义的 "相"

导致了赝能隙, 还是几个具有同等能量尺度的相竞争导致了赝能隙[1,174], 还没有明确的判定性的实验可以给出结论. 要明确判定赝能隙的起源, 显然还需要更多更深入的角分辨光电子能谱研究工作.

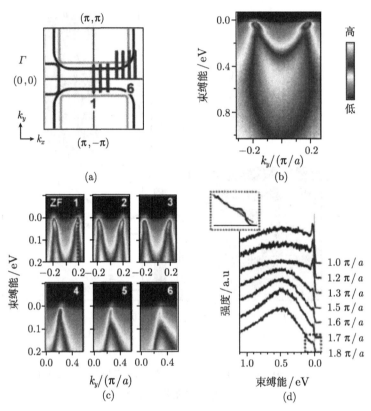

图 12.55 (a)La$_{1.28}$Sr$_{1.72}$Mn$_2$O$_7$ 的费米面和测量所用的 "cuts"; (b) 和 (c) 穿过费米面不同 "cuts" 对应的能带色散关系以及 (d) 不同费米动量处对应的能量分布曲线

2. 巨磁电阻材料中的电子–声子相互作用

CMR 锰氧化物系统中的多体相互作用很强, 这些相互作用包括电子和电子间的关联, 电子和集体模式 (玻色子) 间的关联. 可能的玻色子有声子, 磁振子和轨道子. 虽然采用拉曼散射、X 射线散射和中子散射对一些玻色模式进行了广泛的研究, 但是, 对于电子如何耦合到这些玻色模式上的细节, 几乎没有人研究过[179]. 再者, 和电子耦合的集体模式中最关键的是哪些玻色模式, 它们与电子耦合的强度如何, 这些都是理解 CMR 效应产生机理需要澄清的重要问题.

Shen 研究组在对 $x=0.40$ 的 La$_{2-2x}$Sr$_{1+2x}$Mn$_2$O$_7$ 样品测量中, 发现沿 $(0,0)$ – (π,π) 方向的能量动量色散曲线上有 "扭折" 存在 (图 12.56(a))[177]. Dessau 研究

组第一次发现 $x=0.36$ 和 0.38 两个样品在 "反节点"$(\pi, 0)$ 区域准粒子色散关系上出现了 "扭折"(图 12.56(b)), 并且和声子色散关系上出现的台阶 "step" 可以互相对应[179]. 进一步的分析认为, 耦合到电子上的玻色模式不是磁振子, 也不是轨道子, 而是一种纵光学声子模式 (oxygen bond-stretching phonons). 简单的计算表明电子–声子耦合参数 $\lambda = 1$, 表明耦合处于中等到强耦合的区域. 虽然 CMR 锰氧化物顺磁态强的电子–声子耦合 (导致极化子形成) 已被广泛讨论, 但一般认为这样的耦合在居里温度 T_c 以下, 可能并不重要. 而 Dessau 研究组的结果表明, 强的电子–声子耦合强烈影响层状 CMR 材料甚至居里温度 T_c 以下的电子结构, 据此可以推论, 强的电子–声子耦合对三维 CMR 材料 T_c 以下的物理特性可能也是重要的.

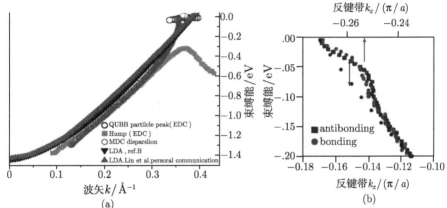

图 12.56　LSMOx=0.40 样品沿 $(0,0) - (\pi,\pi)$ 方向能量–动量色散关系中的 "扭折"(a);
LSMOx=0.38 样品靠近 $(\pi, 0)$ 点的能量–动量色散关系中的 "扭折"(b).

这些结果显然开拓了一个新的研究方向. 但 Dessau 组的工作中并没有研究 "扭折" 细节在其他动量区域 (特别是重要的 "节点" 区域) 以及随温度的变化行为. 同时对节点和反节点区域进行研究, 对统一现有的实验结果是非常重要的. 显然, 为了弄清楚 CMR 系统中电子–声子相互作用细节的全景 (电子与声子耦合的具体方式以及参与耦合的最关键的声子的模式), 需要测量色散 "扭折" 随费米面上不同的动量点和随温度的变化.

对于涉及的赝能隙和电子–声子相互作用两方面的问题, 研究还仅仅是一个开始, 仍有许多问题需要系统的实验考察, 如赝能隙的对称性、电子–声子相互作用的细节及它们与掺杂和温度的关系等.

3. 巨磁电阻材料中费米能级附近相干准粒子峰的行为

Mannella 等[181] 研究了 $La_{1.2}Sr_{1.8}Mn_2O_7$ 沿节点方向近费米能级的准粒子峰

(peak) 和非相干峰 (hump) 随温度的详细演化行为. 发现准粒子峰的积分谱权重 (该谱权重正比于重整化因子或极强度 Z) 随温度的变化与 ab 面直流电导 σ_{ab} 随温度的变化行为几乎完全一致, 发现了 "σ_{ab}-Z" 的经验关系 (图 12.57). 这表明在低温输运特性和准粒子相干之间存在一种紧密的联系. 在巨磁电阻锰氧化合物中观察到的这些行为与在欠掺杂 Bi2212 高温超导体中观察到的准粒子峰强度随温度的演化行为很类似[182]. 据此, Mannella 等认为在 $La_{1.2}Sr_{1.8}Mn_2O_7$ 中存在的金属–绝缘体转变和高温超导体 Bi2212 中出现的超导转变都是一种准粒子间发生相干凝聚导致的转变. 对于 Bi2212, 超导转变温度 T_c 相应于库珀对位相相干的出现, 而对于 $La_{1.2}Sr_{1.8}Mn_2O_7$, 居里转变温度 T_c 应该表示从低温相干金属态到高温顺磁绝缘态的转变. 在高温顺磁绝缘态, 存在着小极化子的非相干扩散运动, 导致顺磁绝缘到铁磁金属的转变可以被看成是与双交换相互作用协同发生的极化子相干凝聚的过程. 而极化子相干凝聚是一个动能驱动的过程, 这个过程的发生反过来同时大大增强了双交换相互作用.

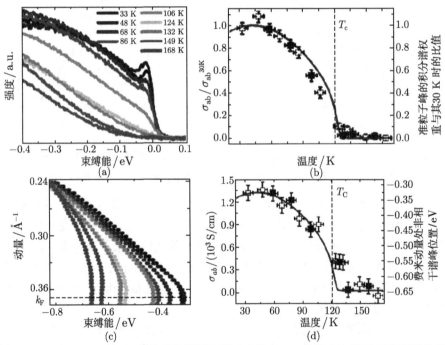

图 12.57　$La_{1.2}Sr_{1.8}Mn_2O_7$ 在节点处不同温度对应的 EDC 曲线 (a); 准粒子峰的积分谱权重和 ab 面直流电导 σ_{ab} 随温度的变化 (b); $La_{1.2}Sr_{1.8}Mn_2O_7$ 沿节点方向非相干峰的色散曲线随温度的变化 (c); 费米动量处的非相干谱峰结合能位置和 ab 面直流电导 σ_{ab} 随温度的变化 (d)

对于费米动量处的非相干谱峰随温度变化的行为研究也表明, 其峰位的温度依

赖性与 ab 面内直流电导 σ_{ab} 随温度的变化行为基本一致 (图 12.57). ARPES 实验中测到的非相干谱峰的峰位基本上被认为对应于极化子的结合能. 这说明 ARPES谱测量得到的低能 (准粒子峰 peak) 和高能 (非相干峰 hump) 物理能量尺度具有明显的相关性. 随温度升高, 低能的准粒子峰逐渐塌缩, 极化子的量子相干性逐渐消失, 谱权重从准粒子峰传输到高结合能的非相干谱峰内, 导致如图 12.57 所示的hump 峰位移动. 这些结果实际上是以上所述的极化子行为的另一个表现侧面.

Sun 等[183] 进一步详细研究了 $x=0.38$ 的 $La_{2-2x}Sr_{1+2x}Mn_2O_7$ 样品反节点区域的光电子能谱曲线的温度演化行为, 发现随温度升高, 低于 700meV 结合能的谱权重逐渐减少, 特别是, 费米能级附近出现的金属性谱权重直至高于转变温度两倍以上的高温绝缘区仍然存在 (图 12.58). 他们将所有低于 180K 温度以下的 EDC谱分别减去 180K 对应的谱, 并按照高结合能端归一化后, 得到一个由金属相引起的所谓的 "金属性 EDC 谱". 结果发现在误差范围内, 所有的 "金属性 EDC 谱" 有类似的线型并且包含一个近费米能级 (E_F) 的相干峰以及在较高结合能端的非相干背底 (图 12.59(a)). 图 12.59(b) 给出了真实的 "金属性 EDC 谱" 权重和 MDC峰宽随温度变化的曲线. 从曲线上可看到, "金属性 EDC 谱" 权重随温度升高平滑地减小, 在 T_c 附近并没有发生任何突变, 而且谱线型在不同温度都相同. 这些结果表明, 在居里温度 T_c 附近, 处于金属性区域中的电子具有类似的特性, 温度对电子的行为和相互作用基本没有影响. 据此, 作者提出 $La_{1.24}Sr_{1.76}Mn_2O_7$ 磁转变 (或金属–绝缘体转变) 温度附近的物理特性变化与相分离的图像吻合, 即随温度降低, 铁磁金属区从顺磁绝缘的环境中逐渐相分离出来, 区域尺寸逐渐扩大最后连通起来.而且作者认为, 对于 $x=0.40$ 的 $La_{2-2x}Sr_{1+2x}Mn_2O_7$ 的情况, 并不适合于相分离的图像, 而更可能是一种涨落的物理机制在起作用, 其主要依据是因为 Mannella 等报道的 "金属性 EDC 谱" 权重在 T_c 附近陡降为零[177]. 对于如此相近的两个掺杂组分却表现出如此不同的性质, 可能是因为有能量尺度相近的多个竞争有序相之间相互竞争, 导致微小的外部扰动可能引起宏观物理特性的大的变化, 甚至出现新类型的 "emergent"(临界) 行为.

此外, De Jong 等[180] 定量研究了节点和反节点区域 EDC 曲线的温度演化行为, 如图 12.60(a)、(b) 所示. 图 12.60(b) 表明, 随温度升高, EDC 谱权重在费米能到 700~800meV 的能量范围内都在下降. 这样的变化结果与 Sun 等报道的在反节点区域的行为定性一致. 但是, 将 30K 和 95K 两个 (金属绝缘体转变温度以下) 温度对应的 EDC 谱分别减去 145K(金属–绝缘体转变温度以上) 对应的谱(图 12.60(c)、(d)), 并按照高结合能端归一化后, 发现在 E_F 附近的低能端, 曲线并不重合. 据此, 作者认为 $La_{2-2x}Sr_{1+2x}Mn_2O_7$ 在磁转变温度上下的物理行为不能用Sun 等提议的相分离图像解释.

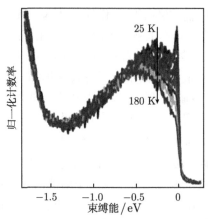

图 12.58　La$_{1.24}$Sr$_{1.76}$Mn$_2$O$_7$ 反节点区域费米能级附近出现的金属性谱权重随温度的变化

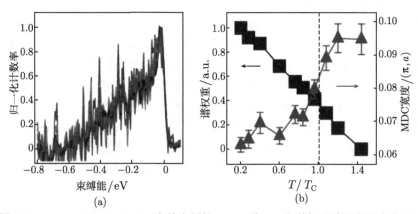

图 12.59　La$_{1.24}$Sr$_{1.76}$Mn$_2$O$_7$ 中的金属性 EDC 谱 (a) 和谱权重随温度的变化 (b)

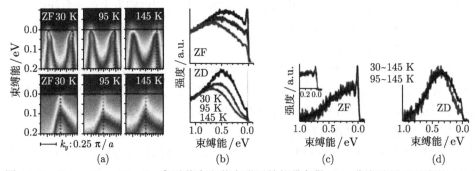

图 12.60　La$_{1.28}$Sr$_{1.72}$Mn$_2$O$_7$ 在反节点和节点附近的能带色散 (a); 费米动量处对应的 EDC
曲线随温度的变化 (b); (c)、(d) 为 EDC 曲线之间的差值变化

　　尽管经过十多年的研究, 在锰氧化合物中存在的巨磁电阻效应的微观起源仍旧

是一个存在诸多争议的问题. 目前存在的一些对 $La_{2-2x}Sr_{1+2x}Mn_2O_7$ 有限的 ARPES 研究结果之间存在很多不一致的地方, 不同作者之间所持的观点也不尽相同. 因此, 虽然 $La_{2-2x}Sr_{1+2x}Mn_2O_7$ 体系费米能附近的准粒子峰谱权重很低, 难以观测, 角分辨光电子能谱仍有许多工作需要进一步深入, 以获得系统的能带色散随动量、温度、掺杂的演化行为, 找到普适的关系和规律性, 从而推进对巨磁电阻物理机理的认识.

12.6 结 束 语

在过去的几十年间, 光电子能谱技术已经广泛地应用于物理、化学、材料科学、微电子学、生物医学、冶金学等科学研究和工业生产领域. 最近二十多年中, 该技术得到了很大发展. 特别是具有动量分辨能力的角分辨光电子能谱技术得到了迅猛的发展, 取得了许多重要的结果. 随着实验技术的不断进步, 尤其是一些重要前沿科学问题的需要, 对光电子能谱技术提出了越来越高的要求, 这个技术仍处在不断的更新和进步中.

众所周知, 如果要实现对材料电子状态的完全描述, 需要对电子的能量 (E)、动量 (k) 和自旋 (s) 三个参量同时进行测量. 目前的高分辨角分辨光电子能谱可以很好地探测材料内部电子的能量和动量(电子结构), 但绝大多数不能探测电子的自旋. 对电子的自旋进行探测非常重要, 一方面是因为材料的众多奇异物性均和电子的自旋直接相关, 另一方面, 当前的信息时代只利用了电子的电荷属性, 为适应未来的人类文明发展进程, 迫切需要研究、控制和利用电子的自旋特性. 具有自旋分辨能力的光电子能谱是探测材料中电子自旋状态的最直接的实验手段. 自旋分辨光电子能谱的发展主要受限于自旋探测技术的低效率, 目前实用的 Mott 散射分析器的探测效率仅有约万分之一. 因此, 要获得足够强的光电子信号, 可以采取两种途径: 一种是大幅度提高自旋探测器的效率, 并实现自旋的多通道探测, 这可以通过采用交换散射或新的探测机理来制作自旋探测器并实现探测器的微型化来达到, 然而, 目前来看, 这一途径走向实用化还需要更多的努力和更长的时间; 另一种途径是发展高强度的新的光源, 如使用深紫外激光可以容易地获得比同步辐射高 2~3 个数量级的光通量, 从而弥补现有的 Mott 散射分析器的非常低的探测效率的不足之处. 发展具有高能量分辨率的自旋分辨光电子能谱技术, 是该领域下一个重要的发展方向.

从技术发展的角度来看, 实际上, 与角分辨光电子能谱有关的技术发展正在快速进行当中. 这主要涉及三个方面的技术: 同时具有自旋分辨和角分辨功能的高分辨光电子能谱技术, 同时具有时间分辨和角分辨功能的高分辨光电子能谱技术, 以及具有高空间分辨本领的角分辨光电子能谱技术.

　　由于材料的性质会随着维度 (三维、二维、一维和零维) 的改变而表现出新的量子特性, 尤其是许多复杂材料具有本征的电子不均匀性 (如高温超导体和超大磁电阻锰氧化合物中的纳米级相分离现象), 发展具有空间分辨本领的光电子能谱技术, 是另一个重要的发展方向. 发展空间分辨达到纳米量级的光电子能谱技术, 既是机会, 又是挑战. 此外, 除了对材料基态电子结构的测量, 另外一个重要的方面是研究材料各种元激发的动力学行为. 利用同时具有时间分辨和角分辨功能的高分辨光电子能谱技术, 不仅可以测量材料的 (静态) 电子结构, 而且可以利用超快 (飞秒) 激光技术和 "pump-probe" 技术, 研究材料内部元激发的动力学和弛豫过程[184], 这对于从微观角度认识材料的属性和利用材料的特性具有非常重要的意义. 时间分辨的角分辨光电子能谱技术, 将在未来先进材料的研究中发挥重要作用.

　　致谢: 作者感谢中国科学院物理所超导实验室张文涛、刘海云、贾小文、牟代祥、刘单于在实验中的合作及在本书的写作中给予的大力支持和帮助. 感谢中国科学院理化技术研究所陈创天院士研究组和许祖彦院士研究组在研制、维护和应用真空紫外激光光电子能谱仪过程中所保持的长期良好的合作. 感谢赵忠贤院士对项目的关心和指导, 以及他的研究组和董晓莉等长期在样品制备和表征方面的合作. 感谢财政部、科技部、中国科学院在仪器研制和科学研究中给予的经费支持和指导.

周兴江　　刘国东　　孟建桥　　赵林

参 考 文 献

[1] Dagotto E. Complexity in Strongly Correlated Electronic Systems. Science, 2005,(309): 257–262.

[2] http://www. sc. doe. gov/bes/reports/files/SC_rpt. pdf.

[3] Hüfner S. Photoelectron Spectroscopy: Principles and Applications. Berlin: Springer-Verlag, 2003.

[4] Hüfner S. Photoelectron Spectroscopy. Berlin Heidelberg: Springer-Verlag, 1995.

[5] Hertz H. Ann Phys (Leipzig), 1887, (17): 983.

[6] Einstein A. Ann Phys (Leipzig), 1905, (31): 132.

[7] Smith N V, Traum M M, Disalvo F J, Mapping energy bands in layer compounds from the angular dependence of ultraviolet photoemission. Solid State Communications, 1974, (15): 211.

[8] 沈志勋, 封东来, 周兴江. 铜氧化物高温超导体的角分辨光电子能谱研究. 物理, 2006, (35): 818–828.

[9] Damascelli A, Hussain Z, Shen Z X, et al. Angle-resolved photoemission studies of the cuprate superconductors. Rev Mod Phys, 2003, (75): 473–541.

[10] Liu G D, Wang G L, Zhu Y, et al. Development of a vacuum ultraviolet laser-based angle-resolved photoemission system with a super-high energy resolution better than 1 meV, Rev Sci Instrum, 2008, (79): 023105.

[11] Nicolay G, et al. Direct measurements of the L-gap surface states on the (111) face of noble metals by photoelectron spectroscopy. Phys Rev B, 2001, (63): 115415.

[12] 参考 Scienta 网页 http://www. vgscienta. com 和 Specs 网页 http://www. specs. de.

[13] Dessau D S, et al. Key features in the measured band structure of Bi2Sr2CaCu2O8+ δ : Flat bands at EF and Fermi surface nesting. Phys Rev Lett, 1993, (71): 2781–2784.

[14] Bogdanov P V, et al. Evidence for an Energy Scale for Quasiparticle Dispersion in Bi2Sr2CaCu2O8. Phys Rev Lett, 2000, (85): 2581–2584.

[15] Zhou X J, et al. Handbook of High-Temperature Superconductivity: Theory and Experiment. New York: Springer, 2007.

[16] Seah M, et al. Surface and Interface Analysis, 1979, (1): 2.

[17] Sekiyama A, Iwasaki T, Matsuda K, et al. Nature (London), 2000, (403): 396.

[18] http://www. nsls. bnl. gov/newsroom/events/workshops/2009/haxpes.

[19] Koralek J D, Douglas J F, Plumb N C, et al. Experimental setup for low-energy laser-based angle resolved photoemission spectroscopy. Rev Sci Instrum, 2007, (78): 053905.

[20] Koralek J D, Douglas J F, Plumb N C, et al. Laser Based Angle-Resolved Photoemission, the Sudden Approximation, and Quasiparticle-Like Spectral Peaks in Bi2Sr2CaCu2O8+δ. Phys Rev Lett, 2006, (96): 017005.

[21] Kiss T, Shimojima T, Ishizaka K, et al. A versatile system for ultrahigh resolution, low temperature, and polarization dependent Laser-angle-resolved photoemission spectroscopy. Rev Sci Instrum, 2008, (79): 023106.

[22] Zhou X J, Wannberg B, Yang W L, et al. Space charge effect and mirror charge effect in photoemission spectroscopy. J Electron Spectrosc Relat Phenom, 2005, (142): 27.

[23] Souma S, Sato T, Takahashi T, et al. High-intensity xenon plasma discharge lamp for bulk-sensitive high-resolution photoemission spectroscopy. Review of Scientific Instruments, 2007, (78): 123104.

[24] http://www. vgscienta. com/.

[25] http://www. specs. de/; http://www. mbscientific. se/.

[26] http://www. specs. de. Application notes of the PHOIBOS Angular Dispersion Modes.

[27] http://www. specs. de. Application notes of the PHOIBOS Magnification Modes.

[28] http://www. vgscienta. com. SCIENTA R4000 User Manual v5.1.

[29] 薛增泉, 吴全德. 电子发射与电子能谱. 北京: 北京大学出版社, 1993.

[30] http://www. surface-concept. de/.

[31] http://www. roentdek. com/.

[32] 许慎跃, 马新文, 闫顺成, 等. 基于微通道板的多击响应位置灵敏探测器. 核电子学与探测技术, 2009, 29(1): 96.

[33] 朱小龙, 马新文, 沙杉, 等. 延迟线阳极微通道板两维成像探测器. 核电子学与探测技术, 2004, 24(3): 253.

[34] Mahan G D. Theory of Photoemission in Simple Metals. Phys Rev B, 1970, 2: 4334.

[35] Mahan G D. Electron and Spectroscopy of Solid. New York: Plenum Press, 1978: 1.

[36] Schaich W L, Ashcroft N W. Model Calculations in the Theory of Photoemission. Phys Rev B, 1971, (3): 2452.

[37] Caroli C, Lederer-Rozenblatt D, Roulet B, et al. inelastic effects in photoemission: microscopic formulation and qualitative discussion. Phys Rev B, 1973, (8): 4552.

[38] Feibelman F J, Eastman D E. Photoemission spectroscopy-correspondence between quantum theory and experimental phenomenology. Phys Rev B, 1974, (10): 4932.

[39] Norman M R, Ding H, Frewell H, et al. Extraction of the electron self-energy from angle-resolved photoemission data: Application to $Bi_2Sr_2CaCu_2O_{8+x}$. Phys Rev B, 1999, (60): 7585.

[40] Fan H Y. Theory of Photoelectric Emission from Metals. Phys Rev, 1945, (68): 43.

[41] Berglund C N, et al. Phys Rev A, 1964, (136): 1030.

[42] Inosov D S. Angle-Resolved Photoelectron Spectroscopy Studies of the Many-Body Effects in the Electronic Structure of High-Tc Cuprates. arXiv: 0807. 1434v1.

[43] Lynch D W. Photoemission Studies of High-Temperature Superconductors. Cambridge University Press, 1999.

[44] 高温超导体的光电子谱研究. 上海应用物理研究中心译. 上海: 上海科学技术文献出版社, 2002.

[45] Gadzuk J W, Šunjić M. Excitation energy dependence of core-level x-ray-photoemission-spectra line shapes in metals. Phys Rev B, 1975, (12): 524.

[46] Stöhr J, Jaeger R, Rehr J J. Transition from adiabatic to sudden core-electron excitation: N2 on Ni(100). Phys Rev Lett, 1983, (51): 821.

[47] Carlson T, et al. Phys Rev A, 1965, (140): 1057.

[48] Reimer M, Schirmer J, Feldhaus J, et al. Near-Threshold Measurements of the C 1s Satellites in the Photoelectron Spectrum of CO. Phys Rev Lett, 1986, (57): 1707.

[49] Unger L, Grammaticos B, Dorizzi B, et al. coupling-constant metamorphosis and duality between integrable hamiltonian systems. Phys Rev Lett, 1984, (53): 1707.

[50] Schirmer J, Braunstein M, Mckoy V. Satellite intensities in the K-shell photoionization of CO. Phys Rev A, 1991, (44): 5762.

[51] Bandarage G, Lucchese R R. Multiconfiguration multichannel Schwinger study of the C(1s) photoionization of CO including shake-up satellites. Phys Rev A, 1993, (47): 1989.

[52] Randeria M, Ding H, Campuzano J C, et al. Momentum Distribution Sum Rule for Angle-Resolved Photoemission. Phys Rev Lett, 1995, (74): 4951.

[53] Sawatzky G A. Testing Fermi-liquid models. Nature(London), 1989, (342): 480.

[54] Meinders M B J. Ph. D. Thesis (University of Groningen,The Netherlands), 1994.

[55] Abrikosov A A, et al. Quantum Field Theoretical Methods in Statistical Physics.Oxford: Pergamon, 1965.

[56] Hedin L, et al. Ehrenreich, Seitz F, Turnbull D. Solid State Physics: Advances in Research and Applications. New York: Academic, 1969.

[57] Fetter A L, et al. Quantum Theory of Many-Particle Systems. New York: McGraw-Hill, 1971.

[58] Mahan G D. Many-Particle Physics. New York: Plenum, 1981.

[59] Rickayzen G. Green's Functions and Condensed Matter in Techniques of Physics. London: Academic, 1991.

[60] Hermanson J. Final-state symmetry and polarization effects in angle-resolved photoemission spectroscopy. Solid State Commun, 1977, 22: 9.

[61] Bennemann K H, Ketterson T B. Physics of Superconductors, Vol. II. Berlin Heidelberg: Springer, 2004: 167–273.

[62] Shen I X, Dessau D S. For a review of the first five years of work on the cuprates, see Sec. 4 and 5 Phys Reps, 1995, (253): 1.

[63] Mesot J, Randeria M, Norman M R, et al. Determination of the Fermi surface in high-Tc superconductors by angle-resolved photoemission spectroscopy. Phys Rev B, 2001, (63): 224516.

[64] Bansil A, Lindroos M. Importance of Matrix Elements in the ARPES Spectra of BISCO. Phys Rev Lett, 1999, (83): 5154.

[65] Campuzano J C, Ding H. Data based in part on results of Ding et al. Phys Rev Lett, 1996, (76): 1533.

[66] Zhou X J, et al. Synchrotron Radiat News, 2005, (18): 15.

[67] Meevasana W, Baumberger F, Tanaka K, et al. Extracting the spectral function of the cuprates by a full two-dimensional analysis: Angle-resolved photoemission spectra of Bi2Sr2CuO6. Phys Rev B, 2008, (77): 104506.

[68] Bogdanov P V, Lanzara A, Zhou X J, et al. Anomalous Momentum Dependence of the Quasiparticle Scattering Rate in Overdoped $Bi_2Sr_2CaCu_2O_8$. Phys Rev Lett, 2002, (89): 167002.

[69] Batlogg B. Physical Properties of High - Tc Superconductors. Phys Today, 1991, (44): 44.

[70] Lanzara A, Bogdanov P V, Zhou X J, et al. Evidence for ubiquitous strong electron-phonon coupling in high-temperature superconductors. Nature, 2001, (412):510.

[71] Zhou X J, Yoshida T, Lanzara A, et al. Universal nodal Fermi velocity. Nature, 2003, (423): 398.

[72] Cuk T, Baumberger F, Lu D H, et al. Coupling of the big phonon to the antinodal electronic states of Bi2Sr2Ca0.92Y0.08Cu2O8+δ. Phys Rev Lett, 2004, (93): 117003.

[73] McQueeney R J, Petrov Y, Egami T, et al. Anomalous dispersion of LO phonons in La1.85Sr0.15CuO4 at low temperatures. Phys Rev Lett, 1999, (82): 628.

[74] Meevasana W, Ingle N J C, Lu D H, et al. Doping Dependence of the Coupling of Electrons to Bosonic Modes in the Single-Layer High-Temperature Bi2Sr2CuO6 Superconductor. Phys Rev Lett, 2006, (96): 157003.

[75] Fong H F, Bourges P, Sidis Y, et al. Neutron scattering from magnetic excitations in Bi2Sr2CaCu2O8+δ. Nature, 1999, (398): 588.

[76] Dai P C, Mook H A, Hayden S M, et al. The magnetic excitation spectrum and thermodynamics of high-Tc superconductors. Science, 1999, (284): 1344.

[77] Gromko A D, Fedorov A V, Chuang Y D, et al. Mass-renormalized electronic excitations at (π,0) in the superconducting state of Bi2Sr2CaCu2O8+δ. Phys Rev B, 2003, (68): 174520.

[78] Valla T, Kidd T E, Rameau J D, et al. Fine details of the nodal electronic excitations in Bi2Sr2CaCu2O8+δ. Phys Rev B, 2005, (73): 184518.

[79] Campuzano J C, Ding H, Norman M R, et al. Electronic spectra and their relation to the (π, π) collective mode in high- Tc superconductors. Phys Rev Lett, 1999, (83): 3709.

[80] Chubukov A V, Norman M R. Dispersion anomalies in cuprate superconductors. Phys Rev B, 2004, (70): 174505.

[81] Kaminski A, Randeria M, Campuzano J C, et al. Renormalization of spectral line shape and dispersion below Tc in Bi2Sr2CaCu2O8+δ. Phys Rev Lett, 2001, (86): 1070.

[82] Hwang J, Timusk T, Gu G D. High-transition-temperature superconductivity in the absence of the magnetic-resonance mode. Nature, 2004, (427): 714.

[83] Kordyuk A A, Borisenko S V, Koitzsch A, et al. Bare electron dispersion from experiment: self-consistent self-energy analysis of photoemission data. Phys Rev B, 2005, (71): 214513.

[84] Grimvall G. Wohlfarth E. The Electron-Phonon Interaction in Metals. New York: North-Holland, 1981.

[85] Shi J R, Tang S J, Wu Biao, et al. Direct Extraction of the Eliashberg Function for Electron-Phonon Coupling: A Case Study of Be(101 0). Phys Rev Lett, 2004, (92): 186401.

[86] Zhou X J, Shi J R, Yoshida T, et al. Multiple bosonic mode coupling in the electron self-energy of (La$_{2-x}$Sr$_x$)CuO$_4$. Phys Rev Lett, 2005, (95): 117001.

[87] Liechtenstein A I, Gunnarsson O, Andersen O K, et al. Quasiparticle bands and superconductivity in bilayer cuprates. Phys Rev B, 2005, (54): 12505.

[88] Abrikosov A A, Campuzano J C, Gofron K. Experimentally observed extended saddle point singularity in the energy spectrum of YBa$_2$Cu$_3$O$_{6.9}$ and YBa$_2$Cu$_4$O$_8$ and some of the consequences, Physica C, 1993, (214): 73.

[89] Gofron K, Campuzano J C, Ding H, et al. Occurrence of van Hove singularities in YBa$_2$Cu$_4$O$_8$ and YBa$_2$Cu$_3$O$_{6.9}$. J Phys Chem Solids, 1993, (54): 1193.

[90] Aebi P, Osterwalder, Schwaller P, et al. Complete Fermi surface mapping of Bi-cuprates. J Phys Chem Solids, 1995, (56): 1845.

[91] Osterwalder J, Aebi P, Schlapbach L, et al. Angle-resolved photoemission experiments on Bi2Sr2CaCu2O8+δ(001) effects of the incommensurate lattice modulation Appl. Phys. A:Mater Sci Process, 1995 (60A): 247.

[92] Schwaller P, Aebi P, Herger H, et al. Structure and Fermi surface mapping of a modulation-free Pb BiSrCaCuO high-temperature superconductor. J Electron Spectrosc Relat Phenom, 1995, (76): 127.

[93] Withers R L, J S Anderson, B G Hyde, et al. An electron diffraction and group theoretical study of the new Bi-based high-temperature superconductor. J Phys C, 1998, (21): L417.

[94] Yamamoto A, Onoda M, Takayama-Muromachi E, et al., "Rietveld analysis of the modulated structure in the superconducting oxide Bi$_2$(Sr,Ca)$_3$Cu$_2$O$_{8+x}$. Phys Rev B, 1990, (42): 4228.

[95] Fretwell H M, Kaminski A, Mesot J, et al. Fermi surface of Bi$_2$Sr$_2$CaCu$_2$O$_8$. Phys Rev Lett, 2000, (84): 4449.

[96] Borisenko S V, Golden M S, Legner S, et al. Joys and pitfalls of fermi surface mapping in Bi$_2$Sr$_2$CaCu$_2$O$_8$ + δ using angle resolved photoemission. Phys Rev Lett, 2000, (84): 4453.

[97] Aebi P, Osterwalder J, Schwaller P, et al. Complete Fermi surface mapping of Bi$_2$Sr$_2$CaCu$_2$O$_{8+x}$(001): coexistence of short range antiferromagnetic correlations and metallicity in the same phase. Phys Rev Lett, 1994, (72): 2757.

[98] Singh D J, Pickett W E. Structural modifications in bismuth cuprates: Effects on the electronic structure and Fermi surface. Phys Rev B, 1995, (51): 3128.

[99] Ding H, Bellman A F, Campuzano J C, et al. Electronic Excitations in Bi$_2$Sr$_2$CaCu$_2$O$_8$: Fermi surface, dispersion, and absence of bilayer splitting. Phys Rev Lett., 1996, (76): 1533.

[100] Chuang Y D, Gromko A D, Fedorov A, et al. Doubling of the bands in overdoped Bi$_2$Sr$_2$CaCu$_2$O$_{8+\delta}$: evidence for c-Axis bilayer coupling. Phys Rev Lett, 2001, (87): 117002.

[101] Feng D L, Armitage N P, Lu D H, et al. Bilayer splitting in the electronic structure of heavily overdoped Bi$_2$Sr$_2$CaCu$_2$O$_{8+\delta}$. Phys Rev Lett, 2001, (86): 5550.

[102] Kordyak A A, Borisenko S V, Yaresko A N, et al. Evidence for CuO conducting band splitting in the nodal direction of Bi$_2$Sr$_2$CaCu$_2$O$_{8+\delta}$. Phys Rev B, 2004, (70): 214525.

[103] Campuzano J C, Jennings G, Faiz M, et al. Fermi surfaces of YBa2Cu3O6.9 as seen by angle-resolved photoemission. Phys Rev Lett, 1990, (64): 2308.

[104] Olson C G, Lynch D W, List R S, et al. High-resolution angle-resolved photoemission study of the Fermi surface and the normal-state electronic structure of $Bi_2Sr_2CaCu_2O_8$. Phys Rev B, 1990, (42): 381.

[105] Hussey N E, Abdel-Jaward M, Mackenzie A P et al. A coherent three-dimensional Fermi surface in a high-transition-temperature superconductor. Nature, 2003, (425): 814.

[106] Marshall D S, Dessau D S, Loeser A G, et al. Unconventional electronic structure evolution with hole doping in $Bi_2Sr_2CaCu_2O_{8+\delta}$: angle-resolved photoemission results. Phys Rev Lett, 1996, (76): 4841.

[107] Loeser A G, Shen Z X, Dessau D S, et al. Excitation gap in the normal state of Underdoped $Bi_2Sr_2CaCu_2O_8 + \delta$. Science, 1996, (273): 325.

[108] Ding H, Tokoya T, Campuzano J C, et al. Spectroscopic evidence for a pseudogap in the normal state of underdoped high-Tc superconductors. Nature, 1996, (382): 51.

[109] Meng J Q, Liu G D, Zhang W T, et al. Monotonic d-wave superconducting gap of the optimally doped $Bi_2Sr_{1.6}La_{0.4}CuO_6$ superconductor by laser-based angle-resolved photoemission spectroscopy. Phys Rev B, 2009, (79): 024514.

[110] Norman M R, Ding H, Randeria M, et al. Destruction of the Fermi surface in underdoped high-Tc superconductors. Nature, 1998, (392): 157.

[111] Kangel A, Norman M R, Randeria M, et al. Evolution of the pseudogap from Fermi arcs to the nodal liquid. Nature, 2006, (2): 447.

[112] Varma C M, Zhu L J. Topological transition in the Fermi surface of cuprate superconductors in the pseudogap regime. Phys Rev Lett, 2007, (98): 177004.

[113] Schmalian J, David P, Stojkovic B. Weak pseudogap behavior in the underdoped cuprate superconductors. Phys Rev Lett, 1998, (80): 3839.

[114] Kyung B, Kancharia S S, Senechal D, et al. Pseudogap induced by short-range spin correlations in a doped Mott insulator. Phys Rev B, 2006, (73): 165114.

[115] Perali A, Castellani C, Castro C D, et al. Two-gap model for underdoped cuprate superconductors. Phys Rev B, 2000, (62): R9295.

[116] Chakravarty S, Laughlin R B, Morr D K, et al. Hidden order in the cuprates. Phys Rev B, 2001, (63): 094503.

[117] Kaul R K, Kolezhuk A, Levin M, et al. Hole dynamics in an antiferromagnet across a deconfined quantum critical point. Phys Rev B, 2007, (75): 235122.

[118] Kim E A, Lawler M J, Oreto P, et al. Theory of the nodal nematic quantum phase transition in superconductors. Phys Rev B, 2008, (77): 184514.

[119] Kotliar G, Liu J L, Superexchange mechanism and d-wave superconductivity. Phys Rev B, 1988, (38): 5142.

[120] Trivedi N, Randeria M. Deviations from fermi-liquid behavior above Tc in 2D short coherence length superconductors. Phys Rev Lett, 1995, (75): 312.

[121] Emery V, Kivelson S A, Importance of phase fluctuations in superconductors with small superfluid density. Nature (London), 1995, (374): 434.

[122] Yang H B, Rameau J D, Johnson P D, et al. Emergence of preformed Cooper pairs from the doped Mott insulating state in $Bi_2Sr_2CaCu_2O_{8+\delta}$. Nature, 2008, (456): 77.

[123] Meng JQ, Liu G D, Zhang W T, et al. Coexistence of Fermi arcs and Fermi pockets in a high-Tc copper oxide superconductor. Nature, 2009, (462): 335.

[124] Shen Z X, Dessau D S, Wells B O, et al. Anomalously large gap anisotropy in the a-b plane of $Bi_2Sr_2CaCu_2O_{8+\delta}$. Phys Rev Lett, 1993, (70): 1553.

[125] Ding H, Norman M R, Campuzano J C, et al. Angle-resolved photoemission spectroscopy study of the superconducting gap anisotropy in $Bi_2Sr_2CaCu_2O_{8+x}$. Phys Rev B, 1996, (54): 9678.

[126] Harris J M, White P J, Shen Z X, et al. Measurement of an anisotropic energy gap in single plane $Bi_2Sr_2 - xLa_xCuO_{6+\delta}$. Phys Rev Lett, 1997, (79): 143.

[127] Sato T, Matsui H, Nishina S, et al. Low energy excitation and scaling in $Bi_2Sr_2Ca_{n-1}Cu_nO_{2n+4}(n = 1 - 3)$: angle-resolved photoemission spectroscopy. Phys Rev B, 2001, (63): 132502.

[128] Feng D L, Damascelli A, Shen K M, et al. Electronic structure of the trilayer cuprate superconductor $Bi_2Sr_2Ca_2Cu_3O_{10+\delta}$. Phys Rev Lett, 2002, (88): 107001.

[129] Müller R, Janowitz C, Schneider M, et al. Fermi surface and superconducting gap of triple-layered $Bi_2Sr_2Ca_2Cu_3O_{10+\delta}$. J Supercond, 2002, (15): 147.

[130] Sato T, Matsui H, Nishina S, et al. Low energy excitation and scaling in $Bi_2Sr_2Ca_{n-1}Cu_nO_{2n+4}(n = 1-3)$: angle-resolved photoemission spectroscopy. Phys Rev Lett, 2002, (89): 067005.

[131] Yoshida T, Hashimoto M, Ideta S, et al. Universal versus material-dependent two-gap behaviors of the high-Tc cuprate superconductors: angle-resolved photoemission study of $La_2 - xSr + xCuO_4$. Phys Rev Lett, 2009, (103): 037004.

[132] Lu D H, Feng D L, Armitage N P, et al. Superconducting gap and strong In-plane anisotropy in untwinned $YBa_2Cu_3O_{7-\delta}$. Phys Rev Lett, 2001, (86): 4370.

[133] Armitage N P, Lu D H, Feng D L, et al. Superconducting gap anisotropy in $Nd_{1.85}Ce_{0.15}CuO_4$:results from photoemission. Phys Rev Lett, 2001, (86): 1126.

[134] Sato T, Kamiyama T, Takahashi T, et al. Observation of dx2-y2-like superconducting gap in an electron-doped high-temperature superconductor. Science, 2001, (291): 1517.

[135] Mesot J, Norman M R, Ding H, et al. Superconducting gap anisotropy and quasiparticle interactions: a doping dependent photoemission study. Phys Rev Lett, 1999, (83): 840.

[136] Zhao L, Liu H Y, Zhang W T, et al. Multiple nodeless superconducting gaps in $(Ba_{0.6}K_{0.4})Fe_2As_2$ superconductor from angle-resolved photoemission spectroscopy. Chin Phys Lett, 2008, (25): 4402.

[137] Ding H, Richard P, Nakayama K, et al. Observation of Fermi surface-dependent nodeless superconducting gaps in $Ba_{0.6}K_{0.4}Fe_2As_2$. Europhys Lett, 2008, (83): 47001.

[138] Harris J M, et al. Phys Rev B, 1996, (54): 665.

[139] Emery V J, Kivelson S A. Importance of phase fluctuations in superconductors with small superfluid density. Nature (London), 1995, (374): 434.

[140] Wen X G, Lee Patrick A, et al. Theory of underdoped cuprates. Phys Rev Lett, 1996, (76): 503.

[141] Varma C M. Pseudogap phase and the quantum-critical point in copper-oxide metals. Phys Rev Lett, 1999, (83): 3538.

[142] Anderson P W, Physics of the resonating valence bond (pseudogap) state of the doped Mott insulator: spin-charge locking. Phys Rev Lett, 2006, (96): 01700.

[143] Millis A J. Gaps and our understanding. Science, 2006, (314): 1888.

[144] Renner C, Revaz, B, Genoud J Y, et al. Pseudogap Precursor of the Superconducting gap in under- and overdoped $Bi_2Sr_2CaCu_2O_{8+\delta}$. Phys Rev Lett, 1998, (80): 149.

[145] Wang Y, Li L, Ong N P. Nernst effect in high-Tc superconductors. Phys Rev B, 2006, (73): 024510.

[146] Kangel A, Chatterjee U, Randeria M, et al. Protected nodes and the collapse of fermi arcs in high-Tc cuprate superconductors. Phys Rev Lett, 2007, (99): 157001.

[147] Deutscher G, Coherence and single-particle excitations in the high-temperature super-conductors. Nature (London), 1999, (397): 410.

[148] Tacon M L, Sacuto A, Georges A, et al. Two energy scales and two distinct quasiparticle dynamics in the superconducting state of underdoped cuprates. Nat Phys, 2006, (2): 537.

[149] Tanaka K, Lee W S, Lu D H, et al. Distinct Fermi-momentum-dependent energy gaps in deeply underdoped Bi2212. Science, 2006, (314): 1910.

[150] Boyer Wise W D, Chatterjee Kamajesh, et al. Imaging the two gaps of the high-temperature superconductor $Bi_2Sr_2CuO_{6+x}$. Nat Phys, 2007, (3): 802.

[151] Kondo T, Tsunehiro T, Adam K, et al. Evidence for two energy scales in the supercon-ducting state of optimally doped $(Bi, Pb)_2(Sr, La)_2CuO_{6+\delta}$. Phys Rev Lett, 2007, (98): 267004.

[152] Lee W S, Vishik I M, Tanaka K, et al. Abrupt onset of a second energy gap at the superconducting transition of underdoped Bi2212. Nature (London), 2007, (450): 81.

[153] Terashima K, Matsui H, Sato T, et al. Anomalous momentum dependence of the su-perconducting coherence peak and its relation to the pseudogap of $La_{1.85}Sr_{0.15}CuO_4$. Phys Rev Lett, 2007, (99): 017003.

[154] Shi M, Chang J, Paihes S, et al. Coherent d-Wave Superconducting gap in Underdoped $La_{2-x}Sr_xCuO_4$ by angle-resolved photoemission spectroscopy. Phys Rev Lett, 2008,

(101): 047002.

[155] Mesot J, Norman M R, Ding H, et al. Superconducting gap anisotropy and quasiparticle interactions: a doping dependent photoemission study. Phys Rev Lett, 1999, (83): 840.

[156] 郑勇, 苏刚. 中国科学, 2009, (39): 1553.

[157] Ashcroft N W, et al. Solid State Physics. New York: Holt Rinehart and Winston, 1976.

[158] Johnson P D, Valla T, Fedorov A V, et al. Doping and temperature dependence of the mass enhancement observed in the cuprate $Bi_2Sr_2CaCu_2O_{8+\delta}$. Phys Rev Lett, 2001, (87): 177007.

[159] Kim T K, Kordyuk A A, Borisenko S V, et al. Doping dependence of the mass enhancement in $(Pb, Bi)_2Sr_2CaCu_2O_8$ at the antinodal point in the superconducting and normal states. Phys Rev Lett, 2003, (91): 167002.

[160] Citro R, Cojocaru S, Marinaro M, et al. Role of electron-phonon interaction on quasiparticle dispersion in the strongly correlated cuprate superconductors. Phys Rev B, 2006, (73): 014527.

[161] Lee W S, Johnston S, Devereaux, et al. Aspects of electron-phonon self-energy revealed from angle-resolved photoemission spectroscopy. Phys Rev B, 2007, (75): 195116.

[162] Liu H Y, Liu G D, Zhang W T, et al. Identification of nodal kink in electron-doped $(Nd_{1.85}Ce_{0.15})CuO_4$ superconductor from laser-based angle-resolved photoemission spectroscopy. arXiv: 0808. 0802.

[163] Park S R, Song D J, Leem C S, et al. Angle-resolved photoemission spectroscopy of electron-doped cuprate superconductors: isotropic electron-phonon coupling. arXiv: 0808. 0559.

[164] Schmitt F, Lee W S, Lu D H, et al. Analysis of the spectral function of $Nd_{1.85}Ce_{0.15}CuO_4$ obtained by angle-resolved photoemission spectroscopy. arXiv:0808. 0476.

[165] Valla T, Fedorov A V, Johnson P D, et al. Science, 1999, (285): 2110.

[166] Gweon G H, Sasagawa T, Zhou S Y, et al. An unusual isotope effect in a high-transition-temperature superconductor. Nature, 2004, (430): 187.

[167] Pintschovius L, Braden M. Anomalous dispersion of LO phonons in $La_{1.85}Sr_{0.15}CuO_4$. Phys Rev B, 1999, (60): R15039.

[168] Douglas J F, Iwasawa H, Zun Z, et al. Superconductors-unusual oxygen isotope effects in cuprates? Nature, 2007, (446): E5.

[169] Iwasawa H, Douglas J F, Sato K, et al. Isotopic fingerprint of electron-phonon coupling in high-Tc cuprates. Phys Rev Lett, 2008, (101): 157005.

[170] McQueeney R J, Sarrao J L, Pagliuso P G, et al. Mixed lattice and electronic states in high-temperature superconductors. Phys Rev Lett, 2001, (87): 077001.

[171] Zhang W T, Liu G D, Zhao L, et al. Identification of a new form of electron coupling in the $Bi_2Sr_2CaCu_2O_8$ superconductor by laser-based angle-resolved photoemission spectroscopy. Phys Rev Lett, 2008, (100): 107002.

[172] Science, 2000, (288), special issue on Strongly Correlated Electron Systems.

[173] Tokura Y, Nagaosa N. Lattice effects in magnetoresistive manganese perovskites. Science, 2000, (288): 462; Millis A J. Lattice effects in magnetoresistive manganese perovskites. Nature, 1998, (392): 147.

[174] Kubo K, Ohata A. a quantum theory of double exchange. J Phys Soc Jpn, 1972, (33):21; Li Q, et al. Charge localization in disordered colossal-magnetoresistance manganites. Phys Rev B, 1997, (56): 4541.

[175] Millis A J, Littlewood P B, et al. Double exchange alone does not explain the resistivity of $La_{1-x}Sr_xMnO_3$. Phys Rev Lett, 1995, (74): 5144.

[176] Chuang Y D, Gromko A D, Dessau D S, et al. Fermi surface nesting and nanoscale fluctuating charge/orbital ordering in colossal magnetoresistive oxides. Science, 2001, (292): 1509.

[177] Mannella N, Yang W L, Zhou X J, et al. Nodal quasiparticle in pseudogapped colossal magnetoresistive manganites. Nature, 2005, (438): 474.

[178] Dessau D S, Saitoh T, Park C H, et al. k-Dependent electronic structure, a large 'ghost' Fermi surface, and a pseudogap in a layered magnetoresistive oxide. Phys Rev Lett, 1998, (81): 192..

[179] Sun Z, Chuang Y D, Fedorov A V, et al. Quasiparticlelike peaks, kinks, and electron-phonon coupling at the (π,0) regions in the CMR oxide $La_{2-2x}Sr_{1+2x}Mn_2O_7$. Phys Rev Lett, 2006, (97): 056401.

[180] de Jong S, Huang Y, Santoso I, et al. Quasiparticles and anomalous temperature dependence of the low-lying states in the colossal magnetoresistant oxide $La_{2-2x}Sr_{1+2x}Mn_2O_7$ ($x = 0.36$) from angle-resolved photoemission. Phys Rev B, 2007, (76): 235117.

[181] Mannella N, Yang W L, Tanaka K, et al. Polaron coherence condensation as the mechanism for colossal magnetoresistance in layered manganites. Phys Rev B, 2007, (76): 233102.

[182] Feng D L, Lu D H, Shen K M, et al. Signature of superfluid density in the single-particle excitation spectrum of $Bi_2Sr_2CaCu_2O_{8+\delta}$. Science, 2000, (289): 277.

[183] Sun Z, Douglas J F, Fedorov A V, et al. A local metallic state in globally insulating $La_{1.24}Sr_{1.76}Mn_2O_7$ well above the metal-insulator transition. Nat Phys, 2007, (3): 248.

[184] Schmitt F, Kirchmann P S, Bovensiepen U, et al. Transient electronic structure and melting of a charge density wave in TbTe(3). Science, 2008, (321): 1649.

第13章 同步辐射 X 射线成像

13.1 引 言

在过去的 100 多年, 传统的基于吸收衬度的 X 射线成像技术已经在临床医学、生物学、材料科学、信息科学和许多工业应用领域得到了极其广泛的应用. 现在, X 射线透视、X 射线 CT等成像技术已经家喻户晓, 它们几乎和我们每一个人的生活和健康息息相关. 然而, 这种基于吸收机制的 X 射线成像技术仅对由重元素构成样品 (如人体骨骼) 观察得比较清楚, 而对由轻元素构成样品 (如人体软组织) 成像模糊. 这其中的原因在于轻元素对于硬 X 射线的吸收很弱, 就像可见光透过水中的一个小玻璃球, 几乎没有留下可以察觉的痕迹. 于是需要发展一些新的成像方法, 能清楚地分辨轻元素构成样品的结构. 这就好像要想办法看清楚水中的一个小玻璃球, 虽然利用吸收几乎不能分辨水中的玻璃球, 但是可以利用折射确定水中玻璃球的存在. 诸如此类的问题还经常出现在细胞成像和需要元素分辨的成像中, 发展分辨率更高、对弱信号更灵敏、成像机制更丰富、功能更强大的成像方法是人们永恒的追求.

同步辐射 X 射线源的问世, 特别是高度准直、波长连续可调的单色 X 射线光源的出现, 为发展新的成像方法提供了可能. 根据 X 射线与物质相互作用的差异, 新的成像方法在以下三个方面取得进展.

首先, "水窗" 软 X 射线引起了人们的注意. 能量范围为 284~530eV 的软 X 射线具有一种特殊性质, 其在水中的穿透深度比其在蛋白质中的穿透深度大一个数量级, "水窗" 软 X 射线也因此得名. "水窗" 软 X 射线的这种特殊性质, 为含水环境生物样品成像提供了天然的衬度增强机制, 利用 "水窗" 软 X 射线显微镜可以在含水环境下, 无须借助染色和化学固定, 可以对含水的生物软组织进行高分辨成像, 目前已经对含水的酵母细胞实现了分辨率达到 60nm 的三维成像.

其次, 在硬 X 射线波段, 轻元素对硬 X 射线引起的相位变化是其对硬 X 射线的吸收的 1000~100000 倍, 利用相位信号发展的 X 射线相位衬度成像, 特别适合观察主要由轻元素构成的物体, 具有广阔的发展前景[1~10]. 例如, 对于波长为 0.1nm 的 X 射线来说, 需要穿透 3mm 厚的碳才能使光强衰减一半, 而只需穿透 30μm 的碳就能使 X 射线波阵面产生 2π 的相移. 图 13.1 为在北京同步辐射 X 射线光源上拍摄的吸收衬度成像和相位衬度成像对比[11,12], 充分说明了 X 射线相位衬度成像能够为轻元素样品提供比传统吸收成像高得多的衬度, 特别适合对生物软组织和轻元素构成的样品成像.

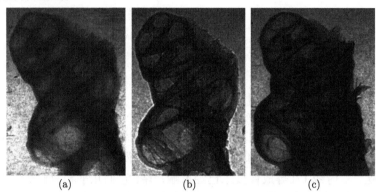

(a)   (b)   (c)

图 13.1   同步辐射硬 X 射线成像方法比较

(a) 豚鼠耳蜗吸收衬度成像; (b) 豚鼠耳蜗相位传播相位衬度成像; (c) 豚鼠耳蜗衍射增强相位衬度成像.
豚鼠耳蜗对声音非常灵敏, 豚鼠耳蜗与人耳蜗相似, 是耳科专家研究听力的好材料. 豚鼠耳蜗样品由首都
医科大学提供

更进一步, 基于 X 射线荧光和吸收精细结构等元素分辨机制, 利用 X 射线探针对样品进行逐点扫描, 再与单色器的波长扫描功能相结合, 可以实现空间分辨谱学成像. 空间分辨谱学方法是同步辐射应用中研究样品局域电子态、化学态的普遍方法.

同步辐射 X 光源的问世, 仅仅为利用 X 射线和物质相互作用的多样性提供了可能性, 而实现这些可能性, 还需要发展相应的方法. 同步辐射 X 射线成像方法可分为四类: ① X 射线投影成像; ② X 射线 "透镜" 放大成像; ③ X 射线探针扫描成像; ④ 相干 X 射线无透镜成像. 下面分别介绍各类成像方法和特点.

X 射线投影成像: 当样品到探测器的距离和样品尺寸相差不大, 样品折射和衍射引起的光线横向位移小于半个面积元, 可以近似认为 X 射线从样品到探测器是直线传播, X 射线把样品的各个面积元投射到屏幕上, 形成与样品相似的像, 见图 13.2.

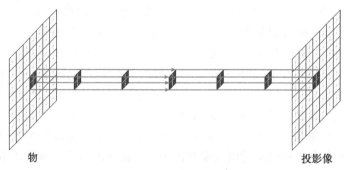

物   投影像

图 13.2   投影成像示意图

X 射线 "透镜" 放大成像：由两个衍射过程构成, 即从物面到 "透镜" 的发散衍射过程和从 "透镜" 到像面的会聚衍射过程. 虽然从物面出发后, 各面积元的衍射光线交叉混杂在一起, 但是每个面积元的衍射光线独立传播, 就像其他面积元不存在一样. 换言之, 在 X 射线 "透镜" 成像过程中, 每个面积元各自独立完成成像过程, 见图 13.3. 因此, X 射线 "透镜" 成像与 X 射线投影成像的相同之处在于, 像面各面积元和物面各面积元一一对应, 像面积元是物面积元的相似放大. X 射线 "透镜" 有多种, 如波带片、施瓦氏镜、沃特镜、组合透镜、K-B 镜都是具有透镜功能的元件, 其中波带片是 X 射线 "透镜" 的主流.

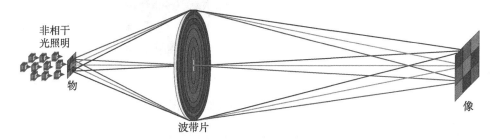

图 13.3 波带片 "透镜" 放大示意图

X 射线探针扫描成像：利用 X 射线 "透镜" 聚焦形成的探针, 逐点扫描获得物体的信息. 为了形成小焦点, 必须从同步辐射光源中滤出空间相干的 X 射线. 第三代同步辐射波荡器发出的 X 射线光束, 具有相对较高的空间相干性, 是目前开展扫描成像的最佳光源. 然而, 即使这样, 也必须将大部分从波荡器发出的 X 射线滤除, 只允许空间相干的 X 射线通过聚焦透镜, 才能使扫描探针达到最小, 见图 13.4.

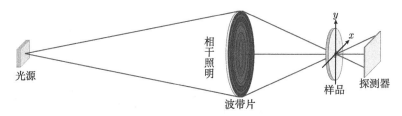

图 13.4 波带片 "透镜" 焦点探针扫描成像示意图, 样品需要在 xy 平面上进行二维步进扫描

相干 X 射线无透镜成像：包括 X 射线全息成像和 X 射线相干衍射成像. X 射线全息成像是可见光全息成像在 X 射线波段的拓展. X 射线全息成像是一个二步成像过程：第一步是记录 X 射线全息图, 使透过样品的 X 射线物光和 X 射线参考光之间发生干涉, 并把干涉花样记录下来形成 X 射线全息图, 见图 13.5; 第二步是再现 X 射线全息图, 将 X 射线全息图的分布数据输入计算机, 编程序模拟记

录 X 射线全息图的逆过程, 就能在屏幕上再现出真实的样品像. 从图 13.5 可以看出, X 射线全息成像不仅要求照射样品的整个光束是相干的, 而且要求旁边的参考光束也是相干的.

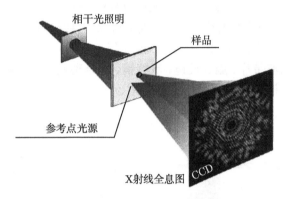

相干光照明

样品

参考点光源

X射线全息图　CCD

图 13.5　X 射线全息成像示意图

X 射线相干衍射成像, 顾名思义, 在实验数据采集中, 探测器记录的不是样品的像, 而是样品的衍射图. 因而样品的像是根据衍射图在计算机屏幕上重建出来的. 和前几种成像相比, X 射线相干衍射成像有以下显著不同: 样品中每个面积元在成像过程中都不是独立的, 样品中各个面积元的衍射光在探测器上相互干涉, 形成样品的相干衍射图, 为了不但重建出样品的吸收分布, 而且重建出相位分布, 探测器的像素数目须至少 2 倍于样品的像素数目, 见图 13.6.

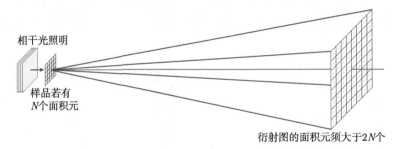

相干光照明

样品若有
N个面积元

衍射图的面积元须大于2N个

图 13.6　相干衍射成像示意图

X 射线投影成像的特点: 各面积元的投影光束基本不发生交叉重叠, 各自具有独立的空间, 而在时间上同步完成成像过程. X 射线 "透镜" 放大成像的特点: 虽然各面积元的成像光束在物面和像面之间的传播过程中交叉重叠在一起, 但是它们之间没有相位关系不能发生干涉. 因而在 X 射线 "透镜" 放大成像中, 每个面积元的成像过程独立进行, 就像其他面积元不存在一样. X 射线探针扫描成像的特点: 各面积元的成像过程不但在空间上相互独立, 而且在时间上也相互独立. 相干 X 射线无透镜成像的特点: 各面积元的衍射光不但交叉重叠在一起, 而且存在相位关系, 会发生干涉. 在 X 射线全息成像中存在一束较强的参考光束, 因而在 X 射线全息图中, 参考光和各面积元衍射光的干涉是主要的, 各面积元衍射光之间的干涉是次要的. 在 X 射线相干衍射成像中, 不存在较强的参考光束, 因而在 X 射线相干衍射图中, 只记录了各面积元衍射光之间的干涉.

上述四种成像都是二维成像, 其中 X 射线 "透镜" 放大成像属于串行成像, 利用其在空间和时间上的独立性, 改变 X 射线的能量, 可以形成具有几十纳米空间分辨能力的谱学方法. 其余三种成像方法都属于并行成像, 可以与计算机断层成像方法相结合, 分别形成微米分辨或纳米分辨的三维成像方法.

13.2 光传播的物理性质

研究成像离不开了解光从光源到探测器之间的传播性质, 离不开对相关的物理概念有一个清楚的认识. 例如, 有人说, 只有在第三代同步辐射光源上才能实现纳米分辨成像. 两个事实可以说明这种说法存在严重问题. 一个事实是, X 射线 "透镜" 放大成像不仅可以在一代和二代同步辐射光源上实现, 而且可以利用普通 X 射线光源实现纳米分辨成像; 另一事实是, 即使是第三代同步辐射光源, 如果不采用次级光源或长光束线设计, X 射线探针扫描成像也不可能实现纳米分辨. 除了一般概念外, 科学研究更需要搞清光的性质. 例如, 如何理解光的波粒二象性和光的相干性? 亮度、光通量和光强等几个性质不同的物理量之间的差别是什么? 本节力图使用通俗、易懂的语言, 描述光的物理性质和相关的物理概念. 为了达到这个目的, 下面拟从光束的基本构成单元——波包开始, 逐步描绘出一幅幅形象、生动的光的物理图像.

13.2.1 光的波粒二象性

光是一种波, 波长是光前进的步长, 光强等于光波振幅的平方; 光又是一种粒子, 称为光子, 光强又等于光子流密度. 由此会提出一个问题, 光到底是波还是粒子? 这个问题的答案, 已经由上述光强的性质给出. 根据光子流密度等于光波振幅平方, 正确的答案是: 光既是波, 又是粒子, 这就是人们常说的波粒二象性. 在表面上看来, 光波和光子是矛盾的, 可是它们之间却存在着不可分割、相互依存的关系. 一方面, 无论何时何地, 使用探测器去探测光, 它总是以光子的形式出现; 另一方面, 光的行为规范却是由光波决定的. 当没有相互作用时, 光子可能出现在有光波的任何地方, 可是当光和物质发生相互作用时, 就会有反射波和衍射波, 光子在光波干涉或衍射加强的地方出现的可能性大, 而在光波干涉或衍射减弱的地方出现的可能性小, 特别是光子绝对不会出现在干涉或衍射振幅为零的地方. 因此, 只需把光强看作光子出现的可能性, 光的波粒二象性之间就会协调一致.

13.2.2 光束的基本单元波包

电子在加速或减速时, 辐射出一份份的能量, 称为光子, 又称为波包. 之所以称为光子, 是因为每一份能量在探测器上显示为一个亮点; 之所以称为波包, 是因为每一份能量都具有波的性质, 可以发生干涉和衍射, 为光子规定了活动的空间范围和禁区. 由此, 可以描绘出光束的物理图像, 光束是由成千上万个前仆后继的波包构成, 每个波包内部都有周期性的波面结构, 也就是说, 波包内部各点具有固定的相位关系; 每个波包内部至少含有一个光子, 波包的空间范围就是光子的活动空间, 或者称为光子位置的不确定范围, 波包干涉或衍射振幅为零的地方是光子的禁区. 图 13.7 描绘出光束构成的图像.

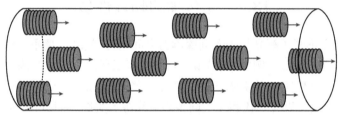

图 13.7   光束由成千上万个波包构成

光源发出光束时, 光束横截面变大, 其相应的微观过程是波包的膨胀; 在聚焦过程中, 光束横截面变小, 其相应的微观过程是波包的收缩. 图 13.8 描绘出光束传播的两个过程的图像.

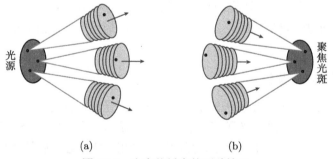

(a)   (b)

图 13.8   光束传播中的两种情况

(a) 发光时, 波包膨胀引起光束变粗; (b) 聚焦时, 波包收缩导致光束变细

是什么决定波包膨胀或收缩呢? 是波包的衍射, 也就是波包子波之间的相互干涉. 在图 13.9 中, 描绘了光束中一个波包在垂直于传播方向膨胀或收缩的内在机制, 透镜前是波包一边向前传播一边膨胀的过程, 描述一个直径为 Δx_1 的波包, 子波之间的相消干涉决定了波包的发散角 $\Delta\theta_1$, 相长干涉决定了波包在发散角 $\Delta\theta_1$ 内

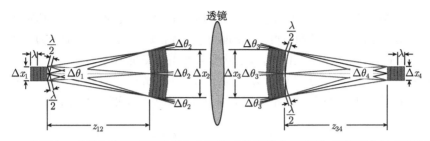

图 13.9　光束中一个波包在垂直于传播方向膨胀或收缩的内在机制, 透镜前为波包膨胀过程, 透镜后为波包缩小过程

部传播, 经过一段距离 z_{12} 的传播, 波包直径从 Δx_1 膨胀为 Δx_2, 而发散角与此同时减小为 $\Delta \theta_2$; 透镜后是波包一边向前传播一边收缩的过程, 描述一个直径为 Δx_3 的波包, 子波之间的相消干涉决定了波包的发散角 $\Delta \theta_3$, 相长干涉决定了波包在发散角 $\Delta \theta_3$ 内部传播, 经过一段距离 z_{34} 的传播, 波包直径从 Δx_3 缩小为 Δx_4, 而发散角与此同时增大为 $\Delta \theta_4$. 在透镜前的波包膨胀过程中, 有

$$\Delta x_1 \cdot \frac{\Delta \theta_1}{2} = \frac{\lambda}{2} \Rightarrow \Delta x_1 \cdot \Delta \theta_1 = \lambda \tag{13.1}$$

$$\left.\begin{array}{l} \Delta x_2 = z_{12} \cdot \Delta \theta_1 \\ \Delta \theta_2 = \dfrac{\Delta x_1}{z_{12}} \end{array}\right\} \Rightarrow \Delta x_2 \cdot \Delta \theta_2 = \Delta x_1 \cdot \Delta \theta_1 = \lambda \tag{13.2}$$

在透镜后的波包收缩过程中, 有

$$\Delta x_3 \cdot \frac{\Delta \theta_3}{2} = \frac{\lambda}{2} \Rightarrow \Delta x_3 \cdot \Delta \theta_3 = \lambda \tag{13.3}$$

$$\left.\begin{array}{l} \Delta x_3 = z_{34} \cdot \Delta \theta_4 \\ \Delta \theta_3 = \dfrac{\Delta x_4}{z_{34}} \end{array}\right\} \Rightarrow \Delta x_3 \cdot \Delta \theta_3 = \Delta x_4 \cdot \Delta \theta_4 = \lambda \tag{13.4}$$

可知在自由传播过程中, 波包的直径和发散角的乘积是守恒量

$$\Delta x \cdot \Delta \theta = \lambda \tag{13.5}$$

经过更细致的分析, 可知式 (13.5) 所描述的是波包内子波最大相位差为 π 的情况, 它确定了一个界限, 在这个界限内, 波包内子波基本上相长干涉, 越过这个界限, 波包内子波就出现相消干涉了. 波包内子波出现完全相消干涉的情况是最大相位差为 2π 的情况, 此时在波包内, 每一个子波都能找到相应的相位相反的子波, 与完全相消干涉对应的波包直径和发散角关系式为

$$\Delta x \cdot \Delta \theta = 2\lambda \tag{13.6}$$

由于式 (13.5) 决定了波包的主流行为, 所以本书以后所说的波包直径和宽度是由式 (13.5) 决定的波包直径和宽度. 在下面可以看到, 这个关系式和量子力学中光子位置–动量不确定关系以及相应的傅里叶变换有着深刻的联系.

根据式 (13.5), 结合图 13.10, 以及量子力学中的光子动量和波长关系, 可以推导出光子在垂直于传播方向的不确定关系式 (又称为测不准关系式), 有

$$\Delta x \cdot \Delta \theta = \lambda \Rightarrow \Delta x \cdot \frac{\Delta p_x}{p} = \lambda \Rightarrow \Delta x \cdot \Delta p_x = p\lambda = h \tag{13.7}$$

式中, h 为普朗克常量. 同理, 可以推导出

$$\Delta y \cdot \Delta p_y = h \tag{13.8}$$

由此可知, 光子位置–动量的不确定关系是波包内子波相互干涉的必然结果.

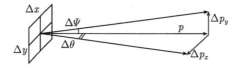

图 13.10　光子位置不确定、角度不确定和动量不确定之间几何关系

在此需要提醒读者注意, 透镜成像的放大率公式也是由不确定关系决定的. 因为在波包内, 光子位置是不确定的, 所以在透镜放大成像中, 波包尺寸就是样品的最高分辨率. 根据式 (13.2)、式 (13.4) 和图 13.9, 可推出波包直径的放大率为

$$\frac{\Delta x_4}{\Delta x_1} = \frac{z_{34}\Delta\theta_3}{z_{12}\Delta\theta_2} = \frac{z_{34}}{z_{12}} \tag{13.9}$$

再根据式 (13.5), 可得波包发散角的放大率为

$$\frac{\Delta\theta_4}{\Delta\theta_1} = \frac{\Delta x_1}{\Delta x_4} = \frac{z_{12}}{z_{34}} \tag{13.10}$$

可以发现, 式 (13.9) 就是几何光学中, 像距除以物距等于放大率的公式, 而式 (13.10) 和透镜成像的角放大率公式完全相同.

图 13.11 描绘了波包在平行于传播方向膨胀或收缩的内在机制, 波包中不同波长 (或不同频率) 分量之间的干涉导致另一个不确定关系的出现, 即带宽 $\Delta\lambda$ 越窄, 波包的长度 Δz 越长. 根据波包长度 Δz(又称为时间相干长度) 和带宽 $\Delta\lambda$ 的关系

$$\Delta z = n\lambda = (n-1)(\lambda + \Delta\lambda) \Rightarrow \Delta z = \frac{\lambda(\lambda + \Delta\lambda)}{\Delta\lambda} = \frac{\lambda^2}{\Delta\lambda} \tag{13.11}$$

有

$$\Delta z \frac{\Delta\lambda}{\lambda} = \Delta z \frac{\Delta\nu}{\nu} = \lambda \tag{13.12}$$

式中, ν 和 $\Delta\nu$ 分别为光波振荡频率和频率不确定. 更细致的分析表明, 式 (13.12) 所描述的是波包内不同频率子波之间最大相位差为 π 的情况, 它确定了一个界限, 在这个界限内, 不同频率子波基本上相长干涉, 越过这个界限, 不同频率子波就出现相消干涉了. 波包内不同频率子波出现完全相消干涉的情况是最大相位差为 2π 的情况, 此时在波包内, 每一频率子波都能找到相应的相位相反的频率子波, 与完全相消干涉对应的波包长度和带宽关系式为

$$\Delta z\frac{\Delta\lambda}{\lambda} = \Delta z\frac{\Delta\nu}{\nu} = 2\lambda \tag{13.13}$$

由于式 (13.12) 决定了波包的主流行为, 所以本书以后所说的波包长度是由式 (13.12) 决定的波包长度. 在下面可以看到, 这个关系式和量子力学中光子时间–能量不确定关系以及相应的傅里叶变换有着深刻的联系. 设 c 为光速, 把光子在传播方向位置不确定和时间不确定的关系

$$\Delta\dot{z} = c\Delta t \tag{13.14}$$

代入式 (13.12), 得

$$\Delta t\frac{\Delta\lambda}{\lambda} = \frac{\lambda}{c} \Rightarrow \Delta t\Delta\nu = 1 \tag{13.15}$$

可以得到量子力学中的光子时间–能量不确定关系

$$\Delta t\Delta E = h \tag{13.16}$$

由此可知, 光子时间–能量的不确定关系是波包内不同频率子波相互干涉的必然结果.

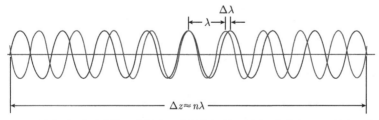

图 13.11 波包中不同波长 (或频率) 分量之间的干涉导致带宽 $\Delta\lambda$ 越窄, 波包的长度 Δz 越长

波包是构成光束的基本单元, 每个波包在传播过程中某一空间位置, 具有一定的横截面积、立体角、长度和带宽, 结合图 13.7 描绘的光束和波包之间的关系, 可知光束在传播过程中, 某一空间位置也具有一定横截面积、立体角和带宽, 即众多波包占据的横截面积就是光束的横截面积, 众多波包占据的立体角就是光束的立体角, 众多波包占据的带宽就是光束的带宽.

13.2.3　光的相位和相位探测

相位就是人们常说的步调. 在前进的队伍中, 步调相差半步或半步奇数倍的两个人, 手臂的摆动是相反的, 称为相位相反; 步调相差一步或一步整数倍的两个人, 手臂的摆动是一致的, 称为相位相同. 为了能用数学来描述运动的周期性, 人们把它和旋转箭头的周期性联系起来 (就像人们用钟表记录日月的周而复始), 用箭头旋转一圈, 即 2π 相位, 表示一步、一个波长或者其他具有周期性的量. 相位相差 π 或 π 奇数倍, 称为相位相反, 相位相差 2π 或 2π 整数倍, 称为相位相同.

两束相干光相遇, 在相遇的地点, 若两束光相位相同, 则会互相加强, 合振幅是两束光振幅之和, 产生亮纹; 若两束光相位相反, 则会互相抵消, 合振幅是两束光振幅之差, 产生暗纹. 两束非相干光相遇, 它们之间的相位没有确定关系, 其合成光强是各自光强之和. 由此可以体会到, 当两束光相干时, 光子流向相位一致的地方, 相位衬度成像就是利用相位调控光子流向的特点, 对样品进行成像的.

相位衬度成像中的核心是探测物质对光的相位改变, 简称相移. 原子是构成物质的基本单元, 原子由原子核和围绕原子核运动的电子构成. 不论是经典物理还是量子物理, 都把原子看成具有固有频率的谐振子. 本书在此用半经典物理的观点来讨论相移 [13,14]. 当光通过物质时, 电子在光波的驱动下, 围绕原子核做受迫振荡运动, 大致可以分三种基本情况: 第一种是光波频率远小于原子的固有频率; 第二种是光波频率远大于原子的固有频率; 第三种是光波频率接近或等于原子的固有频率. 第一种情况, 就是人们常见的可见光通过玻璃的情况, 此时由于原子固有频率远大于入射光波频率, 电子过于积极响应入射光波电磁场的驱动, 造成物质中光波波长小于真空中的光波波长, 缩小了相位前进的步伐, 导致相位在物质中传播的速度小于光在真空中传播的速度, 相移为负, 参见图 13.12(a); 第二种情况是 X 射线通过物质的情况, 此时原子的固有频率远小于入射光波频率, 电子不积极响应入射光波电磁场的驱动, 造成物质中光波波长大于真空中的光波波长, 加大了相位前进的步伐, 导致相位在物质中传播的速度大于光在真空中传播的速度, 相移为正, 参见图 13.12(b); 第三种情况的一个例子是太阳光经过大气的情况, 此时原子的固有频率接近或等于紫外线的频率, 电子在入射光波电磁场驱动下发生共振, 大量吸收入射光波中接近原子固有频率的能量, 并散射到四面八方, 造成透射的太阳光中某些紫外谱线的缺失. 与相位衬度成像有关的是第一种和第二种情况, 在第一种情况中, 可见光在玻璃中的相速度小于它的群速度; 在第二种情况中, X 射线在物质中的相速度大于它的群速度. 所谓相速度, 是波节或者波峰或者波形中任意一个相位状态的传播速度; 所谓群速度, 是整个波包的传播速度. 根据已知的研究结果, 光在物质中相位传播有两种常遇到的物理图像: ①当可见光波包进入玻璃后, 波包传播速度约等于波节或波峰的传播速度, 因此波节或波峰相对于波包整体几乎没有相对运动; ②当 X 射线波包穿过物质时, 波包传播速度小于波节或波峰的传播速度, 因此波节或波峰以比波包更快的速度向前传播, 这个速度大于真空光速. 请读者注意, 相速度大于真空光速, 仅仅存在于波包内部, 当波包中的某个相位传播到波包最前端时, 与此相关的相速度就消失了, 参见图 13.13. 换言之, 虽然相速度可以大于真空光速, 但是波包本身及其携带的能量的传播速度仍然小于真空光速. 这个现象颇类似于庆祝节日的游行队伍, 由于变换队形阵列的需要, 游行队伍内部某些人必须走得比整体更快些, 然而游行队伍整体仍然以原有的速度前进.

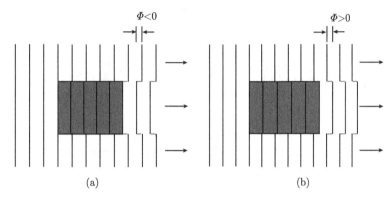

图 13.12 产生相移的物理图像

(a) 可见光在玻璃中的波长小于其在真空中的波长, 相速度小于真空光速, 相移为负; (b) X 射线在物质中的波长大于其在真空中的波长, 相速度大于真空光速, 相移为正

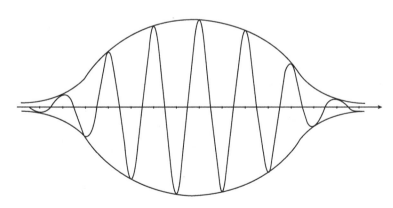

图 13.13 说明相位速度大于波包速度的示意图

在波包末端, 相位伴随着波峰和波节的出现而显身, 并以快于波包的速度向前传播, 在波包前端, 相位伴随着波峰和波节消失而遁去

虽然相位本身是看不见的, 但是它可以通过调控光子的流向来表明它的存在. 相位探测的基本原理是: 通过探测相位引起的光强变化来探测样品. 两个显而易见

的例子是透镜聚集和棱镜折射, 都是相位在其中起决定作用, 参见图 13.14. 一般而言, 物质可以引起光波阵面发生三种变化, 产生三种相位信号: ①样品像加速器或减速器, 引起光波阵面出现超前或落后, 与正相移或负相移信号相对应; ②样品像棱镜, 引起光波阵面倾斜, 导致光的折射, 其折射角与相位一阶导数成正比; ③样品像透镜, 引起光波阵面弯曲, 导致光强的聚焦或者发散, 可以用用相位二阶导数描述波阵面的弯曲程度. 根据相位信号的特点, 发展了三种探测相位信号的方法, 分别为: ①利用干涉条纹探测相移; ②利用角分辨元件探测折射角获得相位一阶导数; ③利用不同距离探测光强, 获得相位二阶导数.

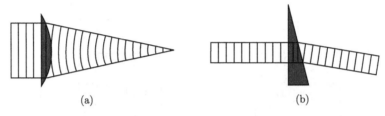

(a)   (b)

图 13.14   利用光学元件改变相位分布, 调控光子的流向的两个例子

(a) 透镜聚焦; (b) 棱镜折射

13.2.4   光的相干性

讨论之前, 先限定讨论相干性的范围, 这里只讨论相位相干性, 这种相干性又被称为振幅相干性或一阶相干性. 相干性是描述光束中任意两点子波能否产生干涉条纹的物理概念, 图 13.15 描绘了相干光束中任意两点子波干涉产生干涉条纹的现象.

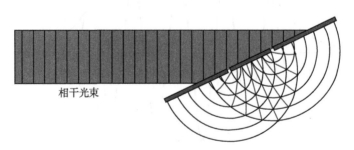

相干光束

图 13.15   相干光束中任意两点子波干涉示意图

光束是由成千上万个前仆后继的波包构成, 光束的相干性不但来源于每一个波包内两点之间的相位相关性, 而且在扩展光源照明条件下, 还与波包的传播方向有关. 光束的相干性分空间相干性 (又称横向相干性) 和时间相干性 (又称纵向相干性). 空间相干性用空间 (横向) 相干长度来度量, 描述垂直于光束的两点之间相隔

多远能发生干涉. 垂直于光束有两个方向, 具有各自的空间 (横向) 相干长度, 这两个互相垂直的 (横向) 相干长度构成垂直于光束的 (横向) 相干面积. 时间相干性用时间 (纵向) 相干长度来度量, 描述平行于光束的两点之间相隔多远能发生干涉. 横向相干面积和纵向相干长度构成相干体积. 相干体积的意义在于: 如果用小孔在相干体积内部任意两点位置滤出光波, 并使其相交, 则一定能产生干涉条纹. 由此可知, 对于光束而言, 其空间相干长度不可能大于波包的直径, 其时间相干长度不可能大于波包的长度. 然而, 相干性的复杂性和多样性在于, 单个波包如此之弱, 产生不了可观察的干涉条纹, 只有众多波包前仆后继地经过双孔才能产生可观察的干涉条纹. 于是产生一个问题: 如何从一般光束中, 选择出满足相干条件、数量足够多的波包, 以便产生可观察的干涉条纹?

中学物理虽然对双孔干涉总结出: 振动方向相同, 频率相同, 具有固定的相位差三个条件, 但是没有进一步讨论如何实现这三个条件. 根据波包的观点, 只要波包同时通过双孔, 振动方向相同条件自然满足; 利用单色器可以使众多波包的频率基本相同, 但不可能完全相同, 其原因在于不确定关系式 (13.12); 至于如何使双孔实现固定的相位差, 也就是满足空间相干条件, 是双孔干涉中的难点和重点. 在给出答案之前, 先考察一个令人深思的例子. 当用一般的准单色扩展光源照射双孔时, 可以发现三种情况: 第一种情况见图 13.16(a), 双孔离光源太近, 从光源发出的波包还没有扩散开, 一个波包不能同时照射双孔, 因而观察不到干涉条纹; 第二种情

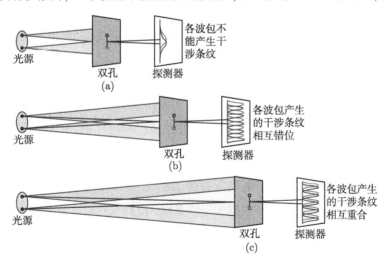

图 13.16 双孔干涉中的三种情况

(a) 一个波包不能同时照射双孔, 不能产生干涉条纹; (b) 虽然一个波包可以同时照射双孔, 可以产生自己的干涉条纹, 但是来自不同方向的波包产生的干涉条纹相互错位, 仍然观察不到干涉条纹; (c) 一个波包可以同时照射双孔, 且不同波包各自产生的干涉条纹相互重合, 产生可以观察的干涉条纹

况见图 13.16(b), 加大双孔和光源之间的距离, 波包直径随之扩大, 一个波包可以同时照射双孔, 并能产生自己的干涉条纹, 可是在屏幕上仍然观察不到干涉条纹, 其原因是来自不同方向的波包产生的干涉条纹相互错位, 导致干涉条纹消失; 第三种情况见图 13.16(c), 进一步加大双孔和光源之间的距离, 各波包产生的干涉条纹趋于相互重合, 屏幕上显现出干涉条纹. 下面讨论空间相干条件, 先讨论两个点光源的情况, 再讨论扩展光源的情况.

如图 13.17 所示, 一点光源 P_1 照射双孔, 双孔中心距为 w, 点光源到双孔的距离为 L_1, 双孔到观察平面的距离为 L_2, 根据双孔干涉条纹间隔公式, 观察平面上相邻亮纹 (或暗纹) 间隔为 $\dfrac{L_2\lambda}{w}$. 此时, 加入另一独立点光源 P_2, 先使 P_2 和 P_1 重合, 然后缓慢移动 P_2. 当 P_2 向上移动时, P_2 产生的干涉条纹在观察平面上向下移动, 当 P_2 移动距离小于 $\dfrac{L_1\lambda}{2w}$ 时, P_2 产生的亮纹虽然与 P_1 产生的亮纹错开, 但是距离小于 $\dfrac{L_2\lambda}{2w}$, 仍然能观察到干涉条纹; 当 P_2 移动距离等于 $\dfrac{L_1\lambda}{2w}$ 时, P_2 产生的亮纹与 P_1 产生的亮纹相互错开距离等于 $\dfrac{L_2\lambda}{2w}$, P_2 产生的亮纹与 P_1 产生的暗纹重叠, 干涉条纹消失.

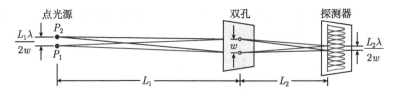

图 13.17　两相互独立的点光源各自产生自己的双孔干涉条纹

因为扩展光源是由多个点光源构成的, 所以上述思路可以用于分析扩展光源照射双孔的情况. 参见图 13.18, 当扩展光源直径 $\Delta\xi = \dfrac{L_1\lambda}{w}$ 时, 扩展光源中任意一点必有和它相距 $\dfrac{L_1\lambda}{2w}$ 的另一点, 产生亮纹和暗纹反转的干涉条纹, 因而导致整个扩展光源中干涉条纹消失. 当扩展光源直径 $\Delta\xi < \dfrac{L_1\lambda}{w}$ 时, 除去亮纹和暗纹相互抵消的点外, 剩余点仍然能产生可观察的干涉条纹. 根据双孔对扩展光源中心的张角 $\Delta\Theta$ 和双孔间距 w 之间的关系 $\Delta\Theta = \dfrac{w}{L_1}$, 可知下列关系成立:

$$\Delta\xi \cdot \Delta\Theta \leqslant \lambda \tag{13.17}$$

式 (13.17) 就是空间相干条件. 比较式 (13.17) 和式 (13.5), 虽然两式在形式上类似, 但是两者的物理内涵不同.

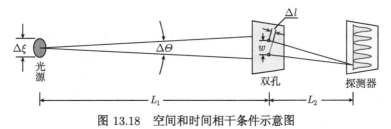

图 13.18　空间和时间相干条件示意图

$\Delta\xi$ 和 $\Delta\Theta$ 分别为光源直径和相干角, Δl 为双孔的光程差

　　除了空间相干条件以外, 双孔干涉还须满足时间相干条件, 当光程差小于等于式 (13.11) 所确定的长度, 同一波包的主要部分才有可能相遇, 并产生可以观察的干涉条纹, 参见图 13.18. 因此, 式 (13.11) 所确定的长度称为时间相干长度, 时间相干条件可以表述为: 光程差小于或等于时间相干长度, 其数学表达式为

$$\Delta l \leqslant \frac{\lambda^2}{\Delta\lambda} \tag{13.18}$$

需要强调的是, 时间相干条件不是只对一个波包, 而是对众多波包而言的.

　　总结相干性和波包的关系, 有以下几条结论:

　　(1) 光束的相干性来源可以分为两方面, 一方面来源于单一波包内部两点子波的相位相关性, 另一方面来源于大量波包的累积作用. 这其中隐含着的两个信息需要读者注意, 一个是任意两个波包之间不存在相位相关性, 不会发生干涉; 另一个是光束的传播方向是大量波包传播方向的平均, 大量波包传播方向之间存在差异, 使得光束的相干体积一般小于波包体积.

　　(2) 空间 (横向) 相干性描述的是垂直于光束传播方向, 任意两点是否具有固定的相位差, 空间相干长度决定相干体积的宽度. 一般情况下, 光束的空间相干长度小于波包直径, 只有对于由多个串联形成的单波包流光束而言, 其空间相干长度等于波包直径.

　　(3) 时间 (纵向) 相干性描述平行于光束传播方向, 任意两点是否具有固定的相位差, 时间相干长度决定相干体积的长度. 对于波包传播方向和光束传播方向基本一致的准单色 ($\Delta\lambda << \lambda$) 光束而言, 时间相干长度等于波包长度.

　　(4) 相干和非相干是一个相对概念, 以双孔干涉为例, 若双孔间距大于相干体积宽度, 则称光束为空间非相干光, 若双孔到干涉屏的光程差大于相干体积长度, 则称光束为时间非相干光. 人们习以为常的太阳光、照明灯光和蜡烛光, 其相干体积很小, 一般都被称为非相干光. 在此请读者注意, 非相干光不是没有相干性, 而是其相干性不满足要求. 根据波包和光束的关系, 不存在相干体积为零的光束.

　　(5) 相干光和非相干光之间可以相互转化, 可以利用扩束和滤波增大非相干光的空间相干长度和时间相干长度, 使之转化为相干光. 不过, 由非相干光转变而来的相干光强度较旨, 要长时间记录才能获得可见的干涉条纹.

(6) 除了相干和非相干以外, 还存在部分相干中间状态, 仍以双孔干涉为例. 空间部分相干分两种情况: 第一种; 光束中既有同时照射到双孔的波包, 也有只照射到单孔的波包; 第二种; 光束中照射双孔的波包来自不同方向, 不同波包产生的干涉条纹之间有位移. 时间部分相干只有一种情况, 即光程差不为零.

为了定量区分非相干、部分相干和相干的情况, 可以用干涉条纹的衬度 (又称为可见度) 来描述光束任意两点的相干性, 这个干涉条纹衬度在光学专著中称为相干度, 相干度为零代表非相干, 相干度大于零小于 1 代表部分相干, 相干度为 1 代表完全相干. 以大家都熟悉的双缝干涉为例, 参见图 13.19, 此时, 图中的双缝实际上代表从光束横截面上任意两点滤出的光. 一方面, 只有当入射光束的空间相干长度和时间相干长度分别大于双缝间距 w 和双缝光程差 Δl 时, 才能在屏幕上观察到干涉条纹; 另一方面, 当入射光束的空间相干长度和时间相干长度不变, 增大双缝间距 w 和双缝光程差 Δl, 可以降低干涉条纹的衬度. 当入射光束的空间相干长度和时间相干长度分别小于双缝间距 w 和双缝光程差 Δl, 屏幕上的干涉条纹衬度降为零, 干涉条纹消失.

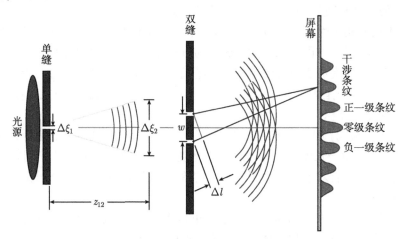

图 13.19　单缝滤波双缝干涉原理示意图

$\Delta\xi_1$ 和 $\Delta\xi_2$ 分别为单缝宽度和横向相干长度

13.2.5　相干光子数和亮度

在 13.2.2 节介绍了光子和波包之间的关系, 由此产生三个问题, 一个波包中可以容纳多少个光子? 一个波包中的光子数具有何种意义? 如何使一个波包容纳尽可能多的光子数?

根据量子统计, 光子是玻色子, 一个波包中可能容纳的光子数没有上限. 一个波包中容纳的光子数称为相干光子数, 相干光子数越多, 瞬间参加相干物理过程的能量越大. 这种能量特别集中、可以发出多光子波包的光源, 称为相干光源. 在一般光源中, 任意两个电子发光之间没有确定的关系, 因而这种光源称为非相干光源. 根据爱因斯坦 1916 年提出的受激辐射理论, 美国科学家梅曼在 1960 年发明了激光, 首先在可见光波段实现了光源中众多电子同时同相位发光, 使一个波包中拥有成亿个光子. X 射线经历了大致相似的发展历程. 1895 年伦琴发明了发射 X 射线的阴极射线管 (即 X 光管). 1947 年, 美国纽约通用电气公司的科学家在调试能量达 70 千电子伏特的电子同步回旋加速器时, 在加速电子运动的切线方向上发现了方向性特别好的 X 射线 (命名为同步辐射). 虽然同步辐射光源仍然属于非相干光源, 但是和 X 光管相比, 同步辐射光源中电子行为的一致性大幅度提高. 目前同步辐射光源已经从第一代发展到第三代 [15], 从 20 世纪末以来人们又在发展相干的 X 射线源, 即众多电子步调一致发射 X 射线光子的 X 射线激光 [16].

　　虽然相干光子数可以描述光源中相干能量的多少, 但是它不适合用来描述非相干光源. 在非相干光源发出的光束中, 波包只占了非常小的一部分空间, 绝大部分空间都是无光子的. 根据亮度的定义, 可以推导出相干光子数和亮度的关系, 从而利用亮度来区分光源中相干能量的多少. 亮度定义为单位时间、单位面积、单位立体角、在千分之一相对带宽中发出的光子数, 即

$$B = \frac{N}{T \cdot S \cdot \Omega \cdot W} \tag{13.19}$$

式中, B 代表亮度, N 代表光子数, T 代表时间, S 为光束横截面积, Ω 为光束发散或会聚的立体角, W 为光束的相对带宽. 换言之, 亮度是六维 (时间一维、面积二维、立体角二维、带宽一维) 相空间中, 单位相体积所拥有的光子数. 根据亮度不变性, 当式 (13.19) 分母缩小为一个波包的六维相体积时, 分子随之成比例缩小, 光子数便成为相干光子数. 根据不确定关系可以求得一个波包的六维相体积, 有

$$\left. \begin{array}{l} \Delta x \cdot \Delta\theta = \lambda \\ \Delta y \cdot \Delta\psi = \lambda \\ \Delta z \cdot \dfrac{\Delta\lambda}{\lambda} = \lambda \end{array} \right\} \Rightarrow \left. \begin{array}{l} \Delta x \cdot \Delta\theta = \lambda \\ \Delta y \cdot \Delta\psi = \lambda \\ \Delta t \cdot \dfrac{\Delta\lambda}{\lambda} = \dfrac{\lambda}{c} \end{array} \right\} \Rightarrow \Delta t \cdot \Delta x \Delta y \cdot \Delta\theta \Delta\psi \cdot \frac{\Delta\lambda}{\lambda} = \frac{\lambda^3}{c} \tag{13.20}$$

式中, Δx 和 Δy 分别为光子沿垂直于光束传播方向的两个位置不确定, $\Delta\theta$ 和 $\Delta\psi$ 分别为光子沿垂直于光束传播方向的两个角度不确定, Δz 为光子沿光束传播方向的位置不确定, Δt 为光子到达某一位置的时间不确定, $\Delta\lambda$ 为波长不确定, λ 为光束的中心波长, c 为光速. 根据相干光子数和波包相空间的关系, 可以对亮度做一个等价定义, 即一个波包的六维相体积所拥有的相干光子数, 其数学表达式为

$$B = \lim_{\substack{S\Omega \to \Delta x \Delta y \Delta\theta \Delta\psi \to \lambda^2 \\ TW \to \Delta t \frac{\Delta\lambda}{\lambda} \to \frac{\lambda}{c} \\ N \to N_c}} \frac{N}{T \cdot S \cdot \Omega \cdot W} = \frac{N_c}{\lambda^3} \cdot c \tag{13.21}$$

式中, N_c 代表相干光子数. 这个亮度定义具有鲜明的物理意义, 其意义为, 每个波包的六维相体积为 λ^3, 其中拥有 N_c 个相干光子, 众多这样的波包以光速 c 在空间中前仆后继地传播. 根据亮度等价定义式 (13.21), 给亮度乘以一个波包的相体积, 除以光速, 就可以计算出一个波包中的光子数, 即相干光子数, 有

$$N_c = B \cdot \frac{\lambda^3}{c} \tag{13.22}$$

由于波包的六维相体积是一个不变量, 在无吸收的自由空间和无吸收无像差的光学系统中, 波包中的光子数不会因为吸收和像差而减少, 所以亮度在无吸收自由空间和无吸收无像差光学系统中传播是不变的, 这就是非常有用的亮度不变定理. 根据这个定理, 可以计算无吸收无像差光学系统中任意横截面的光通量和光强.

光通量的定义为光束在单位时间通过某一横截面的光子数. 因此, 给亮度乘以光束的横截面积、立体角和相对带宽, 就可以获得光束的光通量, 即

$$F = \frac{N}{T} = B \cdot S \cdot \Omega \cdot W \tag{13.23}$$

根据光通量的物理意义, 可以得到空间相干光通量和亮度的关系. 根据图 13.10 和式 (13.20), 可知一个波包在垂直于传播方向上四维相空间为

$$\Delta x \Delta y \cdot \Delta \theta \Delta \psi = \lambda^2 \tag{13.24}$$

也就是一个波包的横截面积和立体角的乘积等于波长平方. 因而给亮度乘以波长平方和相对带宽, 就可以获得空间相干光通量, 有

$$F_c = B \cdot \lambda^2 \cdot W \tag{13.25}$$

光强定义为光束在单位时间通过单位面积的光子数. 因此, 给亮度乘以光束在任意横截面上的立体角和相对带宽, 就可以获得光束在任意横截面上的光强, 即

$$I = \frac{N}{T \cdot S} = B \cdot \Omega \cdot W \tag{13.26}$$

根据式 (13.23)、式 (13.25) 和式 (13.26), 可以体会到亮度是描述光源或光束的最重要的物理量, 其威力在于, 在已知各光学元件效率的前提下, 可以根据亮度计算出无像差 (或像差可忽略) 光学系统中任意横截面上的光通量和光强.

作为应用例子, 下面分别计算第三代同步辐射光源和 X 射线自由电子激光中的相干光子数和空间相干光通量.

第三代同步辐射光源的亮度为

$$B = \frac{10^{20} \text{photons}}{\text{s} \cdot \text{mm}^2 \cdot \text{mrad}^2 \cdot 0.1\% \text{BW}}$$

式中波长为 0.1 纳米的硬 X 射线相干光子数为

$$N_c = B \cdot \frac{\lambda^3}{c} = \frac{10^{20}\text{photons}}{\text{s} \cdot \text{mm}^2 \cdot \text{mrad}^2 \cdot 0.1\%\text{BW}} \cdot \frac{(0.1 \times 10^{-6}\text{mm})^3}{3 \times 10^{11}\text{mm} \cdot \text{s}^{-1}} = 3.3 \times 10^{-4}\text{photons}$$

对于波荡器而言, 输出光束的相对带宽和波荡器周期数成倒数关系, 在第三代同步辐射中, 波荡器的典型周期数约为 100, 得相对带宽为 10^{-2}, 其空间相干光通量为

$$F_c = B \cdot \lambda^2 \cdot W = \frac{10^{20}\text{photons}}{\text{s} \cdot \text{mm}^2 \cdot \text{mrad}^2 \cdot 0.1\%\text{BW}} \cdot (0.1 \times 10^{-6}\text{mm})^2 \cdot 10^{-2} = \frac{10^{13}\text{photons}}{\text{s}}$$

上述相干光子数的计算结果表明, 第三代同步辐射光源发出的光束, 在任一相干体积 $\Delta x \Delta y \Delta z$ 内部, 只有 3.3×10^{-4} 个相干光子, 也就是说在 10^4 个相干体积里才有约三个光子, 换言之, 光束所占据的空间中, 光子的活动空间只占约万分之三, 光束中绝大部分空间都是无光子的真空, 表明即使亮度达到 10^{20} 的第三代同步辐射光源, 仍然属于非相干光源. 上述空间相干光通量的计算结果说明, 第三代同步辐射波荡器发出的光束, 在空间相干面积 $\Delta x \Delta y$、长度为 30 万公里的体积中, 分布着 10^{13} 个空间相干光子, 或者说在一秒钟, 有 10^{13} 个空间相干光子通过相干面积.

空间相干光子数是指光程差为零时才能相干的光子数, 而相干光子数是指有光程差、光程差不大于纵向相干长度时, 仍然可以相干的光子数. 因此, 前者包括了所有垂直于光束传播方向上的横向相干的光子数, 这些光子在平行于光束传播的方向上基本不具有纵向相干性; 而后者只包括了同时具有横向相干性和纵向相干性的光子数.

根据理论计算, X 射线自由电子激光的峰值亮度可达

$$B = \frac{10^{34}\text{photons}}{\text{s} \cdot \text{mm}^2 \cdot \text{mrad}^2 \cdot 0.1\%\text{BW}}$$

式中波长为 0.1 纳米的硬 X 射线相干光子数为

$$N_c = B \cdot \frac{\lambda^3}{c} = \frac{10^{34}\text{photons}}{\text{s} \cdot \text{mm}^2 \cdot \text{mrad}^2 \cdot 0.1\%\text{BW}} \cdot \frac{(0.1 \times 10^{-6}\text{mm})^3}{3 \times 10^{11}\text{mm} \cdot \text{s}^{-1}} = 3.3 \times 10^{10}\text{photons}$$

在 X 射线自由电子激光中, 波荡器的典型周期数约为 1000, 得相对带宽为 10^{-3}, 因而波荡器发出的空间相干光通量为

$$F_c = B \cdot \lambda^2 \cdot W = \frac{10^{34}\text{photons}}{\text{s} \cdot \text{mm}^2 \cdot \text{mrad}^2 \cdot 0.1\%\text{BW}} \cdot (0.1 \times 10^{-6}\text{mm})^2 \cdot 10^{-3} = \frac{10^{26}\text{photons}}{\text{s}}$$

上述相干光子数的计算结果说明, X 射线自由电子激光发出的光束, 在任意一个相干体积 $\Delta x \Delta y \Delta z$ 内部, 拥有 3.3×10^{10} 个相干光子, 光子的空间密度非常高, 波包充满了光束的空间; 上述空间相干光通量的计算结果说明, X 射线自由电子激光发出的光束, 在空间相干面积 $\Delta x \Delta y$、长度为 30 万公里的体积中, 分布着 10^{26} 个空间相干光子; 在 30 万公里长度上分布着 $3. \times 10^{15}$ 个时间相干长度, 即连续分布着 $3. \times 10^{15}$ 个相干体积, 在每个相干体积内, 有 3.3×10^{10} 个光子.

13.2.6　光的传播性质和成像的关系

先对前几节内容做一个总结, 然后讨论光的传播性质和成像的关系. 前几节主要讨论了光的三个性质: ① 单个波包形状变化规律, 即不确定关系; ② 在大量波包作用下, 光场中两点的相干性, 横向相干尺寸是空间相干长度, 纵向相干尺寸是时间相干长度; ③ 一个波包中的光子数, 即相干光子数和亮度的关系.

光的性质和成像的关系如下:

(1) 不确定关系和成像空间分辨率. 前面的讨论表明, 不确定关系其实是光束在传播过程中, 单波包几何形状变化的规律, 也就是光子位置活动范围和角度活动范围之间的关系. 在高分辨成像中, 波包横截面或者光子位置活动范围能变多小, 成像分辨率就能变多高. 不确定关系告诉我们, 要缩小光子位置活动范围, 就必须给予光子在角度上更大的活动范围. 对透镜成像, 意味着使用更大的透镜采集角度更大的衍射光; 对相干 X 射线无透镜成像, 意味着拍摄更大的全息图和衍射图, 记录角度更大的衍射光; 对扫描探针成像, 意味着使用更大的透镜产成更大的会聚角, 获得更小的聚焦光斑. 而对投影成像, 情况正好相反, 为了获得清晰的投影像, 必须尽量缩小光子的角度活动范围和投影成像距离, 就是说光子的位置活动范围不能太小, 也意味着投影成像不易达到高分辨率.

(2) 亮度在成像中的作用. 可以想象, 成像的分辨率越高, 样品被分割的面积元就越多, 要求参与成像过程的光子数就越多. 这是因为, 样品中每个面积元至少需要一个信号光子到达探测器. 增加样品信号光子数的方法有三种: 一是增加曝光时间; 二是聚焦增加光子密度; 三是提高光源亮度. 第一种方法对静态不易形变的样品有效, 可是无法用于动态成像. 第二种方法被光学显微镜和 X 射线显微镜采用. 第三种方法就是在成像中使用高亮度 X 射线光源——X 射线自由电子激光器, 它的亮度比现在第三代同步辐射光源亮度还要高几个数量级, 将为 X 射线全息成像和 X 射线相干衍射成像提供完全相干的 X 射线光源, 将为高分辨动态成像、易受辐射损伤的生物大分子成像和高分辨三维成像带来希望.

(3) 光的不确定关系和傅里叶变换之间的内在联系. 一维变化的样品, 在相干 X 射线照明下, 既可以在坐标表象中表示为随坐标变化的透射振幅函数 $f(x)$, 简称为坐标谱, 又可以在角度表象中, 表示为随角度变化的衍射振幅函数 $F(\theta)$, 简称为角谱, 两种函数之间存在傅里叶变换关系

$$\begin{cases} F(\theta) = \displaystyle\int_{-\infty}^{\infty} f(x) \exp\left(-2\pi\mathrm{i}x\frac{\theta}{\lambda}\right)\mathrm{d}x \\[4mm] f(x) = \displaystyle\int_{-\infty}^{\infty} F(\theta) \exp\left(2\pi\mathrm{i}x\frac{\theta}{\lambda}\right)\mathrm{d}\theta \end{cases} \tag{13.27}$$

傅里叶光学告诉我们, 在一维透镜成像中最小分辨长度就是坐标的不确定范围 Δx,

透镜接收衍射光线的角度范围就是角度的不确定范围 $\Delta\theta$, 这两个不确定范围之间存在下述关系[17,18]

$$\Delta x \cdot \frac{\Delta\theta}{\lambda} = 1 \tag{13.28}$$

式 (13.28) 和式 (13.5) 表达的不确定关系完全一样.

类似的关系还存在于坐标表象和空间频率表象之间, 可用坐标表象和空间频率表象来表示式 (13.27). 根据傅里叶变换理论, 一个空间频谱分布有限的带限函数, 既可以用坐标谱函数 $g(x)$ 描述, 也可以用空间频谱函数 $G(u)$ 描述, 两种函数之间存在傅里叶变换关系

$$\begin{cases} G(u) = \displaystyle\int_{-\infty}^{\infty} g(x) \exp\left(-2\pi \mathrm{i} x u\right) \mathrm{d}x \\[3mm] g(x) = \displaystyle\int_{-\infty}^{\infty} G(u) \exp\left(2\pi \mathrm{i} x u\right) \mathrm{d}u \end{cases} \tag{13.29}$$

著名的香农采样定理[17,18] 告诉我们, 对样品的采样间隔就是位置的不确定范围 Δx, 样品空间频谱范围就是空间频率的不确定范围 Δu, 当两种不确定范围之间满足下述关系时,

$$\Delta x \cdot \Delta u \leqslant 1 \tag{13.30}$$

根据离散采样函数可以绝对准确再现原样品.

在量子力学中, 坐标表象和动量表象之间, 也存在这种关系, 可用坐标表象和动量表象来表示式 (13.27), 光子在坐标空间的波函数 $\psi(x)$ 和光子在动量空间的波函数 $\varphi(p_x)$ 之间存在傅里叶变换关系, 即

$$\begin{cases} \varphi(p_x) = \displaystyle\int_{-\infty}^{\infty} \psi(x) \exp\left(-2\pi \mathrm{i} x \frac{p_x}{h}\right) \mathrm{d}x \\[3mm] \psi(x) = \displaystyle\int_{-\infty}^{\infty} \varphi(p_x) \exp\left(2\pi \mathrm{i} x \frac{p_x}{h}\right) \mathrm{d}p_x \end{cases} \tag{13.31}$$

众所周知, 位置的不确定范围 Δx 和动量不确定范围 Δp_x 之间存在下述关系:

$$\Delta x \cdot \frac{\Delta p_x}{h} \geqslant 1 \tag{13.32}$$

经过对照式 (13.27)、式 (13.29) 和式 (13.31) 中的正傅里叶变换式, 可以发现若在式 (13.28)、式 (13.30) 和式 (13.32) 中取等式, 则衍射角、空间频率和动量是同一个物理量的三种不同表示, 它们之间的关系为

$$\frac{\theta}{\lambda} = u = \frac{p_x}{h} \tag{13.33}$$

由此可见, 物理中的一个不确定关系, 在数学上存在一个傅里叶变换对. 本节已经涉及了光的四个不确定关系:

①波包中光子在 x 方向的位置不确定和角度不确定的关系

$$\Delta x \cdot \Delta \theta = \lambda$$

可以推导出光振幅位置谱和光振幅角谱在 x 方向的傅里叶变换关系;

②波包中光子在 y 方向的位置不确定和角度不确定的关系

$$\Delta y \cdot \Delta \psi = \lambda$$

可以推导出光振幅位置谱和光振幅角谱在 y 方向的傅里叶变换关系;

③波包中光子在 z 方向的位置不确定和波长不确定的关系

$$\Delta z \cdot \frac{\Delta \lambda}{\lambda} = \lambda$$

与时间不确定和能量不确定的关系

$$\Delta t \cdot \Delta E = h$$

等价, 可以推导出光振幅时间谱和光振幅能量谱的傅里叶变换关系; 其中 t、E 和 h 分别为时间、光子能量和普朗克常量.

④非相干光源强度位置谱 (分布) 和双孔干涉条纹衬度角谱 (衬度随双孔夹角变化) 之间构成傅里叶变换关系, 即范西特–泽尼克 (van Citter-Zernike) 定理[19]. 设非相干光源位于 (ξ, η) 平面, 其光源光强位置谱为 $I(\xi, \eta)$, 双孔位于 (x, y) 平面, 其中一孔位于 P_1 点, 其坐标为 (x_1, y_1), 另一孔位于 P_2 点, 其坐标为 (x_2, y_2), 见图 13.20, 则范西特–泽尼克定理的数学表达式为

$$V(\Theta, \Psi) = \frac{\exp(\mathrm{i}\varUpsilon) \iint I(\xi, \eta) \exp\left[-2\pi\mathrm{i}\left(\xi\frac{\Theta}{\lambda} + \eta\frac{\Psi}{\lambda}\right)\right] \mathrm{d}\xi \mathrm{d}\eta}{\iint I(\xi, \eta) \mathrm{d}\xi \mathrm{d}\eta} \tag{13.34}$$

式中, $\Theta = \dfrac{x_1 - x_2}{L_1}$ 和 $\Psi = \dfrac{y_1 - y_2}{L_1}$ 分别为双孔在水平和垂直两个方向对光源的张角; $\varUpsilon = \dfrac{\pi\left[(x_1^2 + y_1^2) + (x_2^2 + y_2^2)\right]}{L_1\lambda}$ 为不影响衬度绝对值的球面波相位参数; $|V(\Theta, \Psi)|$ 为 (X, Y) 平面上双孔干涉条纹的衬度 (又称可见度), 随着双孔张角增大, 干涉条纹衬度降低, 当双孔干涉不满足下列条件时,

$$\begin{cases} \Delta\xi \cdot \dfrac{\Delta\Theta}{\lambda} \leqslant 1 \\[2mm] \Delta\eta \cdot \dfrac{\Delta\Psi}{\lambda} \leqslant 1 \end{cases} \tag{13.35}$$

干涉条纹衬度基本为零. 式中, $\Delta\xi$ 和 $\Delta\eta$ 分别为光源在水平和垂直方向的直径; $\Delta\Theta$ 和 $\Delta\Psi$ 分别为双孔在水平和垂直方向的相干张角. 这个结果和前面在一维情况下推导出的式 (13.17) 一致, 也和傅里叶分析理论一致.

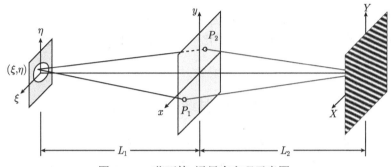

图 13.20   范西特–泽尼克定理示意图

(ξ,η) 为光源平面, (x,y) 为双孔所在平面, (X,Y) 为干涉条纹记录平面

(4) 不确定关系中大于号、等号和小于号的物理意义. 在量子力学的教科书中, 不确定关系中, 一般用大于号和等号, 在一维透镜成像中, 最小分辨长度和衍射角用等号, 而一般光学教科书在计算空间相干长度和时间相干长度的公式中, 一般用小于号和等号. 由此产生一个问题, 到底应该用大于号、等号、还是小于号? 它们分别对应的物理意义是什么? 下面简要论述这个问题. 本章在根据图 13.9 和图 13.11, 分别推导式 (13.5) 和式 (13.12) 时, 小于号对应波包内部相位差小于 π, 等号对应一个波包内部开始出现相位差为 π 的情况, 而大于号对应波包内部相位差有大于 π 的情况. 在进行全息干涉等相干光学实验时, 往往需要根据式 (13.11) 和式 (13.35) 计算时间和空间相干长度, 等号对应获得干涉条纹的临界条件, 小于号对应可以产生干涉条纹, 而大于号则对应不可能产生干涉条纹. 顺着这个思路, 可以讨论任何一个成像光学系统, 为了突出相位在成像过程中的作用, 忽略系统中的吸收, 当在物面一点输入一个球面波包, 在像面对应点的输出可以有两种情况: 一种是成像光学系统无像差, 获得一个相体积守恒的球面波包; 另一种是成像光学系统有像差, 获得一团相体积大于一个波包相体积、局部波面偏离球面的电磁波. 前一个过程对应不确定关系中的小于号和等号, 而后一个过程对应不确定关系中的大于号. 在前一个过程中, 相体积守恒, 亮度不变; 在后一个过程中, 相体积增大, 亮度变小.

因此, 可以得出结论, 量子力学中推导出的三个不确定关系中, 等号对应一个波包或者一个量子态在六维相空间中的边界, 小于号对应物理过程发生在一个波包或者一个量子态的内部, 而大于号对应物理过程超出了一个波包或者一个量子态的边界. 特别是对光子而言, 透镜成像放大公式 (13.9)、傅里叶光学中角谱和坐标谱的傅里叶变换关系式 (13.27)、成像光学中数值孔径和分辨率关系、亮度不变定理、根据亮度不变定理推导出光学系统任意截面光通量表达式 (13.23)、相干光通量表达式 (13.25) 和光强表达式 (13.26), 这些表达式描述的过程都是可逆的, 对应不确定关系中的等号, 而光学系统中的像差过程, 是不可逆的, 对应不确定关系中的大于号.

对本节做一总结: 除了光子的玻色子性质是由量子统计得到的以外, 本节讨论所涉及的光的物理性质, 是光波 "量子化"——波包的必然结果, 是波包自己衍射和干涉的必然结果.

13.3   X 射线投影成像

X 射线的最早应用是 X 射线投影成像, 其中最著名的是伦琴夫人手带戒指的 X 射线照片, 见图 13.21. 如今, X 射线投影成像 (如 X 射线透视) 已经成为人们例行健康检查不可缺少的一环, 特别是基于 X 射线投影成像发展起来的 X 射线 CT, 所获得人体内部的精致断层成像可与外科探查取得的结果相媲美, 使众多病人免受开刀之苦. 然而, 目前广泛应用的 X 射线投影成像技术只能探测物体对 X 射线的吸收, 其成像衬度来源于样品对 X 射线吸收的差异, 因而称其为传统的吸收衬度成像. 吸收衬度成像适合对重元素构成物体进行成像, 而不能为轻元素构成物体提供足够高的成像衬度. 例如图 13.21, 手掌骨骼和戒指获得了清晰的影像, 而肌肉软组织却只留下了模糊的影子.

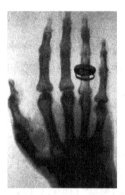

图 13.21   最早的 X 射线投影成像
—— 伦琴夫人手的 X 射线照片

肌肉软组织的主要成分是轻元素, 对由轻元素构成的样品进行高衬度成像, 一直是 X 射线投影成像研究领域追求的目标. 在硬 X 射线波段, 轻元素的折射率 (表达式为 $n = 1 - \delta + \mathrm{i}\beta$) 中相位项 δ 比吸收项 β 大得多. 以碳元素为例, 相位项比吸收项高三到五个数量级, 见图 13.22. 因此, 利用相位项, 发展对轻元素灵敏的相位衬度成像, 是 X 射线投影成像发展的必由之路.

经过近一二十年的发展, 在 X 射线投影成像研究领域, 已经提出四种 X 射线相位衬度成像方法, 如晶体干涉仪成像 [1,2]、衍射增强成像 [3,4]、光栅剪切成像 [5,6] 和相位传播成像 [7~9]. 这些新的成像方法正在成为人们利用相位衬度成像机制研发新成像设备的基础, 也为 X 射线投影成像拓展新的应用领域.

本节拟先建立投影成像的模型, 再从投影成像的数学物理根据逐步引入相位衬度成像, 最后讨论相位衬度三维成像的原理.

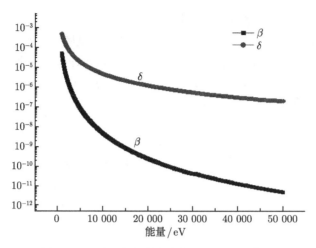

图 13.22 碳元素折射率中的相位项和吸收项

13.3.1 投影成像模型的建立

虽然图 13.2 已经描绘出投影成像中物和像的几何关系, 可是要论证这种物像几何关系的存在, 还需要经过一番由表及里、去粗取精、去伪存真的抽象分析过程.

一般的 X 射线光源, 包括第三代同步辐射光源, 都有一定直径, 是多个点光源的集合, 光源中任意一点的发光都是独立的. 同理, 样品是多个物点的集合. 由此看来, 在 X 射线投影成像中, 既存在多个点光源照射一个物点的过程, 又有一个点光源照射多个物点的过程. 为了从这样一幅纷繁复杂的图像中理出一个头绪来, 本节从研究整个光源照射一个物点开始, 逐步建立投影成像模型.

从图 13.23 可看到, 整个光源照射一个物点, 在成像面上留下该物点的影子, 这个影子是一个点扩散斑. 同理, 依次考虑样品中每一个物点, 就可以获得样品的投影像. 由此可知, 投影成像的分辨率取决于物点扩展斑的大小. 进一步研究发现, 经过物点到达物点扩展斑的光, 仅仅是全部到达物点扩展斑光的一部分, 图 13.24(a) 描绘光源中三个点光源向物点扩展斑发射光波或光子的图像. 由此可以想象, 从光

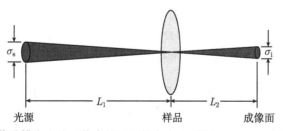

图 13.23 投影成像分辨率取决于物点扩展斑的大小, 而物点扩展斑的大小取决于光源直径、
光源到样品的距离和样品到探测器的距离

源到物点扩展斑, 存在一条输送光的管道, 见图 13.24(b). 如果以点扩展斑为分辨单元, 对成像面进行分割, 则存在多条输送光的管道, 见图 13.24(c). 若将从光源到物点扩展斑的管道抽象成一根光线, 则可建立投影成像的模型, 见图 13.24(d). 同步辐射光源直径为 $10\mu m \sim 1mm$, 物点扩展斑直径为 $1\mu m \sim 0.1mm$, 可知输送光的管道直径的取值范围为 $1\mu m \sim 1mm$.

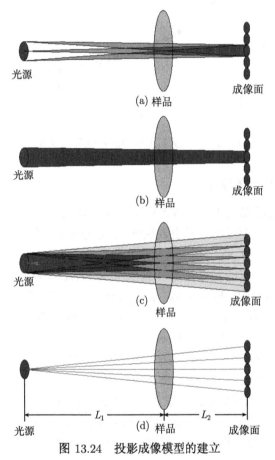

图 13.24   投影成像模型的建立

(a) 光源中各点光源同时向一个物点扩展斑发光; (b) 从光源到物点扩展斑之间存在一条输送光波或光子管道; (c) 光源和每个物点扩展斑之间都存在一条输送光波或光子的管道; (d) 每条输送光波或光子的管道可以抽象为一根光线

　　对同步辐射成像, 因为光源到样品的距离远远大于样品到探测器的距离, 所以照射在样品上的同步辐射光束, 可以近似看作平行光束.

　　建立了投影成像模型后, 一个不可避免的问题是, 如何选择探测器的像素大小? 选大了会牺牲投影成像的分辨率, 选小了会增加探测器的成本. 类似于瑞利建立透镜分辨率判据的思路[20], 可以用物点扩展斑半径作为分辨率的极限, 并选择探测器的像素直径等于物点扩展斑半径, 见图 13.25. 然而, 考虑到探测器像素是按照横平竖直方式排列的, 在水平方向和竖直方向的像素间隔与其他方向的不同, 如在与水平方向夹角 45° 方向, 像素间隔是水平方向的 $\sqrt{2}$ 倍, 因此本书认为探测器像素对角线长度等于物点扩展斑半径是最佳选择.

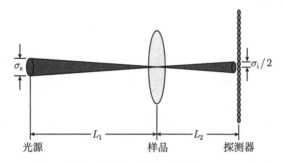

图 13.25   探测器像素大小和成像系统物点扩展斑的关系示意图

上述讨论对于建立吸收衬度投影成像模型已经足够, 可是对于相位衬度投影成像还存在两方面欠缺: 首先上述投影成像模型没有考虑样品折射引起的光线偏转问题; 其次相位衬度成像对空间相干性有一定要求. 下面依次讨论这两方面的问题.

光束在经过样品时, 根据样品相移引起的波面倾斜, 可以推导出折射角公式. 当光波在样品中沿 z 轴传播 Δz 几何路程时, 在 x 轴方向, 间隔为 Δx 的两条光线, 各自的光程分别为 $(1 - \delta_1)\Delta z$ 和 $(1 - \delta_2)\Delta z$, 这两条光线的光程差决定的波面的偏转角度, 也是直径为 Δx 的细光束的微小折射角[21]:

$$\Delta\theta_x = \frac{(1 - \delta_2)\Delta z - (1 - \delta_1)\Delta z}{\Delta x} = \frac{-\Delta\delta}{\Delta x}\Delta z \tag{13.36}$$

式中, δ 为折射率中的相位项, 见图 13.26.

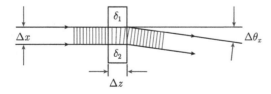

图 13.26   推导折射角公式示意图

将样品中各段几何路程引起的微小折射角进行积分, 就得到光通过样品时, 在 x 轴方向的折射角公式为

$$\theta_x = -\int \frac{\partial\delta}{\partial x}\mathrm{d}z \tag{13.37}$$

同理可以推导出, 光通过样品时, 在 y 轴方向的折射角公式为

$$\theta_y = -\int \frac{\partial \delta}{\partial y}\mathrm{d}z \tag{13.38}$$

因为在光通过样品的路程中, δ 的导数有正有负, 随机变化, 见图 13.27, 所以样品的折射角与 δ 相差不大, 其数量级为

$$|\theta_x| = \left|-\int \frac{\partial \delta}{\partial x}\mathrm{d}z\right| \approx \left|-\int \mathrm{d}\delta\right| \approx \delta \sim 10^{-6} \tag{13.39}$$

因为样品尺寸小于样品到探测器的距离, 光线在样品中传播的距离是一个小量, 所以折射引起的光线偏转位移主要发生在从样品到探测器的传播过程中. 根据样品到探测器距离为 0.1~1m, 可以估算出折射引起的光线偏转位移为 0.1~1μm. 由此可知, 与输送光子的管道直径相比, 样品折射引起的光线偏转位移微不足道.

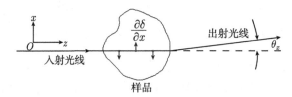

图 13.27　估计折射角大小的原理图

对 X 射线相位衬度成像, 照射在样品上的光束还需要满足空间相干条件, 即要求样品处的空间相干长度约等于输送光子的管道直径. 已知光源各点发光之间互相独立、没有相位关系, 如何才能满足上述要求呢? 下面利用双孔干涉来解决这个问题, 见图 13.28. 要求样品处的空间相干长度大于或等于光子传播管道直径, 无非要求间距约等于输送光子管道直径的双孔, 在光源照射下能产生干涉条纹. 也就是说, 要求光源各点发光经过双孔后, 能在探测器产生基本一致的干涉条纹. 因此, 根据式 (13.17), 光源直径和双孔所张角度之间必须满足 $\Delta\xi \cdot \Delta\Theta \leqslant \lambda$.

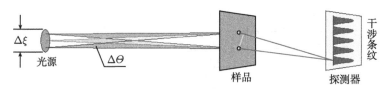

图 13.28　空间相干条件示意图

经过上述准备, 下面可以全面讨论 X 射线投影成像中相位信号的数学表达. X 射线以直线方式穿过样品, 相互作用可以表达为直线积分[20,22]:

$$A = A_0 \exp\left(\mathrm{i}k\int_0^t (n-1)\mathrm{d}z\right) = A_0 \exp\left(\mathrm{i}k\int_{-\infty}^{\infty}(n-1)\mathrm{d}z\right)$$

$$= A_0 \exp\left(\mathrm{i}\Phi\right) \exp\left(-\frac{M}{2}\right) \tag{13.40}$$

式中, A_0 和 A 分别为入射在样品前表面和从样品后表面出射的光波振幅; $k = \dfrac{2\pi}{\lambda}$ 称为波数; t 为样品厚度; Φ 为样品引起的相移 (即与不经过样品的波面之间的相位差); n 为样品折射率, 其数学表达为

$$n = 1 - \delta + \mathrm{i}\beta = 1 - \delta + \mathrm{i}\frac{\lambda}{4\pi}\mu \tag{13.41}$$

式中, δ 为相位项; β 为吸收项; μ 为线性吸收系数. 在式 (13.40) 中, 积分限 $0 \to t$ 扩展为 $-\infty \to \infty$ 的理由为, 光源到探测器的距离远大于样品厚度, 样品外 $\delta = 0$, $\beta = 0$.

样品密度不均匀, 表现在 $\mu(x, y, z)$ 和 $\delta(x, y, z)$ 随空间位置发生变化, 引起从样品出射 X 射线的光强和相移随坐标 (x, y) 发生变化. 特别是 $\delta(x, y, z)$ 随空间位置的变化, 使从样品出射光束的波面结构在空间形成波面场, 见图 13.29, 由此产生四种可用于 X 射线投影成像的直线积分, 分别为样品中 (x, y) 点沿 z 轴方向的吸收

$$M(x, y) = \ln\frac{I_0}{I(x, y)} = \int_{-\infty}^{\infty} \mu(x, y, z)\mathrm{d}z \tag{13.42}$$

造成光强衰减; 样品 (x, y) 点出射波的相移

$$\frac{\Phi(x, y)}{-k} = \int_{-\infty}^{\infty} \delta(x, y, z)\mathrm{d}z \tag{13.43}$$

描述局部波面超前或滞后; 对式 (13.43) 两边求梯度, 得到样品 (x, y) 点出射波的相位梯度 (相位一阶导数)

$$\frac{\nabla\Phi(x, y)}{-k} = \int_{-\infty}^{\infty} \nabla\delta(x, y, z)\mathrm{d}z \tag{13.44}$$

描述局部波面倾斜引起的光线偏转; 用拉普拉斯算子作用于式 (13.43) 两边, 得到样品 (x, y) 点出射波的相位拉普拉斯 (相位二阶导数)

$$\frac{\nabla^2\Phi(x, y)}{-k} = \int_{-\infty}^{\infty} \nabla^2\delta(x, y, z)\mathrm{d}z \tag{13.45}$$

描述局部波面的弯曲, 引起局部的聚焦或发散, 导致局部光强的增强和减弱. 因为在样品外的空间, 样品的任何阶导数都为零, 所以样品各阶导数沿投影光束方向积分都为零, 下式成立:

$$\int_{-\infty}^{\infty} \frac{\partial^n\delta(x, y, z)}{\partial z^n}\mathrm{d}z = \int_{-\infty}^{\infty} \mathrm{d}\left(\frac{\partial^{n-1}\delta(x, y, z)}{\partial z^{n-1}}\right) = 0 \tag{13.46}$$

将式 (13.46) 代入式 (13.44), 并根据式 (13.37) 和式 (13.38), 得到样品的相位梯度与二维微小折射角矢量之间的关系:

$$\frac{\nabla \Phi(x,y)}{k} = \frac{1}{k}\frac{\partial \Phi(x,y)}{\partial x}\boldsymbol{e}_x + \frac{1}{k}\frac{\partial \Phi(x,y)}{\partial y}\boldsymbol{e}_y = -\int_{-\infty}^{\infty}\nabla\delta(x,y,z)\mathrm{d}z$$

$$= -\int_{-\infty}^{\infty}\left[\frac{\partial\delta(x,y,z)}{\partial x}\boldsymbol{e}_x + \frac{\partial\delta(x,y,z)}{\partial y}\boldsymbol{e}_y + \frac{\partial\delta(x,y,z)}{\partial z}\boldsymbol{e}_z\right]\mathrm{d}z$$

$$= -\int_{-\infty}^{\infty}\left[\frac{\partial\delta(x,y,z)}{\partial x}\boldsymbol{e}_x + \frac{\partial\delta(x,y,z)}{\partial y}\boldsymbol{e}_y\right]\mathrm{d}z$$

$$= \theta_x(x,y)\boldsymbol{e}_x + \theta_y(x,y)\boldsymbol{e}_y = \boldsymbol{\theta}(x,y) \tag{13.47}$$

将式 (13.46) 代入式 (13.45), 得到样品相位的拉普拉斯与折射率相位项二阶导数的关系:

$$\frac{\nabla^2\Phi(x,y)}{-k} = \frac{1}{-k}\left[\frac{\partial^2\Phi(x,y)}{\partial x^2} + \frac{\partial^2\Phi(x,y)}{\partial y^2}\right] = \int_{-\infty}^{\infty}\nabla^2\delta(x,y,z)\mathrm{d}z$$

$$= \int_{-\infty}^{\infty}\left[\frac{\partial^2\delta(x,y,z)}{\partial x^2} + \frac{\partial^2\delta(x,y,z)}{\partial y^2} + \frac{\partial^2\delta(x,y,z)}{\partial z^2}\right]\mathrm{d}z$$

$$= \int_{-\infty}^{\infty}\left[\frac{\partial^2\delta(x,y,z)}{\partial x^2} + \frac{\partial^2\delta(x,y,z)}{\partial y^2}\right]\mathrm{d}z \tag{13.48}$$

根据式 (13.47) 和式 (13.48), 可知式 (13.46) 成立是式 (13.43) 的必然结果, 是数学自恰的自然要求.

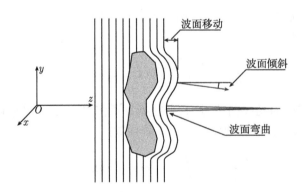

图 13.29　X 射线穿过样品后, 波面发生三种面形变化

13.3.2　相位衬度投影成像的原理和方法

根据上面讨论可知, 投影成像中存在一种吸收信号和三种相位信号, 可是用探测器直接记录, 相位信号却消失得无影无踪, 只留下样品吸收引起的光强衰减投影

像, 其数学过程为

$$AA^* = \left[A_0 \exp\left(-\mathrm{i}\Phi\right) \exp\left(-\frac{M}{2}\right) \right] \left[A_0^* \exp\left(\mathrm{i}\Phi\right) \exp\left(-\frac{M}{2}\right) \right]$$

$$= I_0 \exp\left(-M\right) \tag{13.49}$$

式 (13.49) 说明, 如果没有特殊的方法, 探测器是感应不到相位信号的. 自 1935 年泽尼克在光学显微镜上成功实现相位信号探测后, 在 X 射线波段, 人们一直在努力追求实现相位信号的探测. 近二十年发展起来的 X 射线相位衬度成像方法, 是这种努力的成果. 其三条基本思路为: 利用干涉探测相移信号; 利用角度分辨方法探测折射角, 即探测相位一阶导数; 利用一段距离的自由传播, 使波面弯曲转化为光束的聚焦和发散, 将相位二阶导数变换为光强二阶导数. 总之, 相位衬度成像方法是把相位信号转变成强度信号后实现相位探测的, 下面分别介绍.

1. 相位信号转换为光强信号的方法

1) 晶体干涉仪成像[1,2]

通过干涉条纹移动探测样品引起的相位改变. 图 13.30 为利用晶体干涉仪进行相位衬度成像的装置示意图. 同步辐射白光经过双晶单色器和晶体准直器, 成为单色准直的 X 射线光束, 照射在晶体干涉仪的第一块晶体上. 因为入射光束中每一根光线在第一块晶体分为两根, 然后在第三块晶体又合为一根, 在晶体干涉仪中分束光线形成菱形, 所以这种干涉仪对空间相干性要求不高. 成像过程为, 第一块晶

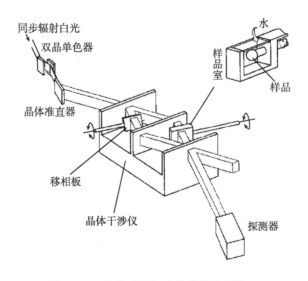

图 13.30　晶体干涉仪成像装置示意图

体将入射的单色 X 射线光束分为两束, 一束用于照射样品形成物光, 另一束作为参考光, 第二块晶体将两束光会聚, 第三块晶体又分别把参考光和物光分为两束. 因此, 探测器记录的是物光和参考光之间的干涉图. 为了从中解出样品的相位和吸收, 需要拍摄多幅参考光相位不同的干涉图, 这可以通过转动移相板来实现. 拍摄干涉图时, 晶体干涉仪必须在相同状态下, 分别拍摄无样品和有样品的干涉图, 以便将两图进行比较, 获得样品可靠的相位信息.

2) 衍射增强成像[3,4,23]

利用晶体对入射光方向的角度选择性, 探测样品引起的折射角. 图 13.31 是两种衍射增强成像装置示意图, 图 13.31(a) 是提取水平折射角的衍射增强成像装置, 图 13.31(b) 是提取垂直折射角的衍射增强成像装置. 下面具体描述获取折射角信号的原理.

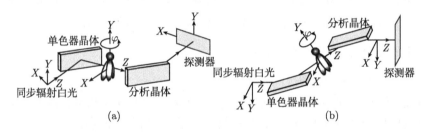

图 13.31　提取水平折射角的衍射增强成像装置 (a) 和提取垂直折射角的衍射增强成像装置 (b)

无样品时, 同步辐射白光束经过单色器晶体反射过滤成为单色光束. 晶体对单色光束具有非常窄的接收角, 只有当入射光沿着接收角的方向入射, 晶体才会反射入射光, 当入射光沿着其他方向入射, 晶体拒绝反射入射光. 当分析晶体和单色器晶体平行时, 单色器晶体产生的单色光束在分析晶体上获得最大的反射率; 当分析晶体偏离单色器晶体时, 反射率迅速降低. 图 13.32 是反射率随分析晶体偏离角度的变化曲线, 因为这条曲线是转动分析晶体而测得的, 所以称为摇摆曲线. 摇摆曲线很窄, 其半高宽与晶体接收角 θ_D 相等. 为了能提取定量的折射角信号, 最简单的途径是在分析晶体反射光强和样品折射角之间形成线性关系. 为此, 在放入样品前, 先调节分析晶体角度, 使分析晶体相对于单色器晶体处于半对准状态, 即单色器晶体产生的单色光束在分析晶体上可以获得一半最大反射率, 对应图 13.32 中摇摆曲线线性区域中心 a 点或 b 点. 放入样品后, 单色准直光束照射在样品上, 样品会在水平方向和垂直方向产生正的或者负的折射角, 水平折射角会引起图 13.31(a) 中的分析晶体反射率随着水平折射角成线性变化, 垂直折射角会引起图 13.31(b) 中的分析晶体反射率随着垂直折射角成线性变化, 因而可以分别利用图 13.31(a) 和图 13.31(b) 中的衍射增强成像装置, 获得样品沿水平方向的折射衬度像和沿垂直方向的折射衬度像.

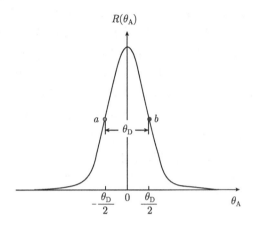

图 13.32 摇摆曲线

3) 光栅剪切成像[5,6,24]

利用光栅剪切干涉获得对样品折射光的角度选择性, 探测样品引起的折射角. 图 13.33 是光栅剪切成像装置示意图, 图 13.33(a) 是提取水平折射角的光栅剪切成像装置; 图 13.33(b) 是提取垂直折射角的光栅剪切成像装置图. 下面具体描述获取折射角信号的原理.

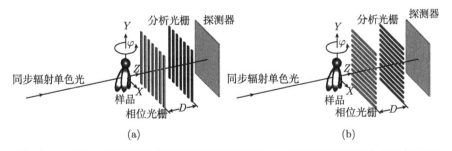

图 13.33 提取水平折射角的光栅剪切成像装置 (a) 及提取垂直折射角的光栅剪切成像装置 (b)

D 为相位光栅和分析光栅之间的距离; p 为分析光栅周期

无样品时, 同步辐射单色光经过相位光栅衍射, 会形成一幅光栅的自成像条纹, 称为泰保效应 (该效应可以看作多种双缝干涉共同作用的结果[25]). 在光栅自成像的地方, 插入一块空间周期和光栅自成像条纹周期相同的分析光栅, 分析光栅是一块吸收光栅, 调节分析光栅位置, 既可以让光栅自成像通过, 也可以不让光栅自成像通过, 随着分析光栅横向移动, 探测器上的光强会出现强弱的周期性变化. 图 13.34

是光强随分析光栅位置的变化曲线, 因为这条曲线是移动分析光栅而测得的, 所以称为位移曲线. 为了能提取定量的折射角信号, 最简单的途径是在分析光栅通过光强和样品折射角之间形成线性关系. 为此, 在放入样品前, 先调节分析光栅位置, 使分析光栅和光栅自成像处于半对准状态, 即光栅自成像在分析光栅上可以获得一半最大通过率, 对应位移曲线的线性区域, 即图 13.34 中位移曲线上的 a 点或 b 点. 放入样品后, 单色准直光束照射在样品上, 样品会在水平方向和垂直方向产生正的或者负的折射角, 水平折射角会引起图 13.33(a) 中光栅自成像发生水平的横向位移, 导致在图 13.33(a) 中的分析光栅通过光强随着水平折射角成线性变化, 垂直折射角会引起图 13.33(b) 中光栅自成像发生垂直的横向位移, 导致在图 13.33(b) 中的分析光栅通过光强随着垂直折射角成线性变化, 因而可以分别利用图 13.33(a) 和图 13.33(b) 中的光栅剪切成像装置, 获得样品沿水平方向的折射衬度像和沿垂直方向的折射衬度像.

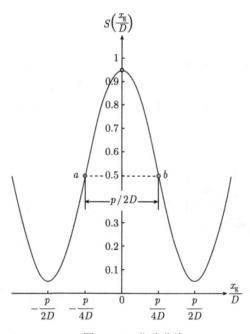

图 13.34　位移曲线

4) 相位传播成像[7~9,26]

在相位传播成像法中, 样品产生的波阵面弯曲经过一定距离 D 的自由传播转变为光的聚焦与发散, 相位二阶导数转变为光强的二阶导数, 形成与样品相位二阶导数成正比的像. 图 13.35 为相位传播成像光路示意图.

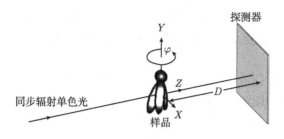

图 13.35　相位传播成像光路示意图

相位传播成像是受同轴全息成像的启发而提出的[8], 因而它又被称为同轴相衬成像. 也是由于这个原因, 常有人分不清同轴相衬成像和同轴全息成像. 同轴相衬成像是局部相干成像, 是空间相干面积远小于整个视场的局部相干成像, 每个物点发出的光仅和周围的局部区域相干, 它仍然属于投影成像. 同轴全息成像是整个视场相干的成像, 是空间相干面积等于或者大于整个视场的全相干成像, 每个物点发出的光和整个视场相干, 它不属于投影成像. 一般而言, 在探测器记录的同轴全息图中, 只能隐隐约约看出一些物体的影子. 如果全息图在光照射下, 人眼可以看到物体的三维形象, 也可以在计算机屏幕上从全息图中重建出原物体各点的三维位置. 同轴全息成像的特点是物体一个物点的衍射或散射光 (物光) 和整个视场的光场 (参考光) 干涉产生干涉条纹, 物体每个点的吸收和相位信息记录在整张全息图上. 同轴相衬成像的特点是物体一个点的衍射或散射光只和该点附近的光发生干涉, 物体每个点的吸收和相位信息只记录在物点附近的局部区域. 同轴全息成像和同轴相衬成像在一定条件下互相转化. 比如在同轴相衬成像时, 增大空间相干面积, 同轴相衬成像向同轴全息成像转化. 反之亦然, 比如在同轴全息成像时, 缩小空间相干面积或者使探测器靠近物体, 同轴全息成像向同轴相衬成像转化. 特别是在探测器靠近物体时, 即使空间相干面积等于或者大于整个视场, 但是物体的衍射和散射光扩散的面积仍然很小, 此时的同轴全息成像实际上是局部相干成像, 因此和同轴相衬成像基本相同.

2. 分离相位信号和吸收信号的方法

上面介绍了将相位信号转换成光强信号的原理和方法, 然而要实现定量分析样品的目的, 还必须把相位信号和吸收信号进行分离. 在相位衬度成像实验中获得的投影图像中, 相位信号和吸收信号混杂在一起, 因而在直接拍摄的图像中, 相位衬度和吸收衬度叠加在一起, 这种成像和传统的吸收衬度成像相比, 虽然衬度大幅度提高, 但还不是定性图像.

分离相位信号和吸收信号就是要把样品中每个面积元的相位信号和吸收信号进行分离, 这就像解二元数学方程, 样品有多少个面积元, 就需要解多少组二元方程. 设样品有 N 个物面积元, 投影成像产生 N 个像面积元, 每个像面积元至少需要有两个独立方程. 这要求至少拍摄两幅不同的投影图像, 以便能为每个像面积元建立两个独立方程.

虽然在晶体干涉仪成像、衍射增强成像、光栅剪切成像和相位传播成像中, 已经发展了拍摄多张投影图像分离相位信号和吸收信号的方法, 而且拍摄多张投影图像似乎还是目前发展的主流, 但是限于篇幅本书不准备介绍这些方法. 本书认为拍摄多张投影图像的方法, 不但会使样品遭受过量的辐射, 而且大幅度延长成像数据采集时间, 不符合简便、快速和低剂量的要求, 不会具有广阔的应用前景. 对拍摄多张投影图像方法感兴趣的读者可以自己去查看相关文献. 本书着眼于为读者介绍简便和具有应用前景的方法, 特别是容易和三维成像结合的方法 (参见 13.3.3 节), 因而只在这里介绍拍摄两张投影图像, 分离相位信号和吸收信号的方法. 目前已经在衍射增强成像、光栅剪切成像和相位传播成像中, 发展成功拍摄两张图像分离相位信号和吸收信号的方法, 下面分别介绍.

1) 衍射增强成像[21,23,27~30]

先考虑图 13.31(a) 的衍射增强成像装置, 根据图 13.32, 可知在放置样品之前, 分析晶体反射光强和入射光强之间的关系为

$$I^{//} = I_0 R(\theta_{\mathrm{A}}) \tag{13.50}$$

式中, 上标 $//$ 表示 y 轴和晶体转轴平行. 在图 13.31(a) 的衍射增强成像装置中放入样品后, 入射光强 I_0 经过样品后到达分析晶体. 因为样品在 XZ 平面内的折射角改变了光线在分析晶体上的入射角, 而样品在 YZ 平面内的折射角对改变分析晶体上入射角几乎不起作用, 所以分析晶体反射光强和样品入射光强之间的关系为

$$I^{//}(x,y) = I_0 \exp\left(-M(x,y)\right) R\left(\theta_{\mathrm{A}} + \theta_x(x,y)\right) \tag{13.51}$$

式中, $M(x,y)$ 为样品的吸收, 见式 (13.42), 根据式 (13.37) 和式 (13.47)

$$\theta_x(x,y) = -\int_{-\infty}^{\infty} \frac{\partial \delta(x,y,z)}{\partial x} \mathrm{d}z \tag{13.52}$$

为样品的水平折射角. 转动分析晶体, 使 $\theta_{\mathrm{A}} = -\dfrac{\theta_{\mathrm{D}}}{2}$, 即使光强 I 随折射角线性变化, 式 (13.51) 变为

$$I^{//}(x,y) = I_0 \exp\left(-M(x,y)\right) R\left(-\frac{\theta_{\mathrm{D}}}{2}\right)\left(1 + C_{\mathrm{R}}^{//}\theta_x(x,y)\right) \tag{13.53}$$

式中, $C_{\mathrm{R}}^{//}$ 与摇摆曲线线性区域斜率成正比, 是一个常数. 下面来考虑如何为样品拍摄两幅不同的像, 并分离样品的吸收像 $M(x,y)$ 和水平折射角像 $\theta_x(x,y)$. 先为

样品拍摄一幅像. 然后以 y 轴为转轴, 将样品旋转 180°, 再拍摄一幅像. 因为正面像和反面像的吸收衰减相同, 折射角相反, 所以两幅像的数学表达式分别为

$$I^{//}(x,y,\varphi) = I_0 \exp\left(-M(x,y)\right) R\left(-\frac{\theta_D}{2}\right)\left(1 + C_R^{//}\theta_x(x,y)\right) \tag{13.54}$$

$$I^{//}(-x,y,\varphi+\pi) = I_0 \exp\left(-M(x,y)\right) R\left(-\frac{\theta_D}{2}\right)\left(1 - C_R^{//}\theta_x(x,y)\right) \tag{13.55}$$

式中, φ 为样品的转角. 将式 (13.54) 和式 (13.55) 相加, 就能解出样品的吸收像 $M(x,y)$, 有

$$\ln\left(\frac{2I_0 R\left(-\dfrac{\theta_D}{2}\right)}{I^{//}(x,y,\varphi) + I^{//}(-x,y,\varphi+\pi)}\right) = M(x,y,\varphi) = \int_{-\infty}^{\infty}\mu(x,y,z)\mathrm{d}z \tag{13.56}$$

将式 (13.54) 和式 (13.55) 相减, 再除以它俩的和, 可以解出水平折射角像

$$\frac{1}{C_R^{//}}\frac{I^{//}(x,y,\varphi) - I^{//}(-x,y,\varphi+\pi)}{I^{//}(x,y,\varphi) + I^{//}(-x,y,\varphi+\pi)} = \theta_x(x,y,\varphi) = -\int_{-\infty}^{\infty}\frac{\partial\delta(x,y,z)}{\partial x}\mathrm{d}z \tag{13.57}$$

再考虑图 13.31(b) 的衍射增强成像装置, 根据图 13.32, 可知在放置样品之前, 分析晶体反射光强和入射光强之间的关系为

$$I^{\perp} = I_0 R(\theta_A) \tag{13.58}$$

式中, 上标 $\perp$ 表示 y 轴和晶体转轴垂直. 当在图 13.31(b) 的衍射增强成像装置中放入样品后, 入射光强 I_0 经过样品后到达分析晶体. 因为样品在 YZ 平面内的折射角改变了光线在分析晶体上面的入射角, 而样品在 XZ 平面内的折射角对改变分析晶体上入射角几乎不起作用, 所以分析晶体反射光强和样品入射光强之间的关系为

$$I^{\perp}(x,y) = I_0 \exp\left(-M(x,y)\right) R(\theta_A + \theta_y(x,y)) \tag{13.59}$$

式中, $M(x,y)$ 为样品的吸收, 见式 (13.42), 根据式 (13.38) 和式 (13.47)

$$\theta_y(x,y) = -\int_{-\infty}^{\infty}\frac{\partial\delta(x,y,z)}{\partial y}\mathrm{d}z \tag{13.60}$$

为样品的垂直折射角. 转动分析晶体, 使 $\theta_A = -\dfrac{\theta_D}{2}$, 即使光强 I 随折射角线性变化, 式 (13.59) 变为

$$I^{\perp}(x,y) = I_0 \exp\left(-M(x,y)\right) R\left(-\frac{\theta_D}{2}\right)\left(1 + C_R^{\perp}\theta_y(x,y)\right) \tag{13.61}$$

式中, $C_R^\perp$ 与摇摆曲线线性区域斜率成正比, 是一个常数. 下面来考虑如何为样品拍摄两幅不同的像, 并分离样品的吸收像 $M(x,y)$ 和折射角像 $\theta_y(x,y)$. 先为样品拍摄一幅像, 然后转动分析晶体, 使 $\theta_A = \dfrac{\theta_D}{2}$, 再拍摄一幅像, 两幅像的数学表达式分别为

$$I_L^\perp(x,y) = I_0 \exp\left(-M(x,y)\right) R\left(-\frac{\theta_D}{2}\right)\left(1 + C_R^\perp \theta_y(x,y)\right) \tag{13.62}$$

$$I_H^\perp(x,y) = I_0 \exp\left(-M(x,y)\right) R\left(\frac{\theta_D}{2}\right)\left(1 - C_R^\perp \theta_y(x,y)\right) \tag{13.63}$$

式中, 下标 L 和 H 分别表示分析晶体转角位于 $\theta_A = -\dfrac{\theta_D}{2}$ 和 $\theta_A = \dfrac{\theta_D}{2}$, 分别对应摇摆曲线低角腰位和高角腰位. 因为 $R\left(-\dfrac{\theta_D}{2}\right) = R\left(\dfrac{\theta_D}{2}\right)$, 所以将式 (13.62) 和式 (13.63) 相加, 就能解出样品的吸收像 $M(x,y)$, 有

$$\ln\left(\frac{2I_0 R\left(-\dfrac{\theta_D}{2}\right)}{I_L^\perp(x,y) + I_H^\perp(x,y)}\right) = M(x,y) = \int_{-\infty}^{\infty} \mu(x,y,z)\mathrm{d}z \tag{13.64}$$

将式 (13.62) 和式 (13.63) 相减, 再除以它俩的和, 可以解出折射角像

$$\frac{1}{C_R^\perp}\frac{I_L^\perp(x,y) - I_H^\perp(x,y)}{I_L^\perp(x,y) + I_H^\perp(x,y)} = \theta_y(x,y) = -\int_{-\infty}^{\infty}\frac{\partial\delta(x,y,z)}{\partial y}\mathrm{d}z \tag{13.65}$$

2) 光栅剪切成像[24]

先考虑图 13.33(a) 的光栅剪切成像装置, 根据图 13.34, 可知在放置样品之前, 分析光栅透射光强和相位光栅入射光强之间的关系为

$$I^{//} = I_0 S\left(\frac{x_g}{D}\right) \tag{13.66}$$

式中, 上标 $//$ 表示 y 轴和光栅栅条平行. 当在图 13.33(a) 的光栅剪切成像装置中放入样品后, 入射光强 I_0 经过样品后到达相位光栅. 因为样品在 XZ 平面内的折射角, 使光栅自成像条纹在分析光栅上垂直于光栅栅条移动, 引起局部透射光强的改变, 而样品在 YZ 平面内的折射角, 使光栅自成像条纹在分析光栅上沿着光栅栅条移动, 不会引起局部透射光强的改变, 所以分析光栅的透射光强和样品入射光强之间的关系为

$$I^{//}(x,y) = I_0 \exp\left(-M(x,y)\right) S\left(\frac{x_g}{D} + \theta_x(x,y)\right) \tag{13.67}$$

式中, $M(x,y)$ 和 $\theta_x(x,y)$ 与式 (13.42) 和式 (13.52) 相同. 移动分析光栅, 使 $x_g = -\dfrac{p}{4}$, 即使光强 I 随折射角线性变化, 式 (13.67) 变为

$$I^{//}(x,y) = I_0 \exp\left(-M(x,y)\right) S\left(-\frac{p}{4D}\right)\left(1 + C_S^{//}\theta_x(x,y)\right) \tag{13.68}$$

式中, $C_S^{//}$ 与位移曲线在线性区域斜率成正比, 是一个常数. 下面过程和衍射增强成像中的过程类似. 先为样品拍摄一幅像. 然后以 y 轴为转轴, 将样品旋转 $180°$, 再拍摄一幅像. 因为正面像和反面像吸收衰减相同, 折射角相反, 所以两幅像的数学表达式分别为

$$I^{//}(x,y,\varphi) = I_0 \exp\left(-M(x,y)\right) S\left(-\frac{p}{4D}\right)\left(1 + C_S^{//}\theta_x(x,y)\right) \tag{13.69}$$

$$I^{//}(-x,y,\varphi+\pi) = I_0 \exp\left(-M(x,y)\right) S\left(-\frac{p}{4D}\right)\left(1 - C_S^{//}\theta_x(x,y)\right) \tag{13.70}$$

式中, φ 为样品的转角. 将式 (13.69) 和式 (13.70) 相加, 就能解出样品的吸收像 $M(x,y)$, 有

$$\ln\left(\frac{2I_0 S\left(-\dfrac{p}{4D}\right)}{I^{//}(x,y,\varphi) + I^{//}(-x,y,\varphi+\pi)}\right) = M(x,y,\varphi) = \int_{-\infty}^{\infty}\mu(x,y,z)\mathrm{d}z \tag{13.71}$$

将式 (13.69) 和式 (13.70) 相减, 再除以它俩的和, 可以解出折射角像

$$\frac{1}{C_S^{//}}\frac{I^{//}(x,y,\varphi) - I^{//}(-x,y,\varphi+\pi)}{I^{//}(x,y,\varphi) + I^{//}(-x,y,\varphi+\pi)} = \theta_x(x,y,\varphi) = -\int_{-\infty}^{\infty}\frac{\partial\delta(x,y,z)}{\partial x}\mathrm{d}z \tag{13.72}$$

再考虑图 13.33(b) 的光栅剪切成像装置, 根据图 13.34, 可知在放置样品之前, 分析光栅透射光强和相位光栅入射光强之间的关系为

$$I^{\perp} = I_0 S\left(\frac{x_g}{D}\right) \tag{13.73}$$

式中, 上标 $\perp$ 表示 y 轴和光栅栅条垂直. 当在图 13.33(b) 的光栅剪切成像装置中放入样品后, 入射光强 I_0 经过样品后到达相位光栅. 因为样品在 YZ 平面内的折射角, 使光栅自成像条纹在分析光栅上垂直于光栅栅条移动, 引起局部透射光强的改变, 而样品在 XZ 平面内的折射角, 使光栅自成像条纹在分析光栅上沿着光栅栅条移动, 不会引起局部透射光强的改变, 所以分析光栅的透射光强和样品入射光强之间的关系为

$$I^{\perp}(x,y) = I_0 \exp\left(-M(x,y)\right) S\left(\frac{x_g}{D} + \theta_y(x,y)\right) \tag{13.74}$$

式中, $M(x,y)$ 为样品的吸收, 其表达式和式 (13.42) 相同, $\theta_y(x,y)$ 为样品的垂直折

射角, 其表达式和式 (13.60) 相同, 移动分析光栅, 使 $x_{\mathrm{g}} = -\dfrac{p}{4}$, 即使光强 I 随折射角线性变化, 式 (13.74) 变为

$$I^{\perp}(x,y) = I_0 \exp\left(-M(x,y)\right) S\left(-\frac{p}{4D}\right)\left(1 + C_S^{\perp}\theta_x(x,y)\right) \tag{13.75}$$

式中, $C_S^{\perp}$ 与位移曲线在线性区域斜率成正比, 是一个常数. 下面过程和衍射增强成像中的过程类似. 先为样品拍摄一幅像, 然后移动分析光栅, 使 $x_g = \dfrac{p}{4}$, 再拍摄一幅像, 两幅像的数学表达式分别为

$$I_{\mathrm{L}}^{\perp}(x,y) = I_0 \exp\left(-M(x,y)\right) S\left(-\frac{p}{4D}\right)\left(1 + C_S^{\perp}\theta_y(x,y)\right) \tag{13.76}$$

$$I_{\mathrm{H}}^{\perp}(x,y) = I_0 \exp\left(-M(x,y)\right) S\left(\frac{p}{4D}\right)\left(1 - C_S^{\perp}\theta_y(x,y)\right) \tag{13.77}$$

式中, 下标 L 和 H 分别表示分析光栅位于 $x_g = -\dfrac{p}{4}$ 和 $x_g = \dfrac{p}{4}$, 分别对应位移曲线低角腰位和高角腰位. 因为 $S\left(-\dfrac{p}{4}\right) = S\left(\dfrac{p}{4}\right)$, 所以将式 (13.76) 和式 (13.77) 相加, 就能解出样品的吸收像 $M(x,y)$, 有

$$\ln\left(\frac{2I_0 S\left(-\dfrac{p}{4D}\right)}{I_{\mathrm{L}}^{\perp}(x,y) + I_{\mathrm{H}}^{\perp}(x,y)}\right) = M(x,y) = \int_{-\infty}^{\infty} \mu(x,y,z)\mathrm{d}z \tag{13.78}$$

将式 (13.76) 和式 (13.77) 两相减, 再除以它俩的和, 可以解出折射角像

$$\frac{1}{C_S^{\perp}}\frac{I_{\mathrm{L}}^{\perp}(x,y) - I_{\mathrm{H}}^{\perp}(x,y)}{I_{\mathrm{L}}^{\perp}(x,y) + I_{\mathrm{H}}^{\perp}(x,y)} = \theta_y(x,y) = -\int_{-\infty}^{\infty}\frac{\partial\delta(x,y,z)}{\partial y}\mathrm{d}z \tag{13.79}$$

　　读者可以发现, 虽然光栅剪切成像和衍射增强成像所用的装置在外貌上截然不同, 但是它们的成像原理却是类似的. 两种成像方法都是以样品的折射角作为成像信号, 都能利用光强–角度曲线的线性区域提取出样品的折射角信号. 这种现象说明, 利用光强–角度曲线获得样品折射角像的方法具有普遍性, 这个方法具有推广的潜力.

　　3) 相位传播成像[26]

　　根据图 13.35, 可以把相位传播成像光路分为两段: 第一段为从光源到样品; 第二段为从样品到探测器. 第一段光路的作用是为了使样品获得符合空间相干要求的 X 射线照明光束, 这一段光路越长, 光的准直度越高, 样品在垂直于光束传播方向上获得的空间相干长度就越长. 第二段光路的主要作用是将经过样品扭曲的波面转变为光强, 在探测器上形成与相位二阶导数成正比的像; 其原理为入射在样品上的平面波, 经过样品相移, 出射时成为凸凹不平的波面, 其中凸波面经过传播使光束发散, 导致光强减弱, 凹波面经过传播使光束会聚, 导致光强增强, 这种导致

光强减弱或增强的作用随着波面曲率变化而不同, 曲率越小, 波面会聚的距离就越长; 换言之, 距离越长, 对波面的微弱弯曲越灵敏. 然而, 并不是距离越长越好, 距离过长, 会导致一些强聚焦信号, 发生聚焦后又发散的情况, 可能引起像的失真, 同时空间分辨率会随着距离增长而下降, 因此在实验中需要选择一个比较合适的成像距离.

设探测器位于样品下游 z 处, 将紧贴样品后表面上每一个点都看作新的球面子波源, 在样品所在平面上, 某一样品点为中心的空间相干区域内, 各球面子波之间是相干的, 存在相位关系. 经过从 0 到 z 的传播后, 这些球面子波在探测器上相互干涉, 形成与波面曲率相关的相位衬度. 因为在近场衍射中, 球面波振幅叠加积分很难计算, 所以用旋转抛物面子波近似球面子波, 用旋转抛物面子波振幅叠加积分近似球面子波振幅叠加积分, 这就是大学物理光学中有名的菲涅耳衍射积分. 这个近似具有非常高的精确性. 由于相位传播成像对入射波的空间相干性提出了较高的要求, 所以相位传播成像实验一般是在同步辐射光源或微焦点 X 射线光源上进行的.

根据式 (13.38), 经过样品的复振幅可以表达为

$$A_{+0}(x,y) = A_{-0} \exp\left(-\frac{M(x,y)}{2}\right) \exp\left(-\mathrm{i}\Phi(x,y)\right) \tag{13.80}$$

式中, 下标 -0 和 $+0$ 分别为样品前表面和后表面的位置. 在样品后 z 处得到复振幅 A_z 为从样品出射的复振幅 A_{+0} 与旋转抛物面子波 h 的卷积, 有

$$A_z(x,y) = A_{+0}(x,y) ** h(x,y) \tag{13.81}$$

式中

$$h(x,y) = \frac{\exp(\mathrm{i}kz)}{\mathrm{i}\lambda z} \exp\left[\mathrm{i}\frac{\pi}{\lambda z}\left(x^2 + y^2\right)\right] \tag{13.82}$$

是旋转抛物面子波的数学表达式, 又称为菲涅耳传播因子, 其傅里叶变换为

$$H_z(u,v) = \exp(\mathrm{i}kz) \exp\left[-\mathrm{i}\pi\lambda z\left(u^2 + v^2\right)\right] \approx \exp(\mathrm{i}kz)\left[1 - \mathrm{i}\pi\lambda z\left(u^2 + v^2\right)\right] \tag{13.83}$$

对于微米量级分辨成像而言, $\lambda z\left(u^2 + v^2\right)$ 是一个小量, 因而上式可以忽略展开式中的高级项, 只取一级项. 根据傅里叶变换性质, 卷积的傅里叶变换等价于傅里叶变换的乘积, 对式 (13.81) 两边做傅里叶变换, 并将式 (13.83) 代入, 有

$$\begin{aligned}
\tilde{A}_z(u,v) &= \mathcal{F}_{xy}\left[A_z(x,y)\right] = \mathcal{F}_{xy}\left[A_{+0}(x,y) ** h(x,y)\right] \\
&= \mathcal{F}_{xy}\left[A_{+0}(x,y)\right] \mathcal{F}_{xy}\left[h(x,y)\right] = \tilde{A}_{+0}(u,v) H_z(u,v) \\
&\approx \tilde{A}_{+0}(u,v) \exp(\mathrm{i}kz)\left[1 - \mathrm{i}\pi\lambda z\left(u^2 + v^2\right)\right]
\end{aligned}$$

$$= \exp(\mathrm{i}kz) \left[\tilde{A}_{+0}(u,v) - \mathrm{i}\pi\lambda z \left(u^2 + v^2\right) \tilde{A}_{+0}(u,v) \right]$$

$$= \exp(\mathrm{i}kz) \left\{ \mathcal{F}_{xy} \left[A_{+0}(x,y) \right] - \frac{\mathrm{i}\lambda z}{4\pi} \mathcal{F}_{xy} \left[\frac{\partial^2 A_{+0}(x,y)}{\partial x^2} + \frac{\partial^2 A_{+0}(x,y)}{\partial y^2} \right] \right\}$$

$$= \exp(\mathrm{i}kz) \mathcal{F}_{xy} \left\{ A_{+0}(x,y) - \frac{\mathrm{i}\lambda z}{4\pi} \left[\frac{\partial^2 A_{+0}(x,y)}{\partial x^2} + \frac{\partial^2 A_{+0}(x,y)}{\partial y^2} \right] \right\} \quad (13.84)$$

式中, $\mathcal{F}_{xy}$ 代表傅里叶变换, $\tilde{A}_z(u,v)$, $\tilde{A}_{+0}(u,v)$ 和 $H_z(u,v)$ 分别是 $A_z(x,y)$, $A_{+0}(x,y)$ 和 $h(x,y)$ 的傅里叶变换. 对式 (13.84) 做逆傅里叶变换, 然后与其共轭相乘, 可求得探测器上的光强为

$$\begin{aligned}
I_z(x,y) &= A_z(x,y) A_z^*(x,y) \\
&= \left\{ A_{+0}(x,y) - \frac{\mathrm{i}\lambda z}{4\pi} \left[\frac{\partial^2 A_{+0}(x,y)}{\partial x^2} + \frac{\partial^2 A_{+0}(x,y)}{\partial y^2} \right] \right\} \\
&\quad \cdot \left\{ A_{+0}^*(x,y) - \frac{\mathrm{i}\lambda z}{4\pi} \left[\frac{\partial^2 A_{+0}^*(x,y)}{\partial x^2} + \frac{\partial^2 A_{+0}^*(x,y)}{\partial y^2} \right] \right\} \quad (13.85)
\end{aligned}$$

引入两个近似, 首先 λz 是一个小量, 忽略含有 $(\lambda z)^2$ 的项, 其次假设样品吸收变化缓慢, 忽略含有 $M(x,y)$ 的一阶导数项, 可将式 (13.85) 简化为

$$\begin{aligned}
I_z(x,y) &= A_{-0} A_{-0}^* \exp\left[-M(x,y) \right] \left\{ 1 - \frac{\lambda z}{2\pi} \left[\frac{\partial^2 \Phi(x,y)}{\partial x^2} + \frac{\partial^2 \Phi(x,y)}{\partial y^2} \right] \right\} \\
&= I_{-0} \exp\left[-M(x,y) \right] \left[1 - \frac{\lambda z}{2\pi} \nabla^2 \Phi(x,y) \right] \quad (13.86)
\end{aligned}$$

式 (13.86) 就是光强随相位二阶导数 (相位拉普拉斯) 线性变化的相位传播成像方程.

　　下面来考虑如何为样品拍摄两幅不同的像, 并分离样品的吸收像 $M(x,y)$ 和相位二阶导数像 $\nabla^2 \Phi(x,y)$. 根据式 (13.86), 初看起来, 须先在 $z = +0$ 处拍摄一张像 $I_{+0}(x,y)$, 再在 $z = D$ 处拍摄一张像 $I_D(x,y)$, 就能很容易解出吸收像 $M(x,y)$ 和相位二阶导数像 $\nabla^2 \Phi(x,y)$. 可是样品常常有一定厚度, 而且可能厚度不一, 实际上往往拍摄不到 $z = +0$ 的像. 为了尽量减小这个问题带来的影响, 可以分别在 $z = D$ 和 $z = 2D$ 拍摄两张像, 两张像的表达式分别为

$$I_D(x,y) = I_{-0} \exp\left[-M(x,y) \right] \left[1 - \frac{\lambda D}{2\pi} \nabla^2 \Phi(x,y) \right] \quad (13.87)$$

$$I_{2D}(x,y) = I_{-0} \exp\left[-M(x,y) \right] \left[1 - \frac{\lambda D}{\pi} \nabla^2 \Phi(x,y) \right] \quad (13.88)$$

上两式经过适当的运算, 可以获得吸收像表达式为

$$M(x,y) = \ln \frac{I_{-0}}{2I_D(x,y) - I_{2D}(x,y)} \quad (13.89)$$

相位二阶导数像表达式为

$$\nabla^2 \Phi(x,y) = \frac{2\pi}{\lambda D} \frac{I_D(x,y) - I_{2D}(x,y)}{2I_D(x,y) - I_{2D}(x,y)} \tag{13.90}$$

13.3.3　相位衬度 CT

既然相位衬度投影成像可以提供比吸收衬度投影成像高得多的衬度, 人们便自然想到了将相位衬度投影成像和计算机断层成像 (简称 CT) 相结合, 发展相位衬度 CT. 为此, 先介绍 CT 实现三维成像的基本原理, 接着讨论 CT 实现三维成像的条件, 最后介绍相位衬度 CT 重建算法.

1. CT 实现三维成像的基本原理

在讨论 CT 实现三维成像原理之前, 先讨论人眼是如何获得三维信息的. 我们都有这样的经验, 用一只眼睛观察物体, 能分辨上下左右, 却不易区分前后位置, 而用双眼观察, 才能同时分辨上下左右和前后. 这其中的原理在于, 一只眼睛只有一个视角, 只能获得一幅不易区分前后的二维图像, 而双眼有两个视角, 可以同时获得两幅视角不同的二维图像, 经过大脑分析加工, 就能区分前后位置. 于是产生一个问题, 如何用单眼获得三维信息? 答案是, 从多个视角观察世界. CT 实现三维成像的原理与单眼获得三维信息的道理类似, 即根据多个方向的投影图像获得样品的三维信息.

CT 断层成像的理论基础是傅里叶中心切片定理, 不论是吸收衬度 CT, 还是相位衬度 CT, 都是以这个定理为基础的. 这个定理告诉我们, 如何获取样品内部结构的信息. 傅里叶分析理论告诉我们, 在不能直接获得样品内部结构信息的情况下, 如果能得到样品内部结构的傅里叶变换, 即空间频谱, 就可以间接获得样品内部结构信息. 也就是说, 样品结构的空间频谱和样品结构本身等价. 下面先从文字上介绍如何获取样品的空间频谱, 重建样品断层像, 然后再从数学上予以证明.

投影像有一个非常显著的特征, 对垂直于投影方向的结构变化敏感, 而对平行于投影方向的结构变化迟钝. 傅里叶中心切片定理就是根据这一特征, 将各个方向的投影图进行傅里叶变换, 获取样品断层结构的空间频谱. 图 13.36 和图 13.37 形象地描述了提取样品断层空间频谱的方法和过程. 图 13.37(a) 中显示样品断层中含有四个方向的栅条结构, 入射光束分别从四个方向对样品断层投影, 每幅投影图都和投影方向垂直, 因而只能提取出垂直于投影方向变化的结构信息; 图 13.37(b) 分别对四幅投影图进行一维傅里叶变换, 获得四个方向的空间频谱, 每个方向的空间频谱都和其投影方向垂直, 然后以零频为中心, 依次排列这四个一维空间频谱, 获得样品栅条结构断层的二维空间频谱图. 可将图 13.36 和图 13.37 所描述的断层空间频谱提取过程归纳为: 第一步, 一薄片光束照射样品, 一维线探测器垂直于光束方向采集样品断层一个方向的投影像, 围绕垂直于断层的转轴, 逐步旋转样品或旋转光束, 从 0° 旋转至 180°, 拍摄断层各个方向的投影像, 完成一个断层的投影数据采集; 第二步, 对各投影像进行傅里叶变换, 获得垂直于投影方向的一维空间频谱, 然后以零频为中心, 按顺序排列各方向的空间频谱, 获得该断层的二维空间频谱. 因为每个垂直于投影方向的一维空间频谱就像二维空间频谱中的一个切片, 所以把这种提取断层二维空间频谱的方法称为傅里叶中心切片定理. 这个定理在数学上可以表述为: 二维傅里叶变换等价于旋转投影加一维傅里叶变换. 其强大威力在于, 无须剖开样品, 只需对样品进行旋转投影, 就可获知样品的内部结构.

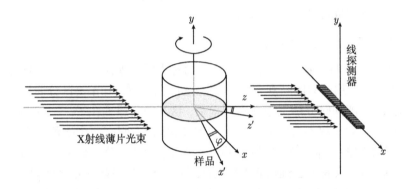

图 13.36　样品断层投影数据采集示意图

y 轴为样品转轴, X 射线光束沿 z 轴传播, (x, y, z) 是固定在探测器上的坐标系, (x', y', z') 为固定在样品上的坐标系

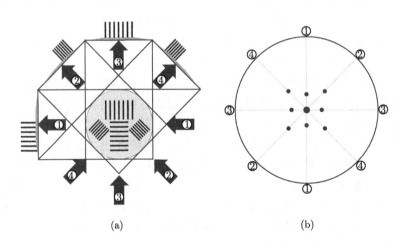

(a)　　　　　　　　　　　　　　　(b)

图 13.37　提取样品断层空间频谱示意图

(a) 样品断层中含有四个方向的栅条结构, 四幅投影图各自提取出垂直于投影方向的变化的结构信息;

(b) 分别将四幅投影图进行一维傅里叶变换, 获得四个方向的空间频谱, 然后以零频为中心, 依次排列这四个一维空间频谱, 就获得样品栅条断层的二维空间频谱图

获得样品断层的二维空间频谱后, 对二维空间频谱进行二维逆傅里叶变换, 就可获得该断层的二维像. 重复以上步骤, 依次获得样品其他断层像, 并按顺序排列, 就可重建整个样品. 然而, 二维逆傅里叶变换对计算机要求很高, 因而在实际重建中, 不是利用二维逆傅里叶变换, 而是利用一维滤波逆傅里叶变换和旋转回抹, 简称滤波回抹 (即一般常说的滤波反投影[31], 准确地说应该称为回抹而不是反投影). 因为滤波回抹在数学上和二维逆傅里叶变换等价, 只需进行一维滤波逆傅里叶变换和旋转回抹, 就可以从样品断层的空间频谱重建样品断层像, 所以降低了对计算机的要求. 下面从数学上, 证明傅里叶中心切片定理, 并推导滤波回抹重建公式.

证明之前, 先做一些准备工作. 引入 δ 函数, 其定义和性质为

$$\delta(x) = \begin{cases} \infty, & x = 0 \\ 0, & x \neq 0 \end{cases}, \quad \int_{-\infty}^{\infty} \delta(x)\mathrm{d}x = 1, \quad \int_{-\infty}^{\infty} f(x)\delta(x)\mathrm{d}x = f(0) \qquad (13.91)$$

在此提醒读者, 按照惯例, 在本章中折射率的相位项也是用 δ 表示的, 比如在式 (13.41) 中, 请注意区分. 根据图 13.36, 定义固定在样品上的直角坐标系为 (x', y, z'), 和固定在探测器上的直角坐标系为 (x, y, z), 两套直角坐标系的原点和 y 轴重合, 坐标之间的关系为

$$\begin{pmatrix} x' \\ z' \end{pmatrix} = \begin{pmatrix} \cos\varphi & -\sin\varphi \\ \sin\varphi & \cos\varphi \end{pmatrix} \begin{pmatrix} x \\ z \end{pmatrix}, \quad \begin{pmatrix} x \\ z \end{pmatrix} = \begin{pmatrix} \cos\varphi & \sin\varphi \\ -\sin\varphi & \cos\varphi \end{pmatrix} \begin{pmatrix} x' \\ z' \end{pmatrix}$$
$$(13.92)$$

设 r 为样品断层平面位置矢量, 则样品断层函数可表示为 $\mu(r)$, 其在探测器坐标系 (x, y, z) 和样品坐标系 (x', y, z') 中的表示分别为 $\mu(x, z)$ 和 $\mu(x', z')$; 定义旋转投影算子 $\mathcal{P}_\varphi$, 其在探测器坐标系 (x, y, z) 和样品坐标系 (x', y, z') 中的表示分别为

$$\mathcal{P}_\varphi \{\mu(x, z)\} = \left[\int_{-\infty}^{\infty} \mu(x, z)\mathrm{d}z \right]_\varphi = M(x, \varphi) \qquad (13.93)$$

和

$$\mathcal{P}_\varphi \{\mu(x', z')\} = \int_{-\infty}^{\infty} \int_{-\infty}^{\infty} \mu(x', z')\delta(x'\cos\varphi + z'\sin\varphi - x)\mathrm{d}x'\mathrm{d}z' = M(x, \varphi)$$
$$(13.94)$$

式中, $M(x, \varphi)$ 为 $\mu(r)$ 的旋转投影. 参考图 13.38, 在式 (13.94) 中, 含有投影线方程 $\delta(x'\cos\varphi + z'\sin\varphi - x)$ 的双重积分, 把样品坐标系中的两个变量 x' 和 z' 投影成探测器坐标系中的一个变量 x, 把样品断层中一条线投影成探测器上一个点, 把二维函数 $\mu(x', z')$ 投影成有方向的一维函数 $M(x, \varphi)$.

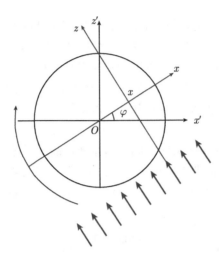

图 13.38　旋转投影和旋转回抹算子示意图

同理, 参见图 13.38, 定义旋转回抹算子 $\mathcal{S}_\varphi$

$$\mathcal{S}_\varphi M(x,\varphi) = \int_0^\pi \mathrm{d}\varphi \int_{-\infty}^\infty M(x,\varphi)\delta(x'\cos\varphi + z'\sin\varphi - x)\mathrm{d}x \qquad (13.95)$$

在式 (13.95) 中含有回抹线方程 $\delta(x'\cos\varphi + z'\sin\varphi - x)$ 的单重积分, 把探测器坐标系中的一个变量 x 回抹成样品坐标系中的两个变量 x' 和 z', 把探测器坐标系中一个点回抹成样品坐标系中一条线, 把探测器上一条线回抹成样品坐标系中一个面.

根据图 13.38、式 (13.94) 和式 (13.95) 可知, 旋转投影算子的作用是把二维直角坐标系函数投影成二维极坐标系函数, 而旋转回抹算子的作用是把二维极坐标系函数回抹为二维直角坐标系函数. 这里定义的旋转投影算子, 就是二维拉东 (Radon) 变换[20].

从表面上看, 投影和回抹互为逆操作, 便会自然想到利用旋转回抹来重建样品断层, 可实际上回抹不是投影的逆操作, 其中的差别在于, 投影是把一条不均匀的线投影成一个点, 而回抹是把一个点回抹成一条均匀的线. 因此

$$\mathcal{S}_\varphi M(x,\varphi) = \mathcal{S}_\varphi \mathcal{P}_\varphi\{\mu(x',z')\} \neq \mu(x',z'), \quad \mathcal{S}_\varphi \neq \mathcal{P}_\varphi^{-1} \qquad (13.96)$$

旋转回抹不能重建样品断层函数 $\mu(x',z')$, 而只能回抹出一幅样品断层函数的模糊图像.

需要说明, 这里所用的极坐标系与通常的极坐标系有稍许不同, 矢径范围不是 $[0,\infty)$ 而是 $(-\infty,\infty)$, 极角 φ 范围不是 $[0,2\pi)$ 而是 $[0,\pi]$, 这个差别使得一些数学表示和通常极坐标系有所不同.

定义了旋转投影算子和旋转回抹算子后, 还需要定义空间频率坐标系. 定义 (u,v,w) 是固定在样品上的空间频率直角坐标系, (ρ,φ,v) 是固定在探测器上的空

间频率柱坐标系, 两套坐标系的原点和 v 轴重合, 坐标之间的关系为

$$\begin{cases} u = \rho\cos\varphi \\ w = \rho\sin\varphi \end{cases} \tag{13.97}$$

最后定义 $\mathcal{F}_x$ 和 $\mathcal{F}_\rho^{-1}$ 分别代表沿 x 方向的一维傅里叶变换和沿 ρ 方向的一维逆傅里叶变换, $\mathcal{F}_{x'z'}$ 和 $\mathcal{F}_{uv}^{-1}$ 分别代表二维直角坐标系 (x', z') 和二维空间频率坐标系 (u, w) 中的二维傅里叶变换和二维逆傅里叶变换, $\mathcal{F}_{x'yz'}$ 和 $\mathcal{F}_{uvw}^{-1}$ 分别代表三维直角坐标系 (x', y, z') 和三维空间频率坐标系 (u, v, w) 中的三维傅里叶变换和三维逆傅里叶变换.

CT 是最先实现吸收系数 $\mu(x, y, z)$ 断层重建的, 所谓断层重建, 就是以 y 轴为样品转轴, 令 y 暂时不变, 重建 $\mu(x, y, z)$ 垂直于转轴的一个断层, 再令 y 变起来, 逐层重建其他断层得到 $\mu(x, y, z)$ 的三维重建. 下面的证明就以吸收系数为例, 证明傅里叶中心切片定理, 并推导滤波回抹和卷积回抹重建公式.

设 $\Gamma(u, w)$ 代表样品一个断层的二维直角坐标空间频谱, 并根据式 (13.97)、式 (13.94) 和式 (13.42), 有

$$\begin{aligned} \Gamma(u, w) &= \mathcal{F}_{x'z'}\{\mu(x', y, z')\} \\ &= \int_{-\infty}^{\infty}\int_{-\infty}^{\infty} \mu(x', y, z')\exp\left[-\mathrm{i}2\pi(x'u + z'w)\right]\mathrm{d}x'\mathrm{d}z' \\ &= \int_{-\infty}^{\infty}\int_{-\infty}^{\infty} \mu(x', y, z')\exp\left[-\mathrm{i}2\pi\rho(x'\cos\varphi + z'\sin\varphi)\right]\mathrm{d}x'\mathrm{d}z' \\ &= \int_{-\infty}^{\infty}\left[\int_{-\infty}^{\infty}\int_{-\infty}^{\infty} \mu(x', y, z')\delta(x'\cos\varphi + z'\sin\varphi - x)\mathrm{d}x'\mathrm{d}z'\right]\exp\left(-2\pi\mathrm{i}\rho x\right)\mathrm{d}x \\ &= \int_{-\infty}^{\infty} \mathcal{P}_\varphi\{\mu(x', y, z')\}\exp\left(-2\pi\mathrm{i}\rho x\right)\mathrm{d}x \\ &= \mathcal{F}_x\mathcal{P}_\varphi\{\mu(x', y, z')\} = \Gamma(\rho, \varphi) \end{aligned} \tag{13.98}$$

式中, $\Gamma(\rho, \varphi)$ 为二维极坐标空间频谱, 它可以看作由多个角度不同的空间频谱切片以零频为中心旋转排列而成. 于是傅里叶中心切片定理得到证明. 该定理的中心思想是, 仅通过旋转投影和一维傅里叶变换获得的空间频谱, 与剖开断层通过二维傅里叶变换获得的空间频谱等价, 其算子数学表达式为

$$\mathcal{F}_{x'z'} = \mathcal{F}_x\mathcal{P}_\varphi \tag{13.99}$$

需要说明, 在投影数据采集中, 旋转投影在前, 一维傅里叶变换在后, 其顺序不可能调换, 可是在数学推导和证明中, $\mathcal{F}_x$ 和 $\mathcal{P}_\varphi$ 都是积分算子, 其前后顺序可以对调.

下面推导滤波回抹重建公式. 对 $\Gamma(u, w)$ 进行二维逆傅里叶变换, 可以重建样

品一个断层, 有

$$\mu(x', y, z') = \mathcal{F}_{uw}^{-1}\left\{\Gamma(u, w)\right\} = \int_{-\infty}^{\infty}\int_{-\infty}^{\infty}\Gamma(u, w)\exp\left[2\pi\mathrm{i}(ux' + wz')\right]\mathrm{d}u\mathrm{d}w \tag{13.100}$$

把式 (13.97) 代入式 (13.100), 得

$$\mathcal{F}_{uw}^{-1}\left\{\Gamma(u, w)\right\} = \int_{0}^{2\pi}\int_{0}^{\infty}\Gamma(\rho, \varphi)\exp\left[2\pi\mathrm{i}(x'\rho\cos\varphi + z'\rho\sin\varphi)\right]\rho\mathrm{d}\rho\mathrm{d}\varphi \tag{13.101}$$

把积分区间 $[0, 2\pi)$ 分为 $[0, \pi)$ 和 $[\pi, 2\pi)$, 得

$$\begin{aligned}
&\mathcal{F}_{uw}^{-1}\left\{\Gamma(u, w)\right\}\\
&= \int_{0}^{\pi}\int_{0}^{\infty}\Gamma(\rho, \varphi)\exp\left[2\pi\mathrm{i}(x'\rho\cos\varphi + z'\rho\sin\varphi)\right]\rho\mathrm{d}\rho\mathrm{d}\varphi\\
&\quad + \int_{\pi}^{2\pi}\int_{0}^{\infty}\Gamma(\rho, \varphi)\exp\left[2\pi\mathrm{i}(x'\rho\cos\varphi + z'\rho\sin\varphi)\right]\rho\mathrm{d}\rho\mathrm{d}\varphi\\
&= \int_{0}^{\pi}\int_{0}^{\infty}\Gamma(\rho, \varphi)\exp\left[2\pi\mathrm{i}(x'\rho\cos\varphi + z'\rho\sin\varphi)\right]\rho\mathrm{d}\rho\mathrm{d}\varphi\\
&\quad + \int_{0}^{\pi}\int_{0}^{\infty}\Gamma(\rho, \psi + \pi)\exp\left[2\pi\mathrm{i}\left(x'\rho\cos(\psi + \pi) + z'\rho\sin(\psi + \pi)\right)\right]\rho\mathrm{d}\rho\mathrm{d}\psi \tag{13.102}
\end{aligned}$$

根据傅里叶中心切片定理, 有

$$\begin{aligned}
\Gamma(\rho, \varphi + \pi) &= \mathcal{F}_x\mathcal{P}_{\varphi+\pi}\left\{\mu(x', y, z')\right\}\\
&= \mathcal{F}_x M(x, y, \varphi + \pi) = \mathcal{F}_x M(-x, y, \varphi) = \Gamma(-\rho, \varphi) \tag{13.103}
\end{aligned}$$

把式 (13.103) 代入式 (13.102) 中后面一个积分, 得

$$\begin{aligned}
&\int_{0}^{\pi}\int_{0}^{\infty}\Gamma(\rho, \psi + \pi)\exp\left[2\pi\mathrm{i}\left(x'\rho\cos(\psi + \pi) + z'\rho\sin(\psi + \pi)\right)\right]\rho\mathrm{d}\rho\mathrm{d}\psi\\
&= \int_{0}^{\pi}\int_{0}^{\infty}\Gamma(-\rho, \psi)\exp\left[-2\pi\mathrm{i}(x'\rho\cos\psi + z'\rho\sin\psi)\right]\rho\mathrm{d}\rho\mathrm{d}\psi\\
&= -\int_{0}^{\pi}\int_{-\infty}^{0}\Gamma(\sigma, \psi)\exp\left[2\pi\mathrm{i}(x'\sigma\cos\psi + z'\sigma\sin\psi)\right]\sigma\mathrm{d}\sigma\mathrm{d}\psi\\
&= \int_{0}^{\pi}\int_{-\infty}^{0}\Gamma(\rho, \varphi)\exp\left[2\pi\mathrm{i}(x'\rho\cos\varphi + z'\rho\sin\varphi)\right]\left|\rho\right|\mathrm{d}\rho\mathrm{d}\varphi \tag{13.104}
\end{aligned}$$

把式 (13.104) 代入式 (13.102), 得

$$\begin{aligned}
\mu(x', y, z') &= \mathcal{F}_{uw}^{-1}\left\{\Gamma(u, w)\right\}\\
&= \int_{0}^{\pi}\int_{-\infty}^{\infty}\Gamma(\rho, \varphi)\exp\left[2\pi\mathrm{i}(x'\rho\cos\varphi + z'\rho\sin\varphi)\right]\left|\rho\right|\mathrm{d}\rho\mathrm{d}\varphi
\end{aligned}$$

$$= \int_0^\pi \mathrm{d}\varphi \int_{-\infty}^\infty \left[\int_{-\infty}^\infty \Gamma(\rho,\varphi) \, |\rho| \exp(2\pi\mathrm{i}\rho x)\mathrm{d}\rho \right] \delta(x'\cos\varphi + z'\sin\varphi - x)\mathrm{d}x$$
$$= \mathcal{S}_\varphi \mathcal{F}_\rho^{-1} \{|\rho| \, \Gamma(\rho,\varphi)\} \tag{13.105}$$

由此得到一维滤波逆傅里叶变换旋转回抹算子, 简称滤波回抹算子, 其功能与二维傅里叶变换等价, 可用数学表达为

$$\mathcal{F}_{uw}^{-1} = \mathcal{S}_\varphi \mathcal{F}_\rho^{-1} \, |\rho| \tag{13.106}$$

把式 (13.98) 代入式 (13.105), 可以得到 CT 的滤波回抹重建公式 (即一般常说的滤波反投影重建公式) 为

$$\mu(x',y,z') = \mathcal{S}_\varphi \mathcal{F}_\rho^{-1} \{|\rho| \, \mathcal{F}_x \{M(x,y,\varphi)\}\} \tag{13.107}$$

式中, $M(x,y,\varphi)$ 为实验中采集的旋转投影数据. 比较式 (13.107) 和式 (13.96), 可以看出滤波回抹和直接回抹之间的差别. 根据式 (13.94) 和式 (13.98), 可以把式 (13.107) 表示为

$$\mu(x',y,z') = \mathcal{S}_\varphi \mathcal{F}_\rho^{-1} \{|\rho| \, \mathcal{F}_x \mathcal{P}_\varphi \{\mu(x',y,z')\}\} \tag{13.108}$$

这是一个完整的数学循环, 从看不见摸不着的 $\mu(x',y,z')$ 开始, 经过投影等一系列操作, 到重建出 $\mu(x',y,z')$ 为止, 整个循环分为两部分. 第一部分为断层空间频谱的获取, 由旋转投影 $\mathcal{P}_\varphi$ 和一维傅里叶变换 $\mathcal{F}_x$ 两个操作构成, 即在 $\mathcal{P}_\varphi$ 的作用下, 对 $\mu(x',y,z')$ 的一个断层进行旋转投影, 探测器采集投影像 $\mathcal{P}_\varphi \{\mu(x',y,z')\}$, 获得一套投影数据; 接着在 $\mathcal{F}_x$ 的作用下, 对 $\mathcal{P}_\varphi \{\mu(x',y,z')\}$ 进行一维傅里叶变换, 获得断层二维空间频谱中, 以零频为中心、角度不同的各个一维切片, 以 $\mathcal{F}_x \mathcal{P}_\varphi \{\mu(x',y,z')\}$ 表示. 第二部分也由两个操作构成, 一维滤波傅里叶变换 $\mathcal{F}_\rho^{-1} \, |\rho|$ 和旋转回抹 $\mathcal{S}_\varphi$, 即对各一维空间频谱切片进行滤波, 以 $|\rho| \, \mathcal{F}_x \mathcal{P}_\varphi \{\mu(x',y,z')\}$ 表示, 再进行一维逆傅里叶变换, 以 $\mathcal{F}_\rho^{-1} \{|\rho| \, \mathcal{F}_x \mathcal{P}_\varphi \{\mu(x',y,z')\}\}$ 表示, 再经过旋转回抹操作, 以 $\mathcal{S}_\varphi \mathcal{F}_\rho^{-1} \{|\rho| \, \mathcal{F}_x \mathcal{P}_\varphi \{\mu(x',y,z')\}\}$ 表示, 重建出 $\mu(x',y,z')$ 的一个断层. 可把上述数学循环用图 13.39 表示出来.

在滤波回抹重建式 (13.107) 的基础上, 可以推导出卷积回抹重建公式. 根据两函数乘积的逆傅里叶变换等于两函数逆傅里叶变换的卷积, 即

$$\int_{-\infty}^\infty [\Gamma(\rho,\varphi) \, |\rho|] \exp(\mathrm{i}2\pi\rho x)\mathrm{d}\rho = \mathcal{F}_\rho^{-1} \{|\rho|\} * \mathcal{F}_\rho^{-1} \{\Gamma(\rho,\varphi)\} \tag{13.109}$$

代入式 (13.107), 有

$$\mu(x',y,z') = \mathcal{S}_\varphi \{\mathcal{F}_\rho^{-1} \{|\rho|\} * \{M(x,y,\varphi)\}\} \tag{13.110}$$

从卷积回抹重建公式中可以看到, 在旋转回抹之前, 先用卷积函数 $\mathcal{F}_\rho^{-1}\{|\rho|\}$ 对各角度的投影像进行一维卷积, 预先消除在旋转回抹时将要产生的模糊, 卷积函数 $\mathcal{F}_\rho^{-1}\{|\rho|\} = C(x)$ 的形状如图 13.40 所示[32]. 比较式 (13.110) 和式 (13.96), 可以看出卷积回抹和直接回抹之间的差别.

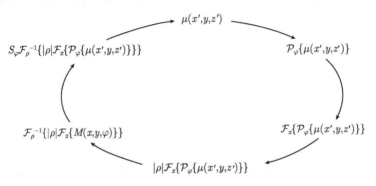

$$\mu(x',y,z')$$

$$S_\varphi \mathcal{F}_\rho^{-1}\{|\rho|\mathcal{F}_x\{\mathcal{P}_\varphi\{\mu(x',y,z')\}\}\}$$

$$\mathcal{P}_\varphi\{\mu(x',y,z')\}$$

$$\mathcal{F}_\rho^{-1}\{|\rho|\mathcal{F}_x\{M(x,y,\varphi)\}\}$$

$$\mathcal{F}_x\{\mathcal{P}_\varphi\{\mu(x',y,z')\}\}$$

$$|\rho|\mathcal{F}_x\{\mathcal{P}_\varphi\{\mu(x',y,z')\}\}$$

图 13.39   CT 滤波回抹重建数学循环

滤波回抹重建公式和卷积回抹重建公式都可以用于样品断层的重建, 不过对于计算机而言, 因为一维傅里叶变换可以调用快速傅里叶变换程序, 比卷积方便, 所以断层重建大都用滤波回抹重建公式.

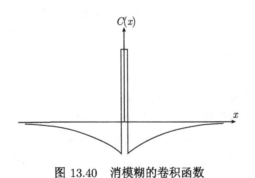

图 13.40   消模糊的卷积函数

2. 相位衬度 CT 的特点

因为相位信号, 在物理性质、数学表达和探测方法上, 与吸收信号相比有许多不同, 所以吸收衬度 CT 中的重建算法必须经过一些变形和改造, 才能适用于相位样品的三维重建. 在搞清楚如何变形和改造之前, 首先必须搞清楚相位衬度 CT 的特点.

和吸收衬度 CT 一样, 相位衬度 CT 也要求 X 射线经过样品时走直线, X 射线在样品中的各条投影路线之间互不串扰, 参考图 13.24、图 13.27、图 13.28 和

图 13.36 的讨论. 然而, 和吸收衬度 CT 不同的是, 相位衬度 CT 所要求的直线, 是一条宏观的直线, 在微观上这条直线是弯弯曲曲的. 就像人走在平坦的大道上, 感到路面是平整的, 而蚂蚁在上面走时, 却感到高低不平. 换言之, 在四种相位衬度成像中, 探测器认为: 从光源发出经过样品到达成像面的 X 射线均沿着笔直方向传播, 而晶体和光栅等将相位转化为光强的光学元件却认为: 这些 X 射线的传播路径是曲曲折折的.

考察吸收衬度 CT 的滤波回抹重建的数学循环

$$\mu(x', y, z') = \mathcal{S}_\varphi \mathcal{F}_\rho^{-1} \left\{ |\rho| \, \mathcal{F}_x \mathcal{P}_\varphi \left\{ \mu(x', y, z') \right\} \right\}$$

可以总结出一些特点:

(1) 这是一个标量的三维成像公式, 标量的特点是各向同性, 即每个点对投影像的贡献是各向同性的, 也称为旋转不变性;

(2) 投影像是一标量的投影积分, 参考式 (13.42);

(3) 在上述两个条件下, 滤波函数为 $|\rho|$;

(4) 傅里叶中心切片定理和滤波回抹重建公式是吸收衬度 CT 的理论基础.

在相位衬度 CT 中, 存在三种投影积分, 分别由式 (13.43)、式 (13.47)、式 (13.48) 表达, 待重建的可以是相位项 δ, 也可以是 δ 的导数. δ 是一个标量, 自然满足旋转不变条件. 可是 δ 的导数不一定满足旋转不变条件. 由此可以想象, 为解决 δ 的导数带来的问题, 将会发展出新的重建算法, 拓宽 CT 本身的研究领域. 作为对比, 在此将相位衬度 CT 的特点罗列如下:

(1) 相位衬度 CT 的重建公式可能是标量的三维成像公式, 也可能是标量导数的三维成像公式, 还可能是矢量的三维重建公式;

(2) 投影像可能是标量的投影积分, 也可能是标量导数的投影积分, 还可能是矢量的投影积分, 分别参考式 (13.43)、式 (13.47) 和式 (13.48), 式 (13.47) 可以分解为式 (13.52) 和式 (13.60);

(3) 当被重建的量不具备旋转不变性时, 或者投影像不是旋转不变量的投影积分, 滤波函数在 $|\rho|$ 的基础上, 需要增加角度修正因子;

(4) 若样品沿转轴方向的相位导数不影响成像光强时, 断层重建公式只需在断层所在的二维空间内进行推导; 若样品沿转轴方向的相位导数影响成像光强时, 重建公式必须在三维空间中进行推导;

(5) 傅里叶中心切片定理和滤波回抹重建公式仍然是相位衬度 CT 的理论基础.

3. 相位衬度 CT 的重建算法

在 13.3.2 节, 介绍了利用拍摄两张图像分离出折射角像、相位二阶导数像的方法, 可是没有讲如何分离相移像的方法. 这是因为在晶体干涉仪成像中需要多次曝光, 才能分离出相移像, 限于篇幅本书没有介绍多次曝光分离相移像的方法. 然而, 相移像正在 X 射线相衬显微镜和 X 射线相干衍射成像中扮演着重要角色, 本书将在 13.4.4 节中详细介绍如何利用相移环获得相移像, 还将在 13.6.4 节中介绍如何利用过采样方法获得相移像. 因而, 在此先假设已经解决如何获得相移像的问题.

类似于把式 (13.93) 写成式 (13.94), 可以分别把式 (13.43) 表示的相移像写成

$$\frac{\Phi(x,y,\varphi)}{-k} = \mathcal{P}_\varphi\left\{\delta(x',y,z')\right\}$$

$$= \int_{-\infty}^{\infty}\int_{-\infty}^{\infty}\delta(x',y,z')\delta(x'\cos\varphi + z'\sin\varphi - x)\mathrm{d}x'\mathrm{d}z' \quad (13.111)$$

把式 (13.52) 表示的水平折射角像写成

$$-\theta_x(x,y) = \mathcal{P}_\varphi\left\{\frac{\partial\delta(x',y,z')}{\partial x}\right\}$$

$$= \int_{-\infty}^{\infty}\int_{-\infty}^{\infty}\frac{\partial\delta(x',y,z')}{\partial x}\delta(x'\cos\varphi + z'\sin\varphi - x)\mathrm{d}x'\mathrm{d}z' \quad (13.112)$$

把式 (13.60) 表示的垂直折射角像写成

$$-\theta_y(x,y) = \mathcal{P}_\varphi\left\{\frac{\partial\delta(x',y,z')}{\partial y}\right\}$$

$$= \int_{-\infty}^{\infty}\int_{-\infty}^{\infty}\frac{\partial\delta(x',y,z')}{\partial y}\delta(x'\cos\varphi + z'\sin\varphi - x)\mathrm{d}x'\mathrm{d}z' \quad (13.113)$$

把式 (13.48) 表示的相位二阶导数像写成

$$\frac{\nabla^2\Phi(x,y)}{-k} = \frac{1}{-k}\left[\frac{\partial^2\Phi(x,y)}{\partial x^2} + \frac{\partial^2\Phi(x,y)}{\partial y^2}\right] = \mathcal{P}_\varphi\left\{\nabla^2\delta(x',y,z')\right\}$$

$$= \int_{-\infty}^{\infty}\int_{-\infty}^{\infty}\left[\frac{\partial^2\delta(x',y,z')}{\partial x^2} + \frac{\partial^2\delta(x',y,z')}{\partial y^2}\right]\delta(x'\cos\varphi + z'\sin\varphi - x)\mathrm{d}x'\mathrm{d}z'$$

$$(13.114)$$

下面考察, 利用上述四种相位衬度投影像, 能重建何种三维信息.

1) 从相移像 $\Phi(x,y,\varphi)$ 重建折射率相位项 $\delta(x',y,z')$[2]

$\delta(x',y,z')$ 是一个标量, 其中各点对投影的贡献是旋转不变的, 式 (13.111) 在数学表达形式上和式 (13.94) 完全类似. 令 $\Pi(u,w)$ 和 $\Pi(\rho,\varphi)$ 分别为断层 $\delta(x',y,z')$ 的二维直角坐标空间频谱和极坐标空间频谱, 根据傅里叶中心切片定理, 即式 (13.99), 有

$$\Pi(u,w) = \mathcal{F}_{x'z'}\left\{\delta(x',y,z')\right\} = \mathcal{F}_x\mathcal{P}_\varphi\left\{\delta(x',y,z')\right\} = \Pi(\rho,\varphi) \quad (13.115)$$

根据二维傅里叶变换算子和滤波回抹重建算子的等价关系, 即式 (13.106), 可以得到类似式 (13.108) 一样的完整数学循环

$$\delta(x', y, z') = \mathcal{S}_\varphi \mathcal{F}_\rho^{-1} \left\{ |\rho| \, \Pi(\rho, \varphi) \right\} = \mathcal{S}_\varphi \mathcal{F}_\rho^{-1} \left\{ |\rho| \, \mathcal{F}_x \mathcal{P}_\varphi \left\{ \delta(x', y, z') \right\} \right\} \tag{13.116}$$

式中, $\mathcal{P}_\varphi \left\{ \delta(x', y, z') \right\}$ 就是式 (13.111) 描述的可从实验中获得的相移像 $\dfrac{\Phi(x, y, \varphi)}{-k}$, 代入式 (13.116), 得滤波回抹重建公式为

$$\delta(x', y, z') = \mathcal{S}_\varphi \mathcal{F}_\rho^{-1} \left\{ |\rho| \, \mathcal{F}_x \left\{ \frac{\Phi(x, y, \varphi)}{-k} \right\} \right\} \tag{13.117}$$

根据两函数乘积的逆傅里叶变换等于两函数逆傅里叶变换的卷积, 可以得到卷积回抹重建公式为

$$\delta(x', y, z') = \mathcal{S}_\varphi \left\{ \mathcal{F}_\rho^{-1} \left\{ |\rho| \right\} * \frac{\Phi(x, y, \varphi)}{-k} \right\} \tag{13.118}$$

2) 从水平折射角 $\theta_x(x, y, \varphi)$ 重建折射率相位项 $\delta(x', y, z')$[33,34]

式 (13.112) 代表在实验中获得的一套水平折射角像 $\theta_x(x, y, \varphi)$ 数据, 对式 (13.112) 两边进行一维傅里叶变换, 并根据傅里叶中心切片定理、原函数和导函数傅里叶变换之间的关系, 有

$$-\mathcal{F}_x \theta_x(x, y, \varphi) = \mathcal{F}_x \mathcal{P}_\varphi \left\{ \frac{\partial \delta(x', y, z')}{\partial x} \right\}$$

$$= 2\pi \mathrm{i} \rho \mathcal{F}_x \mathcal{P}_\varphi \left\{ \delta(x', y, z') \right\} = 2\pi \mathrm{i} \rho \Pi(\rho, \varphi) \tag{13.119}$$

把式 (13.119) 代入式 (13.116), 可以得到滤波回抹重建公式为

$$\delta(x', y, z') = \mathcal{S}_\varphi \mathcal{F}_\rho^{-1} \left\{ |\rho| \, \Pi(\rho, \varphi) \right\} = -\mathcal{S}_\varphi \mathcal{F}_\rho^{-1} \left\{ \frac{|\rho|}{2\pi \mathrm{i} \rho} \mathcal{F}_x \left\{ \theta_x(x, y, \varphi) \right\} \right\} \tag{13.120}$$

根据两函数乘积的逆傅里叶变换等于两函数逆傅里叶变换的卷积, 可以得到卷积回抹重建公式为

$$\delta(x', y, z') = -\mathcal{S}_\varphi \left\{ \mathcal{F}_\rho^{-1} \left\{ \frac{|\rho|}{2\pi \mathrm{i} \rho} \right\} * \theta_x(x, y, \varphi) \right\} \tag{13.121}$$

式 (13.120) 和式 (13.121) 中, 被重建的是断层的标量函数, 可是投影像是这个函数导数的投影积分, 滤波函数分母中出现的 $2\pi \mathrm{i} \rho$, 来自于导函数的傅里叶变换.

3) 从水平折射角 $\theta_x(x, y, \varphi)$ 重建折射率相位项导数 $\dfrac{\partial \delta(x', y, z')}{\partial x'}$[21,27~30]

根据式 (13.112), 水平折射角像 $\theta_x(x, y, \varphi)$ 是 $\dfrac{\partial \delta(x', y, z')}{\partial x}$ 的投影像, 而 $\dfrac{\partial \delta(x', y, z')}{\partial x}$ 是一个在探测器坐标系中的导数, 是随样品旋转而变的函数, 不能作

为重建函数. 重建函数应该是不随样品旋转而变的函数, 相位项在样品坐标系中的

导数 $\dfrac{\partial \delta(x', y, z')}{\partial x'}$ 满足这个要求. 根据原函数傅里叶变换和导函数傅里叶变换之间

的关系, 以及式 (13.97), 可得 $\dfrac{\partial \delta(x', y, z')}{\partial x'}$ 的二维空间频谱为

$$\mathcal{F}_{x'z'}\left\{\frac{\partial \delta(x', y, z')}{\partial x'}\right\} = 2\pi \mathrm{i} u \Pi(u, w) = 2\pi \mathrm{i} \rho \cos\varphi \cdot \Pi(\rho, \varphi) \tag{13.122}$$

根据式 (13.106) 和式 (13.119), 可以得到滤波回抹重建公式为

$$\begin{aligned}\frac{\partial \delta(x', y, z')}{\partial x'} &= \mathcal{S}_\varphi \mathcal{F}_\rho^{-1}\left\{|\rho|\, 2\pi \mathrm{i} \rho \cos\varphi \cdot \Pi(\rho, \varphi)\right\} \\ &= -\mathcal{S}_\varphi\left\{\cos\varphi \cdot \mathcal{F}_\rho^{-1}\left\{|\rho| \mathcal{F}_x\left\{\theta_x(x, y, \varphi)\right\}\right\}\right\}\end{aligned} \tag{13.123}$$

和卷积回抹重建公式为

$$\frac{\partial \delta(x', y, z')}{\partial x'} = -\mathcal{S}_\varphi\left\{\cos\varphi \cdot \mathcal{F}_\rho^{-1}\left\{|\rho|\right\} * \theta_x(x, y, \varphi)\right\} \tag{13.124}$$

在式 (13.123) 和式 (13.124) 中, 被重建的是样品坐标系中的导函数, 而投影像是
探测器坐标系中导函数的投影积分, 两个坐标系的导函数之间相差一个角度因子
$\cos\varphi$, 因而需要在重建公式中引入这个角度因子.

　　4) 从水平折射角 $\theta_x(x, y, \varphi)$ 重建折射率相位项导数 $\dfrac{\partial \delta(x', y, z')}{\partial z'}$ [21,27~30]

　　根据原函数傅里叶变换和导函数傅里叶变换之间的关系, 以及式 (13.97), 可得
$\dfrac{\partial \delta(x', y, z')}{\partial z'}$ 的二维空间频谱为

$$\mathcal{F}_{x'z'}\left\{\frac{\partial \delta(x', y, z')}{\partial z'}\right\} = 2\pi \mathrm{i} w \Pi(u, w) = 2\pi \mathrm{i} \rho \sin\varphi \cdot \Pi(\rho, \varphi) \tag{13.125}$$

根据式 (13.106) 和式 (13.119), 可以得到滤波回抹重建公式为

$$\begin{aligned}\frac{\partial \delta(x', y, z')}{\partial z'} &= \mathcal{S}_\varphi \mathcal{F}_\rho^{-1}|\rho|\left\{2\pi \mathrm{i} \rho \sin\varphi \cdot \Pi(\rho, \varphi)\right\} \\ &= -\mathcal{S}_\varphi\left\{\sin\varphi \cdot \mathcal{F}_\rho^{-1}\left\{|\rho| \mathcal{F}_x\left\{\theta_x(x, y, \varphi)\right\}\right\}\right\}\end{aligned} \tag{13.126}$$

和卷积回抹重建公式为

$$\frac{\partial \delta(x', y, z')}{\partial z'} = -\mathcal{S}_\varphi\left\{\sin\varphi \cdot \mathcal{F}_\rho^{-1}\left\{|\rho|\right\} * \theta_x(x, y, \varphi)\right\} \tag{13.127}$$

在式 (13.128) 和式 (13.127) 中, 被重建的是样品坐标系中的导函数, 而投影像是
探测器坐标系中导函数的投影积分, 两个坐标系的导函数之间相差一个角度因子
$\sin\varphi$, 因而需要在重建公式中引入这个角度因子.

4. 厚光束投影相位衬度 CT 理论基础

上面讨论的投影像光强都与沿样品转轴方向的相位导数无关, 因而与之相关的重建算法可以在二维断层空间中推导出来, 而下面讨论的投影像光强与沿样品转轴方向的相位导数有关, 相关的重建算法必须在三维空间中才能推导出来. 为此, 投影光束需要从薄片光束扩展为厚光束, 线探测器需要扩展为面探测器, 断层重建需要从一个断层推广到多个断层, 实验数据采集所用的光路需要从图 13.36 推广到图 13.41, 傅里叶中心切片定理和滤波回抹重建算子需要从极坐标推广到柱坐标, 样品一个断层的二维直角坐标空间频谱, 需要扩展为样品的三维直角坐标空间频谱, 二维极坐标空间频谱需要扩展为三维柱坐标空间频谱; 同时, 傅里叶中心切片定理和滤波回抹重建算子也需要从极坐标系推广到柱坐标系.

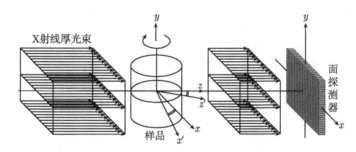

图 13.41   样品整体投影数据采集示意图

为此, 令 $\Pi(u,v,w)$ 和 $\Pi(\rho,\varphi,v)$ 分别为 $\delta(x',y,z')$ 的三维直角坐标空间频谱和三维柱坐标空间频谱, 可得

$$\mathcal{F}_{x'yz'}\left\{\delta(x',y,z')\right\} = \Pi(u,v,w) \tag{13.128}$$

$$\mathcal{F}_{xy}\mathcal{P}_{\varphi}\left\{\delta(x',y,z')\right\} = \Pi(\rho,\varphi,v) \tag{13.129}$$

对式 (13.99) 两边同时增加沿 y 轴的傅里叶变换, 可以获得在柱坐标系中的傅里叶中心切片定理, 即

$$\mathcal{F}_{x'yz'} = \mathcal{F}_{xy}\mathcal{P}_{\varphi} \tag{13.130}$$

根据式 (13.130), 可知

$$\mathcal{F}_{x'yz'}\left\{\delta(x',y,z')\right\} = \mathcal{F}_{xy}\mathcal{P}_{\varphi}\left\{\delta(x',y,z')\right\} \Rightarrow \Pi(u,v,w) = \Pi(\rho,\varphi,v) \tag{13.131}$$

虽然基于式 (13.99), 可以轻而易举地获得在柱坐标系中的傅里叶中心切片定理, 但是解释其物理意义却需要发挥想象力. 原有的傅里叶中心切片定理的意义为: 对一个断层进行投影和一维傅里叶变换, 可获得断层二维空间频谱中以零频为中心的一

个一维切片、推广的傅里叶中心切片定理的意义为: 对样品进行投影和二维傅里叶变换, 可获得样品三维空间频谱中以零频为中心的一个二维切片. 一维切片其实是一条线, 二维切片才是一个片, 因此, 推广的傅里叶中心切片定理才是名副其实的傅里叶中心切片定理, 而原有的傅里叶中心切片定理应该称为傅里叶中心切 "线" 定理. 同理, 对式 (13.106) 两边同时增加沿 v 轴的逆傅里叶变换, 就获得在柱坐标系中的滤波回抹重建算子, 有

$$\mathcal{F}_{uvw}^{-1} = \mathcal{S}_\varphi \mathcal{F}_{\rho v}^{-1} |\rho| \tag{13.132}$$

将式 (13.131) 代入式 (13.132), 有

$$\delta(x', y, z') = \mathcal{F}_{uvw}^{-1} \left\{ \Pi(u, v, w) \right\} = \mathcal{S}_\varphi \mathcal{F}_{\rho v}^{-1} \left\{ |\rho| \left\{ \Pi(\rho, \varphi, v) \right\} \right\} \tag{13.133}$$

对于柱坐标系中的滤波回抹重建算子, 需要解释的问题是, 为什么没有对沿 y 轴的回抹增加滤波? 因为在薄片光束对断层进行投影时, 断层内一条不均匀的线被投影成探测器上一个点, 回抹时, 探测器上一个点被回抹成断层内的一条均匀的线, 投影和回抹在断层内不互为逆操作; 而在厚光束对样品进行投影时, 样品中沿 y 轴的一条不均匀的线照原样被投影成探测器上一条不均匀的线, 回抹时, 探测器上沿 y 轴的一条不均匀的线被回抹成一个面, 这个面虽然在逆投影方向被回抹均匀, 但是在沿 y 轴方向仍然保持了原先的不均匀, 因而在沿 y 轴方向投影和回抹互为逆操作. 下面根据柱坐标系中的傅里叶中心切片定理和滤波回抹重建算子, 讨论与样品转轴方向相位导数有关的重建问题.

1) 从垂直折射角 $\theta_y(x, y, \varphi)$ 重建折射率相位项 $\delta(x', y, z')$

令 $\Pi(u, v, w)$ 为 $\delta(x', y, z')$ 在三维直角坐标空间频谱, $\Pi(\rho, \varphi, v)$ 为 $\delta(x, y, z)$ 在三维柱面坐标空间频谱, 根据柱坐标系中的傅里叶中心切片定理, 即式 (13.130), 对式 (13.113) 所代表的在实验中获得垂直折射角像 $\theta_y(x, y, \varphi)$ 进行二维傅里叶变换, 并根据原函数和导函数之间的傅里叶变换关系, 有

$$-\mathcal{F}_{xy}\theta_y(x, y, \varphi) = \mathcal{F}_{xy}\mathcal{P}_\varphi \left\{ \frac{\partial \delta(x', y, z')}{\partial y} \right\}$$

$$= 2\pi \mathrm{i} v \mathcal{F}_{xy} \mathcal{P}_\varphi \left\{ \delta(x', y, z') \right\} = 2\pi \mathrm{i} v \Pi(\rho, \varphi, v) \tag{13.134}$$

将式 (13.134) 代入式 (13.133), 得到滤波回抹重建公式为

$$\delta(x', y, z') = -\mathcal{S}_\varphi \mathcal{F}_{\rho v}^{-1} \left\{ \frac{|\rho|}{2\pi \mathrm{i} v} \mathcal{F}_{xy} \left\{ \theta_y(x, y, \varphi) \right\} \right\} \tag{13.135}$$

和卷积回抹重建公式为

$$\delta(x', y, z') = -\mathcal{S}_\varphi \left\{ \mathcal{F}_{\rho v}^{-1} \left\{ \frac{|\rho|}{2\pi i v} \right\} * * \theta_y(x, y, \varphi) \right\} \tag{13.136}$$

式中, "$**$" 表示二维卷积. 在式 (13.135) 和式 (13.136) 中, 被重建的是标量函数, 可是投影像是这个函数导数的投影积分, 滤波函数分母中出现的 $2\pi i v$, 来自于导函数的傅里叶变换. 式 (13.136) 仅仅是本书推出的新重建公式, 还没有实际重建例子.

2) 从垂直折射角 $\theta_y(x, y, \varphi)$ 重建折射率相位项导数 $\dfrac{\partial \delta(x', y, z')}{\partial y}$

根据式 (13.130) 和式 (13.134), 可知 $\dfrac{\partial \delta(x', y, z')}{\partial y}$ 的空间频谱为

$$\mathcal{F}_{x'yz'} \left\{ \frac{\partial \delta(x', y, z')}{\partial y} \right\} = \mathcal{F}_{xy} \mathcal{P}_\varphi \left\{ \frac{\partial \delta(x', y, z')}{\partial y} \right\}$$
$$= 2\pi i v \Pi(\rho, \varphi, v) = -\mathcal{F}_{xy} \theta_y(x, y, \varphi) \tag{13.137}$$

将式 (13.132) 代入式 (13.137), 得到滤波回抹重建公式为

$$\frac{\partial \delta(x', y, z')}{\partial y} = -\mathcal{S}_\varphi \mathcal{F}_{\rho v}^{-1} \left\{ |\rho| \, \mathcal{F}_{xy} \left\{ \theta_y(x, y, \varphi) \right\} \right\}$$
$$= -\mathcal{S}_\varphi \mathcal{F}_\rho^{-1} \left\{ |\rho| \, \mathcal{F}_x \left\{ \theta_y(x, y, \varphi) \right\} \right\} \tag{13.138}$$

和卷积回抹重建公式为

$$\frac{\partial \delta(x', y, z')}{\partial y} = -\mathcal{S}_\varphi \left\{ \mathcal{F}_\rho^{-1} \left\{ |\rho| \right\} * \theta_y(x, y, \varphi) \right\} \tag{13.139}$$

式 (13.138) 和式 (13.139) 是从三维空间退化为二维断层的重建公式, 它在形式上和传统的 CT 断层重建公式完全一样, 其原因在于, 被重建量是 $\dfrac{\partial \delta(x', y, z')}{\partial y}$ 是关于 y 轴的旋转不变量, 投影像 $\theta_y(x, y, \varphi)$ 是 $\dfrac{\partial \delta(x', y, z')}{\partial y}$ 的投影积分, 使得滤波函数和卷积函数中不含平行于转轴的变量. 早在 2000 年, Dilmanian 等没有经过证明, 直接使用了上述两个重建公式[35], 本书在此给出这两个重建公式的证明.

3) 从折射角矢量 $\boldsymbol{\theta}(x, y, \varphi)$ 重建折射率相位项梯度 $\nabla \delta(x', y, z')$[27]
相位项梯度为

$$\nabla \boldsymbol{\delta}(x', y, z') = \frac{\partial \delta(x, y, z)}{\partial x'} \boldsymbol{e}_{x'} + \frac{\partial \delta(x, y, z)}{\partial y} \boldsymbol{e}_y + \frac{\partial \delta(x, y, z)}{\partial z'} \boldsymbol{e}_{z'} \tag{13.140}$$

将式 (13.123)、式 (13.126) 和式 (13.138) 代入式 (13.140), 得

$$\nabla \boldsymbol{\delta}(x', y, z') = \frac{\partial \delta(x, y, z)}{\partial x'} \boldsymbol{e}_{x'} + \frac{\partial \delta(x, y, z)}{\partial y} \boldsymbol{e}_y + \frac{\partial \delta(x, y, z)}{\partial z'} \boldsymbol{e}_{z'}$$

$$= -\mathcal{S}_\varphi \mathcal{F}_\rho^{-1} \left\{ \mathcal{F}_x \left\{ \theta_x(x,y,\varphi)(e_{x'}\cos\varphi + e_{z'}\sin\varphi) + \theta_y(x,y,\varphi)e_y \right\} |\rho| \right\}$$

$$(13.141)$$

根据图 13.38, 可知 $e_x = e_{x'}\cos\varphi + e_{z'}\sin\varphi$, 代入式 (13.47), 折射角矢量可以表达为

$$\boldsymbol{\theta}(x,y,\varphi) = \theta_x(x,y,\varphi)e_x + \theta_y(x,y,\varphi)e_y$$

$$= \theta_x(x,y,\varphi)(e_{x'}\cos\varphi + e_{z'}\sin\varphi) + \theta_y(x,y,\varphi)e_y \qquad (13.142)$$

将式 (13.142) 代入式 (13.141), 得滤波回抹重建公式为

$$\nabla\boldsymbol{\delta}(x',y,z') = -\mathcal{S}_\varphi \mathcal{F}_\rho^{-1} \left\{ |\rho|\, \mathcal{F}_x \left\{ \boldsymbol{\theta}(x,y,\varphi) \right\} \right\} \qquad (13.143)$$

和卷积回抹重建公式为

$$\nabla\boldsymbol{\delta}(x',y,z') = -\mathcal{S}_\varphi \left\{ \mathcal{F}_\rho^{-1} \left\{ |\rho| \right\} * \boldsymbol{\theta}(x,y,\varphi) \right\} \qquad (13.144)$$

在式 (13.143) 和式 (13.144) 中, 被重建的是矢量 $\nabla\boldsymbol{\delta}(x',y,z')$, 根据式 (13.47), 折射角矢量像 $\boldsymbol{\theta}(x,y,\varphi)$ 是 $\nabla\boldsymbol{\delta}(x',y,z')$ 的投影积分, 因而得到了在形式上和标量断层重建公式完全相同的矢量断层重建公式. 这意味着, 本书在此将滤波回抹和卷积回抹重建断层算法公式, 从标量函数重建推广到了矢量函数重建.

4) 从相位拉普拉斯投影像 $\nabla^2\Phi(x,y,\varphi)$ 重建折射率相位项 $\delta(x',y,z')$[26]

对式 (13.114) 两边进行二维傅里叶变换, 并根据原函数和导函数之间的傅里叶变换关系, 有

$$\frac{1}{k}\mathcal{F}_{xy}\left\{\nabla^2\Phi(x,y,\varphi)\right\} = -\mathcal{F}_{xy}\mathcal{P}_\varphi\left\{\nabla^2\delta(x',y,z')\right\}$$

$$= 4\pi^2\left(\rho^2 + v^2\right)\mathcal{F}_{xy}\mathcal{P}_\varphi\left\{\delta(x',y,z')\right\}$$

$$= 4\pi^2\left(\rho^2 + v^2\right)\Pi(\rho,\varphi,v)$$

$$(13.145)$$

把式 (13.145) 代入式 (13.133), 得到滤波回抹重建公式为

$$\delta(x',y,z') = \mathcal{S}_\varphi \mathcal{F}_{\rho v}^{-1}\left\{|\rho|\,\Pi(\rho,\varphi,v)\right\}$$

$$= \frac{1}{4\pi^2 k}\mathcal{S}_\varphi \mathcal{F}_{\rho v}^{-1}\left\{\frac{|\rho|}{\rho^2 + v^2}\mathcal{F}_{xy}\left\{\nabla^2\Phi(x,y,\varphi)\right\}\right\} \qquad (13.146)$$

和卷积回抹重建公式为

$$\delta(x',y,z') = \frac{1}{4\pi^2 k}\mathcal{S}_\varphi \left\{\mathcal{F}_{\rho v}^{-1}\left\{\frac{|\rho|}{\rho^2 + v^2}\right\} * * \nabla^2\Phi(x,y,\varphi)\right\}$$

$$= \frac{1}{4\pi^2 k} \mathcal{S}_\varphi \left\{ \left(\frac{|x|}{x^2+y^2} \right) ** \nabla^2 \Phi(x,y,\varphi) \right\} \tag{13.147}$$

式中, 用到了傅里叶变换对公式

$$\begin{cases} \dfrac{|\rho|}{\rho^2+v^2} = \displaystyle\int_{-\infty}^{\infty} \int_{-\infty}^{\infty} \dfrac{|x|}{x^2+y^2} \exp\left[-\mathrm{i}2\pi\left(x\rho+yv\right)\right] \cdot \mathrm{d}x\mathrm{d}y \\[3mm] \dfrac{|x|}{x^2+y^2} = \displaystyle\int_{-\infty}^{\infty} \int_{-\infty}^{\infty} \dfrac{|\rho|}{\rho^2+v^2} \exp\left[\mathrm{i}2\pi\left(x\rho+yv\right)\right] \cdot \mathrm{d}\rho\mathrm{d}v \end{cases} \tag{13.148}$$

在式 (13.146) 和式 (13.147) 中, 被重建的是标量 $\delta(x',y,z')$, 而投影像是 $\nabla^2\delta(x',y,z')$ 的投影积分, 滤波函数分母中出现的 ρ^2+v^2, 来自于二阶导函数的傅里叶变换. 这两个重建公式是 Bronnikov[26] 于 2002 年基于球坐标系首先推导出来的, 与之相比, 本书基于柱坐标系的推导要简单得多.

5) 从相位拉普拉斯投影像 $\nabla^2\Phi(x,y,\varphi)$ 重建相位项拉普拉斯 $\nabla^2\delta(x',y,z')$

根据式 (13.130) 和式 (13.145), 可知 $\nabla^2\delta(x',y,z')$ 的空间频谱为

$$\mathcal{F}_{x'yz'}\left\{\nabla^2\delta(x',y,z')\right\} = \mathcal{F}_{xy}\mathcal{P}_\varphi\left\{\nabla^2\delta(x',y,z')\right\}$$

$$= -4\pi^2\left(\rho^2+v^2\right)\Pi(\rho,\varphi,v) = \mathcal{F}_{xy}\left\{\frac{\nabla^2\Phi(x,y,\varphi)}{-k}\right\} \tag{13.149}$$

将式 (13.132) 代入式 (13.149), 得到滤波回抹重建公式为

$$\nabla^2\delta(x',y,z') = \mathcal{S}_\varphi\mathcal{F}_{\rho v}^{-1}\left\{|\rho|\,\mathcal{F}_{xy}\left\{\frac{\nabla^2\Phi(x,y,\varphi)}{-k}\right\}\right\}$$

$$= \mathcal{S}_\varphi\mathcal{F}_\rho^{-1}\left\{|\rho|\,\mathcal{F}_x\left\{\frac{\nabla^2\Phi(x,y,\varphi)}{-k}\right\}\right\} \tag{13.150}$$

和卷积回抹重建公式为

$$\nabla^2\delta(x',y,z') = \mathcal{S}_\varphi\left\{\mathcal{F}_\rho^{-1}\left\{|\rho|\right\} * \left\{\frac{\nabla^2\Phi(x,y,\varphi)}{-k}\right\}\right\} \tag{13.151}$$

式 (13.150) 和式 (13.151) 是我们第二次遇到的从三维空间退化为二维断层的重建公式, 它在形式上和传统的 CT 断层重建公式完全一样, 其原因在于, 被重建的是旋转不变量 $\nabla^2\delta(x',y,z')$, 投影像 $\nabla^2\Phi(x,y,\Theta)$ 是 $\nabla^2\delta(x',y,z')$ 的投影积分, 使得滤波函数和卷积函数中不含平行于转轴的变量. 在这里, 本书在此将滤波回抹和卷积回抹重建断层算法公式, 从标量函数重建推广到了标量函数的拉普拉斯重建.

13.3.4   同步辐射投影成像应用实例

因为中国科学家在同步辐射投影成像研究方面, 做出了一些具有国际先进水平的贡献, 限于篇幅, 本节在此介绍三个主要由中国科学家主导的研究成果.

第一个例子, 中国台湾科学家胡宇光, 利用同步辐射成像第一次向人们展示了在电镀过程中, 金属锌在氢气泡上沿着电场方向像树枝生长一样的动态过程[36], 见图 13.42. 长期以来, 由于缺乏深入电解液内部的高分辨动态监测电化学反应和膜形成的手段, 不但影响镀膜质量的气泡问题一直没有得到有效解决, 而且金属是否在气泡上生长也是一个悬而未决的问题. 这个研究成果直接证明了氢气泡是影响电镀膜质量的根本原因, 并为提高电镀膜质量提供了深入电解液内部高分辨动态监测的手段.

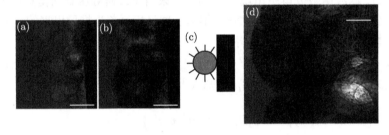

图 13.42   同步辐射成像研究电镀过程

金属锌在氢气泡上沿着电场方向像树枝一样生长, 电镀反应是在一个 5mm 厚的电解液池内进行的, 电解液中含有 4.8 M($1M=1mol/dm^3$) 的氯化钾和 2.28 M 的氯化锌. 图 (a) 和图 (b) 中的标尺为 300μm, 图 (d) 中的标尺为 200μm

第二个例子, 中国科学家利用同步辐射 X 射线微米分辨 CT(SRX-μCT) 研究古生物化石取得重大进展. 早在 1999 年, 中国科学院高能物理研究所冼鼎昌院士和南京地质古生物研究所的陈钧远研究员就开始了利用同步辐射三维成像无损探测古生物化石的研究探索. 参与这项研究工作的还有中国台湾科学家李家维教授、胡宇光研究员和日本 KEK 安藤正海教授. 先后在北京同步辐射装置、日本的 PF 和 Spring-8、韩国的 Pohang 光源、中国台湾新竹同步辐射光源上做了多次尝试, 对贵州瓮安前寒武纪的磷酸盐岩化胚胎化石进行了三维无损成像研究. 最终, 中国科学院高能物理研究所黎刚博士在欧洲同步辐射光源 (ESRF) 和 Tafforeau Paul 博士合作, 获得了分辨率和衬度都满足研究需要的最清晰的图像, 参见图 13.43, 成功获得了微体古化石内部细小的三维结构, 空间分辨率达到 0.7μm, 找到了具极叶胚胎在前寒武纪就已经存在的重要证据[37]. 这一发现填补了生命演化记录中的一个重要缺失环节, 为前寒武纪两对称动物演化史提供了新的可靠证据.

这是中国科学家开创的利用同步辐射成像方法无损高分辨研究微体化石三维

结构的新方法, 研究成果于 2006 年 6 月在 *Science* 上发表, 紧接着 *Nature* 在 Highlight 专栏作了报道; 新华社、人民日报、科技日报和华盛顿邮报等国内外十多家媒体也做了报道. ESRF 为此召开了开新闻发布会, 在 News Letter 和其网站的 Spotlight on Science 开辟专栏予以报道. 此后, 国外科学家在 *Nature* 和 *Science* 杂志上发表了另外两篇应用这种新方法获得的相关研究成果.

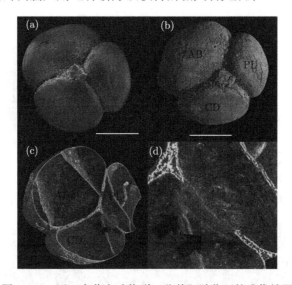

图 13.43　同一个瓮安动物群三分体胚胎化石的成像结果

(a) 扫描电镜像, (b) 同步辐射 X 射线微 CT 像, (c) 是 b 的断层像, (d) 是 (c) 中箭头所指部位的放大像, 可以发现 AB 和 CD 两个裂球之间的完整细胞壁, 以及 PL 极叶与 CD 细胞间的颈状的细胞质通道 (图中箭头所指部位). 图中标尺为 250μm, 实验所用 X 射线能量为 23keV, 空间分辨率为 0.7μm

第三个例子, 中国科学院高能物理所的朱佩平和吴自玉两位研究员, 根据衍射增强成像和光栅剪切成像之间的相似性, 将衍射增强成像方法推广到光栅剪切成像[24,28,29], 向人们展示了 X 射线相位衬度 CT 可以像传统的吸收衬度 CT 一样实现快速三维成像. 2006 年 3 月 26 日, *Nature Physics* 发表了一篇极具创新思想的文章[38], 提出了将光栅剪切成像和常规 X 射线光源结合的方法, 为 X 射线相位衬度 CT 推广到医学诊断展现了美好的前景, 见图 13.44. 然而, 目前基于光栅剪切的 X 射线相位衬度 CT 方法, 在提取样品的相位信息时, 要求光栅在垂直光束的方向进行多步扫描, 光栅每走一步, 样品在 X 射线照射下旋转半圈, 这不但需要较长的 CT 数据采集时间, 而且样品不得不遭受过量的 X 射线照射. 朱佩平和吴自玉两位研究员提出了不需要光栅步进扫描的 "相反像" 方法, 在 "相反像" 方法中, 调整好光栅位置, 样品只需旋转一圈, 就可完成数据采集. 这种新方法的数学证明, 请参考本节式 (13.72)、式 (13.120) 和式 (13.121). 因此, 这种新方法不但有望与现有的医学 X 射线 CT 技术相结合, 使 X 射线相位衬度 CT 在简单、快速、低剂量的条件下获得衬度和分辨率更高的三维重建图像, 而且有可能在不远的将来, 形成相当可观的 X 射线相位衬度 CT 产业, 为人类的身体健康服务. 图 13.45 是新方法和光栅步进扫描方法的成像结果对比, 实验是在瑞士同步辐射光源 (SLS) 的 TOMCAT 成像站进行的.

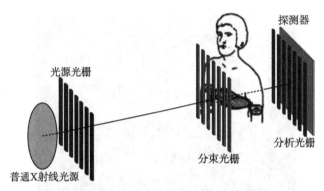

图 13.44　可利用常规 X 射线光源的相位衬度成像方法: 光栅剪切相位衬度成像

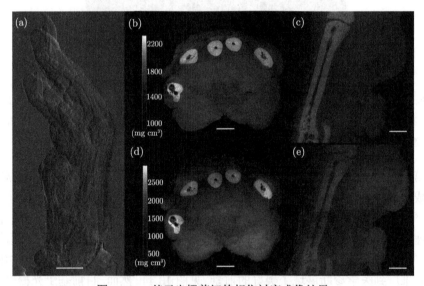

图 13.45　基于光栅剪切的相位衬度成像结果

(a) 利用 "相反像" 方法拍摄的大鼠爪微分相位衬度图像, 图中标尺为 2mm; (b)、(c) 和 (d)、(e) 分别为光栅步进扫描方法和 "相反像" 方法获得相位衬度 CT 断层重建像, 图中标尺为 1mm, (b) 和 (d) 为轴位断层重建像, (c) 和 (e) 为冠位断层重建像. 两套图像的对比结果表明, "相反像" 方法获得图像完全可以与光栅步进扫描方法获得图像相媲美

13.4 X 射线 "透镜" 成像

人眼是最完美的透镜, 基于透镜成像原理, 科学家发明了各种显微镜, 从光学显微镜到电子显微镜等, 它们都是人类眼睛的延伸, 成为人类观察微观世界必不可少的工具. 自从科学诞生以来, 显微镜的每一项发明, 都对科学的发展产生了强大的推动力. X 射线 "透镜" 是人类科学技术发展的又一结晶, 借助于透镜成像原理, 发展的 X 射线显微镜正在为人们打开另一扇观察微观世界的窗户, 正在成为人类科学发展新的生长点. 与可见光相比, X 射线的波长减小了三个数量级, 因此衍射受限的极限分辨率要高得多; 与电子束相比, X 射线具有更高的穿透能力, 因而具有实现三维纳米空间分辨的巨大潜力.

由于 X 射线显微镜在未来科学发展中的重要性和巨大应用前景, 近十年, 随着 X 射线波带片的研制工艺和技术取得突破性进展, 世界上各发达国家纷纷在 ESRF、APS、SSRL、NSLS、Spring8、NSRL、SLS 等同步辐射装置上, 建立了高分辨 X 射线显微成像的光束线和实验站. 我国也先后在台湾新竹同步辐射研究中心、合肥国家同步辐射实验室、上海同步辐射光源和北京同步辐射装置上建立了以 X 射线显微镜为核心的光束线和实验站. 与光学显微镜和电子显微镜的发展类似, 在 X 射线显微镜中也发展了两类显微镜, 一类是 X 射线探针扫描显微镜, 另一类是 X 射线全场显微镜, 两类显微镜各有优势和劣势. X 射线探针扫描显微镜是将 X 射线聚焦成微米或纳米量级的微探针, 不但可以对样品各点进行逐点扫描, 而且可以对样品中任意一个点单独进行能量扫描, 形成空间分辨谱学; 因为是逐点获取样品数据, 数据获取速度必须足够快, 通过 X 射线微探针的光通量必须足够大, 所以这类显微镜比较适合建在亮度高的第三代同步辐射光源上. X 射线全场显微镜像人眼和照相机一样, 一次将样品的整体图像摄入探测器, 虽然每个点的成像速度并不快, 但是各点成像同时进行, 样品整体图像的获取速度并不慢, 样品采集点越多, 这种整体获取图像的效率就越高. 就是因为这个特点, X 射线全场显微镜才有可能和计算机断层成像技术相结合, 形成 X 射线纳米分辨三维成像的新技术; 也是因为这个特点, X 射线全场显微镜可以建在第一代和第二代同步辐射光源上, 甚至可以建在普通实验室 X 射线光源上.

下面介绍 X 射线全场显微镜和与之相关的纳米分辨 CT, X 射线探针扫描显微镜和与之相关的空间分辨谱学将在 13.5 节介绍.

13.4.1 X 射线 "透镜" 的发展

人们早就认识到, X 射线显微技术是高分辨无损观察厚样品三维内部结构的最佳方法. X 射线具有两个显著特点, 波长短 (介于可见光和电子波长之间) 和强穿

透性. 这两个特点为纳米分辨三维成像提供了可能性. 然而, 自从 1895 年伦琴发现

表 13.1　各种具有透镜功能的 X 射线光学元件

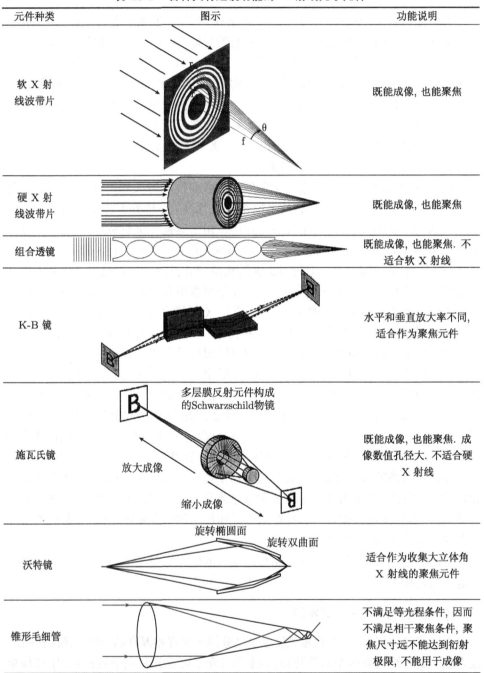

元件种类	图示	功能说明
软 X 射线波带片		既能成像, 也能聚焦
硬 X 射线波带片		既能成像, 也能聚焦
组合透镜		既能成像, 也能聚焦. 不适合软 X 射线
K-B 镜		水平和垂直放大率不同, 适合作为聚焦元件
施瓦氏镜		既能成像, 也能聚焦. 成像数值孔径大. 不适合硬 X 射线
沃特镜		适合作为收集大立体角 X 射线的聚焦元件
锥形毛细管		不满足等光程条件, 因而不满足相干聚焦条件, 聚焦尺寸远不能达到衍射极限, 不能用于成像

X 射线以来, 由于缺乏高分辨 X 射线 "透镜", X 射线高分辨成像的潜力长期没有得到发挥. 近几十年, 各种 X 射线聚焦和成像元件得到了长足发展, 发展了多种具有透镜功能的 X 射线光学元件, 其中有 K-B 镜、施瓦氏镜 (Schwarzschild)、沃特镜 (Wolter)、X 射线波带片、组合透镜等 X 射线聚焦和成像光学元件[39~42], 其相应图示和功能见表 13.1. 在表中最后一行, 还列出了锥形毛细管, 锥形毛细管利用 X 射线在锥管内壁多次掠入射、反射, 缩小光束横截面实现聚焦; 然而在这种聚焦机制中, 各光线经过多次反射, 在焦点不满足同相位条件, 不能用于成像, 聚焦尺寸也不可能达到衍射极限. 因而从严格的意义上讲, 锥形毛细管不能称为透镜, 只是 X 射线的会聚器.

K-B 镜的优点是水平方向焦距和垂直方向焦距可以独立调整, 没有像散, 适合做聚焦元件; 另外, K-B 镜的水平放大率和垂直放大率不同, 造成样品的放大像不是样品的相似放大, 因而不能成为理想的成像元件. 施瓦氏镜是利用磁控溅射的方法在曲面上镀多层膜, 形成能反射软 X 射线的成像和聚焦光学元件, 因而施瓦氏镜仅适合用于软 X 射线波段. 沃特镜利用旋转椭球镜和旋转双曲面镜两次掠入射反射, 比较适合作为收集大立体角 X 射线的聚焦元件. K-B 镜、施瓦氏镜、沃特镜和锥形毛细管都是利用表面反射机制会聚 X 射线的反射元件, 它们对反射表面的起伏非常灵敏, 因而这些反射元件不适合作为纳米分辨成像元件. 组合透镜和波带片属于透射元件, 和反射元件相比, 它们对元件表面的起伏不敏感, 适合作为纳米分辨成像元件. 组合透镜是近年来发展起来、非常有发展前途的 X 射线光学元件, 它利用 X 射线多次折射实现对 X 线的成像和聚焦, 目前正处于发展阶段.

波带片作为一种衍射光学元件, 不但在整个电磁波谱范围内可作为衍射成像元件, 而且还能衍射任何具有波动性的物理量, 如衍射电子、中子甚至原子[43~45]. 20世纪 80 年代利用光刻技术研制的高分辨软 X 射线波带片, 将当时软 X 射线成像的分辨率推进到 60nm. 目前美国 ALS 的同步辐射软 X 射线波带片显微镜已经获得了 15nm 的空间分辨率[46]. 然而, 软 X 射线对厚样品进行三维成像受到两方面的限制, 一方面软 X 射线的穿透性较差, 要求在真空环境中传播, 仅适合对较薄的样品进行成像; 另一方面随着分辨率的提高, 波带片的焦深变短, 限制了样品直径. 随着近几年微精细深度加工技术水平的提高, 硬 X 射线成像元件的制作技术取得了突破性的进展, 已经研制出最外环的宽度逼近 30nm、高宽比大于 20 的硬 X 射线波带片, 这为分辨率达到 30nm 和更高分辨率的硬 X 射线显微成像技术奠定了物质基础[42,47~53].

13.4.2 波带片的光学性质

这一小节主要说明一个问题, 波带片可以像光学显微镜中的折射透镜一样, 可以聚焦, 可以放大成像, 构造 X 射线显微镜. 读者如果能接受这个结论, 可以直接阅读 13.4.3 节.

波带片和折射透镜的相同之处在于, 都能使相位相同的光线会聚一点; 不同之处在于, 到达折射透镜焦点的各条光线都经历了相同的光程, 而到达波带片焦点的各条光线经历了不同的光程, 光程差为波长的整数倍. 两者的相同之处在于波带片和折射透镜一样, 可以聚焦和放大成像; 两者的不同之处在于波带片具有多级焦点.

1. 波带片的几何参数及特性

X 射线放大成像采用的波带片是菲涅耳波带片 (Fresnel zone plate, FZP). 波带片实质上就是一圆形的衍射光栅, 它是由线密度径向增加的明暗相间的同心圆环带构成的. 根据菲涅耳圆孔衍射理论, 如果半径按式 $r_n \approx \sqrt{n\lambda f}$, 把圆孔连续分割成一个个环带, 把奇数或偶数个环带遮住, 就构成一个菲涅耳波带片, 见图 13.46.

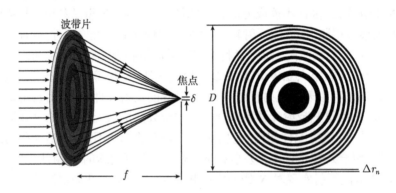

图 13.46　波带片示意图

构成波带片的环带称作半波带, 任意两个相邻半波带到达焦点的距离之间具有 $\lambda/2$ 的光程差, 所以根据这个特征称环带为半波带. 这意味着通过两个相邻半波带的光波到达焦点时的相位差为 π, 在焦点处会发生相互减弱的干涉. 由此可知, 波带片由透明和不透明相间的半波带构成. 参见图 13.47, X 射线通过波带片时, 经过各个透明半波带到点 P 的光程差为波长的整数倍, 在点 P 将形成相位相同、相互加强的干涉, 而不透明半波带将相位相反光吸收, 避免了相互减弱的干涉, 使点 P 处的强度明显增加, 在点 P 处形成波带片的主聚焦点. 这就是通常所说的振幅型波带片的聚焦原理. 如果把波带片不透明半波带变成相移 π 的透明半波带, 即产生光程差为 $\lambda/2$ 的透明半波带, 这样通过两个相邻半波带的光波到达焦点时的相位差不是 0 就是 2π, 通过波带片的光将全部在点 P 形成相互加强的干涉, 这就是相位型波带片的聚焦原理. 因此相位型波带片的效率比振幅型波带片的效率高. 由于软 X 射线的穿透性较弱, 所以软 X 射线波带片一般属于振幅型波带片, 而硬 X 射线的穿透性较强, 目前投入使用的硬 X 射线波带片属于振幅和相位混合型波带片.

为了方便说明问题, 可以利用一点光源照射波带片的情况来讨论, 如图 13.47 所示在波带片左侧 S 点, 放置一单色点源, 距离波带片的距离为 p, 该点光源发出的光经波带片衍射后, 汇聚在波带片右侧 P 点, 距离波带片的距离为 q. 根据惠更斯–菲涅耳子波原理, 波带片平面 (图 13.47 中的 O 平面) 上任何一个点都可以作为发射子波的一个点源, P 点处合成振幅是所有子波振幅在该处的相干叠加. 因为波带片的半径相对于 p 和 q 较小, 半波带面积是一个常数 (见式 (13.171)), 所以不同半波带传播到 P 点的振幅基本相同, 可以将一个半波带在 P 点的振幅看成一个常数, 仅仅考虑不同半波带之间的相位差就可以了.

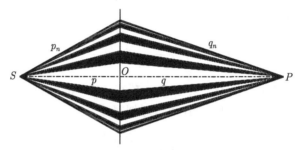

图 13.47　波带片成像的光路图

光线从点 S 发出, 经过波带片聚焦之后到达点 P

由波带片的定义可知, 相邻半波带的光程差为 $\pm\lambda/2$. 那么, 光线通过半径为 r_1 的第一个半波带的光程为

$$p_1 + q_1 = p + q + \frac{\lambda}{2} \tag{13.152}$$

通过半径为 r_n 的第 n 个半波带的光程为

$$p_n + q_n = p + q + \frac{n\lambda}{2} \tag{13.153}$$

并且

$$p + q + \frac{n\lambda}{2} = (r_n^2 + p^2)^{1/2} + (r_n^2 + q^2)^{1/2} \tag{13.154}$$

由式 (13.154), 则得到 r_n^2 为

$$r_n^2 = \frac{n\lambda}{\left(p + q + \dfrac{n\lambda}{2}\right)^2}\left[(p+q)pq + ((p+q)^2 + pq)\frac{n\lambda}{4} + (p+q)\frac{(n\lambda)^2}{8} + \frac{(n\lambda)^3}{64}\right]$$

$$\tag{13.155}$$

由于 X 射线波长很短, 所以 $n\lambda \ll p + q$, 所以对式 (13.155) 进行分解, 保留波长的二次项可以得到

$$r_n^2 = \frac{pq}{p+q}n\lambda + \frac{p^3 + q^3}{4(p+q)^3}(n\lambda)^2 + \cdots \approx \frac{pq}{p+q}n\lambda \tag{13.156}$$

如果定义波带片的焦距 f 为

$$f = \frac{r_n^2}{n\lambda} \approx \frac{pq}{p+q} \tag{13.157}$$

则波带片具有和透镜一样的成像公式

$$\frac{n\lambda}{r_n^2} \approx \frac{p+q}{pq} = \frac{1}{p} + \frac{1}{q} \Rightarrow \frac{1}{f} \approx \frac{1}{p} + \frac{1}{q} \tag{13.158}$$

定义波带片的放大率 M 为

$$M = \frac{q}{p} \tag{13.159}$$

那么式 (13.156) 可以写为

$$r_n^2 = n\lambda f + \frac{(1+M^3)}{(1+M)^3}\frac{(n\lambda)^2}{4} + \cdots \tag{13.160}$$

由于 $M > 0$, $(1+M^3)/(1+M)^3 < 1$, 这一项在 $M \to 0$ 和 $M \to \infty$ 时, $(1+M^3)/(1+M)^3$ 趋向于 1. 所以式 (13.160) 可以近似写成

$$r_n^2 \approx n\lambda f + \frac{(n\lambda)^2}{4} \tag{13.161}$$

式 (13.161) 中的第二项描述球面偏差, 在 X 射线波段通常可以忽略. 因为在 X 射线波段, 第二项和第一项相比较时, 只有当 $f \to n\lambda/4$, 也就是说 $n \to 4f/\lambda$ 必须是一个很大的数才不可以忽略, 而通常的波带片最多有几百个半波带, $n \ll 4f/\lambda$, 因此可以忽略. 这时 r_n 可以表示为

$$r_n^2 \approx n\lambda f \tag{13.162}$$

因此, r_n 和 r_1 的关系可以表示为

$$r_n^2 = nr_1^2 \tag{13.163}$$

设波带片的环数 $n_{\max} = N$, 最外环的宽度为 $\Delta r_N = r_N - r_{N-1}$, 则有

$$\begin{aligned}
\Delta r_N = r_N - r_{N-1} &= (N\lambda f)^{1/2} - [(N-1)\lambda f]^{1/2}\\
&= \frac{\lambda f}{(N\lambda f)^{1/2} + [(N-1)\lambda f]^{1/2}}\\
&\approx \frac{\lambda f}{2(N\lambda f)^{1/2}} = \frac{(N\lambda f)^{1/2}}{2N} = \frac{r_N}{2N}
\end{aligned} \tag{13.164}$$

由式 (13.162) 和式 (13.164), 可以得到波带片的焦距为

$$f = \frac{4N(\Delta r_N)^2}{\lambda} \tag{13.165}$$

波带片的直径为

$$D = 2r_N \approx 4N\Delta r_N \tag{13.166}$$

数值孔径为

$$NA = \sin\theta = \frac{D}{2f} = \frac{r_N}{f} = \frac{2N\Delta r_N \lambda}{4N(\Delta r_N)^2} = \frac{\lambda}{2\Delta r_N} \tag{13.167}$$

波带片的最大环数为

$$n_{\max} = N \approx \frac{\lambda f}{4(\Delta r_N)^2} \tag{13.168}$$

光圈数 F 为

$$F = \frac{f}{D} \approx \frac{\Delta r_N}{\lambda} \tag{13.169}$$

根据式 (13.163), 半波带宽度 Δr_n 的变化规律

$$\Delta r_n = r_n - r_{n-1} = \left(\sqrt{n} - \sqrt{n-1}\right)r_1, \quad \lim_{n\to\infty}\left(\sqrt{n} - \sqrt{n-1}\right) = 0 \tag{13.170}$$

式 (13.170) 表明波带片的线密度是随着半径的增加连续增加的, 说明波带片是一个变周期的圆形光栅. 对于波带片来说, 虽然周期不是一个常数, 但是圆环面积是一个常数. 根据式 (13.163)

$$S_n = \pi r_n^2 - \pi r_{n-1}^2 = \pi r_1^2 = \pi\lambda f \tag{13.171}$$

可见, 在式 (13.161) 中的第二项可以忽略的情况下, 每个圆环的面积是相等的. 因此当光均匀地照射到波带片上, 在菲涅耳–基尔霍夫衍射近似下每一个圆环对于点 P 最后振幅的贡献是一样的.

2. 多级焦点

波带片和光栅一样可以产生很多衍射级次. 在一级衍射中, X 射线通过最外环带时, 与光轴的光程差为 $n\lambda/2$; 而在高级衍射级次中, X 射线通过最外环带时, 与光轴的光程差为 $m(n\lambda/2)$(m 为整数, 称为衍射级次). 也就是说, 高级衍射把每个一级衍射半波带又分割成 m 个相邻相位相反的半波带, 如果 m 是偶数, 则在焦点处的合成振幅为零, 如果 m 是奇数, 则在焦点处的合成振幅为一级衍射的 $1/m$, 光强为一级衍射的 $1/m^2$. 因此, 波带片仅存在奇数级的次焦点 ($m = \pm 1, \pm 3, \pm 5, \cdots$), 见图 13.48. 波带片具有多个焦点的特性, 是波带片和光学折射透镜的明显不同之处. 在高级衍射中, 只需将一级衍射的光程差简单地乘以 m, 或者用乘积 mn 代替每一个出现的 n. 理论上波带片可以有无限个焦点, 然而由于在高级衍射中, 对焦点有贡献的波带面积只有一级衍射的 $1/m$, 焦点光强与衍射级次的平方成反比, 随着衍射级次的增高, 高级衍射焦点的光强迅速减弱, 因而往往主要考虑波带片的一

级衍射焦点, 而忽略三级以上焦点的贡献. 波带片的高级衍射焦距与衍射级次成反比, 见图 13.48, 其表达式为

$$f_m = \frac{f}{m} \tag{13.172}$$

$$f_m = \frac{r_N^2}{mN\lambda} \tag{13.173}$$

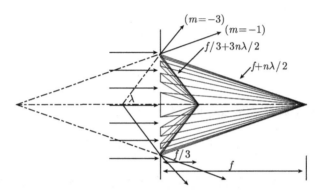

图 13.48　图中所示为一束单色平面波照射在波带片上时, 形成第一级和第三级实、虚焦点的光路

3. 单色性

根据式 (13.165) 和式 (13.173) 可以明显地看出, 波带片的焦距和波长成反比, 因而使用波带片进行 X 射线聚焦和成像时, 对照明光源的单色性具有一定的要求, 以消除色散的影响, 提高成像的分辨率.

根据波带片的性质, 平行光入射波带片时, 最大光程差为 $N\lambda/2$. 照明光的单色性必须满足如下条件:

$$|N\lambda/2 - N(\lambda + \Delta\lambda)/2| = \lambda/4 \tag{13.174}$$

可以得到

$$\frac{\lambda}{\Delta\lambda} \approx 2N \tag{13.175}$$

式 (13.175) 给出了波带片成像时, 对于光源的单色性要求. 当不同波长的光照射波带片时, 在轴向上的焦点不同, 出现轴向色散, 利用这个性质, 可以在波带片焦点处放置小孔, 形成波带片–小孔单色器.

4. 一级衍射效率

在 X 射线波段, 材料的折射率用复数 $n = 1 - \delta + \mathrm{i}\beta$ 来表示, 称为复折射率. 其中 $1 - \delta$ 为折射率的实部, β 是折射率的虚部, 与材料的吸收系数成正比. 因为

X 射线具有很强的穿透性, X 射线入射在波带片上时, 仍然有一部分 X 射线穿透挡光半波带到达焦点. 设挡光半波带厚度为 t, 则振幅衰减为 $\mathrm{e}^{-2\pi\beta t/\lambda}$, 强度衰减为 $\mathrm{e}^{-4\pi\beta t/\lambda}$, 相位移动为 $\mathrm{e}^{\mathrm{i}\phi} = \mathrm{e}^{-\mathrm{i}2\pi\delta t/\lambda}$. 沿波带片半径方向, 从一个通光半波带的一边开始, 到另一边为止, 光程变化引起的相位变化为 $0 \to \pi$; 同理, 沿波带片半径方向, 从相邻挡光半波带的一边开始, 到另一边为止, 光程变化引起的相位变化为 $\pi \to 2\pi$. 分别对通光半波带和挡光半波带积分, 全部通光半波带对焦点振幅的贡献为

$$A_p = \frac{C}{2\pi} \int_0^\pi \mathrm{e}^{\mathrm{i}\alpha}\mathrm{d}\alpha = \frac{\mathrm{i}C}{\pi} \tag{13.176}$$

式中, $C^2 = I$ 为入射到波带片上的所有入射波能量; 全部挡光半波带对焦点振幅的贡献为

$$A_s = \frac{C}{2\pi}\mathrm{e}^{-\frac{2\pi}{\lambda}\beta t} \int_\pi^{2\pi} \mathrm{e}^{\mathrm{i}(\alpha+\phi)}\mathrm{d}\alpha = -\frac{\mathrm{i}C}{\pi}\mathrm{e}^{-\frac{2\pi}{\lambda}\beta t}\mathrm{e}^{\mathrm{i}\phi} \tag{13.177}$$

式中, ϕ 为挡光半波带厚度产生的相位变化. 波带片的一级振幅可根据图 13.49 求得, 波带片的一级光强为一级振幅的平方, 即

$$I_1 = \left| \frac{C}{\pi}\left(1 - \mathrm{e}^{-\frac{2\pi}{\lambda}\beta t}\mathrm{e}^{\mathrm{i}\phi}\right) \right|^2 = |A_p + A_s|^2 = \frac{I}{\pi^2}\left(1 + \mathrm{e}^{-\frac{4\pi}{\lambda}\beta t} - 2\cos\phi\,\mathrm{e}^{-\frac{2\pi}{\lambda}\beta t}\right) \tag{13.178}$$

由此可得, 第一级焦点的衍射效率

$$\frac{I_1}{I} = \frac{1}{\pi^2}\left(1 + \mathrm{e}^{-\frac{4\pi}{\lambda}\beta t} - 2\mathrm{e}^{-\frac{2\pi}{\lambda}\beta t}\cos\phi\right) \tag{13.179}$$

将 $m\alpha$ 代替上述中的 α, 可以得高级和负级的衍射效率

$$\frac{I_m}{I} = \frac{1}{m^2\pi^2}\left(1 + \mathrm{e}^{-\frac{4\pi}{\lambda}\beta t} - 2\mathrm{e}^{-\frac{2\pi}{\lambda}\beta t}\cos\phi\right), \quad m = \pm 1, \pm 3, \pm 5, \cdots \tag{13.180}$$

式中, $m = \pm 1, \pm 2, \pm 3, \pm 4, \pm 5, \pm 6, \cdots$, 代表了正负聚焦级数, $m = 0$ 代表 0 级衍射光 (即透射光).

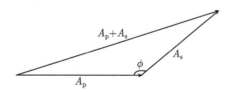

图 13.49 图示法求一组通光半波带和挡光半波带的总振幅

A_p 为通光半波带产生的振幅, A_s 为挡光半波带产生的振幅, ϕ 为挡光半波带厚度产生的相位差

对于振幅型波带片来说, 意味着波带片比较厚, $t \to \infty$, $\mathrm{e}^{-2\pi\beta t/\lambda} \to 0$, $|\cos\phi| \leqslant 1$, 其衍射效率为

$$\frac{I_1}{I} = \lim_{t \to \infty} \frac{1}{\pi^2}\left(1 + \mathrm{e}^{-\frac{4\pi}{\lambda}\beta t} - 2\mathrm{e}^{-\frac{2\pi}{\lambda}\beta t}\cos\phi\right) = \frac{1}{\pi^2} \tag{13.181}$$

图 13.50 是两种材料金 (Au) 和镍 (Ni) 在能量为 7.5 keV(波长 0.1653 nm) 时, 从理论上计算的材料厚度和衍射效率的关系. 从图 13.50 可以看出当金厚度为 1420nm时, 衍射效率最大可以达到 29.44%, 当镍的厚度为 2800nm, 可以获得 37.77% 的衍射效率, 接近于位相型波带片理论衍射效率的极限值 $4/\pi^2 \approx 40\%$. 从图中选择材料的合适厚度, 就可以得到较高的衍射效率.

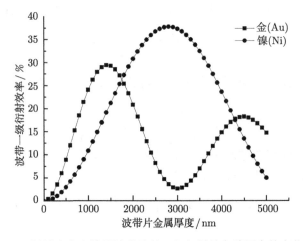

图 13.50　材料为金和镍的波带片的一级衍射效率随厚度的变化关系

光子能量能量为 7.5 keV, 金的密度为 19.3g/cm^3, 镍的密度为 8.9g/cm^3

对于高级焦点的衍射效率

$$\frac{I_m}{I} = \frac{1}{m^2\pi^2}\left(1 + \mathrm{e}^{-\frac{4\pi}{\lambda}\beta t} - 2\mathrm{e}^{-\frac{2\pi}{\lambda}\beta t}\cos\phi\right) \tag{13.182}$$

式中, $m = \pm1, \pm3, \cdots$. 当 $t \to \infty$, 衍射效率为振幅型波带片情况, 最大为 $1/m^2\pi^2$. 当 $\beta \to 0$ 和 $\phi = \pi$ 时, 衍射效率为位相型波带片的情况, 衍射效率最大值为 $4/m^2\pi^2$.

5. 空间分辨率和焦深

透镜空间分辨率是两个靠近的物点成像后能被分辨的一种度量, 即两个物点能够被分辨的最小间距. 显而易见, 这依赖于透镜的点扩展函数 (point spread function), 即一个物点光源在像平面上的强度分布. 为简单起见, 下面讨论一个无限远单色物点光源在波带片焦面产生的点扩展函数, 其特点是; 无限远物点光源在波带片上形成平面波照明, 可在波带片焦面形成最小的点扩展斑. 对于理想透镜, 包括波带片, 点扩展函数都是艾里图案, 其半径既依赖于波长又依赖于透镜的数值孔径. 因为波带片的发明就是小孔衍射研究的重要成果, 所以在讨论波带片点扩展函数之前, 需要先讨论圆孔衍射. 圆孔的近场衍射可以用菲涅耳–基尔霍夫衍射公式

来描述

$$E(x,y) = \frac{-i}{\lambda} \iint \frac{E(\xi,\eta)e^{ikR}}{R} d\xi d\eta \tag{13.183}$$

式中, $k = \dfrac{2\pi}{\lambda}$, 称为波数, 如图 13.51 所示, R 为波带片上点 $S(\xi,\eta)$ 到像平面点 P 的距离, 几何关系为

$$R = \sqrt{z^2 + (x-\xi)^2 + (y-\eta)^2} \tag{13.184}$$

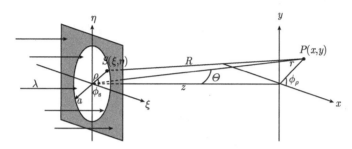

图 13.51　小孔衍射的光路图

在 $x,y \ll z$ 和 $\xi,\eta \ll z$ 的区域, 式 (13.184) 可以近似为

$$R \approx z + \frac{x^2}{2z} + \frac{y^2}{2z} + \frac{\xi^2}{2z} + \frac{\eta^2}{2z} - \frac{\xi x}{z} - \frac{\eta y}{z} \tag{13.185}$$

令 $\Theta_x = x/z$, $\Theta_y = y/z$, 则式 (13.183) 可以简化为

$$E(x,y) = \frac{-ie^{ikz}e^{ik(x^2+y^2)/2z}}{\lambda z} \iint E(\xi,\eta)e^{ik(\xi^2+\eta^2)/2z}e^{-ik(\xi\Theta_x+\eta\Theta_y)}d\xi d\eta \tag{13.186}$$

对于平面波照明, 可以假设入射光束是均匀分布的, 有 $E(\xi,\eta) = E_0$, 对于圆孔衍射, 有 $k(\xi^2+\eta^2)/2z \ll 1$, 因而式 (13.183) 可以进一步简化为

$$E(x,y) = \frac{-iE_0 e^{ikz}e^{ik(x^2+y^2)/2z}}{\lambda z} \iint e^{-ik(\xi\Theta_x+\eta\Theta_y)}d\xi d\eta \tag{13.187}$$

由于光束是轴对称均匀分布的, 令 $r = \sqrt{x^2+y^2}$, $\phi_\rho = \arccos(x/r) = \arcsin(y/r)$, $\rho = \sqrt{\xi^2+\eta^2} \leqslant a$, a 为小孔半径, $\phi_S = \arccos(\xi/\rho) = \arcsin(\eta/\rho)$, $\Theta = r/z$, 采用极坐标系, 则有

$$E(r,\Theta) = \frac{-2\pi i E_0 e^{ikz}e^{ikr^2/2z}}{\lambda z} \int_0^a \rho d\rho \frac{1}{2\pi} \int_0^{2\pi} e^{-ik\rho\Theta\cos(\phi_S-\phi_\rho)}d\phi_S \tag{13.188}$$

根据零阶贝塞尔函数的偶函数的性质和积分表达式

$$J_0(x) = \frac{1}{2\pi} \int_0^{2\pi} e^{ix\cos\omega}d\omega \tag{13.189}$$

可将式 (13.188) 变换为

$$E(r, \Theta) = \frac{-2\pi i E_0 e^{ikz} e^{ikr^2/2z}}{\lambda z} \int_0^a J_0(k\rho\Theta)\rho d\rho \tag{13.190}$$

由贝塞尔函数的微分关系

$$\frac{d}{dx}(xJ_1(x)) = xJ_0(x) \tag{13.191}$$

对式 (13.191) 进行积分, 得到

$$E(r, \Theta) = \frac{-2\pi i a^2 E_0 e^{ikz} e^{ikr^2/2z}}{\lambda z} \times \frac{J_1(ka\Theta)}{ka\Theta} \tag{13.192}$$

在 $r \ll z$ 时, $r \approx z\Theta$, 式 (13.192) 可以简化为

$$E(\Theta) = \frac{-i\pi a^2 E_0 e^{ikz} e^{ikz\Theta^2/2}}{\lambda z} \cdot \frac{2J_1(ka\Theta)}{ka\Theta} \tag{13.193}$$

所以 P 点相对于中心点的相对强度为

$$I(\Theta) = \left[\frac{ka^2}{2z}\right]^2 \cdot E_0^2 \cdot \left[\frac{2J_1(ka\Theta)}{ka\Theta}\right]^2 = I_0 \cdot \left[\frac{2J_1(ka\Theta)}{ka\Theta}\right]^2 \tag{13.194}$$

式中, $\left[\dfrac{2J_1(ka\Theta)}{ka\Theta}\right]^2$ 为归一化强度分布, 因而中心点的光强为

$$I_0 = \left(\frac{ka^2}{2z}\right)^2 \times E_0^2 \tag{13.195}$$

对于一阶贝塞尔函数 $J_1(ka\Theta) = 0$ 的第一个解为

$$ka\Theta = 3.832 \tag{13.196}$$

参见图 13.53.

$$\Theta_{\text{null}} = \frac{3.832\lambda}{2\pi a} = \frac{0.610\lambda}{a} = \frac{1.22\lambda}{D} \tag{13.197}$$

　　按照波带片的定义, 把上面的圆孔分割成 $N/2$ 个透明和 $N/2$ 个不透明的半波带, 形成具有 N 个半波带的波带片, 则在 $z = f$ 处的光强可由如下分析求得. 因为各透明半波带在焦点 P 处的光程差为波长的整数倍, 所以 X 射线通过各透明半波带时, 相位一致, 将在焦点 P 形成相长干涉, 其振幅就是 $N/2$ 个透明半波带在焦点 P 处振幅的叠加. 因为每个半波带的面积是相等的, 所以每一个透明半波带对于焦点 P 的振幅贡献是一样的. 根据以上分析可以推论, 小孔衍射沿光轴不同距离会出现亮点和暗点; 在暗点处, N 为偶数, $N/2$ 个半波带产生的振幅和另外 $N/2$ 个相位相反半波带产生的振幅正好抵消; 在亮点处, N 为奇数, $(N-1)/2$ 个半波带产生

的振幅和另外 $(N-1)/2$ 个相位相反半波带产生的振幅正好抵消后, 还余一个半波带产生亮点. 由此可以推论, 对于波带片而言, 参考图 13.52, 有 $N/2$ 个半波带产生的振幅在焦点 $z=f$ 处发生相长干涉, 振幅是一个半波带的 $N/2$ 倍. 根据这个分析, 波带片一级衍射焦点处的光强分布函数为

$$\frac{I(\Theta)}{I_0} = \left| \frac{N}{2} \frac{2\mathrm{J}_1(ka\Theta)}{ka\Theta} \right|^2 = N^2 \left| \frac{\mathrm{J}_1(ka\Theta)}{ka\Theta} \right|^2 \tag{13.198}$$

同圆孔衍射一样, 波带片的点扩展函数有一阶贝塞尔函数的第一个零点决定, 即 $ka\Theta = 3.832$, $\mathrm{J}_1(ka\Theta) = 0$, 见图 13.53, 因此波带片焦点半径和圆孔衍射亮点半径的表达式相同, 也是

$$\Theta_{\mathrm{null}} = \frac{3.832\lambda}{2\pi a} = \frac{0.61\lambda}{a} = \frac{1.22\lambda}{D} \tag{13.199}$$

$$r_{\mathrm{null}} = f\Theta_{\mathrm{null}} = \frac{1.22\lambda}{D/f} = \frac{0.61\lambda}{NA} \tag{13.200}$$

式中

$$NA = \frac{D/2}{f} \tag{13.201}$$

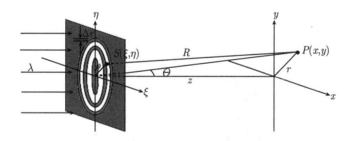

图 13.52　波带片聚焦各参数关系示意图

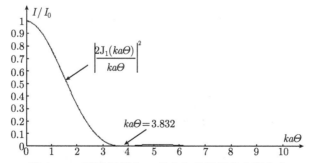

图 13.53　圆孔衍射在 z 处产生的规范化光强分布

I_0 为光轴上光强, I 为垂直光轴平面上光强分布函数

根据瑞利分辨间隔定义, 见图 13.54, 将式 (13.167) 代入式 (13.200), 可以得出瑞利分辨间隔和最外环宽度的关系, 见图 13.55, 即

$$\delta = r_{\text{null}} = \frac{0.61\lambda}{NA} = 1.22\Delta r \tag{13.202}$$

将式 (13.165) 代入式 (13.202) 可得一级衍射瑞利分辨率和半波带数的关系

$$\delta = r_{\text{null}} = 1.22\Delta r = 1.22\sqrt{\frac{f\lambda}{4N}} \tag{13.203}$$

如果用 f/m 和 mN 分别替代式 (13.203) 的 N 和 mN, 可以得到第 m 级衍射的分辨率公式

$$\delta_m = 1.22\sqrt{\frac{f\lambda/m}{4mN}} = \frac{1.22\Delta r}{m}, \quad m = 1, 3, 5, \cdots \tag{13.204}$$

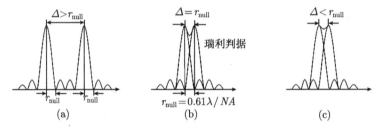

图 13.54　瑞利分辨间隔定义为两个衍射光斑能够被恰好分辨开的距离

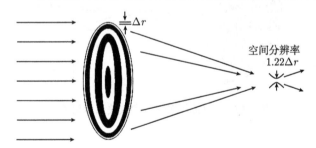

图 13.55　波带片衍射的分辨率示意图

波带片的分辨率与最外环的宽度有关

由此可以看到, 虽然利用波带片的高级次衍射可以得到更高的分辨率, 但是高级次的衍射效率只有一级衍射的 $\dfrac{1}{m^2}$.

参见图 13.56, 波带片一级衍射聚焦焦深为

$$\text{DOF} = \frac{2\delta}{\tan\theta} \approx \frac{2\delta}{\sin\theta} = \frac{2\delta}{0.61\lambda/\delta} = 3.28\frac{\delta^2}{\lambda} \tag{13.205}$$

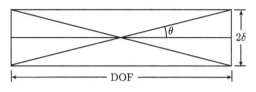

图 13.56 波带片衍射聚焦焦深推导关系示意图

13.4.3 全场 X 射线显微镜成像原理

根据 X 射线穿透性强的特性, 全场 X 射线显微镜采用透射方式, 其原理和透射全场光学显微镜相同, 为简明起见, 下面省略全场二字. 图 13.57 是光学显微镜的光路示意图, 图 13.58 是 X 射线显微镜光路示意图, 从中可以看出, 两者的成像原理相同. 两者都采用非相干光源作为照明光源, 都采用聚光镜为样品提供聚焦照明, 从样品透射的光都是经过物镜在像平面形成样品的放大像. X 射线显微镜成像原理分两部分, 第一部分是空心聚焦光束照明, 第二部分是放大成像.

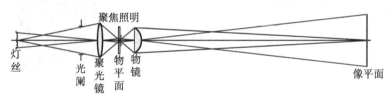

图 13.57 光学显微镜光路示意图

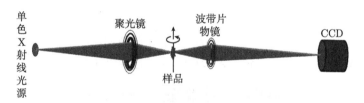

图 13.58 X 射线显微镜光路示意图

1. 空心聚焦光束照明

因为 X 射线穿透性强、相互作用弱, 与透射光相比, 衍射光太弱, 若采用正入射的照明方式, 连续穿过样品和波带片的透射光将会直接到达探测器, 引起成像本底过高, 信噪比太低. 斜入射不但可以避免这一现象, 而且可以将波带片的数值孔径增大一倍, 见图 13.59. 根据这个原理, 发展了用空心聚焦光束照明样品的 X 射线波带片显微镜. 最初人们采用聚焦波带片和光阑产生空心聚焦光束, 近来发展了利用椭球镜和光阑产生空心聚焦光束照明样品的方法, 见图 13.60. 利用椭球镜的优点是椭球镜的反射率可高达 90%.

聚焦空心光锥照明样品除了上述优点外, 还能提高照明样品的光子密度, 缩短曝光时间.

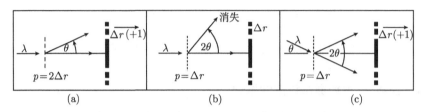

图 13.59　衍射角和空间分辨率的关系

(a) 正入射, 波带片只能采集到空间频率为 $\frac{1}{2\Delta r}$ 的小衍射角信息;(b) 正入射, 波带片采集不到空间频率为 $\frac{1}{\Delta r}$ 的大衍射角信息;(c) 斜入射, 波带片能采集到空间频率为 $\frac{1}{\Delta r}$ 的大衍射角信息

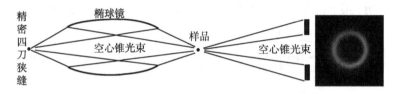

图 13.60　椭球镜产生空心锥光束照明示意图

2. 放大成像

波带片是有一系列同心环带构成的光栅, 线条周期沿半径依次递减, 其衍射角随环带周期减小而增大, 可以像折射透镜一样进行聚焦和放大成像. 在 13.4.2 节中

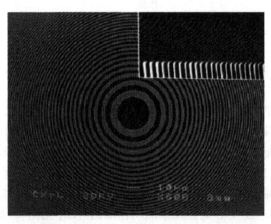

图 13.61　波带片的电镜放大图像, 波带片可以提取与其最外环宽度一样窄的信息

讨论了波带片的聚焦, 聚焦实际上是缩小成像, 是放大成像的逆过程. 因此, 聚焦能形成多么小的焦点, 放大成像时就能提取多么小的细节信息. 式 (13.202) 已经告诉我们, 波带片聚焦尺寸和最外环宽度差不多, 而根据光路可逆可以推论, 波带片放大成像可以提取和最外环宽度一样窄的细节信息, 参见图 13.61.

根据光路可逆还可以从式 (13.202) 推导出轴对称条件下的不确定关系, 结合图 13.62, 于是有

$$\delta \cdot \theta = 0.61\lambda = \delta' \cdot \theta' \tag{13.206}$$

根据式 (13.206), 可以说明波带片放大成像的原理, 得波带片成像的放大率为

$$M = \frac{\delta'}{\delta} = \frac{\theta}{\theta'} = \frac{D/2p}{D/2q} = \frac{q}{p} \tag{13.207}$$

式 (13.207) 说明波带片的放大率等于像距除以物距, 这和 13.2 节中, 推导出的折射透镜放达率公式 (13.9) 完全相同.

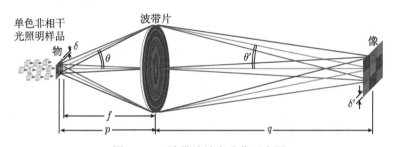

图 13.62　波带片放大成像示意图

f 为波带片焦距, θ 为波带片数值孔径, p 和 q 分别为物距和像距

13.4.4　X 射线相衬显微镜成像原理

硬 X 射线成像主要是利用光子能量为 5keV 以上的光子, 其焦深大, 穿透能力强, 可以对较厚和较大尺寸的细胞成像[54~56]. 由于在这一波段, 水的吸收和蛋白质等生物样品的吸收相差不大, 所以含水生物样品的吸收衬度成像低, 而相位衬度成像可以为蛋白质等生物样品的成像提供较高的成像衬度. 因此, 相位衬度成像在这一波段具有广阔的发展前景.

早在 1935 年泽尼克基于光学成像显微镜提出了相位衬度成像的理论和方法, 为此他荣获了 1953 年的诺贝尔物理学奖. 泽尼克相衬显微镜利用相移片使透射光背景产生相位移动, 利用样品衍射光和经过相移的透射光干涉实现相位探测. 将这一原理应用于硬 X 射线波带片成像时, 优势特别明显, 特别适合对生物、医学样品等弱吸收物体成像, 它可以探测比吸收信号灵敏得多的相移信号. 在硬 X 射线波

段, 轻元素折射率中的相位项比吸收项大三个量级以上, 利用光波相位移动比光强吸收灵敏得多的性质, 可以观察到吸收系数差别微小的结构.

波带片相衬显微镜的原理和光学相衬显微镜的原理基本相同. 当入射光束照射在弱吸收、弱相位样品上时, 根据式 (13.40), 通过样品中一个物点的复振幅为

$$\mathcal{A}_\mathrm{o}(x_\mathrm{o}, y_\mathrm{o}) = A_\mathrm{o} \exp\left[-\frac{M(x_\mathrm{o}, y_\mathrm{o})}{2} + \mathrm{i}\varPhi(x_\mathrm{o}, y_\mathrm{o})\right] \qquad (13.208)$$

式中, A_o 为无样品时物面的光振幅; $\mathcal{A}_\mathrm{o}(x_\mathrm{o}, y_\mathrm{o})$ 为有样品时物面的光振幅; $(x_\mathrm{o}, y_\mathrm{o})$ 为物面坐标; $M(x_\mathrm{o}, y_\mathrm{o})$ 为物点吸收信号; $\varPhi(x_\mathrm{o}, y_\mathrm{o})$ 为物点相位信号. 经过波带片放大成像, 获得像点的复振幅为

$$\mathcal{A}_\mathrm{i}(x_\mathrm{i}, y_\mathrm{i}) = A_\mathrm{i} \exp\left[-\frac{M(x_\mathrm{i}, y_\mathrm{i})}{2} + \mathrm{i}\varPhi(x_\mathrm{i}, y_\mathrm{i})\right] \qquad (13.209)$$

式中, A_i 为无样品时像面的光振幅; $\mathcal{A}_\mathrm{i}(x_\mathrm{i}, y_\mathrm{i})$ 为有样品时像面的光振幅; $(x_\mathrm{i}, y_\mathrm{i})$ 为像点坐标; $M(x_\mathrm{i}, y_\mathrm{i})$ 为像点吸收信号; $\varPhi(x_\mathrm{i}, y_\mathrm{i})$ 为像点相位信号. 像点的光强为

$$\begin{aligned}
\mathcal{I}_\mathrm{i}(x_\mathrm{i}, y_\mathrm{i}) &= \mathcal{A}_\mathrm{i}(x_\mathrm{i}, y_\mathrm{i})\mathcal{A}_\mathrm{i}^*(x_\mathrm{i}, y_\mathrm{i}) \\
&= A_\mathrm{i} \exp\left[-\frac{M(x_\mathrm{i}, y_\mathrm{i})}{2} + \mathrm{i}\varPhi(x_\mathrm{i}, y_\mathrm{i})\right] A_\mathrm{i}^* \exp\left[-\frac{M(x_\mathrm{i}, y_\mathrm{i})}{2} - \mathrm{i}\varPhi(x_\mathrm{i}, y_\mathrm{i})\right] \\
&= |A_\mathrm{i}|^2 \exp\left[-M(x_\mathrm{i}, y_\mathrm{i})\right] \approx I_\mathrm{i}\left[1 - M(x_\mathrm{i}, y_\mathrm{i})\right] \qquad (13.210)
\end{aligned}$$

式中, I_i 为无样品时像面的光强; $\mathcal{I}_\mathrm{i}(x_\mathrm{i}, y_\mathrm{i})$ 为有样品时像面的光强. 为简明起见, 计算样品边界的成像衬度, 有

$$\frac{I_\mathrm{i}(x_\mathrm{i}, y_\mathrm{i}) - \mathcal{I}_\mathrm{i}(x_\mathrm{i}, y_\mathrm{i})}{I_\mathrm{i}(x_\mathrm{i}, y_\mathrm{i}) + \mathcal{I}_\mathrm{i}(x_\mathrm{i}, y_\mathrm{i})} = \frac{M(x_\mathrm{i}, y_\mathrm{i})}{2 - M(x_\mathrm{i}, y_\mathrm{i})} \approx \frac{M(x_\mathrm{i}, y_\mathrm{i})}{2} \qquad (13.211)$$

根据式 (13.210) 和式 (13.211) 可知, 常规的成像方法只能获得吸收衬度.

为了简明扼要地介绍泽尼克相衬显微镜的成像原理, 需要做一些近似. 当入射光束照射在弱吸收、弱相位样品上时, 对式 (13.208) 进行泰勒级数展开, 保留一次项, 得

$$\mathcal{A}_\mathrm{o}(x_\mathrm{o}, y_\mathrm{o}) \approx A_\mathrm{o}\left[1 - \frac{M(x_\mathrm{o}, y_\mathrm{o})}{2} + \mathrm{i}\varPhi(x_\mathrm{o}, y_\mathrm{o})\right] \qquad (13.212)$$

式 (13.212) 右边方括号中的 1 代表直接通过物点不含任何样品信息的背景透射光. 经过波带片放大成像, 获得像点的复振幅为

$$\mathcal{A}_\mathrm{i}(x_\mathrm{i}, y_\mathrm{i}) \approx A_\mathrm{i}\left[1 - \frac{M(x_\mathrm{i}, y_\mathrm{i})}{2} + \mathrm{i}\varPhi(x_\mathrm{i}, y_\mathrm{i})\right] \qquad (13.213)$$

式 (13.213) 右边方括号中的 1 代表像点不含任何样品信息的背景光. 因为在波带片焦平面 (也是频谱面), 不含样品信息的背景透射光和含样品信息的衍射光, 其空间

频谱是分离的, 所以可以对背景透射光的空间频谱进行单独特殊处理, 在靠近频谱面、聚光镜出射环形光斑被波带片成像的位置放置一兼有振幅衰减和相位移动的环, 简称相移环, 使背景透射光获得 270° 的相移和幅度衰减 γ, 即可由 $\gamma \exp\left(\mathrm{i}\dfrac{3\pi}{2}\right) = -\mathrm{i}\gamma$ 表示, 见图 13.63 和图 13.64, 可在像面上获得像点的复振幅为

$$\tilde{\mathcal{A}}_\mathrm{i}(x_\mathrm{i}, y_\mathrm{i}) \approx A_\mathrm{i}\left[-\mathrm{i}\gamma - \frac{M(x_\mathrm{i}, y_\mathrm{i})}{2} + \mathrm{i}\,\Phi(x_\mathrm{i}, y_\mathrm{i})\right] \tag{13.214}$$

像点的光强为

$$\begin{aligned}
\tilde{\mathcal{I}}_\mathrm{i}(x_\mathrm{i}, y_\mathrm{i}) &= \tilde{\mathcal{A}}_\mathrm{i}(x_\mathrm{i}, y_\mathrm{i})\tilde{\mathcal{A}}_\mathrm{i}^*(x_\mathrm{i}, y_\mathrm{i}) \\
&= A_\mathrm{i}\left[-\mathrm{i}\gamma - \frac{M(x_\mathrm{i}, y_\mathrm{i})}{2} + \mathrm{i}\,\Phi(x_\mathrm{i}, y_\mathrm{i})\right] A_\mathrm{i}^*\left[\mathrm{i}\gamma - \frac{M(x_\mathrm{i}, y_\mathrm{i})}{2} - \mathrm{i}\,\Phi(x_\mathrm{i}, y_\mathrm{i})\right] \\
&= |A_\mathrm{i}|^2\left[\gamma^2 - 2\gamma\,\Phi(x_\mathrm{i}, y_\mathrm{i}) + \frac{M^2(x_\mathrm{i}, y_\mathrm{i})}{4} + \Phi^2(x_\mathrm{i}, y_\mathrm{i})\right] \\
&\approx \gamma^2 I_\mathrm{i}\left[1 - \frac{2}{\gamma}\,\Phi(x_\mathrm{i}, y_\mathrm{i})\right]
\end{aligned} \tag{13.215}$$

式中, $\tilde{\mathcal{I}}_\mathrm{i}(x_\mathrm{i}, y_\mathrm{i})$ 为有样品并加了相移环时像面的光强. 可获得样品边界的成像衬度为

$$\frac{I_\mathrm{i}(x_\mathrm{i}, y_\mathrm{i}) - \tilde{\mathcal{I}}_\mathrm{i}(x_\mathrm{i}, y_\mathrm{i})}{I_\mathrm{i}(x_\mathrm{i}, y_\mathrm{i}) + \tilde{\mathcal{I}}_\mathrm{i}(x_\mathrm{i}, y_\mathrm{i})} = \frac{\Phi(x_\mathrm{i}, y_\mathrm{i})}{\gamma - \Phi(x_\mathrm{i}, y_\mathrm{i})} \approx \frac{\Phi(x_\mathrm{i}, y_\mathrm{i})}{\gamma} \tag{13.216}$$

把式 (13.216) 和式 (13.211) 进行比较, 可知相衬显微镜成像衬度是常规吸收衬度显微镜的 $\dfrac{2\Phi(x_\mathrm{i}, y_\mathrm{i})}{\gamma M(x_\mathrm{i}, y_\mathrm{i})}$ 倍. 根据式 (13.41)、式 (13.42)、式 (13.43) 和图 13.22, 可知轻元素构成的生物样品, 其相移 $\Phi(x_\mathrm{i}, y_\mathrm{i})$ 比吸收 $M(x_\mathrm{i}, y_\mathrm{i})$ 大几个数量级, 可以产生比吸收衬度高得多的相位衬度.

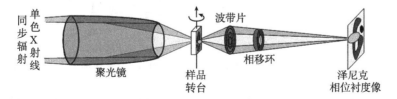

图 13.63　硬 X 射线相衬显微镜装置示意图

同步辐射单色 X 射线经过聚光镜会聚, 形成空心光锥照射样品

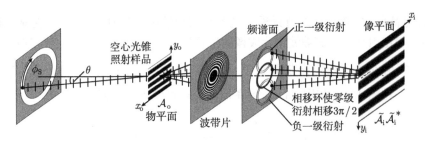

图 13.64　硬 X 射线相衬显微镜原理示意图

考虑空心光锥中一条光线照射样品中一点 (x_o, y_o) 形成对应像点 (x_i, y_i)

13.4.5　X 射线显微镜纳米 CT 三维成像原理

计算机断层成像方法是目前 X 射线三维成像最基本和应用最广泛的方法, X 射线显微镜三维成像也是基于 CT 成像原理. 在 13.3 节中已经知道, CT 要求光束通过样品时, 各条光线之间互相独立、互不干扰, 每条光线在探测器上都能有一个独立的投影区域, 在数学上能获得一个独立的投影积分, 见图 13.36 和图 13.41. 下面就来解释 X 射线显微镜如何满足 CT 成像条件的.

根据几何光学, 在波带片显微镜中, 物面上各点和像面上各点一一对应, 相邻两点的成像光锥, 在物面和像面以外的区域互相交叉, 在空间上互相不独立, 不满足 CT 的必要条件, 见图 13.65. 然而根据波动光学, 焦点处光束不是一个几何点, 而是具有一定的焦深, 在焦深范围, 焦深光束具有平行光性质, 焦深公式见式 (13.205).

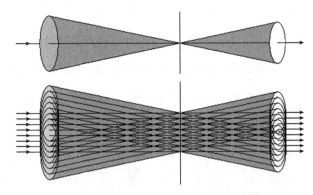

图 13.65　根据几何光学, 在显微镜物面或像面以外, 各点成像光锥互相交叉

当样品直径小于焦深, 通过样品的各条光线互相平行, 就像平行光束通过样品, 互不干扰, 每条光线在焦深区域都可以获得一个独立的投影积分, 见图 13.66. 经过各物面积元的成像光束经过焦深区域后, 在物空间形成发散的成像光锥, 虽然发散的成像光锥相互交叉, 但是经过波带片会聚, 在像空间形成会聚的成像光锥, 最终

在像面上相互分离形成像面积元, 使经过样品各物面积元的投影光束不但在物面上, 而且在像面上互相独立, 从而满足 CT 条件. 例如, 对于波长为 0.1nm 的硬 X 射线, 在分辨率达到 30nm 的条件下, 波带片的焦深可达到 30μm, 直径为 15μm 的细胞等生物样品可以轻而易举地满足 CT 三维成像条件. 从焦深与分辨率的关系式 (13.205) 可知, 系统分辨越高, 焦深就越小. 因而分辨率越高, 能进行 CT 成像的样品厚度就越薄. 比如分辨率为 20nm 的条件下, 其焦深约为 13μm, 仍然可以对直径为 10μm 的细胞进行三维成像. 然而当分辨率为 10nm 时, 焦深只有 3.3μm, 就无法对直径为 10μm 的细胞进行三维成像.

需要进一步做出两点解释. 首先, 如图 13.66 所示, 在 X 射线光源上, 每一点都发出一球面波, 经过聚光镜会聚, 在物面形成一半径为 δ、长度为 $3.28\delta^2/\lambda$ 的焦深细光束, 众多焦深细光束互相平行径过样品, 在紧贴样品后面产生纳米分辨的投影图, 经过物镜放大, 在像面形成微米分辨的放大投影像. 其次, 整个焦深区域在像面处和样品一起被放大, 纵向放大率大于横向放大率, 其结果是圆样品在像面处成为纵向拉长的椭圆; 这个现象和光的不确定关系有关, 在物镜左边 (即物空间), 波包的直径小、发散角度大, 而在物镜右边 (即像空间), 波包的直径大、发散角度小, 造成焦深长度的放大率大于焦深宽度的放大率. 由此可以推出纵向放大率与横向放大率的平方成正比, 这个结果与一般光学书中的结果一致.

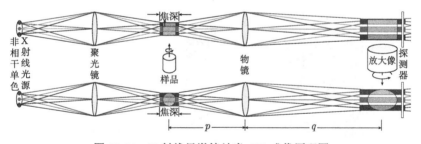

图 13.66 X 射线显微镜纳米 CT 成像原理图

上图为正视图, 下图为俯视图, 其中 p 和 q 分别为物距和像距. 在图中, 从光源出发的三股并行波包流 (代表成千上万股波包流), 被聚焦镜会聚, 为样品提供聚焦照明, 然后经过 (波带片) 物镜放大在探测器上获得样品放大投影像

13.4.6 同步辐射 (全场) 软 X 射线显微镜

能量范围为 $284 \sim 530$eV 的软 X 射线具有一种特殊性质, 其对水的吸收长度 (定义: 经过吸收, 光强衰减为 e^{-1} 的长度) 要比对蛋白质等生物样品的吸收长度大一个数量级, 见图 13.67, "水窗" 软 X 射线也因此得名. 在这一能量范围, 水在 10μm 的尺度内是透明的, 而富含碳、氮、氧元素的细胞器官和其他亚细胞结构则吸收强烈[57,58]. "水窗" 软 X 射线的这种特殊性质, 为含水生物样品成像提供了天然

的衬度增强机制, 在图 13.67 中可以看到, 520eV 的软 X 射线可以提供最高的成像衬度. "水窗" 软 X 射线波带片显微镜在含水环境下, 无须借助染色和化学固定, 就能对 5μm 的完整含水细胞进行三维成像. 图 13.68 和图 13.69 为 "水窗" 软 X 射线显微镜示意图, 图中所示同步辐射单色光经过聚焦波带片会聚, 照射在样品上, 携带样品吸收信息的物光经过成像波带片放大, 在 CCD 上形成样品的放大像.

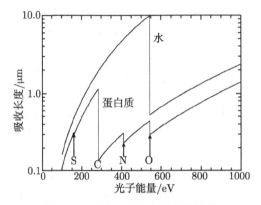

图 13.67　蛋白质和水的吸收曲线

典型蛋白质的构成: 碳 52.5%, 氧 22.5%, 氮 16.5%, 氢 7%, 硫 1.5%

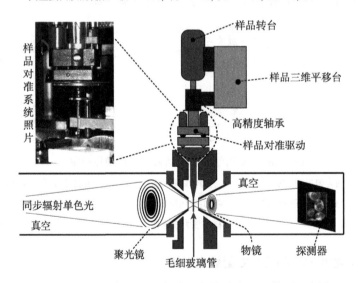

图 13.68　"水窗" 软 X 射线显微镜纳粹 CT 装置示意图

箭头所指为装载样品的毛细玻璃管, 毛细玻璃管外部为大气环境, 内部装载含水的生物样品, 箭头两边为用四氮化三硅窗隔离的真空, 分别安装了聚焦波带片 (聚光镜) 和成像波带片 (物镜), 同步辐射单色光经过聚焦波带片会聚, 照射在样品上, 携带样品吸收信息的物光经过成像波带片放大, 在 CCD 上形成样品的放大像然而, 由于 "水窗" 软 X 射线能量低、波长长、焦深小, 难以对直径 5μm 以上的细胞进行三维成像. 近年来为了增大焦深, 将成像光子能量提高到 2keV(如合肥国家同步辐射装置欲将软 X 射线显微成像的光子能量从 "水窗" 扩展到 2.5keV).

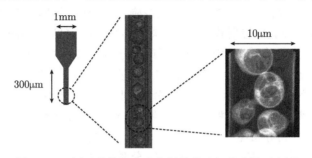

图 13.69 用于装载含水生物样品的毛细玻璃管示意图

图中显示了毛细玻璃管的尺寸和结构, 以及样品的放大投影像

13.4.7 同步辐射 (全场) 硬 X 射线显微镜

根据 13.4.3 X 射线显微镜成像原理, 合肥国家同步辐射装置和北京同步辐射装置先后建造了硬 X 射线显微镜和相应的光束线站. 图 13.70 和图 13.71 分别是合肥同步辐射显微成像光束线示意图和北京同步辐射显微成像光束线示意图. 在合肥国家同步辐射装置, 因为扭摆器光源到实验站的距离只有 12m, 所以可以直接把扭摆器光源作为 X 射线显微镜的照明光源, 只需在扭摆器和聚光镜中间安装双晶单色器, 把扭摆器发出的多色光过滤成单色光. 在北京同步辐射装置, 因为实验站和扭摆器光源的距离为 43m, 所以必须用准直镜、双晶单色器和聚焦镜产生单色次级光源.

图 13.70 合肥同步辐射硬 X 射线显微镜纳米 CT 成像光束线站示意图, 这是短光束线的一个例子

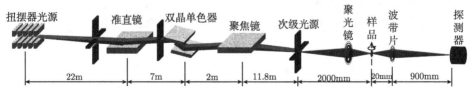

图 13.71 北京同步辐射硬 X 射线显微镜纳米 CT 成像光束线站示意图, 这是长光束线的一个例子

13.4.8　X 射线显微镜应用实例

1. X 射线显微镜在细胞成像中的应用

X 射线显微成像技术分辨率高、穿透性强, 适合研究细胞成像; 结合低温成像技术, 可以降低对细胞的辐射损伤, 提供类活体细胞的信息; 利用免疫标记技术还可以观察特定大分子体系在细胞内的分布. 高分辨率 X 射线成像技术正在成为细胞生物学的又一有力研究手段. 美国的 ALS 同步辐射装置的软 X 射线显微成像利用 "水窗" 吸收衬度, 不使用染色和衬度增强剂, 可以清晰地看到纤维原细胞里的内部结构[59], 见图 13.72; 与免疫金标记法结合, 获得标记的蛋白质或生物大分子体系在整个细胞的空间分布图[60], 见图 13.73; 把 "水窗" 软 X 射线显微成像技术和 CT 技术相结合, 对酵母细胞进行三维成像, 分辨率达到了 60 nm, 可以清楚地观察到细胞核、细胞质、类脂滴, 甚至液泡, 见图 13.74. 通过结合三维重建技术, 可观察到细胞内部的三维结构图, 根据对 X 射线吸收衬度的不同进行彩色编码处理, 可以获得高密度分辨率的细胞成像结果, 图 13.75 是一系列酵母细胞断层重建图片.

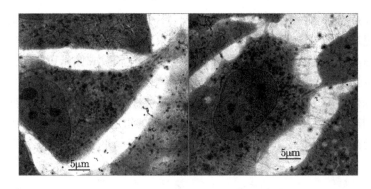

图 13.72　纤维原细胞的 X 射线成像

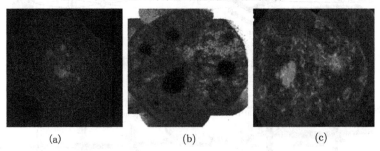

(a)　　　　　　　　　　　(b)　　　　　　　　　　　(c)

图 13.73　乳腺上皮细胞的软 X 射线显微成像

(a) 老鼠的乳腺上皮细胞 EPH4 成像, 灰色网状结构为标记了的微管网络, 细胞内岛状的为核仁; (b) 人类乳腺上皮肿瘤细胞 T4 核子成像, 灰色颗粒显示的是标记了的微胞核膜上的微孔体系; (c) 人类乳腺上皮肿瘤细胞 T4 核子成像, 白色部分为 Ag 增强的 Au 颗粒标记的参与 RNA 过程的抗体蛋白 SRm300 团簇

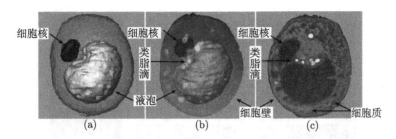

图 13.74 酵母细胞的软 X 射线纳米 CT 三维成像 (细胞直径 5μm, 空间分辨率为 60 nm)

(a) 细胞壁半透明的三维显示; (b) 细胞壁透明的三维显示; (c) 断层厚度为 0.5 μm 的断层像

利用软 X 射线纳米 CT, 对处于不同发展阶段的细胞进行三维成像, 可以研究细胞分裂的过程, 而且可以观察细胞分裂过程中细胞中的蛋白质复合体的变化[61,62]. 图 13.76(a) 和图 13.77 为处于细胞分裂过程中不同发展阶段酵母细胞的三维重建像. 图 13.76(b) 为利用荧光显微镜, 拍摄的二维成像结果. 经过比较可以看出, 荧光显微镜在两种荧光分别标记的条件下, 仅能看到细胞在分裂时隔膜由外向内的生长过程, 而 X 射线显微镜无需标记, 不但可以观察到分裂时隔膜的生长过程, 而且能清晰观察到细胞内部肌纤维蛋白等多种蛋白复合体. 进一步观察胞质分裂过程细节, 能够揭示分裂过程中细胞膜的溶解过程. 这个过程曾经在 TEM 中观察到, 也证实了 X 射线显微镜的观察结果. 然而, TEM 需要化学固定, 使用衬度增强试剂、脱水等复杂的样品准备过程.

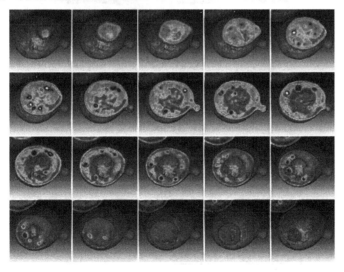

图 13.75 酵母细胞软 X 射线纳米 CT 成像获得的不同断层的结构图

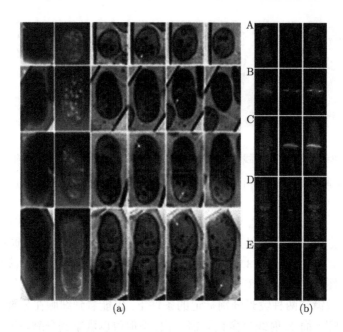

图 13.76　酵母细胞分裂过程不同阶段的软 X 射线成像 (a) 和酵母细胞分裂过程荧光显微成像 (b)

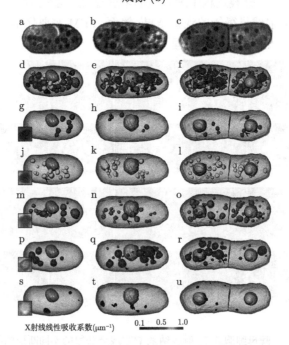

X射线线性吸收系数(μm⁻¹)　0.1　0.5　1.0

图 13.77　酵母细胞分裂过程蛋白质复合体的变化, 不同颜色分别代表不同蛋白质复合体

2. X 射线纳米 CT 在纳米材料结构及生长机理中的应用

新材料是发展高科技的先导, 随着科学技术的进步, 对材料性能的要求也越来越高, 具有高性能的功能材料已成为材料研究的热点课题. 纳米材料研究是材料研究最活跃的领域之一.

纳米颗粒的性质不但与其大小有关, 还与其形状有关. 近年来, 如何有效控制合成各种具有复杂结构的功能纳米颗粒以及组装纳米颗粒形成高级有序的超级结构, 成为现代胶体和材料化学以及纳米科技的前沿. 生物模拟矿化和仿生合成技术也是近年来发展的新兴材料化学的重要分支和交叉学科, 对寻求合理的软化学途径, 合成先进无机纳米材料及无机/有机复合材料具有重要的科学意义和应用价值. 这种有序复杂的晶体结构对表征手段提出了新的挑战, 因而发展新方法, 表征高级有序复杂晶体内部的三维结构和功能, 研究高级有序复杂的超级结构的成核、结晶、自组装和生长机制是非常重要的.

X 射线显微镜与电子显微镜相比具有穿透性强、可对样品深部进行三维成像的优点, 可以无损地研究复杂纳米材料的内部结构. 比如最近报道的 CuS 十四面体晶体颗粒的体结构[63], 可以说明 X 射线显微镜的优势. 如图 13.78 是 CuS 十四面体晶体颗粒的电子显微镜照片, 图 13.79 是 X 射线成像的结果, 可以清楚地看出电子显微镜只能观察到材料的外部结构, 而 X 射线显微镜结合 CT 技术可以清楚地观察到材料的内部结构, 可以看到材料的核壳结构.

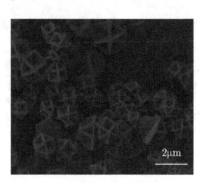

图 13.78　纳米材料的电子显微照片

3. X 射线在芯片检测中的应用

自从 1958 年美国的 Kilby 做出了第一块集成电路, 集成电路 (IC) 经历了小规模集成 (SSI)、中规模集成 (MSI)、大规模集成 (LSI)、超大规模集成 (VLSI), 而达到了今天的特大规模集成 (ULSI) 水平. IC 的发展不但引起了一场深刻的电子革命, 迎来了多媒体通信飞速发展的信息时代, 而且对 IC 行业的工艺技术提出了更高的要求, 具体表现为集成度进一步提高, 芯片和元器件尺寸越来越小, 单位面积元器件数逐渐增加, 向超高密度化发展; 多层布线, 芯片厚度增加, 向立体电路结构发展. 随着集成度的提高, 线宽越来越细, 任何小的缺陷 (如孔洞) 都能够引起电路失效. 因此, 发展新方法无损检测这种多层立体电路的缺陷具有非常重要的意义. 由于 X 射线具有强穿透能力, X 射线显微成像正在成为芯片检测不可替代的重要方法. 利用 X 射线显微成像方法, 可以同时结合芯片使用的时间效应, 研究芯片失效随时间变化的动力学过程. 例如, 人们通过 X 射线显微成像, 已经清楚地观察到随着使用时间增长, 芯片在一定电流下, 电路中出现了孔洞, 以及孔洞形状和体积的变化[64], 见图 13.80.

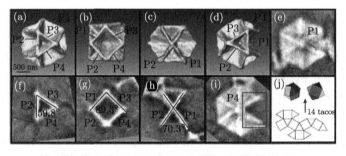

图 13.79   纳米材料的 X 射线显微镜三维成像

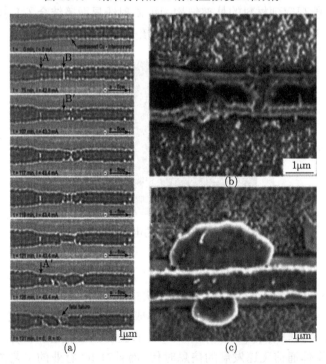

图 13.80   IC 芯片失效过程的 X 射线成像

13.5 X 射线探针扫描成像

X 射线探针扫描成像技术是空间分辨谱学的基础, 空间分辨谱学方法是研究样品局域电子态、化学态以及高分辨功能成像的普遍方法. 第三代同步光源为产生 X 射线纳米分辨探针提供了可能性, 目前纳米分辨谱学光束线和实验站似雨后春笋般出现在世界各国的第三代同步辐射光源上. 以 ESRF 升级改造规划为例, 有三分之一的光束线将采用 X 射线 "透镜" 焦点探针扫描成像技术[65]. 图 13.81 是典型的 X 射线探针扫描成像光束线的构成, 其中探测器 1 可以是荧光探测器, 用来探测样品的荧光; 探测器 2 可以是光强探测器, 用来探测样品的吸收或折射; 探测器 3 可以是光电子探测器, 用来探测样品的光电子. 不论采用何种探测器, 也不论探测何种相互作用, 都必须利用 X 射线 "透镜" 聚焦形成尽可能小的焦点探针来激发样品, 因而造成 X 射线探针扫描成像光束线的光学设计大同小异, 基本上由准直镜、单色器、聚焦镜、次级光源和 X 射线 "透镜" 构成.

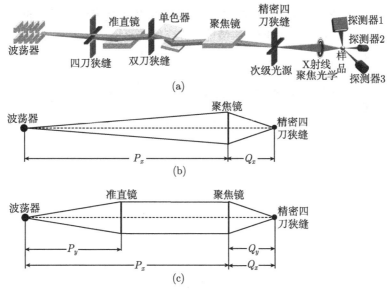

图 13.81 X 射线探针扫描成像光束线 (a)、水平光路 (b) 及垂直光路 (c)

获得小的焦点, 不仅需要有大数值孔径的透镜, 而且还必须为透镜提供足够大的相干面积. 根据国际同步辐射聚焦光学的现状和未来发展, 本书将获得小焦点的方法归纳为三个: 第一个方法是小孔滤波获得相干照明的方法, 是目前第三代同步辐射光源正在采用的方法; 第二个方法是长距离获得相干照明的方法, 将在升级改造光源上采用的方法; 第三个方法增大 X 射线 "透镜" 数值孔径方法.

13.5.1   小孔滤波获得相干照明方法

虽然第三代同步辐射波荡器为目前亮度较高的 X 射线光源, 但是不滤波、直接用 X 射线透镜聚焦这种光源, 仍然不能获得衍射极限焦点. 这其中的原因在于, 第三代同步辐射波荡器光源不是空间完全相干的光源, 且光源的横截面和发射角都是在水平方向宽垂直方向窄, 波荡器中电子束流的横截面上有多个电子发光, 形成多个并行、相互之间不相干的波包, 每个波包都会在 X 射线 "透镜" 的焦平面上形成各自的焦点, 多个波包的焦点拼在一起, 形成整个光源的大焦斑像. 图 13.82 描述了第三代同步辐射波荡器发光的物理图像, 电子在向心加速度最大处, 即曲率半径最小处, 发光概率最大. 图 13.83 描述了直接用 X 射线 "透镜" 聚焦从波荡器发出的光束, 形成较大焦斑的非相干光聚焦现象. 由此可知, 如果能用小孔滤波, 只允许单个波包通过, 滤出一束直径等于波包直径的串行波包流, 就会在 X 射线 "透镜" 的焦平面上得到更小的焦点. 然而在波荡器中放置小孔是被禁止的, 于是人们想到了用反射镜聚焦的方法, 将波荡器光源引到电子储存环外面, 形成次级光源, 然后可以方便地用小孔减小次级光源直径, 滤出一束直径等于波包直径的串行波包流, 然后用 X 射线 "透镜" 聚焦这单波包流光束, 形成相干光聚焦获得小的焦点, 参见图 13.84. 在图 13.81 中, 精密四刀狭缝前的光束线就是用来产生次级光源的光学系统, 而精密四刀狭缝用来形成小孔限制次级光源直径.

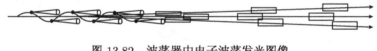

图 13.82   波荡器中电子波荡发光图像

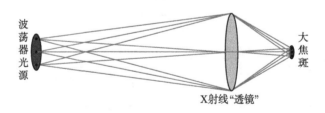

图 13.83   直接用 X 射线 "透镜" 聚焦波荡器发出的光束, 只能获得一个大的聚焦斑

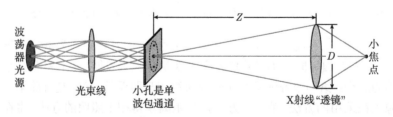

图 13.84   小孔从次级光源中, 滤出与 X 射线 "透镜" 匹配的单波包流, 才能获得小焦点

为了既获得衍射极限的焦点, 又不浪费有效的光通量, 小孔到 X 射线 "透镜" 的距离必须满足匹配条件, 使通过小孔的波包传播到 X 射线 "透镜" 时, 波包直径正好等于 X 射线 "透镜" 的直径, 既能使波包中的光子不外溢, 又能使波包在经过 X 射线 "透镜" 后获得大的会聚角. 这个匹配条件是: 小孔滤出波包的发散角等于 $\frac{D}{Z}$, 其中 D 为 X 射线 "透镜" 的直径, Z 为次级光源到 X 射线 "透镜" 的距离. 接下来的问题是, 如何使次级光源拥有满足要求的波包? 为此来考察波荡器中电子发光的情况. 根据加速器物理[22,66], 波荡器中电子发射的波包直径约为 $\sqrt{\lambda L}$, 发散锥角约为 $\sqrt{\frac{\lambda}{L}}$, 其中 λ 为光子的波长, L 为波荡器长度. 在此, 请读者注意, 波荡器电子发光满足不确定关系, 即

$$\sqrt{\lambda L} \cdot \sqrt{\frac{\lambda}{L}} = \lambda \tag{13.217}$$

并请将式 (13.217) 和式 (13.5) 进行比较, 可知, 从开始发光, 光就遵循不确定关系. 因此, 要求次级光源的发散角为 $\frac{D}{Z}$ 的波包, 无非是要求光束线把发散角为 $\sqrt{\frac{\lambda}{L}}$ 的输入波包变换为发散角为 $\frac{D}{Z}$ 的输出波包; 与此同时, 也要求光束线把直径为 $\sqrt{\lambda L}$ 的输入波包变换为直径为 $\frac{Z\lambda}{D}$ 的输出波包. 图 13.84 形象地描绘了用小孔从次级光源滤出能与 X 射线 "透镜" 匹配的波包流.

在实际的 X 射线探针扫描成像光束线中, 光束线除了要产生次级光源以外, 还承担着单色化的任务. 为了获得高能量分辨率, 往往在单色器前加一块准直镜, 而准直镜的存在, 必然导致水平放大率和垂直放大率不同, 以致在次级光源处, 不仅波包的水平直径和垂直直径不相等, 而且其水平发散角和垂直发散角也不相等. 此外, 不同的 X 射线 "透镜", 要求的匹配条件有所不同, 需要区别对待. 例如, 波带片在水平和垂直两个方向上的匹配条件相同, 而 K-B 镜在水平和垂直两个方向上的匹配条件不同. 换言之, 波带片要求轴对称的匹配条件, 而 K-B 镜要求非轴对称的匹配条件.

下面针对一条典型的 X 射线探针扫描成像光束线, 见图 13.81, 讨论可以使 X 射线 "透镜" 获得小焦点的最佳匹配条件.

根据图 13.81 中波荡器、准直镜、聚焦镜和精密四刀狭缝之间的距离, 可知光束线对波包的聚焦比在水平和垂直两个方向不相等, 水平方向的聚焦比大于垂直方向的聚焦比, 即

$$\frac{P_x}{Q_x} > \frac{P_y}{Q_y} \tag{13.218}$$

因而从波荡器出发的对称波包经过光束线会聚到达次级光源时, 变成不对称波包, 见图 13.85. 光束线可看作是一个厚透镜, 根据透镜输入波包和输出波包之间的关

系式 (13.9) 和式 (13.10) 以及式 (13.218), 有

$$\Delta x = \frac{Q_x}{P_x}\sqrt{\lambda L}, \quad \Delta y = \frac{Q_y}{P_y}\sqrt{\lambda L}, \quad \Delta x < \Delta y \tag{13.219}$$

$$\Delta\theta = \frac{P_x}{Q_x}\sqrt{\frac{\lambda}{L}}, \quad \Delta\psi = \frac{P_y}{Q_y}\sqrt{\frac{\lambda}{L}}, \quad \Delta\theta > \Delta\psi \tag{13.220}$$

如果 X 射线 "透镜" 是像波带片一样的轴对称光学元件, 虽然不可能要求波包和 X 射线 "透镜" 完全匹配, 但是仍然可以为波包和 X 射线 "透镜" 找到相对较优的匹配条件. 首先, 为了在次级光源处能输出尽可能对称的波包, 光束线设计时, 应该注意使准直镜和聚焦镜尽可能靠近, 以便水平和垂直两个方向的放大率尽可能接近. 其次, 为了获得小焦点, 需要用空间相干光照明 X 射线 "透镜", 要求精密四刀狭缝开口与次级光源处波包在垂直方向上直径相同. 最后要求 X 射线 "透镜" 接收角等于波包在垂直方向的发散角. 此时, 精密四刀狭缝开口大于次级光源处波包在水平方向的直径, X 射线 "透镜" 接收角小于波包在水平方向的发散角, 使 X 射线透镜在垂直和水平两个方向都满足空间相干条件, 达到获得小焦点的目的.

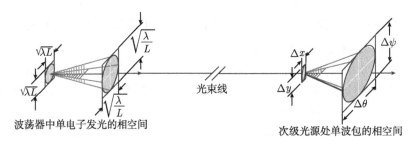

图 13.85　包含准直镜和聚焦镜的光束线一般在次级光源处产生不对称波包

如果 X 射线 "透镜" 是像 K-B 镜一样的非对称光学元件, 应注意将水平聚焦镜放在前, 垂直聚焦镜放在后, 使 K-B 镜的垂直聚焦比大于水平聚焦比, 以弥补光束线的水平聚焦比大于垂直聚焦比, 尽可能利用对称的波包获得小的焦点, 见图 13.86.

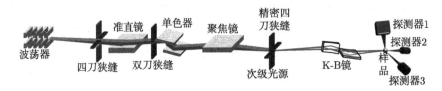

图 13.86　为了获得尽可能对称的聚焦斑, 应该使用水平聚焦比小于垂直聚焦比的 K-B 镜

13.5.2 长距离获得相干照明的方法

如果波荡器光源在水平方向和垂直方向的尺寸和发散角相差不大, 可以考虑利用长距离自由传播使 X 射线 "透镜" 获得相干照明的方法. 这种方法的好处在于, 从光源到 X 射线 "透镜" 不使用任何光学元件, 不受光学元件的表面粗糙度、像差和吸收衰减的影响, 亮度不损失, 光束质量高. 根据空间相干条件式 (13.17), 可以通过加长 X 射线 "透镜" 到波荡器光源之间距离的方法, 为 X 射线 "透镜" 提供足够大的相干照明面积. ESRF 和 NSLS 的升级改造计划[65,67] 中都提出要建设几百米到上千米长的光束线来获得相干照明. 下面做一估算, 为获得 10nm 探针, 需要建设光束线的长度. 设 X 射线波长为 0.1nm, 波荡器光源直径 $\Delta \xi$ 为 100μm, 目前直径约为 100μm 的硬 X 射线波带片, 可以产生直径为 30nm 的焦点, 以此推断, 若焦距保持不变, 则产生直径为 10nm 焦点的 X 射线 "透镜" 直径 D 应为 300μm, 则根据式 (13.17), 有

$$L = \Delta\xi \frac{D}{\lambda} = 100\mu m \times \frac{300\mu m}{0.1nm} = 100 \times 3 \times 10^6 \mu m = 300m \tag{13.221}$$

13.5.3 增大 X 射线 "透镜" 数值孔径的方法

在长光束线能为 X 射线 "透镜" 提供足够大的相干面积的前提下, 研制大数值孔径的 X 射线 "透镜" 就成为获得小焦点的关键问题.

1. 纳米聚焦光学元件展望

因为 "透镜" 焦点探针扫描成像技术是新光源发展最重要和最关键的技术, 所以世界各大同步辐射光源和拟建的新光源, 对进一步提高 X 射线 "透镜" 的空间分辨率都给予了极大的关注. ESRF 升级改造提出要实现 10nm 聚焦[65], NSLS II 更提出要实现 1 nm 聚焦[67]. 根据图 13.87 所显示的几种 X 射线聚焦元件在 2006 年已经达到的聚焦光斑尺寸和发展趋势, 到 2010 年左右应该实现 1nm 聚焦. 然而发展形势远不像图 13.87 所显示的线性发展趋势那样乐观, 这说明越接近 X 射线聚焦的极限, 难度越大. 下面就 1nm 聚焦遇到的问题做一简要讨论.

在确保空间相干光照明 X 射线 "透镜" 的前提下, 根据波包或光子的不确定关系式 (13.5), 进一步缩小焦点的条件是 X 射线 "透镜" 产生大的会聚角. K-B 镜、波带片和组合折射透镜是已经发展比较成熟的聚焦元件, 它们都没有可能实现 1nm 聚焦. K-B 镜由于受到临界反射角的限制, 见图 13.88, 不能为 1nm 聚焦提供大会聚角的反射镜面; 波带片在 1nm 聚焦情况下, 根据式 (13.202), 在波带片边缘部分, 半波带宽度约为 1nm, 厚度要达到上百纳米, 形成多层膜结构, 此时入射光线几乎与膜层平行, 不满足布拉格衍射条件, 衍射效率几乎为零, 见图 13.89, 因而波带片也不能为 1nm 聚焦提供足够大的会聚角; 组合折射透镜在 1nm 聚焦情况下, 因为

组合折射透镜边缘厚度大, 所以由组合折射透镜边缘产生的大折射角度光线, 几乎被吸收了, 见图 13.90, 导致组合折射透镜也不能作为 1nm 聚焦的侯选者.

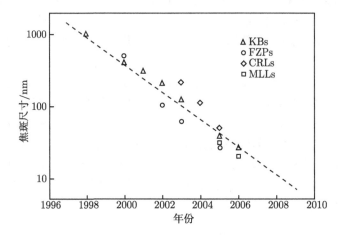

图 13.87　高分辨聚焦发展趋势

KB 表示 K-B 镜, FZP 表示菲涅耳波带片, CRL 表示组合折射透镜, MLL 表示多层膜劳厄透镜

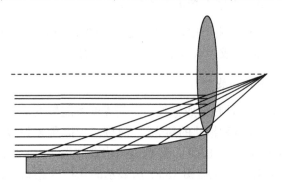

图 13.88　K-B 镜由于受到临界反射角的限制, 不能为 1nm 聚焦提供大会聚角的反射镜面

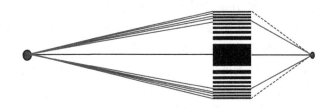

图 13.89　波带片在 1nm 聚焦情况下, 最外环处形成多层膜结构, 光线不满足布拉格衍射条件, 衍射效率几乎为零, 因而波带片也不能为 1nm 聚焦提供足够大的会聚角

图 13.90 组合折射透镜在 1nm 聚焦情况下, 因为组合折射透镜边缘厚度大, 所以边缘产生
的大折射角度光线, 几乎被吸收了, 导致组合折射透镜也不能作为 1nm 聚焦的候选者

为了突破上述三种聚焦元件受到的限制, NSLS Ⅱ拟发展两种新型聚焦元件,
一种为多层膜劳厄透镜 (multilayer Laue lense), 见图 13.91(a). 多层膜劳厄透镜是
从厚波带片发展而来, 为了满足布拉格衍射条件, 各波带从与光轴平行发展到倾斜,
再发展到各波带的倾斜角逐渐变化, 然后发展到各波带的倾斜角和曲率逐渐变化,
使整个波带结构形成处处满足布拉格衍射条件的多层膜结构, 图 13.91(b) 显示了
这个发展过程. NSLS Ⅱ拟用分子束外延的方法制作多层膜劳厄透镜, 实现 1nm 聚
焦. 另一种为组合波带折射透镜 (compound kinoforms), 见图 13.92(a). 组合波带
折射透镜是从组合折射透镜发展而来, 为了克服组合折射透镜边缘厚度大吸收强的
缺点, 将光程差为波长整数倍的介质厚度扣除, 形成一系列光程差为波长整数倍的
折射 "波带" 结构, 相邻折射 "波带" 之间光程差为一个波长, 然后将这些折射 "波
带" 排列在一个平面上, 进一步形成一层薄的波带折射结构单元, 见图 13.92(b), 将

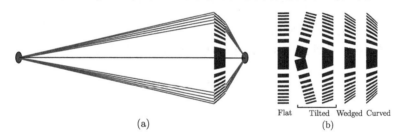

图 13.91 多层膜劳厄透镜 (a) 及自左至右是多层膜劳厄透镜的发展过程 (b)
Flat 表示多层膜平行于光轴, Tilted 表示多层膜倾斜于光轴, Wedged 表示斜率渐变, Curved 表示不仅斜
率渐变, 而且曲率渐变

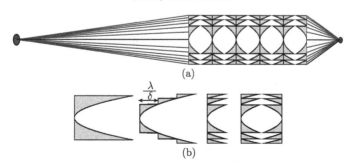

图 13.92 组合波带折射透镜 (a); 自左至右是组合波带折射透镜的发展过程 (b)

多层波带折射结构单元重叠在一起, 就构成组合波带折射透镜. NSLS 拟用目前已有的技术制作组合波带折射透镜, 实现 1nm 聚焦.

　　NSLS Ⅱ 拟发展的两种新型聚焦元件, 在理论上有可能实现 1nm 聚焦, 可是真正要实现 1nm 聚焦, 有赖于极端精密加工技术和工艺的发展.

　　2. 纳米分辨聚焦对单色性的要求

　　不论是多层膜劳厄透镜, 还是组合波带折射透镜, 其聚焦光斑都是由波长相差整数倍、相位一致的 X 射线在焦点干涉形成的, 因此 X 射线聚焦对单色性的要求由最大光程差决定. 整体而言, 多层膜劳厄透镜和组合波带折射透镜都是平板结构, 若工作距离为 $z = 10\text{mm}$, 要实现焦斑半径为 δ, 则要求会聚角为

$$\theta = 0.61\frac{\lambda}{\delta} \tag{13.222}$$

因此可以根据直角三角形关系, 求出边缘光线和中心光线之间, 最大光程差 (见图 13.93) 为

$$N\lambda = \Delta l_{\max} = z\left(\frac{1}{\cos\theta} - 1\right) \approx \frac{z\theta^2}{2} = \frac{z}{2}\left(0.61\frac{\lambda}{\delta}\right)^2 = 0.186z\frac{\lambda^2}{\delta^2} \tag{13.223}$$

式中, N 为最大光程差对应的波长数目. 在焦点来自不同方向的子波发生干涉时, 要求满足时间相干条件式 (13.18), 即时间相干长度大于最大光程差, 即

$$\frac{\lambda^2}{\Delta\lambda} \geqslant \Delta l_{\max} = N\lambda \tag{13.224}$$

当波长为 1Å, 聚焦光斑直径为 $10\text{nm}(\delta=5\text{nm})$ 时, 最大光程差为

$$\Delta l_{\max} \approx 0.186\frac{z\lambda^2}{\delta^2} = 0.75 \times 10^4\lambda$$

当波长为 1Å, 聚焦光斑直径为 $1\text{nm}(\delta=0.5\text{nm})$ 时, 最大光程差为

$$\Delta l_{\max} \approx 0.186\frac{z\lambda^2}{\delta^2} = 0.75 \times 10^6\lambda$$

因此, 聚焦光斑直径为 10nm 时, 要求 X 射线的单色性 (又称为相对带宽) 为

$$\frac{\Delta E}{E} = \frac{1}{N} = \frac{1}{0.75 \times 10^4} = 1.3 \times 10^{-4}$$

聚焦光斑直径为 1nm 时, 要求 X 射线的单色性为

$$\frac{\Delta E}{E} = \frac{1}{N} = \frac{1}{0.75 \times 10^6} = 1.3 \times 10^{-6}$$

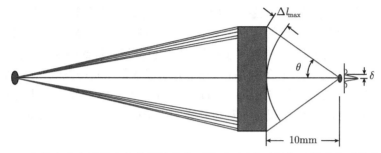

图 13.93　在焦点来自不同方向的子波发生干涉时, 要求时间相干长度大于最大光程差

3. 焦点光通量的计算公式

根据式 (13.23), 在考虑了光学系统的效率后, 通过焦点光通量的计算公式为

$$F = B \cdot S \cdot \Omega \cdot \frac{\Delta E}{E} \cdot \eta \tag{13.225}$$

式中, S 为光束横截面积; Ω 为光束会聚的立体角; $\frac{\Delta E}{E}$ 为光束的单色性; η 为光学系统的传输效率, 包括准直镜的效率、聚焦镜的效率、单色器的效率和 X 射线 "透镜" 的效率. 式 (13.225) 既可以用于计算非相干光聚焦点的光通量, 又可以用于计算相干光聚焦点的光通量. 不过对于相干光聚焦而言, 式 (13.225) 还可以简化. 根据不确定关系, 相干光束横截面积和会聚立体角的乘积等于波长平方, 即

$$S \cdot \Omega = \lambda^2 \tag{13.226}$$

代入式 (13.225), 得

$$F = B \cdot \lambda^2 \cdot \frac{\Delta E}{E} \cdot \eta \tag{13.227}$$

不论 ESRF 提出要实现 10nm 聚焦, 还是 NSLS Ⅱ 提出要实现 1nm 聚焦, 都可以通过式 (13.227) 进行计算. 根据上小节, 当波长为 1Å 时, 10nm 聚焦对相对带宽的要求是 $\frac{\Delta E}{E} = 1.3 \times 10^{-4}$, 1nm 聚焦对相对带宽的要求是 $\frac{\Delta E}{E} = 1.3 \times 10^{-6}$.

13.5.4　软 X 射线扫描探针成像应用举例

近十年来, 随着同步辐射技术的不断更新, X 射线吸收谱学得到了快速的发展[68]. 高亮度同步辐射光源不仅提高了谱学的能量分辨率, 而且也为获得聚焦尺寸更小、空间分辨率更高的 X 射线探针提供了可能. 这就使得我们能够在高空间分辨率的情况下将 X 射线吸收谱应用于异质材料研究. 事实上, 这种新技术正逐步发展起来[69], 它把 X 射线谱学和扫描显微术相结合, 形成 "X 射线谱学显微术". 这里我们将介绍其中最为常用的一种 X 射线谱学显微术: 扫描透射 X 射线显微术 (scanning transmission X-ray microscopy, STXM)[70~72], 并通过对聚合体的分析阐述其应用性.

　　图 13.94 给出了 STXM 装置的简单示意图. 同步辐射光被单色器单色, 然后通过菲涅耳波带片聚焦, 焦点的直径为 50nm. 为了成像, 位于 X 射线的焦点处的样品薄切片在计算机的控制下进行逐步扫描, 从而监测透过样品的 X 射线信号. 将 X 射线聚焦光束定位于感兴趣的样品点, 扫描光子能量从而获得微区光谱. 在 STXM 实验中, 样品既可以暴露在空气中, 也可以利用 He 气保护, 甚至可以夹在两个对 X 射线透明的氮化硅窗口中. 最后一种方法通常用于研究湿样品, 比如聚合物水溶液 [73] 或生物样品 [74].

　　美国 ALS 光源上的 STXM 的成像空间分辨率优于 100 nm, 150~1400eV 的 NEXAFS 谱能量分辨率达 100meV [71,72]. 样品必须对感兴趣的 X 射线能量段部分透明, 例如对于碳吸收边, 样品厚度为 50~300nm, 对于能量高的吸收边或低浓度样品 (如聚合物溶胶或生物样品), 样品可以厚到 1~2μm. 样品的准备类似于分析透射电子显微镜. 硅片可以让 X 射线透过, 可以利用 100nm 厚的氮化硅 (大到 4mm) 作为窗口来研究含水的样品, 甚至可以用这些窗来得到 N 1s 谱. STXM 受到的辐射损伤比电子显微术技术小两个数量级 [75], 所以这种技术很适宜研究对辐射敏感的聚合体.

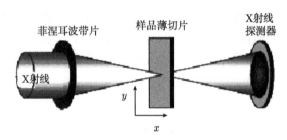

图 13.94　STXM 装置示意图

菲涅耳波带片用于 X 射线的聚焦. 为了成像, 位于 X 射线的焦点处的样品薄切片在计算机的控制下进行逐步扫描, 通过的光子被样品后面的探测器接收并计数

　　透过样品的 X 射线信号采用单光子计数, 成像模式中每个像素点的计数停留时间为 0.2~0.5ms. 一个 300 × 300 的图像 30s 就可以获得. 在某些情况下, 需要对特定区域进行详细的化学分析, 这需要在感兴趣的元素的吸收边附近系统地进行一系列成像. 可以离线分析这些成像序列 (可能包含一百个 100 × 200 像素点, 或 8 Mb 大的原始数据), 从而定性地确认物种以及化学组分图谱. 详细的研究方法可参见下面给出的研究实例.

1. 聚合体的 X 射线能谱显微术

　　在聚合体物理化学中还存在着很多问题, 比如需要在亚微米尺度下获得其详细的化学信息, 确定混合物和共聚体体系的形态及表面化学结构, 确定纳米图案结构和自组装等. 传统的研究方法, 如红外谱和核磁共振等, 可以区分聚合体的化学种类, 但是不能在亚微米分辨水平上获得其空间结构. 分析型透射以及扫描电子显微镜具有很高的空间分辨率, 对识别结构有很大帮助, 但是电子显微镜却没有足够的化学敏感度. 通常情况下, 很难判断利用电子或光学显微镜得到的结构是由化学差异引起的, 还是起源于密度变化或是反射率的不同. 另外, 强电子束会造成严重的辐射损伤, 因此利用电子显微镜观察聚合体, 在实验上比较困难[76].

当 X 射线穿过物质, 物质会吸收一定比例的 X 射线, 吸收的多少取决于样品的厚度和密度. 吸收的光子会激发物质内壳层的电子. 被激发的内壳层电子 (芯电子) 会跃迁到未占据的能级, 形成短寿命的激发态, 或电离态. 一般, X 射线吸收谱描述为一系列的吸收边, 吸收边即为内壳层电子的起始电离能 (图 13.95). 每个元素在软 X 射线能量段 (100~1200eV) 都有多个吸收边. 特定元素的含量可以通过吸收边前后的不同来定量确定.

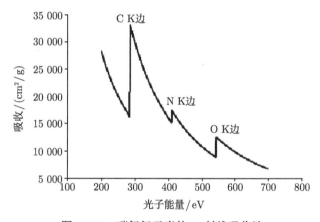

图 13.95　碳氮氧元素的 X 射线吸收边

碳氮氧为组成聚合体的主要元素. 在吸收边附近, X 射线吸收突然地上升, 表明内壳层电子的激发

传统的 X 射线吸收谱为元素分析提供了基础, 而基于同步辐射装置使这种研究手段达到更高的精度和效率. 它能从吸收谱的精细结构, 如近边 X 射线吸收精细结构或 NEXAFS[68], 获得化学组成的定量信息. 这些精细结构比吸收边跳跃具有更显著的结构特征, 对应于内壳层电子向未满的分子轨道或导带的跃迁. 第一个特征峰对应于内层电子被 X 射线激发到最低的未占据分子轨道. 对于未饱和分子而言, 这个轨道就是 π* 轨道. 随着 X 射线能量的逐渐增大, 接下来的跃迁轨道就是高能未占据分子轨道 σ*, 然后是内层电子直接被电离 (图 13.96). 样品的几何结构和电子结构 (成键) 决定未占据轨道的电子结构, 从而决定由 X 射线激发的内层电子跃迁态. 反映在 X 射线吸收谱上, 就是 X 射线吸收精细结构具有不同的特征

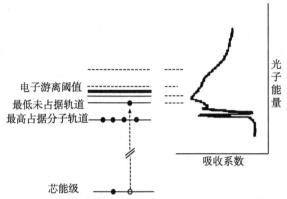

图 13.96   近边 X 射线吸收精细结构起源于内壳层电子向高能未占据轨道的跃迁. 对于未饱
和体系, 最低未占据分子轨道为 π^* 轨道

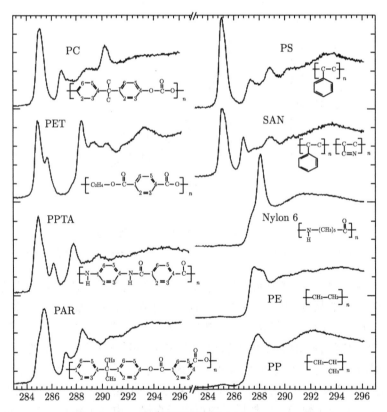

图 13.97   一些普通聚合体的 C1s NEXAFS 谱

PC 表示聚碳酸酯; PET 表示聚 (乙烯对酞酸盐); PPTA 表示聚 (对苯二甲酰胺); PAR 表示聚丙烯酸酯;

PS 表示聚苯乙烯; SAN 表示苯乙烯丙烯腈; Nylon6 表示聚 (ε- 己内酰胺); PE 表示聚乙烯;

PP 表示聚丙烯

峰. 如图 13.97 所示[70], 这些聚合体具有相似的分子结构, 但是它们的 NEXAFS 谱却不一样, 这就是 "指纹效应". 在很多情况下, 只要知道了所研究体系的化学结构与其 X 射线吸收谱特征之间的关系, 就可以通过测定 NEXAFS 谱来鉴定未知的物种. 单独的峰结构, 尤其是低能 π^* 峰, 足以合理地定性鉴定具有显著特征的体系. 这就为利用 X 射线能谱显微术来提取样品的特征信息提供了可能性. 每种元素在其吸收边都具有 NEXAFS 特征结构, 因此可以测定体系所含的不同元素的 X 射线吸收谱, 如 C 1s, N 1s 和 O 1s 的 NEXAFS. 将这些 NEXAFS 谱结合起来, 通过与标样 NEXAFS 谱相比较, 就可以对聚合体进行定量分析研究, 并从一系列的 X 射线能谱显微成像中获得复杂材料化学成分的定量分布.

对于定量分析, 透射信号转化为光学密度 (OD): $OD = \ln\dfrac{I_0}{I}$. 这里 I_0 为入射的 X 射线强度, I 为穿过样品的 X 射线强度, ln 为自然对数. 而 OD 和样品特性的关系为: $OD = \mu(E) \cdot \rho \cdot t$. 其中 $\mu(E)$ 为 X 射线在能量 E 处的质量吸收系数, ρ 为样品密度, t 为厚度. 吸收系数可以从标样的 NEXAFS 谱中提取出来. 实际上, NEXAFS 谱可以采取以下方式获取: 首先在感兴趣的点记录能量扫描的 I, 然后将样品移出光路, 利用相同的探测器和光路记录入射光 I_0. 一般情况下, 这个过程需要几分钟的时间.

2. 聚合体的定性分析

在汽车或者其他工业中, 为了达到高硬度高承载能力, 研究增强的填充颗粒物是很有必要的. 这里[77,78]用 STXM 来研究两种多羟基共聚体 (CPP) 填充物: 一种为 SAN–聚苯乙烯和聚丙烯腈的共聚物; 另一种为 PIPA–富氨基甲酸酯以及聚亚安酯加成聚合作用的产物. 这些颗粒在高空间分辨率的透射电子显微镜中分辨不出来 (图 13.98).

图 13.98　聚亚安酯剖面的透射电子显微图像

两种共聚物的组合: SAN– 聚苯乙烯和聚丙烯腈的共聚物, PIPA– 富氨基甲酸酯以及聚亚安酯加成聚合作用的产物

　　如图 13.99 所示, C1s NEXAFS 可以很好地分辨出 SAN 和 PIPA 颗粒. 对于 SAN 和 PIPA 颗粒, 在 285.0eV 都有一个很强的吸收, 所以在 285eV 能量点成像可以同时包含这两种颗粒 (图 13.100(a)), 这和电子显微镜是相同的. 但是只有 SAN 颗粒在 286.7eV 有个强吸收, 对应于丙烯腈 (AN) 成分. 所以在 287eV 处成像, 将只显示 SAN 颗粒的高衬度图像 (图 13.100(b)). 而从 285eV 图像中减掉 287eV 图像, 就可以清楚地显示出 PIPA 颗粒. 所以, 从这个例子中, 可以清楚地看出 NEXAFS 谱是一种快速并且有效的在亚微米尺度下区分不同物种的手段. 对聚亚安酯的进一步分析, 可以得到 CPP 颗粒定量的成分组成, 以及每种颗粒的空间分布, 而这些信息都是不能从分析电子显微镜中得到的.

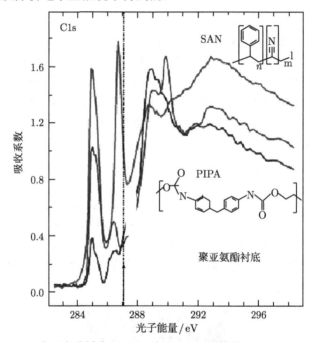

图 13.99　聚亚安酯衬底, PIPA 以及 SAN 颗粒的 C1s NEXAFS 谱

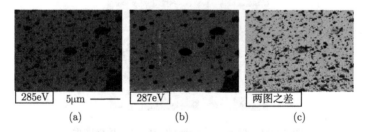

图 13.100　285eV 的成像结果, 同时显示 SAN 和 PIPA 颗粒 (a); 287eV 的成像结果, 只显示 SAN 颗粒 (b), 而 (c) 是 (a) 减 (b), 它只突出显示了 PIPA 颗粒

3. 图像处理和进一步的结果

在 X 射线的不同能量段快速对样品进行一系列成像是非常有用的[79]. 在测量完成后, 对这一系列成像图进行后期处理, 可以得到一些偶然的发现. 如图 13.101 的例子, 仍然是对 PIPA-SAN 聚亚安酯填充颗粒体系的研究. 和多次的单点测量相对应, 图像序列工程可以将辐射损伤降低到最小. 在 ALS 光源, 一个能量点要扫 200ms, 扫完 100 个能量点要 20s. 而成像序列工程扫描一个像素需要 0.5ms, 100 个能量点只需要 50ms.

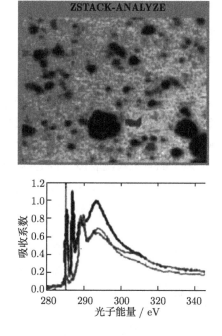

图 13.101   从不同的图像序列中提取谱图的例子, 软件为 AXIS2000

图像序列工程的另一个重要的应用就是定量分析. 样品的 X 射线吸收信号与以下因素相关: ① 其组成成分; ② 每个成分对 X 射线吸收响应; ③ 样品的厚度和密度等. 标准样品的 NEXAFS 谱图可以提供准确的 X 射线质量吸收标度, 因此利用 STXM 可以在亚微米区域内对样品进行定量分析[80]. 定量成分图谱可以通过两个不同的方法得到: 单值分解[80](SVD) 和图像序列拟合.

单值分解: 光学密度可以通过公式 $OD = \mu(E) \cdot \rho \cdot t$ 确定, 这里 μ 为能量依赖的质量吸收系数 (cm^2/g), ρ 为密度 (g/cm^3), t 为样品的厚度 (cm). 如果每个组分的吸收系数知道了, 那么问题就转化为简单的叠加问题. 可以运用线性代数方法,即可将一系列图像转化为等效厚度 $(\rho t(x, y))$ 或成分分布图. 原则上, 叠加问题可以表示为一个矩阵方程 $\boldsymbol{A}x = \boldsymbol{d}$, x 为描述每个成分的分布, $\boldsymbol{d}$ 为测量到的图像 (转化为 OD 尺度下), $\boldsymbol{A}$ 为从参照谱中提取出来的每个成分的吸收系数 (μ) 矩阵. 这种单值分解方法的好处是: 一旦知道了材料的吸收系数, 可以很快地通过计算矩阵方程得到最好的成分分布图. 单值分解方法运用最小二乘法拟合[81,82].

图像序列拟合: 图像系列拟合[77,78], 是把每个像素 (j, k) 的强度表示为参照谱的线性组合. 其中和能量无关的项 a_0 是考虑了背底: $\mathrm{OD}(j, k) = a_0 + \sum i a_i * \mathrm{OD-model}_i$. 对每个分析方法, 所得到的成分分布图的纵坐标都为成分的密度 × 厚度. 如果密度知道或者可以确定, 则成分分布图给出的信息就是单纯的厚度信息.

4. 在亚微米分辨率下的定量成像

这个例子讲述图像序列分析的应用[83]. 具有特殊结构 (如具有内核结构) 的聚合物胶囊和颗粒, 有着较高的应用价值, 既可以作为黏合剂和包裹剂, 还可以应用于化学分离和化学传递, 等等[84]. 为了优化这些特殊的应用, 在高空间分辨率情况下对其化学结构进行精确的定量分析是很有必要的. 聚脲胶囊是通过将芳香异氰酸盐以及二甲苯在聚胺水溶液中扩散得到的. 胺类以及含水异氰酸盐的表面聚合反应通常发生在容易扩散的恐水的有机液滴表面, 而胺异氰酸酯和含水异氰酸盐的竞争是通过动能和扩散速率控制的. 这样就可以得到胶囊结构的材料了. 胺异氰酸酯的反应形成一个非对称 (芳香–脂肪族) 的尿素, 而含水异氰酸盐形成一个对称的双芳香尿素.

定量的 NEXAFS 显微术可以确定用特殊方法合成的样品、其胶囊壁附近的化学组成. 图 13.102 显示了运用单值分解方法从图像序列中得到的成分分布图, 右图中纵坐标为厚度. 水异氰酸酯反应得到的对称的尿素在胶囊壁外侧形成一个很窄的带, 但是胺异氰酸酯反应得到的非对称尿素比较厚, 并且一直延伸到胶囊壁的内侧. 需要指出的是: 总胶囊壁的厚度约为 500 nm, 而 STXM 能以 100 nm 的空间分辨率对其进行清楚的成分分析. 这表明 STXM 是一种分析聚合物结构的有效方法, 这是其他技术所不能达到的.

13.5.5   硬 X 射线显微谱学方法

纳米科学和技术的发展, 包括从量子计算机到先进的医学治疗, 需要新的探测技术来研究这些纳米结构材料以及它们的二维和三维结构、动力学和表面特性等. 基于同步辐射的 X 射线吸收谱学一直被广泛用于分析物质的形态、成分和结构等信息, 在研究材料的结构等方面发挥了重要的作用, 而现在基于第三代同步辐射光源的微聚焦 X 射线吸收谱学, 将能量分辨和空间分辨两种方法结合在一起, 成为探测物质微观世界、研究物质特性的强有力工具. 前面提到的 STXM 技术主要基于软 X 射线, 由于软 X 射线能量低和穿透深度的限制, 只能研究低 Z 元素组成的体系, 主要应用于聚合体和生物体系. 因此, 如果要研究重元素组成的体系, 如金属、金属氧化物和陶瓷等, 就需要发展硬 X 射线显微谱学技术.

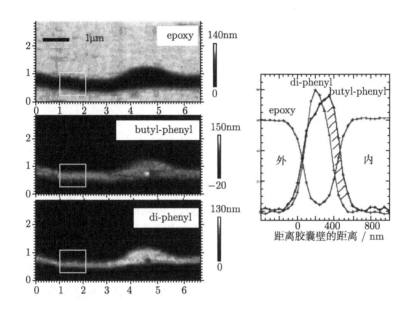

图 13.102　对 C1s 图像序列进行 SVD 分析得到的环氧尿素 (epoxy)、对称 (di-phenyl) 以及非对称尿素 (butyl-phenyl) 的定量成分分布图. 可以看到, 在胶囊壁的外部有过量的对称尿素, 壁中间达到平衡, 而胶囊壁内侧有大量的过量的非对称尿素

　　目前, 在国际上第三代同步辐射光源中, 均建有高性能的微聚焦 XAS 光束线站, 而相关的实验技术和科学研究应用也都在迅猛发展. 例如, 美国 Advanced Photon Source 的光束线中大约有 6 个线站都可以进行 micro-XAS 实验, 并且研究涉及化学、地球和环境科学、生命科学、材料、纳米科学等领域. 国内的上海同步辐射光源也有一条微聚焦实验站, 可产生直径为 100nm~5μm 的硬 X 射线聚焦光束, 具备 X 射线谱学、X 射线散射和 X 射线成像等实验功能. 在光束线的总体光学方案设计时充分考虑到光斑尺寸、能量分辨、光源利用效率以及稳定性的要求, 为了实现微米级或纳米级的聚焦光斑, 采用了图 13.103 所示的预聚焦–微聚焦两级聚焦方案. 主要光学部件包括预聚焦镜、单色器、K-B 微聚焦镜 (或波带片) 和狭缝. 预聚焦镜为超环面镜, 而 K-B 微聚焦镜系统由两块镜子分别对光束的垂直方向和水平方向聚焦, K-B 镜的掠入射角可调, 用于高次谐波抑制. 移开 K-B 聚焦镜, 用波带片聚焦, 可获得 100nm 级的聚焦光斑.

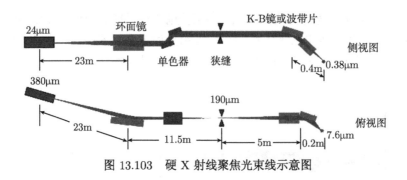

图 13.103　硬 X 射线聚焦光束线示意图

1. 主要的硬 X 射线微束实验方法

微束 X 射线荧光分析 (μ-XRF): 入射 X 射线激发原子内壳层, 使内壳层电子电离. 外层电子跃迁补充内壳层空位, 同时发射荧光 X 射线或俄歇电子. 其中荧光 X 射线能量对应于元素种类, 而特性 X 射线强度正比于元素含量. 用能量分辨探测器 (如 Si 或 Li) 探测荧光 X 射线能量和强度, 可同时探测多个能量的荧光 X 射线, 同时探测多种元素; 而利用微 (纳) 束二维扫描和断层扫描的实验方法可以得到样品内元素的 2D 分布图和 3D 重构图.

微束 XAFS(μ-XAFS): 在研究中发现, X 射线穿透物质时在吸收边附近及其高能延伸段存在着一些分立的峰或波状起伏, 成为 X 射线吸收精细结构 (XAFS). 通过对该精细吸收谱的分析, 可以了解吸收原子的价态、电子结果信息以及近邻原子信息.

在实验上, μ-XAFS 经常和 μ-XRF 方法联用以揭示在微区内某些元素的化学形态. 比如在了解元素 A 的荧光分布谱后, 可以通过单色器在元素 A 的吸收边附近进行能量扫描, 来了解选定区域内元素 A 的化学形态.

2. 硬 X 射线微区谱学的应用[85]

基于高纯材料的太阳能电池成本昂贵, 所以利用成本低廉的材料研制高性能太阳能电池的技术就显得尤为重要[86,87]. 于是含有过渡金属杂质的硅得到了青睐, 可是很多研究都指出[88,89]: 过渡金属会减小少数载流子的扩散长度, 而这一重要的参数直接决定了太阳能电池设备的效率. 然而, 新的实验研究表明, 只要合理控制金属颗粒的大小和分布, 大量的金属的存在是被允许的, 这为在重污染的材料中, 利用纳米金属缺陷增加少子扩散长度, 提供了实验证据.

纳米金属缺陷团簇只有十几个微米, 过去缺乏聚焦足够小的硬 X 射线光束, 所以很难研究. 现在基于同步辐射的微束谱学技术的发展, 使之成为可能.

如图 13.104 所示, Buonassisi 等根据不同铁缺陷材料中缺陷的分布密度和大小的测量结果, 提出一个假设: 如果所有的金属能形成微米级大小的团簇, 并且团簇之间相隔几百个微米, 就能减弱金属原子和载流子之间的相互作用, 那么在不改变金属总含量的基础上, 可以大幅度提高太阳能电池效率.

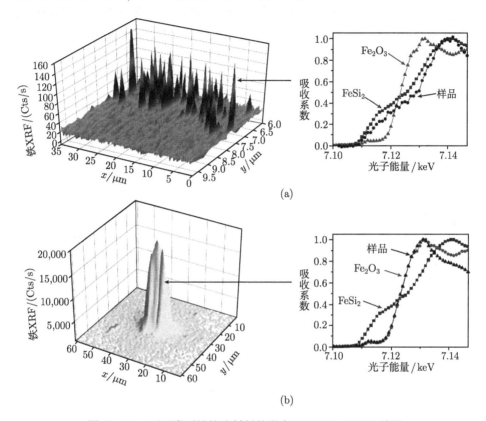

图 13.104   不同类型铁缺陷材料的微束 XRF 和 XAFS 谱图

(a) 铁硅化合物, 半径为 20~30nm; (b) 铁氧化物杂质, 半径为几个微米. 其中左图为纳米和微米铁缺陷的 X 射线荧光谱, 而右图的 X 射线吸收谱确定了它们的化学结构. 其中 μ-XRF 图的纵坐标记录了铁的相对含量. cts 是 counts 的缩写

为了证明上述的假设, 可以想办法控制金属缺陷的大小分布 (如通过控制样品的冷却速度), 并测量它们各自的少子扩散长度.

从图 13.105 观察得知: 在不改变材料总的金属缺陷数量的基础上, 快的冷却速度, 使得样品中金属缺陷分布比较均匀, 少子的扩散长度窄并且低于 $10\mu m$, 太阳能效率极低. 当对样品进行淬火及随后的再退火后, 得到了几十个纳米大小的金属团簇, 其空间密度比只进行淬火的材料低, 少子的扩散长度有所增加. 最后, 对样品进行缓慢的冷却, 其金属团簇为微米大小, 且空间密度极低, 扩散长度比只淬火样品大了 4 倍. 这个结果为金属缺陷的分布和太阳能电池性能的关系提供了最直接的证据.

　　总之, 基于同步辐射的微束 X 射线谱学能够很好地在纳米或微米量级上研究材料的结构、分布以及化学形态等. 而微聚焦这一实验技术和手段的不断成熟和发展, 能够开展很多以前不能研究的工作, 进而填补纳米科学、环境和地球科学、生物等各个研究领域的空白.

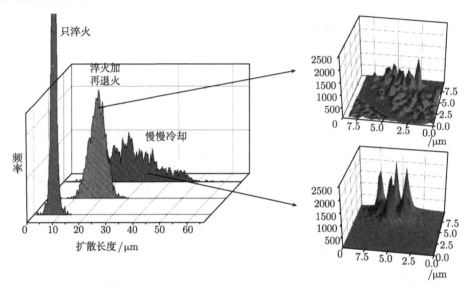

图 13.105　金属缺陷的分布对材料性能的作用. 显示了材料冷却速度控制对扩散长度的影响, 而右图展示了不同冷却速度对金属缺陷的分布的影响

13.6　相干 X 射线无透镜成像

　　相干 X 射线无透镜成像是成像发展历史上最新的一类成像方法, 这种成像方法也许能为人们实现达到 X 射线波长量级分辨的三维成像梦想提供解决方案.

　　相干 X 射线无透镜成像的空间分辨率也是由成像的数值孔径决定的, 或者说是由不确定关系决定的. 虽然这类成像不需要用透镜, 但是这种成像的某些方面和透镜成像类似. 这种成像过程分为记录和再现两步, 其中记录与透镜在物空间采集样品信号类似, 再现与透镜在像空间形成样品像对应. 在透镜成像中, 上述两步在时间上是连贯的, 而在这种成像中, 上述两步是分离的, 不但在时间上分离, 而且在空间上也分离, 特别是再现这一步, 是在计算机中实现的.

　　相干 X 射线无透镜成像分为两种, 一种是 X 射线全息成像, 另一种是 X 射线相干衍射成像. 两种成像的共同之处在于使用相干 X 射线, 不用透镜, 借助于样品衍射获得的图像, 定量恢复波前; 两种成像的区别在于, X 射线全息成像需要参考光, 而 X 射线相干衍射成像不需要参考光. 相比较而言, X 射线全息成像的历史要长一些. 早在 20 世纪 60 年代, Baez 等就提出了将全息成像方法从可见光推广到 X 射线的想法. 1974 年, Aoki 等进行了软 X 射线同轴全息成像实验, 由于相干性问题, 成像分辨率不高[90]. 到 1992 年, McNulty 等利用波带片, 聚焦同步辐射单色 X 射线产生参考点源, 并用波带片的零级光照明样品, 使 X 射线无透镜傅里叶全息成像分辨率达到 60nm[91]. Eisebitt 等于 2004 年在 *Nature* 上发表了他们在 Stanford 同步辐射实验室所做的工作: 对磁性材料的微尺度结构进行全息成像, 视场为 1.5 µm, 分辨率达到 50nm[92]. X 射线相干衍射成像的原理最早可以追溯到 Sayer 在 1980 年发表的文献[93], 可是直到 1998 年, 才由缪建伟完成原理的验证工作[94,95]. 从那时起, X 射线相干衍射成像一直是 X 射线成像领域中的研究热点. 下面分别介绍这两种成像的原理和方法.

13.6.1 X 射线全息成像

为了使读者更容易地了解全息成像原理, 下面描述一个物点在可见光波段的全息成像过程. 这样做的理由如下: 首先任何物体都是众多物点的集合, 搞清楚一个物点的全息成像原理, 就不难搞清楚整个物体的全息成像原理; 其次, 在可见光波段描述, 可以使读者获得更生动的感受. 参考图 13.106, 激光点光源直接照射在记录平面上的波为参考波, 物点的衍射波为物波, 两波干涉在记录平面上形成全息图, 以干涉条纹的形式把物波相位 (描述物点位置) 和物波振幅 (描述物点衍射强弱) 信息记录在全息图中. 如果全息图是记录在感光底片上, 那么经过显影和定影后, 这张底片就成为保存了物波信息的全息图. 当再用激光点光源照射全息图时, 参见图 13.106(b), 记录在全息图上的干涉条纹就会衍射出和原物波完全相同的波, 当用眼睛观察时, 参见图 13.106(c), 虽然在原物点位置上什么也没有, 可是您的眼睛却告诉您, 那里确实存在着一个和原物点完全相同的点在闪闪发光. 特别是当全息图记录了大角度的物波, 可以提供大的观察角度时, 观察全息再现像, 就像观察真实物体, 栩栩如生, 用手去摸才会发现, 那是像, 不是真实物体.

X 射线全息成像原理虽然和可见光全息成像基本相同, 但是由于 X 射线波段的一些特殊性质, 如 X 射线穿透性强、相互作用弱、不易获得相干光照等, 所以在 X 射线波段只能采用一些特殊光路才能实现全息图记录. 在再现时, 不是用 X 射线照射全息图, 而是通过计算机获得再现像. 这其中的原因在于 X 射线波长太短, 即使获得再现像, 也无法用眼睛观察. 在目前的研究水平上, X 射线全息成像和可见光全息成像的一个显著区别是, X 射线全息成像不能像可见光全息成像那样为人们提供三维信息. 这其中的原因在于, X 射线穿透性强、相互作用弱, 大角度的物波非常弱, 目前 X 射线全息图只记录到样品约 0.1° 的衍射波, 在如此之小的角度, 只能记录样品的二维信息, 不可能记录三维信息.

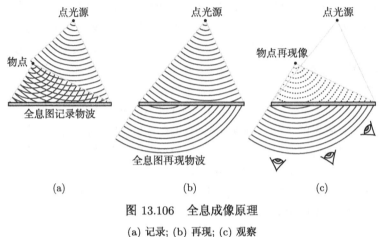

图 13.106　全息成像原理

(a) 记录; (b) 再现; (c) 观察

　　X 射线全息成像研究发展至今, 研究较多的是无透镜傅里叶变换全息方法. 无透镜傅里叶变换全息方法的特点是, 参考点光源和待测样品位于垂直于光束的同一平面上, 见图 13.5 和图 13.107. 无论是讨论样品中一个物点和参考点光源的干涉, 还是考虑把样品作为一个整体和参考点光源进行干涉, 这种方法和双孔干涉都有密切的联系. 若讨论样品中一个物点, 可以立即发现, 一个物点和参考点光源的干涉就是双孔干涉, 和一组干涉条纹对应, 随着物点在样品中位置的变化, 相应的干涉条纹的走向和条纹周期有所不同, 随着物点光信号的强弱变化, 相应干涉条纹的衬度有所不同. 若把样品作为一个整体, 全息图的记录过程可以看作: 一个小孔和一个有内部结构大孔之间的干涉, 因为小孔的衍射斑大, 大孔的衍射斑小, 所以粗看起来, 无透镜傅里叶变换全息图是大孔的各级衍射环叠加在小孔中心衍射斑上, 而细看起来, 发现全息图中有类似双孔干涉的条纹, 参见图 13.5. 从下面的数学推导中, 可以进一步看到, 无透镜傅里叶变换全息方法和双孔干涉的类似性.

　　下面用数学来描述无透镜傅里叶变换全息图的记录和再现过程[96], 如图 13.107 所示, 大孔中心位于 $(0,0)$, 描述大孔中样品的物函数为 $o(x,y)$, 小孔位于 $(-b,0)$, 参考点光源函数为 $r(x,y) = \delta(-b,0)$. 设记录全息图的探测器处于菲涅耳衍射区内, 根据菲涅耳衍射公式, 探测器平面上的物波和参考波分别为

$$O(X,Y) = \frac{\exp(\mathrm{i}kz)}{\mathrm{i}\lambda z} \iint o(x,y) \exp\left\{ \frac{\mathrm{i}k}{2z}\left[(X-x)^2 + (Y-y)^2 \right] \right\} \mathrm{d}x\mathrm{d}y \quad (13.228)$$

$$R(X,Y) = \frac{\exp(\mathrm{i}kz)}{\mathrm{i}\lambda z} \iint \delta(-b,0) \exp\left\{ \frac{\mathrm{i}k}{2z}\left[(X-x)^2 + (Y-y)^2 \right] \right\} \mathrm{d}x\mathrm{d}y$$

$$= \frac{\exp{(ikz)}}{i\lambda z} \exp\left\{\frac{ik}{2z}\left[(X+b)^2+Y^2\right]\right\} \tag{13.229}$$

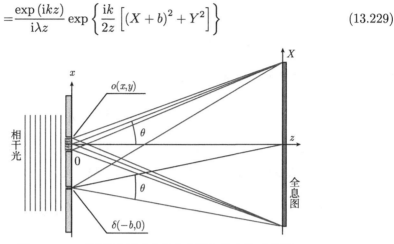

图 13.107 无透镜傅里叶变换全息图记录光路示意图

$o(x,y)$ 为物函数, $\delta(-b,0)$ 为参考点光源, (X,Y) 为全息图平面, 每个物点的数值孔径都是 θ

物波和参考波在全息图平面上干涉, $O(X,Y)+R(X,Y)$ 为全息图上的干涉光场复振幅, 干涉光场光强分布为

$$
\begin{aligned}
I(X,Y) &= [O(X,Y)+R(X,Y)]\,[O^*(X,Y)+R^*(X,Y)] \\
&= O(X,Y)\,R^*(X,Y)+O^*(X,Y)\,R(X,Y)+|R(X,Y)|^2+|O(X,Y)|^2
\end{aligned}
\tag{13.230}
$$

式 (13.230) 前两项为物波和参考波之间产生的干涉光强, 储存着物函数的相位和振幅信息, 其特征是周期振荡, 后两项分别为物波和参考波的自干涉光强, 其特征是均匀缓变形成背景光强. 式 (13.230) 第一项为

$$
\begin{aligned}
O(X,Y)\,R^*(X,Y) &= \frac{1}{\lambda^2 z^2}\exp\left[-\frac{ik}{2z}\left(b^2+2bX\right)\right]\cdot\iint o(x,y) \\
&\times \exp\left[\frac{ik}{2z}\left(x^2+y^2\right)\right]\exp\left\{-i2\pi\left[x\frac{X}{\lambda z}+y\frac{Y}{\lambda z}\right]\right\}\mathrm{d}x\mathrm{d}y
\end{aligned}
\tag{13.231}
$$

令 $u=\dfrac{X}{\lambda z}$, $v=\dfrac{Y}{\lambda z}$, 为空间频率坐标, 则探测器 (X,Y) 坐标系和空间频率坐标系 (u,v) 之间存在相似放大或缩小的关系, λz 是两个坐标系之间的比例因子; 并令

$$g(x,y)=\frac{1}{\lambda^2 z^2}\exp\left[\frac{ik}{2z}\left(x^2+y^2-b^2\right)\right]o(x,y) \tag{13.232}$$

为新的物函数, 则式 (13.231) 变形为

$$O(X,Y)\,R^*(X,Y)$$

$$= \exp\left(-\mathrm{i}2\pi ub\right) \iint g\left(x,y\right) \exp\left[-\mathrm{i}2\pi\left(xu+yv\right)\right] \mathrm{d}x\mathrm{d}y$$

$$= G\left(u,v\right) \exp\left(-\mathrm{i}2\pi ub\right) \tag{13.233}$$

式中, $G\left(u,v\right)$ 为物函数的空间频谱; 再令

$$G\left(u,v\right) = A\left(u,v\right) \exp\left[\mathrm{i}\varPhi\left(u,v\right)\right] \tag{13.234}$$

式中, $A\left(u,v\right)$ 和 $\varPhi\left(u,v\right)$ 都为实函数; $A\left(u,v\right)$ 和 $\varPhi\left(u,v\right)$ 分别为物函数在方向 $\left(\dfrac{X}{z}, \dfrac{Y}{z}\right)$ 上衍射波的幅度和相位, 则式 (13.233) 可表示为

$$O\left(X,Y\right) R^{*}\left(X,Y\right) = A\left(u,v\right) \exp\left\{-\mathrm{i}\left[2\pi ub - \varPhi\left(u,v\right)\right]\right\} \tag{13.235}$$

同理, 第二项为

$$O^{*}\left(X,Y\right) R\left(X,Y\right) = G^{*}\left(u,v\right) \exp\left(\mathrm{i}2\pi ub\right)$$

$$= A\left(u,v\right) \exp\left\{\mathrm{i}\left[2\pi ub - \varPhi\left(u,v\right)\right]\right\} \tag{13.236}$$

把式 (13.235) 和式 (13.236) 相加, 可以推导出干涉项的具体表达式为

$$O\left(X,Y\right) R^{*}\left(X,Y\right) + O^{*}\left(X,Y\right) R\left(X,Y\right)$$

$$= G\left(u,v\right) \exp\left(-\mathrm{i}2\pi ub\right) + G^{*}\left(u,v\right) \exp\left(\mathrm{i}2\pi ub\right)$$

$$= 2A\left(u,v\right) \cos\left[2\pi ub - \varPhi\left(u,v\right)\right] \tag{13.237}$$

令

$$B\left(u,v\right) = \left|R\left(X,Y\right)\right|^{2} + \left|O\left(X,Y\right)\right|^{2} \tag{13.238}$$

表示背景光强, 并将式 (13.237) 和式 (13.238) 代入式 (13.230), 得

$$I\left(X,Y\right) = B\left(u,v\right) \left\{ 1 + \frac{2A\left(u,v\right)}{B\left(u,v\right)} \cos\left[2\pi ub - \varPhi\left(u,v\right)\right] \right\} \tag{13.239}$$

因为式 (13.239) 大括号中的余弦函数是一个在正负之间周期振荡的函数, 所以全息图在记录过程中不损失信息的必要条件为

$$2A\left(u,v\right) < B\left(u,v\right) \tag{13.240}$$

从式 (13.240) 可以推导出下式:

$$\left|R\left(X,Y\right)\right| > \left|O\left(X,Y\right)\right| \tag{13.241}$$

说明参考点光源必须很强, 才能满足上式. 设探测器是光强记录的线性系统, 因而全息图的灰度 $T(X, Y)$ 与光强成正比, 得

$$T(X, Y) = \kappa I(X, Y)$$
$$= \kappa \left[G(u, v) \exp(-\mathrm{i}2\pi ub) + G^*(u, v) \exp(\mathrm{i}2\pi ub) + B(u, v) \right]$$
$$= \kappa B(u, v) \left\{ 1 + \frac{2A(u, v)}{B(u, v)} \cos[2\pi ub - \Phi(u, v)] \right\} \tag{13.242}$$

式中, κ 为比例常数. 从式 (13.242) 可以看出, 无透镜傅里叶变换全息图的数学表达式和双孔干涉条纹的数学表达式类似, 但有两点明显不同: 首先全息图上的干涉条纹不是等幅条纹, 受到 $A(u, v)$ 的调制; 其次全息图上虽然干涉条纹中心空间频率为 $\dfrac{b}{\lambda z}$, 但受到 $\Phi(u, v)$ 的调制, 干涉条纹的空间频率稍有起伏、走向略有变化. 换言之, $A(u, v)$ 和 $\Phi(u, v)$ 分别为干涉条纹的调幅和调频函数. 从这个意义上讲, 无透镜傅里叶变换全息图是一块加载了物函数空间频谱的双孔干涉光栅. 因为没有用透镜就记录了物函数的空间频谱, 所以这种方法被命名为无透镜傅里叶变换全息方法.

下面来讨论全息图的再现. 当用平行光照明没有加载物波信息的双孔干涉光栅时, 会在光栅后衍射出零级、正一级和负一级三束平行光. 当把这块光栅贴近焦距为 f 的透镜放置, 并用平行光照明, 会在透镜后焦面上得到零级、正一级和负一级三个聚焦点. 这说明, 透镜是一个傅里叶变换光学元件. 鉴于无透镜傅里叶变换全息图是一块加载了物函数空间频谱的双孔干涉光栅, 自然会想到利用全息图的傅里叶变换重建物函数. 把全息图贴近焦距为 f 的透镜放置, 并用平行光照明全息图, 在透镜后焦面上可得到全息图透射光场的傅里叶变换. 与之对应的数学推导为, 对式 (13.242) 中三项分别进行傅里叶变换, 并根据傅里叶变换的位移性质, 得

$$\mathcal{F}\{\kappa R^* O\} = \mathcal{F}\{\kappa G(u, v) \exp(-\mathrm{i}2\pi ub)\} = \kappa g\left(\frac{x'}{m} + b, \frac{y'}{m}\right)$$
$$= \kappa \exp\left\{ \frac{\mathrm{i}k}{2z} \left[\left(\left(\frac{x'}{m} + b\right)^2 + \left(\frac{y'}{m}\right)^2 - b^2 \right) \right] \right\} o\left(\frac{x'}{m} + b, \frac{y'}{m}\right) \tag{13.243}$$

$$\mathcal{F}\{\kappa R O^*\} = \mathcal{F}\{\kappa G^*(u, v) \exp(\mathrm{i}2\pi ub)\} = \kappa g\left(-\frac{x'}{m} - b, -\frac{y'}{m}\right)$$
$$= \kappa \exp\left\{ \frac{\mathrm{i}k}{2z_0} \left[\left(\left(\frac{x'}{m} - b\right)^2 + \left(\frac{y'}{m}\right)^2 - b^2 \right) \right] \right\} o\left(-\frac{x'}{m} - b, -\frac{y'}{m}\right) \tag{13.244}$$

$$\mathcal{F}\{\kappa B\} = \mathcal{F}\left\{\kappa |R|^2\right\} + \mathcal{F}\left\{\kappa |O|^2\right\}$$

$$= \kappa r\left(\frac{x'}{m}, \frac{y'}{m}\right) \bigstar r\left(\frac{x'}{m}, \frac{y'}{m}\right) + \kappa o\left(\frac{x'}{m}, \frac{y'}{m}\right) \bigstar o\left(\frac{x'}{m}, \frac{y'}{m}\right) \quad (12.245)$$

式中, $m = f/z$ 为放大率; $\bigstar$ 表示相关. 式 (13.243) 和式 (13.244) 分别为正一级再现像和负一级再现像, 其中心分别位于后焦面坐标 $(b,0)$ 和 $(-b,0)$. 仔细分析这两个偏离中心 b 的互为共轭的再现像, 其振幅分布 $g(x',y')$ 和 $g^*(x',y')$ 和原物波函数 $o(x,y)$ 和 $o^*(x,y)$ 相比, 除了有几何放大或缩小的变化外, 还相差一个常数二次相位因子. 二次相位因子在求像的强度分布时消失, 这两个像的强度分布分别为

$$\left|\kappa g\left(\frac{x'}{m} + b, \frac{y'}{m}\right)\right|^2 = \kappa^2 \left|o\left(\frac{x'}{m} + b, \frac{y'}{m}\right)\right|^2 \quad (13.246)$$

$$\left|\kappa g^*\left(-\frac{x'}{m} - b, -\frac{y'}{m}\right)\right|^2 = \kappa^2 \left|o^*\left(-\frac{x'}{m} - b, -\frac{y'}{m}\right)\right|^2 \quad (13.247)$$

式 (13.245) 代表全息图背景的傅里叶变换, 由参考点光源的自相关和物函数的自相关构成, 位于透镜后焦面的中心区域. 因为物函数的宽度与大圆孔直径相等, 参见图 13.108, 所以物函数的自相关宽度等于大圆孔直径的两倍. 为了防止再现像和物函数自相关重叠, 在记录全息图时, 小孔和大孔中心的距离应当满足

$$b \geqslant \frac{3d}{2} \quad (13.248)$$

式中, d 为大圆孔的直径. 在 13.6.2 节中将介绍 X 射线无透镜傅里叶全息成像在磁畴研究中的应用, 图 13.110 的中心空白区域两边是磁畴样品的正一级再现像和负一级再现像, 两个像互为中心对称, 中心空白区域位置对应参考点光源的自相关和磁畴样品的自相关. 因为参考点光源的自相关非常亮, 不利于再现像的显示, 所以在图 13.110 中把这一部分扣去了.

　　以上数学推导是建立在参考点光源的假设之上的, 然而根据不确定关系, 无限小的点是不会发光的, 在拍摄全息图过程中, 参考光源不可能是理想的点光源, 实际的参考光源是有一定直径的小圆孔光源, 因而在探测器平面上, 实际得到的参考波不是式 (13.229) 所表示的球面波, 而是小圆孔的菲涅耳衍射波, 即

$$R(X, Y)$$
$$= \frac{\exp(ikz)}{i\lambda z} \cdot \iint \text{circ}\left(\frac{\sqrt{(x+b)^2 + y^2}}{\delta}\right) \exp\left\{\frac{ik}{2z}\left[(X-x)^2 + (Y-y)^2\right]\right\} dxdy$$
$$(13.249)$$

式中, δ 为小圆孔半径,

$$\text{circ}\left(\frac{\sqrt{x^2 + y^2}}{\delta}\right) = \begin{cases} 1, & \dfrac{\sqrt{x^2 + y^2}}{\delta} \leqslant 1 \\ 0, & \text{其他} \end{cases} \quad (13.250)$$

此外, 放置样品的大圆孔也会产生菲涅耳衍射, 图 13.109 中 CCD 探测器上的环形衍射斑就是大圆孔的衍射. 大圆孔的衍射可以表示为

$$\iint \mathrm{circ}\left(\frac{2\sqrt{(x+b)^2 + y^2}}{d}\right) \exp\left\{\frac{\mathrm{i}k}{2z}\left[(X-x)^2 + (Y-y)^2\right]\right\} \mathrm{d}x\mathrm{d}y \qquad (13.251)$$

式中, d 为大圆孔直径,

$$\mathrm{circ}\left(\frac{2\sqrt{x^2+y^2}}{d}\right) = \begin{cases} 1, & \dfrac{2\sqrt{x^2+y^2}}{d} \leqslant 1 \\ 0, & \text{其他} \end{cases} \qquad (13.252)$$

在实际过程中, z 往往足够大, 圆孔的菲涅耳衍射向圆孔的夫琅禾费 (Fraunhofer) 衍射方面转化, 小圆孔光源在全息图平面上形成夫琅禾费衍射图样, 其中心区域光斑就是众所周知的艾里 (Airy) 斑, 这个艾里斑就是参考波和物波干涉的全息图范围. 因而全息成像的数值孔径和艾里斑立体角半径相等, 都为 $1.22\lambda/\delta$, 全息成像的空间分辨率等于小圆孔光源的半径 δ. 由此可知, 无透镜傅里叶变换全息成像的分辨率受限于参考点源大小.

X 射线无透镜傅里叶变换全息成像, 是一种利用干涉现象实现纳米分辨相位衬度成像的方法. 这种方法的缺点是, 为了提高成像分辨率必须缩小参考点光源, 然而其结果必然降低参考波的光强. 为了克服光源小, 信噪比低的问题, Schlotter 等以样品为中心, 将五个小孔光源对称排列在样品周围, 参考波的光通量与单孔相比提高了五倍[97]. 多孔方法在一定程度上提高了参考波的光通量, 可是这个瓶颈问题仍然没有彻底解决. 如果分辨率的目标为 5nm, 则每个孔的直径只能是 10nm, 几个这样的孔能为参考波提供多少光通量, 是可想而知的了. 因此, 还须提出新的思路来解决这个问题.

13.6.2 X 射线全息成像对相干性的要求

相干性的要求是相干光成像研究中的重要一环, 本小节以 X 射线无透镜傅里叶变换全息成像为例, 讨论其对相干性的要求. 虽然只讨论了 X 射线无透镜傅里叶变换全息成像对相干性的要求, 但是讨论的思路和方法适用于其他种类的 X 射线全息成像.

根据式 (13.248), 可以估算 X 射线无透镜傅里叶变换全息成像对空间和时间相干性的要求. 对于 X 射线无透镜傅里叶变换全息成像而言, 其对空间和时间相干性的要求, 可以归结为离参考点光源最远的物点对空间和时间相干性的要求. 图 13.108 显示了离参考点光源最远的物点对相干性要求的情况. 设离参考点光源最远的物点到参考点光源的距离为 w, 则根据式 (13.248), 有

$$w \geqslant b + \frac{d}{2} = \frac{3d}{2} + \frac{d}{2} = 2d \qquad (13.253)$$

因此, X 射线无透镜傅里叶变换全息成像要求的空间相干长度为 $2d$. 设照明小孔和大孔的光源直径为 $\Delta\xi$, 参见图 13.108, 样品位于下游距离 L 处, 物面上小孔和大孔获得空间相干照明的条件由式 (13.17) 决定, 即

$$\Delta\xi\Delta\Theta \leqslant \lambda \Rightarrow \Delta\xi\frac{2d}{L} \leqslant \lambda \tag{13.254}$$

可知对空间相干性的要求实际上转化为对样品和照明光源之间距离 L 的要求, 得

$$L \geqslant \Delta\xi\frac{2d}{\lambda} \tag{13.255}$$

根据时间相干条件式 (13.18), X 射线无透镜傅里叶变换全息成像要求的时间相干长度为

$$\frac{\lambda^2}{\Delta\lambda} \geqslant \Delta l = w\frac{D}{2z} \tag{13.256}$$

根据小圆孔半径和数值孔径的关系式 (13.206), 有

$$\delta\frac{D}{2z} = 0.61\lambda \tag{13.257}$$

把式 (13.253) 和式 (13.257) 代入式 (13.256), 得 X 射线无透镜傅里叶变换全息成像要求的时间相干长度为

$$\frac{\lambda^2}{\Delta\lambda} \geqslant \Delta l = 2d\frac{D}{2z} = \frac{1.22d\lambda}{\delta} \tag{13.258}$$

X 射线无透镜傅里叶变换全息成像要求的单色性为

$$\frac{\Delta E}{E} = \frac{\Delta\lambda}{\lambda} \leqslant \frac{\delta}{1.22d} \tag{13.259}$$

根据式 (13.259) 和式 (13.253), 可知 X 射线无透镜傅里叶变换全息成像不但对空间和时间相干性都提出了很高的要求, 而且空间相干长度和时间相干长度与视场尺寸 d 成正比, 时间相干长度与最小分辨间隔 δ 成反比.

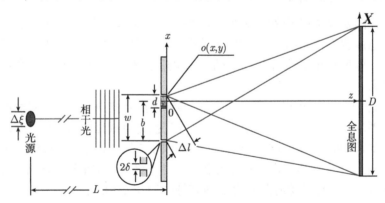

图 13.108   无透镜傅里叶变换全息图对空间和时间相干性要求的示意图

13.6.3 X 射线全息成像应用和最近发展

X 射线傅里叶变换全息成像已经有一些应用, 例如 Eisebitt 等于 2004 年在 *Nature* 上发表了他们在 Stanford 同步辐射实验室所做的工作: 用 778eV 软 X 射线对磁性材料的微尺度结构进行全息成像[92], 如图 13.109 所示. 同步辐射 X 射线经过 20μm 的小孔, 小孔作为空间相干性滤波器, 在下游 723mm 处同一个平面上放置样品和参考孔, 再在后面远场 315mm 处的 CCD 上得到傅里叶变换全息图. 参考孔直径由 350nm 过渡到 100nm, 样品视场约为 1.5μm, 由全息图可以恢复得到和 STXM 像一致的磁畴纳米结构, 达到了空间频率 50nm 的精度, 见图 13.110. 这种方法的优势在于可以表征纳米结构不同特性的衬度, 比如元素和化学组成.

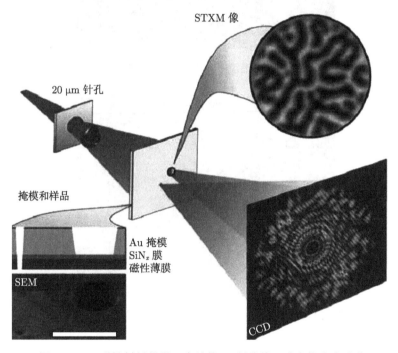

STXM 像

20 μm 针孔

掩模和样品

Au 掩模
SiN$_x$ 膜
磁性薄膜

SEM

CCD

图 13.109 磁性材料的微尺度结构 X 射线傅里叶变换全息成像

为了克服单孔参考光弱的缺点, 2008 年 Marchesini 等在 ALS 采用特殊孔径阵列 (均匀冗余阵列, URA) 作为参考光源, 通过去卷积或者相关的重建方法消除全息图像相互重叠的影响[98], 并且通过 2.3nm 同步辐射和 13.5nm 软 X 射线脉冲激光实验验证, 分辨率分别为 50nm 和 150nm. 如图 13.111 所示. X 射线经过 4 μm 小孔, 照明同一个面上的测试样品和 71×73 的 URA 阵列, 对应的理论分辨率可以达到 44nm. 这种方法的优点是通过光量更大, 信噪比高, 比单个孔编码提高傅里叶变换全息效率 3 个量级.

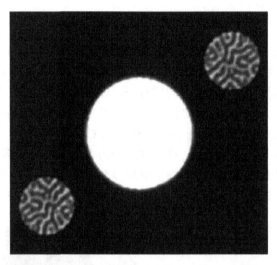

图 13.110   无透镜傅里叶变换全息图的再现像

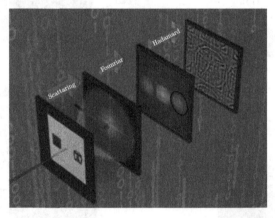

图 13.111   URA 孔径阵列 X 射线傅里叶变换全息成像

13.6.4   X 射线相干衍射成像

X 射线全息成像利用参考波, 把物波的幅度和相位分别记录在干涉条纹的幅度和位置之中, 然而对 X 射线而言, 在实验中产生满足要求的参考波有一定难度. 是否存在不需要参考波、一次曝光同时记录物波幅度和相位的方法? 在得到这个问题的答案之前, 先从数学上搞清楚需要解决的问题. 样品由 MN 个面积元构成 (横轴方向 M 个, 竖轴方向 N 个), 当 X 射线照射样品时, 每个面积元都对 X 射线产生了吸收和相移两种作用, 成像的目的在于求解 MN 个面积元中的吸收作用和相移作用, 因而在成像中, 共需要求解 $2MN$ 个未知量. 要想解出 $2MN$ 个未知量, 那就至少要在成像实验中测得 $2MN$ 个光强数据, 建立 $2MN$ 个独立方程; 因为这是一个求解非线性方程问题, 所以采集 $2MN$ 个光强数据只是解出 $2MN$ 个未知量的必要条件, 实际上可以用多项式变换的方法证明, 存在唯一解的充分条件是采集 $4MN$ 个光强数据[99,100]. 由此可知, 在一般情况下, 求解 $2MN$ 个未知量, 成像实验中测得光强数据的个数应该大于 $2MN$ 小于 $4MN$. 在 13.3 节介绍的 X 射线相位衬度投影成像中, 因为采用对样品 MN 个面积元曝光两次的方法, 并经过线性近似, 可以从获得 $2MN$ 个光强数据可以建立 $2MN$ 个线性独立方程, 所以能够解出 $2MN$ 个未知量. 在 13.6.1 节介绍的 X 射线全息成像中, 设全息图上有 MN 个面积元, 虽然一次曝光只记录了全息干涉条纹的 MN 个光强数据, 但是全息成像可以基于干涉物理机制, 通过 MN 个光强数据建立 MN 个复数方程, 每个复数方程中含有一个实数方程和一个虚数方程, 共有 $2MN$ 个方程, 所以可以解出 $2MN$ 个未知量. 因此, 现在面临的问题是, 既不采用两次曝光, 也不利用参考波, 如何从一次曝光实验获得的光强数据中, 求解 $2MN$ 个未知量.

这个方法就是相干衍射成像 (coherent diffraction imaging, CDI), 由 Sayer 在 1980 年提出[93], 其基本原理简述如下: 样品有 MN 个面积元, 当相干 X 射线照射样品时, 每个面积元都会对 X 射线的吸收和相移两种作用, 根据惠更斯–菲涅耳子波原理, 每个面积元都会发出一个子波, 携带着对 X 射线的吸收和相移两种作用信息, 通过菲涅耳衍射传播到探测器, MN 个子波在衍射图上相互干涉形成样品的衍射图; 若能在衍射图上采集到 MN 个复振幅数据, 则可根据衍射场的相位和振幅分布直接解出样品对 X 射线的吸收和相移两种作用信息, 其中吸收信息有 MN 个未知量, 相移信息有 MN 个未知量; 可是探测器只能探测光强, 不能探测相位, 衍射场的相位信息在探测中丢失了, 于是不可能从 MN 个振幅数据中解出 $2MN$ 个未知量; 若在衍射图上采集不少于 $2MN$ 个光强数据, 并根据衍射公式建立不少于 $2MN$ 个独立方程, 那么从理论上讲有可能解出 $2MN$ 个未知量. 因为在衍射图上采集的光强值从 MN 个增加到不少于 $2MN$ 个, 超过样品的面积元数, 所以相干衍射成像的明显特征是过采样 (over sampling).

相干衍射成像有四个特点, ① 与全息成像不同, 相干衍射成像重建的不是样品发出的物波, 而是样品的电子复面密度, 其实部的物理意义代表电子引起的相移, 虚部代表电子引起的吸收. ② 由于衍射图是 MN 个子波相互干涉形成, 根据干涉性质, 低于噪声的子波信息被噪声淹没, 高于平均振幅的子波信息记录基本上是非线性记录. 因为存在非线性记录, 以及光强和振幅之间的非线性关系, 所以需要建立 $> 2MN$ 个非线性方程, 才有可能解出 $2MN$ 个未知量, 因而要求在衍射图上采集 $> 2MN$ 个光强数据. ③ 为了建立 $> 2MN$ 个非线性方程, 自然要求样品扩展定义域, 将样品从 MN 个面积元扩展为 $> 2MN$ 个, 其中原样品中 MN 个面积元含有待求的 $2MN$ 个未知量, 其余 $> MN$ 个面积元构成扩展定义域, 其上 $> 2MN$

个值需要根据样品环境设定, 成为建立方程可以利用的约束条件. 因此, 相干衍射成像对相干性的要求不是根据样品实际尺寸计算, 而是根据样品扩展定义域计算. 最简单的情况是将扩展定义域设为真空, 即扩展定义域对 X 射线的吸收和相移为零. ④ 由于是一个多元非线性方程组的求解问题, 所以不存在解析解, 只能利用迭代算法数值求解, 为了使迭代收敛于正确解, 每次迭代结果都要和扩展定义域的约束条件进行比较.

计算子波传播的基础是菲涅耳衍射, 当球面子波经过远距离的传播, 可以被看作是各个方向的平面波时, 菲涅耳衍射就转化为夫琅禾费衍射. 由于在远场条件下, 衍射复振幅就是物面复振幅的傅里叶变换, 计算简单, 所以研究是先从基于夫琅禾费衍射的相干衍射成像开始的[94,95]. 目前的研究已经扩展到基于菲涅耳衍射的相干衍射成像[101], 下面将以夫琅禾费相干衍射成像为例说明相干衍射成像的基本原理.

夫琅禾费衍射的远场条件为

$$\frac{\pi r^2}{z\lambda} \ll 1 \tag{13.260}$$

式中 $r^2 = x^2 + y^2$. 对于 X 射线而言, 由于波长短, 所以当样品足够小、物面到探测器的距离足够大才能满足远场条件. 为了方便, 定义菲涅耳数 $N_F = \frac{r_{\max}^2}{4z\lambda}$, 满足远场条件意味着 $N_F \ll 1$. 在远场条件下, 探测器上的衍射光场和物面光场之间满足傅里叶变换关系, 有

$$E(X,Y;z) = \mathrm{i}\frac{\exp(\mathrm{i}kz)}{z\lambda} \iint E(x,y;0)\exp\left[-2\pi\mathrm{i}\left(\frac{x \cdot X}{z\lambda} + \frac{y \cdot Y}{z\lambda}\right)\right]\mathrm{d}x\mathrm{d}y \tag{13.261}$$

式中, $E(X,Y;z)$ 和 $E(x,y;0)$ 分别为衍射光场和物面光场; (X,Y) 和 (x,y) 分别为探测器面和物面上的坐标; z 为物面到探测器的距离, λ 为照射光波长. 参见式 (13.40), 物面光场可以表达为

$$E(x,y;0) = E_0 \exp\left[\mathrm{i}k\int_0^{t(x,y)}(n(x,y)-1)\mathrm{d}z\right] \tag{13.262}$$

式中, E_0 为照射样品的入射光振幅; $k = \frac{2\pi}{\lambda}$; $t(x,y)$ 为样品厚度; n 为折射率, 参见式 (13.41), 其表达式为

$$\begin{aligned} n(x,y,z) &= 1 - \delta(x,y,z) + \mathrm{i}\beta(x,y,z) \\ &= 1 - \frac{r_e\lambda^2}{2\pi}\rho_a(x,y,z)\left(f_1(x,y,z) - \mathrm{i}f_2(x,y,z)\right) \\ &= 1 - \frac{r_e\lambda^2}{2\pi}\rho_e(x,y,z) \end{aligned} \tag{13.263}$$

式中, r_e 为电子半径; ρ_a 为原子密度; f_1-if_2 为散射因子的实部和虚部; $\rho_a(f_1-if_2)=\rho_e$ 为电子密度. 把式 (13.263) 代入式 (13.262), 得

$$E(x,y;0) = E_0 \exp\left[-ir_e\lambda \int_0^{t(x,y)} \rho_e(x,y,z)dz\right] = E_0 \exp\left[-ir_e\lambda\tilde{\rho}(x,y)\right] \quad (13.264)$$

式中, $\tilde{\rho}(x,y)$ 为投影电子密度, 或者称电子面密度, 它是一个复数物理量. 考虑到相干衍射成像的研究对象是小样品, 一般满足弱散射条件, 因而有

$$E(x,y;0) = E_0 \exp\left[-ir_e\lambda\tilde{\rho}(x,y)\right] \approx E_0\left[1 - ir_e\lambda\tilde{\rho}(x,y)\right] \quad (13.265)$$

把式 (13.265) 代入式 (13.261), 有

$$\begin{aligned}
&E(X,Y;z)\\
&= i\frac{\exp(ikz)}{z\lambda}E_0 \iint \left[1 - ir_e\lambda\tilde{\rho}(x,y)\right] \exp\left[-2\pi i\left(\frac{x\cdot X}{z\lambda} + \frac{y\cdot Y}{z\lambda}\right)\right] dxdy\\
&= i\frac{\exp(ikz)}{z\lambda}\left\{E_0\delta\left(\frac{X}{z\lambda},\frac{Y}{z\lambda}\right) - E_0 ir_e\lambda \iint \tilde{\rho}(x,y)\exp\left[-2\pi i\left(\frac{x\cdot X}{z\lambda}+\frac{y\cdot Y}{z\lambda}\right)\right]dxdy\right\}
\end{aligned}$$
$$(13.266)$$

上式大括号中第一项 $\delta\left(\frac{x}{\lambda z},\frac{y}{\lambda z}\right)$ 代表直通光, 通常被挡光板挡掉; 第二项为样品电子散射光的夫琅禾费衍射. 忽略常数因子, 式 (13.266) 可表示成

$$E(X,Y;z) = \iint \tilde{\rho}(x,y)\exp\left[-2\pi i\left(\frac{x\cdot X}{z\lambda} + \frac{y\cdot Y}{z\lambda}\right)\right] dxdy \quad (13.267)$$

上式便是在弱散射条件下, 样品的电子复面密度和衍射场之间满足傅里叶变换关系的表达式.

参见图 13.112, 离散情况下, 假设 $\tilde{\rho}(x,y)$ 由 MN 个边长为 δ 的正方形面积元组成, 则下列两个关系式成立,

$$d_x = M\delta \quad (13.268)$$

$$d_y = N\delta \quad (13.269)$$

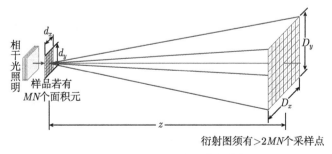

衍射图须有 $>2MN$ 个采样点

图 13.112 相干衍射成像示意图

且 $\tilde{\rho}(x, y)$ 在每个面积元内部是均匀的, 其分布可用

$$\tilde{\rho}(x, y) = \tilde{\rho}(m, n)\mathrm{rect}\left(\frac{x}{\delta} - m\right)\mathrm{rect}\left(\frac{y}{\delta} - n\right) \tag{13.270}$$

来表示, 因此式 (13.267) 可以变形为

$$
\begin{aligned}
& E(X, Y; z) \\
&= \sum_{m=-\frac{M}{2}}^{\frac{M}{2}-1} \sum_{n=-\frac{N}{2}}^{\frac{N}{2}-1} \tilde{\rho}(m, n) \exp\left[-2\pi\mathrm{i}\left(\frac{m\delta}{z\lambda}X + \frac{n\delta}{z\lambda}Y\right)\right] \\
& \times \int_{-\delta/2}^{\delta/2} \exp\left[-2\pi\mathrm{i}\left(\frac{x \cdot X}{z\lambda}\right)\right]\mathrm{d}x \int_{-\delta/2}^{\delta/2} \exp\left[-2\pi\mathrm{i}\left(\frac{y \cdot Y}{z\lambda}\right)\right]\mathrm{d}y \\
&= \sin c\left(\frac{\pi\delta}{z\lambda}X\right)\sin c\left(\frac{\pi\delta}{z\lambda}Y\right) \sum_{m=-\frac{M}{2}}^{\frac{M}{2}-1} \sum_{n=-\frac{N}{2}}^{\frac{N}{2}-1} \tilde{\rho}(m, n) \exp\left[-2\pi\mathrm{i}\left(\frac{m\delta}{z\lambda}X + \frac{n\delta}{z\lambda}Y\right)\right]
\end{aligned} \tag{13.271}
$$

　　如果能够在衍射图上, 采集到 MN 个衍射复振幅数据, 即在 $X = \dfrac{p}{M} \cdot \dfrac{z\lambda}{\delta}$, $p = -\dfrac{M}{2}, \cdots, \dfrac{M}{2} - 1$, $Y = \dfrac{q}{N} \cdot \dfrac{z\lambda}{\delta}$, $q = -\dfrac{N}{2}, \cdots, \dfrac{N}{2} - 1$, 这样一系列点上采集到 $E(X, Y; z)$ 的值, 就可以对式 (13.271) 进行逆傅里叶变换获得 $\tilde{\rho}(m, n)$. 然而, 探测器只能探测到光强, 探测不到相位, 实验中只能采集到 MN 个衍射光强数据, 即只获得了 MN 个 $|E(X, Y; z)|$ 值, 而 $E(X, Y; z)$ 中的 MN 个相位却丢失了. 为了找回丢失的相位, Sayer 提出在衍射图上进行过采样 [93], 即如果能在衍射图上至少采集到 $> 2MN$ 个光强数据, 并建立 $> 2MN$ 个的独立方程, 那么就可能求解出 MN 个 $\tilde{\rho}(m, n)$, 其中包括 MN 个吸收值和 MN 个相移值.

　　上面仅仅讨论了相干衍射成像的可能性, 而把可能变为现实的必要条件是获得有效的采样. 因此, 必须搞清楚以下几个问题: 在衍射图上什么部位采样? 采样范围有多大? 采样步长是多少? 为此需要研究衍射斑的形状和成像空间分辨率之间的密切关系. 前面已经假设样品面积元为边长为 δ 的方孔, 意味着相干衍射成像追求的分辨间隔为 δ. 根据方孔的衍射花样 $\sin c\left(\dfrac{\pi\delta}{z\lambda}X\right)\sin c\left(\dfrac{\pi\delta}{z\lambda}Y\right)$, 可知衍射斑主瓣形状也为正方形, 其表示为

$$\sin c\left(\frac{\pi\delta}{z\lambda}X\right)\sin c\left(\frac{\pi\delta}{z\lambda}Y\right) = 0, \quad \text{若}\begin{cases} |X| = z\lambda/\delta \\ |Y| = z\lambda/\delta \end{cases} \tag{13.272}$$

衍射主瓣边长为 $2\dfrac{z\lambda}{\delta}$. 因为样品尺寸为微米量级, 衍射图尺寸为毫米量级, 样品形状对衍射图的大小和形状几乎不起作用, 所以整个样品衍射图形状和大小与样品中

单个方孔面积元的衍射斑基本相同. 言外之意, 只须在方孔的衍射斑区域上进行过采样. 下面需要进一步确定采样范围. 在夫琅禾费衍射条件下, 探测器上的衍射光场和物面光场之间满足傅里叶变换关系, 根据傅里叶变换要求式 (13.28), 可得采样区域直径和分辨率之间关系

$$\delta \cdot \frac{D_x}{z} = \lambda \tag{13.273}$$

$$\delta \cdot \frac{D_y}{z} = \lambda \tag{13.274}$$

得

$$D_x = D_y = \frac{z\lambda}{\delta} \tag{13.275}$$

这说明, 采样区域也是正方形, 位于衍射主瓣的中心区域, 面积为衍射主瓣面积的四分之一. 根据傅里叶变换的要求, 在衍射图某一方向上的采样点数应与样品在该方向上的分辨单元数相等. 一般而言, 如式 (13.268) 和式 (13.269) 所设, 样品在 x 轴方向和 y 轴方向的尺寸不相等, 在两个方向上的分辨单元数不相等, 即 $M \neq N$, 因而在衍射图上 x 轴方向和 y 轴方向上采样点数也不相等. 由此可知, 采样区域是正方形, 两个方向上的采样点数不同, 必然造成两个方向上的采样间隔不同. 定义采样率为: 采样点数与样品含有的分辨单元数的比值, 并设 α_x 为在 x 轴方向的采样间隔, α_y 为在 y 轴方向的采样间隔, 则根据式 (13.275) 和式 (13.268), 在 x 轴方向的采样率为

$$\frac{D_x}{M\alpha_x} = \frac{z\lambda}{M\delta\alpha_x} = \frac{z\lambda}{d_x\alpha_x} = O_x \tag{13.276}$$

根据式 (13.275) 和式 (13.269), 在 y 轴方向的采样率为

$$\frac{D_y}{N\alpha_y} = \frac{z\lambda}{N\delta\alpha_y} = \frac{z\lambda}{d_y\alpha_y} = O_y \tag{13.277}$$

因为 x 轴方向和 y 轴方向是相互独立的, 所以两个方向的采样率应该相等, 有

$$O_x = O_y = O \tag{13.278}$$

则总采样率为

$$\frac{D_x D_y}{MN\alpha_x\alpha_y} = \left(\frac{z\lambda}{\delta}\right)^2 \frac{1}{\alpha_x\alpha_y} = O^2 \tag{13.279}$$

根据采集大于 $2MN$ 个光强数据的要求, 总采样率须满足

$$O^2 > 2 \tag{13.280}$$

其中 O^2 的含义是衍射图上采样点数目和待求样品点数目的比值, 采样率大于 1, 为过采样, 采样率小于 1, 为欠采样, 采样率等于 1, 为正常采样[94,95]. 因此, 可在衍射

图上以下一系列点

$$\begin{cases} X = p\alpha_x, & p = -\dfrac{MO}{2}, \cdots, \dfrac{MO}{2} - 1 \\ Y = q\alpha_y, & q = -\dfrac{NO}{2}, \cdots, \dfrac{NO}{2} - 1 \end{cases} \tag{13.281}$$

进行采样. 根据式 (13.275)~(13.278), 可得

$$M\alpha_x = N\alpha_y \tag{13.282}$$

可知样品尺寸越大、分辨单元越多的方向, 采样间隔越小、采样点数越多.

为了从衍射图上采集的 $OM \times ON$ 个 $|E(p, q; z)|$ 数据中, $p = -\dfrac{MO}{2}, \cdots, \dfrac{MO}{2} - 1$, $q = -\dfrac{NO}{2}, \cdots, \dfrac{NO}{2} - 1$, 解出 MN 个复数未知量 $\tilde{\rho}(m, n)$, $m = -\dfrac{M}{2}, \cdots, \dfrac{M}{2} - 1$, $n = -\dfrac{N}{2}, \cdots, \dfrac{N}{2} - 1$, 还需要一套有效的算法, 这就是本节要介绍的 HIO 算法[102](Hybrid-Input-Output algorithm). HIO 是由 Gerchberg-Saxton 算法发展而来[103], 并且以它为基础又演化出了许多其他算法. 根据傅里叶变换的要求, 在衍射图某一方向上的采样点数应与样品在该方向上的分辨单元数相等. 因此, 这个算法需要把 $\tilde{\rho}(m, n)$ 的定义域从 $m = -\dfrac{M}{2}, \cdots, \dfrac{M}{2} - 1$ 和 $n = -\dfrac{N}{2}, \cdots, \dfrac{N}{2} - 1$ 扩展到 $m = -\dfrac{MO}{2}, \cdots, \dfrac{MO}{2} - 1$ 和 $n = -\dfrac{NO}{2}, \cdots, \dfrac{NO}{2} - 1$, 使具有 MN 个面积元的样品转化为具有 $OM \times ON$ 个面积元的新样品, 于是具有 $OM \times ON$ 个面积元的新样品和 $OM \times ON$ 个采样点的衍射图之间构成傅里叶变换关系. 因而新样品的定义域由原样品的定义域和周围的扩展定义域构成, 根据 $O^2 > 2$ 的要求, 新样品的定义域应为原样品面积的两倍多. 从原理上而言, 扩展定义域可以选择多种定义, 通常采用真空定义扩展定义域的原因在于, 一方面在实验中常遇到样品周围是真空的孤立样品, 另一方面把扩展定义域选择为真空, 数学计算最简单. 不过在实验中还会遇到非孤立样品, 此时就必须发展新的算法. 例如, 最近发展的重叠扫描 (overlap) 方法为利用相干衍射成像研究大样品中的局部区域提供了研究手段. 本书只介绍扩展定义域为真空的情况, 它是相干衍射成像的基础, 需要进一步深入研究的读者请阅读相关文献[104~106]. 样品扩展定义域为真空的数学表达式为

$$\tilde{\rho}(m, n) = 0, \quad \begin{cases} m = -\dfrac{MO}{2}, \cdots, -\dfrac{M}{2} - 1, -\dfrac{M}{2}, \cdots, \dfrac{MO}{2} - 1 \\ n = -\dfrac{NO}{2}, \cdots, -\dfrac{N}{2} - 1, -\dfrac{N}{2}, \cdots, \dfrac{NO}{2} - 1 \end{cases} \tag{13.283}$$

国外文献中把原样品定义域称为 "support", 记为 S, 而把扩展定义域称为 "support constraint", 意思是对原样品定义域增加一个已知的约束条件.

扩展定义域后, 式 (13.271) 变为

$$\frac{E\left(X,Y;z\right)}{\sin c\left(\frac{\pi\delta}{z\lambda}X\right)\sin c\left(\frac{\pi\delta}{z\lambda}Y\right)}=\sum_{m=-\frac{MO}{2}}^{\frac{MO}{2}-1}\sum_{n=-\frac{NO}{2}}^{\frac{NO}{2}-1}\tilde{\rho}(m,n)\exp\left[-2\pi\mathrm{i}\left(\frac{m\delta}{z\lambda}X+\frac{n\delta}{z\lambda}Y\right)\right]$$

(13.284)

为了简化推导, 令

$$E\left(p,q;z\right)=\frac{E\left(X,Y;z\right)}{\sin c\left(\frac{\pi\delta}{z\lambda}X\right)\sin c\left(\frac{\pi\delta}{z\lambda}Y\right)}$$

(13.285)

将式 (13.281) 和式 (13.285) 代入式 (13.284), 并结合式 (13.275)~ 式 (13.278), 有

$$E\left(p,q;z\right)=\sum_{m=-\frac{MO}{2}}^{\frac{MO}{2}-1}\sum_{n=-\frac{NO}{2}}^{\frac{NO}{2}-1}\tilde{\rho}(m,n)\exp\left[-2\pi\mathrm{i}\left(mp\frac{\delta\alpha_x}{z\lambda}+nq\frac{\delta\alpha_y}{z\lambda}\right)\right]$$

$$=\sum_{m=-\frac{MO}{2}}^{\frac{MO}{2}-1}\sum_{n=-\frac{NO}{2}}^{\frac{NO}{2}-1}\tilde{\rho}(m,n)\exp\left[-2\pi\mathrm{i}\left(\frac{mp}{OM}+\frac{nq}{ON}\right)\right]$$

(13.286)

HIO 算法就是根据在衍射图上测得的光强数据 $E\left(p,q;z\right)$ 和约束条件式 (13.283), 求解原样品 $\tilde{\rho}(m,n)$ $\left(\text{其中 }m=-\frac{M}{2},\cdots,\frac{M}{2}-1\text{ 和 }n=-\frac{N}{2},\cdots,\frac{N}{2}-1\right)$ 的迭代算法, 其中一次迭代循环过程为: 从第 j 次迭代计算获得的样品函数 $\tilde{\rho}_j(m,n)$ 出发, 依据式 (13.286) 计算获得新的衍射复振幅 $E_j\left(p,q;z\right)$, 再根据衍射图上测得的实验数据 $|E\left(p,q;z\right)|$, 对 $E_j\left(p,q;z\right)$ 进行修正, 即利用下式

$$E_j'\left(p,q;z\right)=\frac{E_j\left(p,q;z\right)}{|E_j\left(p,q;z\right)|}|E\left(p,q;z\right)|$$

(13.287)

得到更接近于 $E\left(p,q;z\right)$ 的衍射振幅 $E_j'\left(p,q;z\right)$, 然后依据与式 (13.286) 对应的逆傅里叶变换式

$$\tilde{\rho}_j'(m,n)=\sum_{p=-\frac{MO}{2}}^{\frac{MO}{2}-1}\sum_{q=-\frac{NO}{2}}^{\frac{NO}{2}-1}E_j'\left(p,q;z\right)\exp\left[2\pi\mathrm{i}\left(\frac{mp}{OM}+\frac{nq}{ON}\right)\right]$$

(13.288)

由 $E_j'\left(p,q;z\right)$ 计算获得 $\tilde{\rho}_j'(m,n)$, 最后依据下式得到新的 $\tilde{\rho}_{j+1}(m,n)$:

$$\tilde{\rho}_{j+1}(m,n)=\begin{cases}\tilde{\rho}_j'(m,n), & (m,n)\in S\\ \tilde{\rho}_j(m,n)-\beta\tilde{\rho}_j'(m,n), & (m,n)\notin S\end{cases}$$

(13.289)

其中 β 一般取为 $0.5 \sim 0.9$ 的某个数, 以上就构成一次完整的迭代循环. 第一次循环所需的 $\tilde{\rho}_1(m,n)$ 可以从 $E_0(p,q;z) = |E(p,q;z)| \exp[\mathrm{i}\varphi_0(p,q;z)]$ 的逆傅里叶变换得到, 其中 $|E(p,q;z)|$ 为衍射图的测量值, $\varphi_0(p,q;z)$ 为随机产生一组相位. 由此可知, HIO 迭代存在两个逐步逼近过程, 一个是在衍射面上 $\varphi_0(p,q;z)$ 逐步逼近丢失相位的过程, 另一个是在物面上逐步逼近真实样品的过程. 迭代收敛的判据为

$$\lim_{j \to \infty} \chi_j = \lim_{j \to \infty} \frac{\displaystyle\sum_{m,n \notin S} |\tilde{\rho}_j(m,n)|}{\displaystyle\sum_{m,n \in S} |\tilde{\rho}_j(m,n)|} = 0 \tag{13.290}$$

它的含义为迭代结果逼近真实样品的程度.

　　相干衍射成像实验的核心任务是测量样品的远场衍射图样, 它的装置结构如图 13.113 所示 [107]. 在目前已经开展的 X 射线相干衍射成像实验中, 整套装置需要放置在真空中, 一方面排除空气对 X 射线的吸收衰减, 另一方面排除空气中浮尘的干扰. 如图 13.113 所示, 入射的 X 射线先要经过针孔照射样品, 以获得比样品稍大、既满足相干条件又能照射到样品扩展定义域的光束; 如果要进行三维成像, 则样品台应该是可旋转的; 在 CCD 探测器前方要放置一个比直射光斑稍大的挡光板和一个光电二极管, 挡光板的作用是, 防止过强的直射光引起的饱和破坏探测器对衍射图的记录, 光电二极管的作用是确定直射光斑位置.

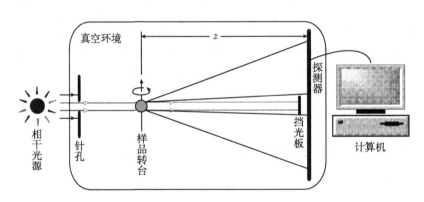

图 13.113   相干衍射成像实验装置示意图

　　实际的实验条件会带来新的问题需要克服. 比如, 由于挡光板的存在, 衍射图中心部分 (即低频的衍射数据) 实际上是测不到的. 根据高频衍射数据和低频衍射数据之间存在的关联, 可以解决这个问题. 其原理为: 根据约束条件式 (13.283) 对衍射面光场产生的限制:

$$\tilde{\rho}_j(m,n) = \sum_{p=-\frac{MO}{2}}^{\frac{MO}{2}-1} \sum_{q=-\frac{NO}{2}}^{\frac{NO}{2}-1} E(p,q;z) \exp\left[2\pi\mathrm{i}\left(\frac{mp}{OM} + \frac{nq}{ON}\right)\right] = 0, \quad (m,n) \notin S \tag{13.291}$$

表明高频和低频数据之间有关联, 可以从高频数据中获得低频信息. 由高频数据获得低频数据的算法就是 MHIO 算法[108].

如果样品较大, 不满足远场条件 $\dfrac{\pi r^2}{z\lambda} \ll 1$, 则须采用菲涅耳相干衍射成像方法. 与式 (13.261) 相对应的关系是

$$E(X,Y;z) = \mathrm{i}\frac{\exp(\mathrm{i}kz)}{z\lambda} \iint E(x,y;0)\exp\left(\pi\mathrm{i}\frac{r^2 + R^2}{z\lambda}\right) \exp\left[-2\pi\mathrm{i}\left(\frac{xX}{z\lambda} + \frac{yY}{z\lambda}\right)\right] \mathrm{d}x\mathrm{d}y \tag{13.292}$$

其中 $R^2 = X^2 + Y^2$, $r^2 = x^2 + y^2$. 可以看到, 如果定义

$$\begin{cases} E'(X,Y;z) = E(X,Y;z) \exp\left(-\pi\mathrm{i}\dfrac{R^2}{z\lambda}\right) \\[2mm] E'(x,y;0) = E(x,y;0) \exp\left(\pi\mathrm{i}\dfrac{r^2}{z\lambda}\right) \end{cases} \tag{13.293}$$

并忽略与 x,y 无关的系数, 那么式 (13.292) 就成为

$$E'(X,Y;z) = \iint E'(x,y;0) \exp\left[-2\pi\mathrm{i}\left(\frac{xX}{z\lambda} + \frac{yY}{z\lambda}\right)\right] \mathrm{d}x\mathrm{d}y \tag{13.294}$$

式 (13.294) 仍然是一个傅里叶变换关系, 原则上说, 之前对夫琅禾费相干衍射成像的讨论对它都成立; 基于式 (13.293) 和式 (13.294) 的就称为菲涅耳相干衍射成像. 显然菲涅耳相干衍射成像没有条件式 (13.260) 的限制, 因而它可以在菲涅耳数较大的情况下也适用; 这在使用微聚焦光源进行相干衍射成像实验时是很重要的, 因为这时候的等效菲涅耳数会很大.

然而并非夫琅禾费相干衍射成像的方法可以不受限制地在菲涅耳相干衍射成像中推广, 原因在于菲涅耳相干衍射成像中的物光场 $E'(x,y;0)$ 包含了 $\exp\left(\pi\mathrm{i}\dfrac{r^2}{z\lambda}\right)$ 这个相位因子, 要求对式 (13.294) 进行离散化时, 格点分得足够密, 从而使 $\exp\left(\pi\mathrm{i}\dfrac{r^2}{z\lambda}\right)$ 在一个格点范围内的改变可以忽略, 这要求

$$N_\mathrm{F}/N \ll 1 \tag{13.295}$$

所以, 当菲涅耳数 N_F 太大时, 格点数目 N 必须很大, 这也意味着记录的衍射图的像素数目会很大, 这会给实验带来困难. 文献 [109] 提出了一种在近场相干衍射成像的处理方法, 理论上可以克服这样的困难.

需要特别说明的是, 在上述讨论中, 为了给读者对相干衍射成像的物理机制有一个清晰的认识, 本书讨论了 $M \neq N$ 的一般情况. 然而在做实验之前, 一方面既

不知道 M 和 N 是否相等, 也不知道 M 和 N 相差多少; 另一方面在分辨单元数少的方向增大采样间隔, 并不能为降低探测器的要求做出贡献, 因为探测器在 x 轴方向的分辨率和 y 轴方向的分辨率是相等的. 为讨论方便, 设 x 轴方向的样品尺寸小于 y 轴方向的样品尺寸, 有 $M \leqslant N$. 在实际做实验中, 根据估算的 N 值, 扩展样品的定义域, 在 x 轴方向设置 ON 个面积元, 在 y 轴方向也设置 ON 个面积元, 并确保 $O > \sqrt{2}$, 因此新样品具有 $O^2 N^2$ 个面积元, 其中 $O^2 > 2$; 然后在衍射图上进行等间隔采样, 即 $\alpha_x = \alpha_y$, 在 x 轴方向采集 ON 个光强数据, 在 y 轴方向也采集 ON 个光强数据, 共采集 $O^2 N^2$ 个光强数据, 此时用于迭代求解的式 (13.286) 变为

$$
\begin{aligned}
E\left(p, q; z\right) &= \sum_{m=-\frac{NO}{2}}^{\frac{NO}{2}-1} \sum_{n=-\frac{NO}{2}}^{\frac{NO}{2}-1} \tilde{\rho}(m, n) \exp\left[-2\pi\mathrm{i}\left(mp + nq\right) \frac{\delta \alpha_y}{z \lambda}\right] \\
&= \sum_{m=-\frac{NO}{2}}^{\frac{NO}{2}-1} \sum_{n=-\frac{NO}{2}}^{\frac{NO}{2}-1} \tilde{\rho}(m, n) \exp\left[-2\pi\mathrm{i}\frac{(mp + nq)}{ON}\right]
\end{aligned}
\tag{13.296}
$$

其他相应各式依次类推. 这种采集光强数据的方法, 在分辨单元数少的方向采集了过多的数据, 这些过多的数据不能为相干衍射成像带来更多的信息, 却可以为提高信噪比做出贡献.

虽然以上讨论的是 X 射线相干衍射成像, 但是这种成像原理和方法不受波长限制, 可以应用于各种波源, 包括可见光、电子束, 甚至声波等[110]. 使用不同波源开展相干衍射成像所依赖的相互作用不同. 在同步辐射 X 射线波段, 相干衍射成像主要依赖样品电子对 X 射线的弹性散射, 样品对 X 射线的非弹性散射可以忽略, 实验结果反映的是样品的电子密度分布.

13.6.5   相干衍射成像对相干性的要求

以上的讨论是基于理想的单色相干光照明进行讨论的, 而目前的同步辐射 X 光源都不满足这个要求. 要成功地进行相干衍射成像, 就必须根据相干衍射成像对时间相干性和空间相干性的要求, 从同步辐射光源中滤出满足要求的相干光. 下面讨论相干衍射成像的时间相干条件和空间相干条件. 相干衍射成像的特殊性在于, 其对相干性的要求不是根据样品的实际尺寸来计算, 而是根据样品的扩展定义域来计算, 参见图 13.114. 样品尺寸越大, 样品的扩展定义域越大, 对相干性的要求越高. 根据图 13.114, 设 $d_x \leqslant d_y$, 并将式 (13.275) 代入, 最大光程差为

$$
\Delta l \leqslant \sqrt{\left(O d_x\right)^2 + \left(O d_y\right)^2} \cdot \frac{\sqrt{\left(\frac{D_x}{2}\right)^2 + \left(\frac{D_y}{2}\right)^2}}{z}
$$

$$\leqslant \sqrt{(Od_y)^2 + (Od_y)^2} \cdot \frac{\sqrt{\left(\frac{D_y}{2}\right)^2 + \left(\frac{D_y}{2}\right)^2}}{z}$$

$$= \frac{Od_y D_y}{z} = \frac{Od_y}{\delta}\lambda \tag{13.297}$$

根据时间相干条件式 (13.18), 时间相干长度应大于等于最大光程差, 有

$$\frac{\lambda^2}{\Delta\lambda} \geqslant \frac{Od_y}{\delta}\lambda > \frac{\sqrt{2}d_y}{\delta}\lambda \tag{13.298}$$

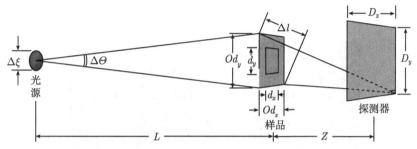

图 13.114　相干衍射成像对空间和时间相干性要求示意图

光源的单色性 $\dfrac{\Delta\lambda}{\lambda}$ 应当满足

$$\frac{\Delta\lambda}{\lambda} \leqslant \frac{\delta}{Od_y} < \frac{\delta}{\sqrt{2}d_y} \tag{13.299}$$

把 (13.299) 和式 (13.259) 进行对比, 可知 X 射线相干衍射成像要求的光源单色性与 X 射线无透镜傅立叶变换全息成像差不多. 根据式 (13.268)、式 (13.269) 和式 (13.283), X 射线相干衍射成像要求的空间相干长度为

$$\sqrt{(Od_x)^2 + (Od_y)^2} \leqslant \sqrt{(Od_y)^2 + (Od_y)^2} = \sqrt{2}Od_y \leqslant O^2 d_y \tag{13.300}$$

把 (13.300) 和式 (13.253) 进行对比, 可知对同一个样品而言, X 射线相干衍射成像要求的空间相干长度与 X 射线无透镜傅立叶变换全息成像差不多. 则根据空间相干条件式 (13.17), 光源直径 $\Delta\xi$、样品和光源的距离 L 应当满足

$$\Delta\xi \frac{O^2 d_y}{L} \leqslant \lambda \quad \Rightarrow \quad L \geqslant \Delta\xi \frac{O^2 d_y}{\lambda} \geqslant \Delta\xi \frac{2d_y}{\lambda} \tag{13.301}$$

13.6.6　X 射线相干衍射成像应用举例

　　X 射线相干衍射成像为纳米材料样品实现接近波长量级分辨率的三维成像展现了美好的前景, 实验上已经实现用 15.25keV 的聚焦 X 射线对纳米 Au 颗粒达

到 5nm 的分辨率的成像[111], 采用聚焦光的好处在于可以提高照射样品的光强, 减少曝光时间, 提高了衍射像的信噪比, 从而得到高频信息. 如图 13.115 和图 13.116 所示.

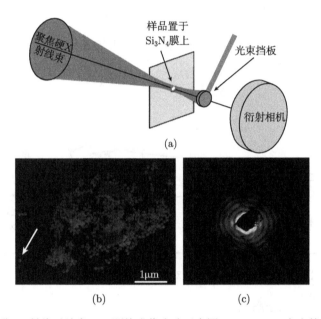

图 13.115　聚焦 X 射线对纳米 Au 颗粒成像光路示意图 (a); 100nm 大小的 Au 粒子 SEM 像 (b) 及衍射图样, 横向维度为 100nm × 100nm(c)

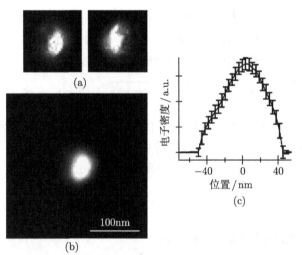

图 13.116　两组不同初始相位的重建图像 (a)、191 张平均以后的重建图像 (b) 及图 (b) 的一个强度截面 (c)

近两年, X 射线相干衍射成像在细胞、染色体、病毒等生物样品成像研究方面取得了很大进展[112,113]. 比如在日本 SPing-8 光源, 用 5keV 相干 X 射线衍射对未染色的染色体的轴向结构实现了无损的高分辨成像, 参见图 13.117. 采用通过由高频信息恢复低频的 MHIO 恢复算法, 迭代了 2×10^4 次, 二维成像分辨率达到了 38nm, 三维成像分辨率达到了 120nm. 为得到三维图像, 选择在 38 个角度采集到的衍射图样, 每 2.5° 采集一次 (剔除其中图样质量差的), 从 −70° 到 −27.5°, −7.5° 到 60° 之间, 单张曝光时间 2700s, 平均辐照达到 4×10^8Gy, 辐射总量 2×10^{10}Gy.

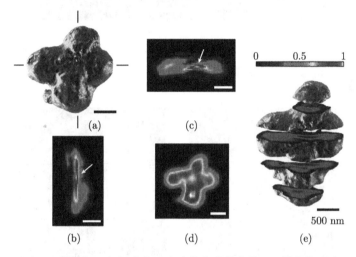

图 13.117   X 射线相干衍射成像研究未染色的染色体, X 射线能量为 5 keV

(a) 三维重建图; (b) 纵向切面图; (c) 横向切面图; (d) 总的投影图; (e) 三维重建图的每 409nm 间隔的截面图

最近相干衍射成像在含水冰冻细胞成像方面取得了进展, 利用能量为 520eV 的软 X 射线, 实现了 25nm 二维成像分辨率[114], 利用 8keV 的硬 X 射线, 实现了 30~50nm 的成像分辨率[115]. 软 X 射线实验在 ALS 完成, 在真空条件下, "水窗" 波段中, 选用在 520eV 的软 X 射线, 对含水冰冻酵母细胞进行相干衍射成像, 达到了优于 25nm 的分辨率. 为了采集足够动态范围的信号, 用曝光时间 215s, 总剂量 1.7×10^8Gy, 拍摄了 120 张二维成像图片, 参见图 13.118, 图中所示箭头指示的是细胞的线粒体. 硬 X 射线实验在 ESRF 的 ID10C 光束线完成, 在非真空条件下, 使用 8keV 的硬 X 射线, 对冰冻含水细菌细胞进行相干衍射成像, 曝光时间 7min, 总剂量 3×10^7Gy, 样品直径为 1.5μm, 达到了 30~50nm 的分辨率, 实验在十组做平均, 图中 n 和 s 分别对应某些核区域和隔膜区域. 然后是做多个角度下的细胞衍射, 得到 3D 重建. 如图 13.119 所示.

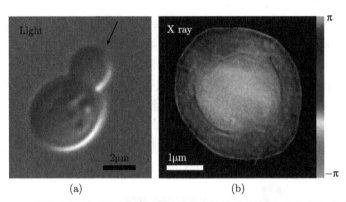

图 13.118　真空条件下, 利用软 X 射线对含水冰冻酵母细胞进行相干衍射成像

(a) 微分干涉显微像; (b) 由相干衍射图恢复的细胞密度分布图

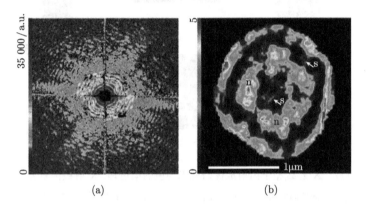

图 13.119　非真空条件下, 利用 8keV 的硬 X 射线对冰冻含水细菌细胞进行相干衍射成像

(a) 衍射图; (b) 由相干衍射图恢复的细胞密度分布图

　　然而, 要实现细胞内部的生物大分子结构的三维成像, 还存在一些待解决的问题[116,117]. 这是因为, 高分辨成像要求大剂量的 X 射线光子照明样品, 分辨率提高一个量级, 对应的辐射剂量需要提高四个量级[118], 以使高频细节衍射的每个像素都能获得足够高的信噪比. 可是大剂量的 X 射线光子照明会对生物样品造成辐射损伤, 导致信号失真. 目前提出的解决方法之一是, 发展高亮度的 X 射线相干光源, 如 X 射线自由电子激光, 使一个相干体积中包含足够多的相干光子数, 对样品进行瞬间曝光, 在样品受到辐射损伤前, 就获取信噪比足够高的成像数据. 然而, 这个方案只能解决一次曝光的二维成像问题, 对于需要旋转样品多次曝光的三维成像, 仍然有问题. 于是人们进一步提出, 准备多个全同的生物样品, 如多个全同的生物大分子结构样品, 对每个样品进行不同角度的曝光, 从而获得完整的三维成像数据. 最近缪建伟小组提出只用一张相干衍射图来重建样品三维结构的设想, 并用简单的

测试样品做了验证[119]. 不过 X 射线大角度的衍射光极其微弱, 要实现这一设想还有待发展灵敏度更高的探测器. 总之, 科学的发展过程, 就是一个不断遇见问题和解决问题的过程, 循环往复, 无穷无尽.

朱佩平　吴自玉　肖体乔　田扬超　余笑寒　储旺盛　李恩荣　洪友丽

参 考 文 献

[1] Ando M H S. An attempt at X-ray phase-contrast microscopy. Proc 6th Int Conf X-Ray Optics and Microanalysis. Tokyo: University of Tokyo Press, 1972.

[2] Momose A, Takeda T, Itai Y, et al. Phase-contrast X-ray computed tomography for observing biological soft tissue. Nat Med, 1996, (2): 473–475.

[3] Davis T J, Gao D, Gureyev T E, et al. Phase-contrast imaging of weakly absorbing materials using hard X-rays. Nature, 1995, (373): 595–598.

[4] Chapman D, Thomlinson W, Johnston R E, et al. Diffraction enhanced X-ray imaging. Phys Med Biol, 1997, (42): 2015–2025.

[5] David C, Nohammer B, Solak H H, et al. Quantitative characterization of GaN quantum-dot structures in AlN by high-resolution transmission electron microscopy. Applied Physics Letters, 2002, (81): 3287–3289.

[6] Momose A, Kawamoto S, Koyama I, et al. Demonstration of X-ray talbot interferometry. Jpn J Appl Phys, Part 2, 2003, (42): L866–L868.

[7] Snigirev A, Snigireva I, Kohn V, et al. On the possibilities of X-ray phase contrast microimaging by coherent high-energy synchrotron radiation. Rev Sci Instrum, 1995, (66): 5486–5492.

[8] Wilkins S W, Gureyev T E, Gao D, et al. Phase-contrast imaging using polychromatic hard X-rays. Nature, 1996, (384): 335–338.

[9] Nugent K A, Gureyev T E, Cookson D F, et al. Quantitative phase imaging using hard X-rays. Phys Rev Lett, 1996, (77): 2961–2964.

[10] 朱佩平, 吴自玉. X 射线相位衬度成像. 物理, 2007, (36): 443–451.

[11] 袁清习, 王寯越, 朱佩平, 等. 同步辐射硬 X 射线衍射增强峰位成像 CT 研究. 高能物理与核物理, 2005, (29): 1023–1035.

[12] 舒航, 朱佩平, 王寯越, 等. 衍射增强成像方法在计算机断层成像中的应用. 物理学报, 2006, (55): 1099–1106.

[13] 克劳福德. 波动学. 卢鹤绂, 等, 译. 北京: 科学出版社, 1981.

[14] 费恩曼, 莱顿, 桑兹. 费曼物理学讲义. 郑永令, 华宏鸣, 吴子仪, 等, 译. 上海: 上海科学技术出版社, 2005.

[15] 冼鼎昌. 神奇的光 — 同步辐射. 长沙: 湖南教育出版社, 1994.

[16] Wilmanns M J. Future structural biology applications with a free-electron laser - more than wild dreams. Synchrotron Rad, 2000, (7): 41–46.

[17] Goodman J W. Introduction to Fourier Optics. New York: Roberts & Company Publishers, 1968.

[18] 宋菲君. 近代光学信息处理. 北京: 北京大学出版社, 1998.

[19] 玻恩, 沃尔夫. 光学原理. 下册. 杨霞荪, 等, 译. 北京: 电子工业出版社, 2006.

[20] 玻恩, 沃尔夫. 光学原理. 上册. 杨霞荪, 等, 译. 北京: 电子工业出版社, 2006.

[21] Zhu P P, Wang J Y, Yuan Q X, et al. Computed tomography algorithm based on diffraction-enhanced imaging setup. Appl Phys Lett, 2005, (87): 264101 1–264101 3.

[22] 阿特伍德. 软 X 射线与极紫外辐射的原理和应用. 张杰, 译. 北京: 科学出版社, 2003.

[23] 朱佩平, 王寓越, 袁清习, 等. 两块晶体衍射增强成像方法研究. 物理学报, 2005, (54): 58–63.

[24] Zhu P P, Zhang K, Wang Z L, et al. Low-dose, simple and fast grating-based X-ray phase-contrast imaging. PNAS, 2010, (107): 13576–13581.

[25] 范希智. 利用杨氏双缝干涉讨论 Talbot 效应. 光子学报, 2005, (34): 621–623.

[26] Bronnikov A V. Theory of quantitative phase-contrast computed tomography. J Opt Soc Am A, 2002, (19): 472–480.

[27] Wang J Y, Zhu P P, Yuan Q X, et al. Reconstruction of the refractive index gradient by X-ray diffraction enhanced computed tomography. Phys Med Biol, 2006, (51): 3391–3396.

[28] Wang M, Zhu P P, Zhang K, et al. A new method to extract angle of refraction in diffraction enhanced imaging computed tomography. J Phys D: Appl Phys, 2007, (40): 6917–6921.

[29] Zhang K, Zhu P P, Huang W X, et al. Investigation of misalignment in analyzer crystal based-CT and its effect. Phys Med Biol, 2008, (53): 5757–5766.

[30] Jiang K, Computed tomography: a time to refract. Nature China, 2007, (40)

[31] 赫尔曼 G T. 由投影重建图像 CT 的理论基础. 北京: 科学出版社. 1985.

[32] 马科夫斯基. 医学成像系统. 曹其智, 龙伟丽, 译, 秦克诚, 审校. 杭州: 浙江大学出版社, 2002.

[33] Momose A. Recent advances in X-ray phase imaging, Jpn J Appl Phys, Part 1, 2005, (44): 6355–6367.

[34] Huang Z F, Kang K J, Li Z, et al. Direct computed tomographic reconstruction for directional-derivative projections of computed tomography of diffraction enhanced imaging. Applied Physics Letters, 2006, (89).

[35] Dilmanian F A, Zhong Z, Ren B, et al. Computed tomography of X-ray index of refraction using the diffraction enhanced imaging method. Phys Med Biol, 2000, (45): 933–946.

[36] Tsai W L, Hsu P C, Hwu Y, et al. Electrochemistry: Building on bubbles in metal electrodeposition. Nature, 2002, (417): 139.

[37] Yuan J, Bottjer D J, Davidson E H, et al. Phosphatized polar lobe-forming embryos from the Precambrian of Southwest China. Science, 2006, (312): 1644–1646.

[38] Pfeiffer F, Weitkamp T, Bunk O, et al. Phase retrieval and differential phase-contrast imaging with low-brilliance X-ray sources. Nat Phys, 2006, (2): 258–261.

[39] Huang R, Bilderback D H. Single-bounce monocapillaries for focusing synchrotron radiation: modeling, measurements and theoretical limits. J Synchrotron Rad, 2006, (13): 74–84.

[40] Snigirev A B, Erko A, Snigireva I, et al. Two-step hard X-ray focusing combining Fresnel zone plate and single-bounce ellipsoidal capillary. J Synchrotron Radiation, 2007, (14): 326–330

[41] Yun W, Lai B, Cai Z, et al. Nanometer focusing of hard x rays by phase zone plates. Rev Sci Instrum, 1999, (70): 2238–2241.

[42] Anderson E H, Olynick D L, Harteneck B, et al. Nanofabrication and diffractive optics for high-resolution X-Ray applications. The 44th International Conference on Electron, Ion, and Photon Beam Technology and Nanofabrication. Rancho Mirage, California, (USA): AVS. 2000.

[43] Yun W B, Howells M R, High-resolution Fresnel zone plates for x-ray applications by spatial-frequency multiplication. J Opt Soc Am A, 1987, (4): 34–40.

[44] Kirz J. Phase zone plates for X-rays and the extreme uv. J Opt Soc Am, 1974, (64): 301–309.

[45] Leitenberger W, Weitkamp T, Drakopoulos M, et al. Microscopic imaging and holography with hard X-rays using Fresnel zone-plates. Opt Commun, 2000, (180): 233–238.

[46] Chao W, Harteneck B D, Liddle J A, et al. Soft X-ray microscopy at a spatial resolution better than 15nm. Nature, 2005, (435): 1210–1213.

[47] Lai B, Yun W B, Legnini D, et al. Hard X-ray phase zone plate fabricated by lithographic techniques. Appl Phys Lett, 1992, (61): 1877–1879.

[48] Wang Y X, Yun W B, Jacobsen C. Achromatic Fresnel optics for wideband extreme-ultraviolet and. X-ray imaging. Nature, 2003, (424): 50–53.

[49] Kaulich B, Oestreich S, Salome M, et al. Feasibility of transmission x-ray microscopy at 4 keV with spatial resolutions below 150 nm. Appl Phys Lett, 1999, (75): 4061–4063.

[50] Young M. Zone Plates and Their Aberrations. J Opt Soc Am, 1972, (62): 972–976.

[51] Di Fabrizio E, Romanato F, Gentili M, et al. High-efficiency multilevel zone plates for keV X-rays. Nature, 1999, (401): 895–898.

[52] Liu L H, Liu G, Xiong Y, et al. Fabrication of Fresnel zone plates with high aspect ratio by soft X-ray lithography. Microsyst Technol, 2008, (14): 1251–1255.

[53] 陈洁, 柳龙华, 刘刚, 等. X 射线成像波带片及制作. 光学精密工程, 2007, (15): 1894–
      1899.

[54] Chu Y S, Yi J M, De Carlo F, et al. Hard-X-ray microscopy with Fresnel zone plates
      reaches 40 nm Rayleigh resolution. Appl Phys Lett, 2008, (92): 103119 1–103119 3.

[55] Yin G C, Song Y F, Tang M T, et al. 30 nm resolution X-ray imaging at 8 keV using
      third order diffraction of a zone plate lens objective in a transmission microscope.
      Appl Phys Lett, 2006, (89): 221122 1-221122 3.

[56] Yin G C, Tang M T, Song Y F, et al. Energy-tunable transmission X-ray microscope
      for differential contrast imaging with near 60nm resolution tomography. Appl Phys
      Lett, 2006, (88): 241115 1–241115 3.

[57] Weiss D S G, Niemann B, Guttmann P, et al. Computed tomography of cryogenic
      biological specimens based on X-ray microscopic images. Ultramicroscopy, 2000, (84):
      185–197.

[58] Wang Y J C, Maser J, Osanna A. Soft X-ray microscopy with a cryo STXM: II.
      Tomography. J Microsc, 2000, (197(Pt 1)): 80–93.

[59] Larabell C A , Le Gros M A, X-ray Tomography Generates 3D Reconstructions of
      the Yeast, Saccharomyces cerevisiae, at 60nm Resolution. Mol Biol Cell, 2004, (15):
      957–962.

[60] Meyer-Ilse W, Hamamoto D, Nair A, et al. High resolution protein localization using
      soft X-ray microscopy. J Microsc, 2001, (201): 395–403.

[61] Weiwei G, Laurence D E, Mark A L G, et al. X-ray tomography of Schizosaccha-
      romyces pombe. Differentiation, 2007, (75): 529–535.

[62] Parkinson D Y, McDermott G, Etkin L D, et al. Quantitative 3D imaging of eukaryotic
      cells using soft X-ray tomography. J Struct Biol, 2008, (162): 380–386.

[63] Chen J, Wu C, Tian J, et al. Three-dimensional imaging of a complex concaved
      cuboctahedron copper sulfide crystal by X-ray nanotomography. Appl Phys Lett,
      2008, (92): 233104 1–233104 3.

[64] Schneider G, Hambach D, Niemann B, et al. In situ X-ray microscopic observation
      of the electromigration in passivated Cu interconnects. Appl Phys Lett, 2001, (78):
      1936–1938.

[65] ESRF. Science and Technology Programme: 2008–2017. 2007.

[66] 金玉明. 电子储存环物理, 北京: 中国科学技术大学出版社. 2001.

[67] Dierker S. National Synchrotron Light Source II - Preliminary Design Report. New
      York: Brookhaven National Laboratory, 2007.

[68] Stöhr J. NEXAFS Spectroscopy. Berlin: Springer-Verlag, 1992.

[69] Ade H. X-ray Spectromicroscopy. New York: Academic Press, 1998, 225–261.

[70] Ade H, Smith A P, Zhang H, et al. X-ray Spectromicroscopy of Polymers and Tribo-
      logical Surfaces at Beamline X1A at the NSLS. J Electron Spectrosc Relat Phenom,

1997, (84): 53–71.

[71] Warwick T, Ade H, Hitchcock A P, et al. Soft X-ray spectromicroscopy development for materials science at the Advanced Light Source. J Electron Spectrosc Rela Phenom, 1997, (84): 85–98.

[72] Warwick T, Franck K, Kortright J B, et al. A Scanning Transmission X-ray Microscope for Materials Science Spectromicroscopy at the Advanced Light Source. Rev Sci Instrum, 1998, (69): 2964–2973.

[73] Mitchell G E. ALS Compendium of Abstracts. 1999.

[74] J Kirz, Jacobsen C, Howells M. Soft X-ray microscopes and their biological applications. Q Rev Biophys, 1995, (33): 33–130.

[75] Rightor E G, Hitchcock A P, Ade H, et al. Spectromicroscopy of poly(ethylene terephthalate) - comparison of spectra and radiation damage rates in X-ray absorption and electron energy loss. J Phys Chem B, 1997, (101): 1950–1960.

[76] Egerton R F, Crozier P A, Rice P. EELS and chemical change. Ultramicroscopy, 1987, (23): 305–312.

[77] Hitchcock A P, Morin C, Heng Y M, et al. Towards practical soft X-ray spectromicroscopy of biomaterials. J Biomater Sci Polymer Edn, 2002, (13): 919–937.

[78] Hitchcock A, Stover H, Croll L, et al. Soft X-ray spectroscopy from image sequences with sub-100 nm spatial resolution. Aust J Chem, 2005, (58): 423–432.

[79] Jacobsen C, Wirick S, Flynn G, et al. Chemical mapping of polymer microstructure using soft X-ray spectromicroscopy. J Microsc, 2000, (197): 173–184.

[80] Koprinarov I, Hitchcock A P, Dalnoki-Varess K, et al. Quantitative Mapping of Structured Polymeric Systems Using Singular Value Decomposition Analysis of soft X-ray Images. J Phys Chem B, 2002, (106): 5358–5364.

[81] Strang G. Linear Algebra and Its Applications. San Diego: Harcourt Brace Jovanovich, 1988.

[82] Press W H. Numerical Recipes in C: The Art of Scientific Computing. Cambridge: Cambridge University Press, 1992.

[83] Koprinarov I N, Hitchcock A P, Li W H,et al. Quantitative Compositional Mapping of Core-Shell Polymer Microspheres by Soft X-ray Spectromicroscopy. Macromolecules, (34): 4424–4429.

[84] Li W H, Li K, Stöver H D H. Monodisperse Poly (Chloromethylstyrene-co-Divinylbenzene) Microspheres by Precipitation Polymerization. J Polym Sci Polym Chem, 1999, (37): 2295–2303

[85] Buonassisi T, Istratov A A, Marcus M A, et al. Engineering metal-impurity nanodefects for low-cost solar cells. Nat Mater, 2005, (4): 676–679.

[86] Woditsch P, Koch W. Solar grade silicon feedstock supply for PV industry. Sol Energy Mater Sol Cells, 2002, (72): 11–26.

[87] Yuge N, Abe M, Hanazawa K, et al. Purification of metallurgical-grade silicon up to solar grade. Progress in Photovoltaics: Research and Applications, 2001, (9): 203–209.

[88] Davis J R, Rohatgi A, Hopkins R H, et al. Impurities in silicon solar cells, IEEE Trans Electron Devices, 1980, (27): 677–687.

[89] Istratov A A, Hieslmair H, Weber E R. Iron contamination in silicon technology. Appl Phys A, 2000, (70): 489-534.

[90] Aoki S, Kikuta S. X-ray holographic microscopy. Japanese Journal of Applied Physics, 1974, (13): 1385–1392.

[91] McNulty I, Kirz J, Jacobsen C, et al. High-resolution imaging by Fourier transform X-ray holography. Science, 1992, (256): 1009–1012.

[92] Eisebitt S, Luning J, Schlotter W F, et al. Lensless imaging of magnetic nanostructures by X-ray spectro-holography. Nature, 2004, (432): 885–888.

[93] Sayre D. in Imaging Processes and Coherence in Physics. Berlin: Springer,1980: 229–235.

[94] Miao J, Sayre D, Chapman H N. Phase retrieval from the magnitude of the Fourier transforms of nonperiodic objects. J Opt Soc Am A, 1998, (15): 1662–1669.

[95] Miao J, Charalambous P, Kirz J, et al. Extending the methodology of X-ray crystallography to allow imaging of micrometre-sized non-crystalline specimens. Nature, 1999, (400): 342–344.

[96] 康辉, 映像光学. 天津: 南开大学出版社, 1996.

[97] Schlotter W F, Rick R, Chen K, et al. Multiple reference Fourier transform holography with soft X-rays. Appl Phys Lett, 2006, (89): 163112.

[98] Marchesini S, Boutet S, Sakdinawat A E, et al. Massively parallel X-ray holography. Nat Photon, 2008, (2): 560–563.

[99] Bruck Y M, Sodin L G. On the ambiguity of the image reconstruction problem. Optics Communications, 1979, (30): 304–308.

[100] Hayes M H. The reconstruction of a multidimensional sequence from the phase or magnitude of its Fourier transform. IEEE Trans Acoust Speech Signal Process, 1982, (30): 140–154.

[101] Williams G J, Quiney H M, Dhal B B, et al. Fresnel coherent diffractive imaging. Phys Rev Lett, 2006, (97): 025506 1–025506 6.

[102] Fienup J R. Phase retrieval algorithms: a comparison. Appl Opt, 1982, (21): 2758–2769.

[103] Gerchberg R W, Saxton W O. A practical algorithm for the determination of phase from image and diffraction plane pictures. Optik, 1972, (35): 237–246.

[104] Dierolf M, Menzel A, Thibault P, et al. Ptychographic X-ray computed tomography at the nanoscale. Nature, 2010, (467), 436–439.

[105] Faulkner H M, Rodenburg J M. Movable aperture lensless transmission microscopy: a novel phase retrieval algorithm. Phys Rev Lett, 2004, (93), 023903 1–023903 4.

[106] Thibault P, Dierolf M, Menzel A, et al. High-resolution scanning X-ray diffraction microscopy. Science, 2008, (321), 379–382.

[107] Miao J, Ishikawa T, Anderson E H, et al. Phase retrieval of diffraction patterns from noncrystalline samples using the oversampling method. Phys Rev B, 2003, (67): 174104 1–174104 6.

[108] Nishino Y, Miao J, Ishikawa T. Image reconstruction of nanostructured nonperiodic objects only from oversampled hard X-ray diffraction intensities. Phys Rev B, 2003, (68): 220101 1–220101 4.

[109] Li E, Liu Y, Liu X, et al. Phase retrieval from a single near-field diffraction pattern with a large Fresnel number. J Opt Soc Am A, 2008, (25): 2651–2658.

[110] Huang W J, Zuo J M, Jiang B, et al. Sub-ångström-resolution diffractive imaging of single nanocrystals. Nat Phys, 2009, (5): 129–133.

[111] Schroer C G, Boye P, Feldkamp J M, et al. Coherent X-ray diffraction imaging with nanofocused illumination. Phys Rev Lett, 2008, (101): 090801 1–090801 4.

[112] Nishino Y, Takahashi Y, Imamoto N, et al. Three-dimensional visualization of a human chromosome using coherent X-ray diffraction. Phys Rev Lett, 2009, (102): 018101 1–018101 4.

[113] Song C, Jiang H, Mancuso A, et al. Quantitative imaging of single, unstained viruses with coherent X-rays. Phys Rev Lett, 2008, (101): 158101 1–158101 4.

[114] Huang X, Nelson J, Kirz J, et al. Soft X-ray diffraction microscopy of a frozen hydrated yeast cell. Phys Rev Lett, 2009, (103): 198101 1–198101 4.

[115] Lima E, Wiegart L, Pernot P, et al. Cryogenic X-ray diffraction microscopy for biological samples. Phys Rev Lett, 2009, (103): 198102-1-198102-4.

[116] Miao J, Hodgson K O, Sayre D. An approach to three-dimensional structures of biomolecules by using single-molecule di?raction images. PNAS, 2001, (98): 6641–6645.

[117] Neutze R, Wouts R, van der Spoel D, et al. Potential for biomolecular imaging with femtosecond X-ray pulses. Nature, 2000, (406): 752–757.

[118] Huang X J, Miao H J, Steinbrener J, et al. Signal-to-noise and radiation exposure considerations in conventional and diffraction X-ray microscopy. Opt Express, 2009, (17): 13541–13553.

[119] Raines K S, Salha S, Sandberg R L, et al. Three-dimensional structure determination from a single view. Nature, 2010, (463): 214–217.

第14章　同步辐射软 X 射线显微术

14.1　引　　言

　　17 世纪以前, 人们对客观世界的认知还只能停留在肉眼观察的水平上. 自 17 世纪初发明光学显微镜以来, 人们第一次观察到了细胞这个生物的单元, 为研究物质的细微结构提供了一个锐利的武器. 此后, 光学显微镜成为研究样品显微结构的最常用工具. 光学显微镜使用可见光作为光源, 由于受到波长衍射效应的限制使其成像分辨率不能超过 200nm. 采用共焦扫描成像可以改善系统的点扩散函数. 利用孔径远小于波长的小孔衍射进行扫描成像, 即所谓的近场扫描显微, 可以突破衍射极限, 将分辨率提高一个量级. 然而可见光的穿透性较差, 而且使用时常需要对样品进行染色以增加衬度, 只能适用于物体表面成像. 近红外光对生物组织有较大的穿透性, 但是生物组织的强散射性, 使接收到的光子携带的样品信息非常微弱, 其成像分辨率仅在毫米量级.

　　电子显微镜具有很高的仪器分辨率, 但是研究生物样品时 (它们经常可能是比较厚的、湿的, 辐射敏感的样品) 却遇到许多困难. 为解决这些困难电镜学家采用了许多制备样品的方法, 如脱水、固定、切片以及染色等. 这不仅不可能实现在自然状态下观测生物样品, 而且由于人为性的样品制备因素破坏了样品的原始状态, 使得人们对观测的真实性抱有一定的怀疑.

　　软 X 射线显微术开辟了一条新的途径. 软 X 射线的波长远小于可见光波长,

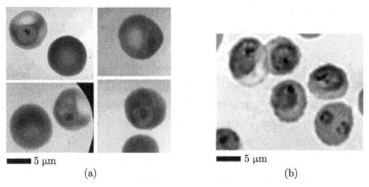

(a)   (b)

图 14.1　人体血红细胞的可见光显微及 X 射线显微成像图

(a) Bessy 的 GottingenX 射线显微镜, 使用了 35nm 外环宽度的 Ni 波带片; (b) 可见光图像 (×100,

N.A.=1.4 含油物镜)[1]

因此可以获得高于光学显微镜的分辨率. 由于软 X 射线与物质相互作用的特点使其适用于较厚的生物样品 (厚度到几个微米, 它是典型的完整细胞的线度), 不需要脱水、切片和染色. 因此它可直接观测活性生物样品 (图 14.1). 在辐射损伤允许的剂量下, 分辨率仍可达到 10nm. 使用同步辐射光源产生的单色可调波长的软 X 射线还可以实现样品的高分辨率微区元素分析.

14.2 软 X 射线显微术的成像机理[2]

14.2.1 软 X 射线显微术的衬度

软 X 射线显微术的物理本质是来自 X 射线光子与样品中电子的相互作用. X 射线穿过物质时, 要发生光电吸收、散射等相互作用, 在软 X 射线波段, 光电吸收是最主要的形式. X 射线与物质相互作用时发生的散射有四种形式, 即不产生波长变化的弹性散射和瑞利散射以及伴随着波长变化的非弹性散射和康普顿散射. 其中, 入射 X 射线和散射 X 射线之间存在着一定的相位关系的散射称作相干散射.

X 射线线性散射系数为

$$\delta = Zf^2 + (1 - f^2) \tag{14.1}$$

式中, Z 为原子序数; f 为电子散射因子. 式 (14.1) 右边的两项分别表示相干和不相干散射的贡献. 相干散射以及 X 射线晶体衍射与 X 射线同轴全息显微成像密切相关, 它提供了同轴全息成像时的物波.

软 X 射线显微术大多数的工作主要利用光电吸收(也有利用相位衬度). 光电吸收的直接效应就是入射方向上的光子数减少, 它形成了透射软 X 射线显微术的最简单衬度机制. 穿过样品的光子数变化可按照下面的公式计算:

$$N = N_0 e^{-\mu t} \tag{14.2}$$

式中, N_0 为入射光子数; N 为出射光子数; t 为光子的穿透深度, μ 为线性吸收系数. 就软 X 射线显微术来说, 特别重要的一点就是, μ 与入射 X 射线波长之间不成简单的函数关系.

对于生物样品, 在软 X 射线范围内它们的吸收系数大约是 $1\mu m^{-1}$, 即软 X 射线可以穿透几微米的生物样品, 这个厚度正是需要探测的生物样品 (细胞或细胞器) 的线度. 对比一般使用的透射电子显微镜, 电子能穿过生物物质的厚度远小于 1um, 必须对生物样品做切片处理. 为了使电子能够尽量穿透较厚的生物物质, 需要使用电子能量大于 1000keV 的超高压电镜. 由图 14.2 的吸收曲线还可以看出, 选择适当的波长可增大所需观测元素成分的衬度而压低其他元素成分的衬度, 即无需染色而增大衬度. 对于生物样品观测特别有意义的是, 在波长 2.3~4.4nm, 蛋白质 (一种典型的生物物质) 与水的吸收系数相差一个数量级 (见图 14.2). 因此在观测生物的湿样品时 (通常活性生物样品都是含水的) 可以认为水是 "透明" 的, 这个波长范围成为一个 "水窗口". 另外在软 X 射线波长范围内存在一些元素的 X 射线吸收边(如 Na 的 K 吸收边, Ca 的 L 吸收边等). 在这些 X 射线吸收边附近稍微改变波长, 吸收系数就有很大变化. 因此, 调整 X 射线波长到样品所需观察的元素的吸收边两侧就可得到两个不同的吸收分布, 通过对两个图的比较, 并相减就可以加强该元素的衬度而得到其微区分布图, 这对于低原子序数元素的微区分析特别有意义.

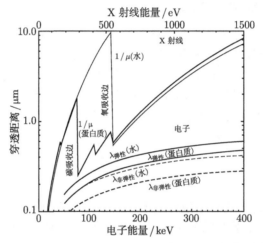

图 14.2　电子和 X 射线在水及蛋白质中的穿透深度[3]

14.2.2　衬度、剂量及辐射损伤

　　水窗波段的软 X 射线对于水和有机体具有相当好的衬度是因为两者的吸收系数具有非常大的差异. 通常情况下, 对于给定的分辨率, 衬度还和样品经受的剂量密切相关. Rose[4] 早在 1948 年就建立了关于衬度和最小曝光量之间的关系.

　　X 射线与物质相互作用而引起吸收物质结构的永久性变化称为辐射损伤. 研究结果表明, X 射线对于物质损伤的程度与 X 射线入射到物质上的能量及物质对于该能量的吸收情况有关. 对于辐射损伤的测量用剂量 D 表示, 它定义为单位吸收物质质量从入射的 X 射线接受的能量, 即

$$D = \frac{hc}{\lambda} \frac{n\mu}{d^2 \rho} \qquad (14.3)$$

式中, n 为入射到单位面积单位质量厚度上的 X 射线光子数; d^2 为样品的面积; hc/λ 为入射的光子能量; μ 为线性吸收系数; ρ 为物质密度. D 的单位是焦耳/克 (J/g) 或

拉德 (rad). 对生物物质辐射损伤的研究表明, 10J/g 的剂量足以致活细胞死亡, 而 10^4 J/g 的剂量将引起严重的结构变化.

研究衬度的成像分辨率必须考虑样品所受辐射剂量的因素. 为了能够辨别样品中的特征, 使其能有一定的衬度, 必须在样品上有足够的 X 射线能量 (要求一定的信噪比 S/N). Sayre 等[5] 计算了在水背景下能够清晰地分辨蛋白质特征所需的辐射剂量 (模拟实际生物样品的情况). 结果表明, 对于厚的生物样品 (厚度取 1μm), 为了能分辨 10nm 的特征, 透射 X 射线显微术 (TXM)对应的辐射剂量是 10^4J/g, 这是结构严重破坏的界限; 透射电子显微术 (TEM)对应的剂量达到 10^7J/g, 此物质早已破坏, 没有实际意义了. 为了使 1μm 厚的生物样品所受的剂量不大于临界的 10^4J/g 的程度, 透射电子显微术的分辨率只能到 100nm. 软 X 射线的优点是它对湿的、厚的生物样品的分辨率比电子显微术的更高.

14.3 软 X 射线显微术

14.3.1 波带片

众所周知, 在极紫外和软 X 射线波段, 所有物质的折射率都接近于 1, 以致在一个吸收长度 (吸收系数的倒数) 内不会有明显的折射. 因此, 无法由极紫外或软 X 射线辐射的折射成像. 用曲面镜掠入射全外反射为成像提供了成功的途径, 但是像差严重影响成像的分辨率. 在波长大于 5nm 的极紫外波段, 多层膜的反射率很高, 并且可获得近衍射极限的分辨率, 即只受波长和系统的数值孔径限制的像.

在更短的波段, 特别是在 0.3~5nm 波段的软 X 射线, 各种各样的菲涅耳波带片得到了非常广泛的使用, 因为它能以近衍射极限的高空间分辨率成像. 本节简要介绍在软 X 射线显微成像中常用的菲涅耳波带片.

波带片是一种特殊形式的衍射光学元件, 它可以认为是一个圆形的衍射光栅, 其线密度随径向方向而增加. 波带片的最基本形式是菲涅耳波带片, 它由明暗相间的同心圆环 (波带) 组成, 如图 14.3 所示. 圆环的半径由如下公式给出:

$$r_n^2 = n\lambda f + n^2\lambda^2/4 \tag{14.4}$$

式中, r_n 为第 n 个环的半径; n 为波带片的环数; λ 为入射的软 X 射线波长; f 为第一级衍射的焦距. 式 (14.4) 右边第二项代表球差, 当 $f \gg n\lambda/2$ 时, 这项可以忽略. 当波带总数 $n \geqslant 100$ 时, 它可以看成一个单色透镜, 并服从薄透镜成像规律.

波带片成像有一系列的虚实焦点, 其焦距为

$$f_m = r_1^2/m\lambda, \quad m = \pm 1, \pm 2, \cdots \tag{14.5}$$

因此, $f_m = f/m$, m 是衍射阶数. 波带片的焦距与波长的反比关系使它可以作为一个色散元件.

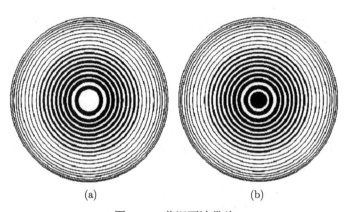

图 14.3   菲涅耳波带片

(a) 挡住偶数半波带; (b) 挡住奇数半波带

由于波带片的焦距对波长有极强的依赖, 所以谱宽为 $\Delta\lambda$ 的入射 X 射线会因为衍射使其焦距的差异超过焦深. 取得理想聚焦光斑的最大的谱宽条件必须满足

$$\Delta\lambda/\lambda \leqslant 1/N \tag{14.6}$$

式中, $\Delta\lambda$ 为 X 射线源的谱宽; N 为波带片的波带总数 (不透明的和透明的). 因此为了避免色差, 即焦平面上的强度在焦深内不减弱, 需要相对谱带宽度 $\Delta\lambda/\lambda$ 小于或等于波带总数分之一. 对于有几百个波带的典型的波带片透镜, 要求谱宽远小于 1%. 因此为了得到近衍射极限的分辨率, 谱宽较宽的光源必须进行相应的单色化处理.

波带片的最外环宽度 $\Delta r = r_N - r_{N-1}$, 可以近似写成

$$\Delta r = r_N/2N = \lambda f/2r_N \tag{14.7}$$

按照瑞利判据 (图 14.4), 波带片成像的衍射极限分辨率为

$$\delta = (\Delta l)_{\min} = 1.22\lambda f/2r_N = 1.22\Delta r \tag{14.8}$$

即波带片的成像分辨率将由波带片的最外环宽度来决定. 使用高阶衍射成像可以改善成像分辨率, 但是衍射效率随之降低, 因此成像效率也将大大下降.

理论计算指出, 菲涅耳波带片的一级衍射效率为 $1/\pi^2$, 近似为 10%. 入射光的其余部分有 50% 被吸收, 25% 为零级, 12.5% 为负阶次衍射以及 2.5% 为正的高阶衍射. 采用位相型波带片能大大提高衍射阶次上的效率. 它能使遮暗的波带也能部分透明, 并使出射辐射的相位移动 π 而参与衍射. 对于理想情况, 如果忽略吸收, 则一级衍射效率可达到约 40%. 对于实际情况吸收不能忽略, 此时一阶衍射效率亦可达到 25%. Tatchyn 等[6] 的计算指出, 如果波带的形状选用最佳形式, 可以得到更高的衍射效率.

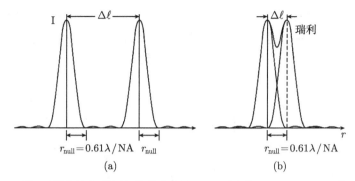

图 14.4　由互不相干的准单色点源在数值孔径为 NA(对小的 NA$\approx \lambda/2\Delta r$) 的透镜的像平面
上的艾里斑强度图案

(a) 两个点源分得很开, 因此很容易分辨; (b) 两个点源恰好被瑞利判据分辨开

14.3.2　扫描透射软 X 射线显微镜

扫描软 X 射线显微[7~11] 是一个典型的利用波带片进行成像的方法. 其基本
思想是将入射的光聚焦成极小的斑点, 形成微探针, 利用微探针对样品进行逐点扫
描, 从而形成一幅完整的图像, 图 14.5 是成像光路的示意图. 在大多数应用中, 成像
分辨率取决于微探针的尺寸. 成像时间则受单位像素数据读出时间限制及与扫描
面积大小有关. 单位像素数据读出时间则与光源的通量有关.

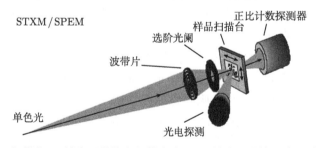

图 14.5　扫描软 X 射线显微镜和扫描光电子 X 射线显微镜成像光路示意图

1972 年 Horowitz 和 Howell[7] 在剑桥电子加速器上最先实现了扫描 X 射线显
微镜. 他们使用同步辐射光源, 将光源聚焦到 1~2μm 直径大小的小孔上, 对不同样
品进行了扫描成像, 包括 X 射线荧光成像及透射成像.

目前世界上有许多同步辐射实验室建立了扫描软 X 射线显微成像线站, 如美
国的 ALS、APS、NSLS, 加拿大的 CLS, 意大利的 ELETTRA, 位于法国的 ESRF,
韩国的 PLS 及瑞典的 SLS 等都建立了一条或多条相关的光束线站. 在这种显微镜
中 (图 14.6), 空间相干的软 X 射线照射到波带片上, 它在样品平面上形成第一阶焦
点. 该波带片相当于一个会聚透镜, 其放大倍数通常在数百倍至上千倍. 焦斑的最

小尺寸由波带片的最外环宽度决定. 为了避免零阶光和其他不需要的衍射光照射
到样品上, 波带片的中心是不透明的, 同时在波带片后的合适位置放置一个选阶光
阑(OSA), 这样, 样品上的辐射通量就可以降低到最小.

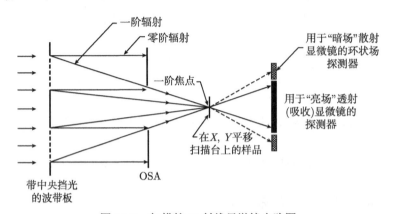

图 14.6　扫描软 X 射线显微镜光路图

中心不透明的波带片和选阶光阑相结合, 只允许第一阶衍射聚焦光束照射样品

　　空间相干的软 X 射线光源是由波荡器产生的准单色光通过单色器得到的. 通
常, 通过单色器后的软 X 射线的单色性非常好 ($\Delta\lambda/\lambda < 10^{-3}$). 样品扫描台放置于
波带片的焦点上, 透过样品的 X 射线被后面的快速正比计数探测器探测. 通过样
品扫描台的二维运动对样品进行扫描, 就可以得到样品的完整扫描图像. 样品扫描
台的扫描精度通常在纳米量级, 可扫描的范围在几个微米到几百微米之间.

　　扫描显微镜的一个重要优势就是操作非常灵活, 通常具有几种实验模式. 上述
的扫描显微成像是其中一种模式. 由于单色光的波长可以连续调节, 因此非常适
合进行近边吸收谱(近边 X 射线吸收精细谱 NEXAFS)[12,13] 的研究. 通过扫描感
兴趣的元素 (或掺杂成分) 吸收边附近的能量, 获得该元素种类 (或掺杂成分) 的
特征吸收精细结构谱, 然后通过三维扫描 (二维空间 X、Y, 一维能量 E) 图像, 并
加以适当的数据处理即可以得到样品中该元素 (或掺杂成分) 的空间分布, 用于揭
示样品的化学性质, 或作为存在特殊分子的标签. 此外, 还可以用荧光或磷光模式
(SLEM)[14], 这时入射的辐射激发或间接引起辐射的发射, 即通常的荧光成像. 另外
一种是通常作为位置函数的光电子发射 (SPEM)[15], 与光电子谱仪结合, 可以成为
研究表面组成和化学性质的强有力工具.

　　尽管采用了波荡器, 使得光源的亮度和通量相比弯铁辐射提高了多个量级, 扫
描显微镜的扫描时间仍相对较长, 通常对 400×400 像素点阵所需的成像时间为
几分钟. 此外高速扫描情况下若无法保证样品扫描台的纳米精度, 也可能降低成像
分辨率, 因此, 通常需要一个高精度的激光干涉仪作为辅助, 以保证在样品的高速

扫描时仍能保证纳米精度.

图 14.7 给出 STXM 的一个分辨率测试图.

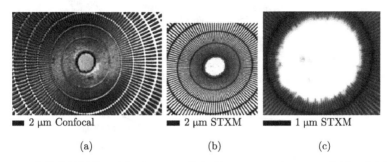

| | 2 μm Confocal | | 2 μm STXM | | 1 μm STXM |
| (a) | | (b) | | (c) | |

图 14.7　(a) 为共焦显微镜, 观察到 150nm 的细节; (b)、(c) 为 STXM 图像 (美国 ALS 的 X1A), 观察到 35nm 尺寸的细节. 样品为氮化硅基底上的金丝[16]

14.3.3　透射软 X 射线显微镜

透射软 X 射线显微镜(TXM) 有时也被叫做全场成像显微镜(full-field imaging microscopy, FFIM)(图 14.8). 自 1974 年, Gottingen 小组一直在发展这种显微镜[17]. 他们最先采用法国 LURE 的弯铁辐射, 后来用柏林 BESSY 同步辐射上的弯铁辐射. 这种显微镜非常类似光学显微镜, 它使用衍射或反射光学元件作为聚光和成像元件, 将软 X 射线会聚投射到样品上再成像到像平面上. 像平面上装置二维探测器, 因此可以直接得到放大的 X 射线显微图. 图 14.9 是装置在柏林 BESSY 同步辐射光源上的 Gottingen 大学透射软 X 射线显微镜的成像光路示意图[17~19]. 它用会聚波带片和针孔组成线性单色器. 同步辐射光源的多色光经过单色器单色化后投射到样品上, 然后, 经过微波带片得到直接放大的 X 射线图像. 如图 14.8 所示, 入射的 X 射线通过样品时被部分吸收, 这种吸收差异取决于样品的原子或分子差异, 它们的分布即与入射的 X 射线波长相关. 出射的 X 射线被波带片物镜衍射形成一阶像.

软 X 射线透射显微镜的主要优点在于它的简单性和可以形成高分辨率的像. 因为不需要空间相干的辐射, 所以通常可以用弯铁辐射成像, 曝光时间通常在几秒. 因为波带片的效率相对中等, 甚至在加上位相效应后, 也通常为 10%~20%, 因此, 样品的吸收剂量比 STXM 要大. 对那些光敏生物材料, 可以通过使用低温样品容器在很大程度上消除高剂量效应, 这种容器甚至在很高的辐射剂量下也能保持结构的完整性. 利用单色器对弯铁辐射进行单色化, 同样可以进行近边 X 射线吸收精细谱 NEXAFS 的研究, 但是对数据的处理比 STXM 要复杂. 此外, 通过使用不同角度对样品进行多次曝光, 有可能进行生物结构的高分辨率三维层析成像研究.

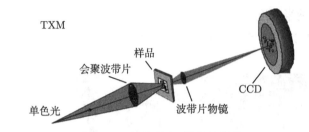

图 14.8　透射软 X 射线显微镜

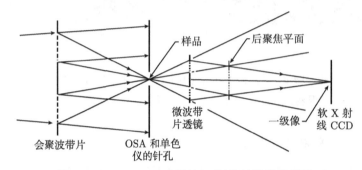

图 14.9　Gottingen 透射软 X 射线显微镜光路图

会聚波带片和选阶光阑 OSA 将单色化的一阶衍射光照明到样品上. 高数值空间的微波带片收集透过的光束, 并在 CCD 上形成高放大倍数的像

图 14.10 给出了 TXM 的分辨率测试图[3].

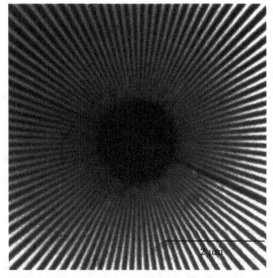

图 14.10　使用 BESSY 的 Gottingen 透射软 X 射线显微镜的测试图 (负片)

测试样品由电子束刻蚀而成, 使用的波带片物镜的最外环宽度 29nm, 可以看到 25nm 的线和间距

14.3.4 其他软 X 射线显微镜

1. 软 X 射线接触显微术

X 射线接触显微术在原理上类似于早期 X 射线显微照相术, 是 X 射线显微术中最初采用的研究方法. 其基本原理是, 将记录介质 (光刻胶) 紧贴在样品背面, X 射线垂直于二者界面对其曝光, 显影后即在光刻胶上留下反映内部结构特征的浮雕图形, 再通过电子显微镜或原子力显微镜读出 X 射线显微图 (见图 14.11、图 14.12). 在分辨率要求较低或初步观测时也可用光学显微镜, 图像的解释取决于对成像物理学、显微过程等的详细理解. 这种方法的优点是简单方便、不需光学元件, 也是迄今唯一达到瑞利分辨率极限的方法, 不过接触显微术图像的最终分辨率受到有效读出程序的保真度和衍射模糊效应的限制. 对使用波长为 λ 的 X 射线, 离光刻胶表面距离为 d 的某一特征结构受衍射效应影响的分辨率为 $(d\lambda)^{1/2}$, 所以, 衍射模糊效应主要是样品较厚和样品与光刻胶接触不紧密时出现的问题.

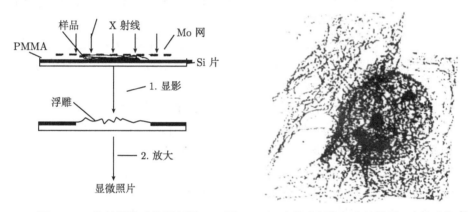

图 14.11 接触显微成像原理图   图 14.12 人的成纤维细胞显微图 (暗场成像)[20]

X 射线接触显微成像最早使用的记录介质是卤化银感光胶片 (Kadak101 底片), 放大的设备是光学显微镜. 直到 1956 年, Ladd 等用重铬酸铵晶体代替以前使用的卤化银, 并且采用电镜来观察图像. 受 X 射线源及光学元件条件的限制, 此项研究一直进展缓慢. 20 世纪 60 年代后期, 多聚体 PMMA(Polymethyl methacrylate) 由于其对电子束的高灵敏度和高分辨率而被用于电子束光刻. 后来 IBM 和 MIT 的研究人员又将 PMMA 用于 X 射线光刻, 获得亚微米结构的图形, 于是又用 PMMA 做了一系列的 X 射线接触成像实验. 有关 PMMA 作为记录介质的 X 射线显微成像极限分辨率的结果由 Spiller 和 Feder 等给出, 为 5nm.

除了上述典型的接触显微术外, 还有一种改进的接触显微术, 就是光电子放大成像(photoelectron X-ray image)[21]. 样品与支持膜 (0.1~0.5μm) 紧密接触, 膜的另一面有一层很薄的光电发射材料. 一束 X 射线将样品的透射像投射到光阴极层, X

射线在这一层吸收后产生不同能量的光电子, 大多数光电子经过多次相互作用后以低能次级电子释放, 这些低能次级电子被一系列电磁棱镜聚集和一个磁棱镜过滤后形成一个放大的图像.

2. X 射线全息术[22]

全息术是 Gabor 为消除电子透镜的像差于 1948 年提出的, 仅 4 年之后, Baez 就提出了 X 射线全息术的构想. 由于缺乏相干的 X 射线源和高分辨的 X 射线记录材料, X 射线全息术发展十分缓慢. 直到 20 世纪 70 年代, 这种状态才被打破, Aoki 和 Kikuta 以及他们的合作者利用微聚焦 X 射线管和同步辐射光源, 以化学纤维和红血球为样品, 记录了一维 X 射线无透镜傅里叶变换全息图和 X 射线同轴全息图, 重现时获得了 4μm 的分辨率. 1986 年, Howells 等[23] 在 Brookhaven 国家实验室, 采用波荡器引出的高相干 X 射线, 使相干长度达到了 1.8μm, 用高分辨率的光刻胶记录了干涉条纹间隔为 40nm 的 X 射线同轴全息图, 相当于在 X 射线同轴全息图上记录了分辨率为 40nm 的样品信息. 1990 年 Jacobsen 等[23] 在 Brookhaven 国家实验室, 用波长为 2.57nm, 相干长度为 1.5μm 的同步辐射源, 以干鼠胰酶原颗粒为样品, 在光刻胶上记录了同轴全息图, 然后用电子显微镜放大, 利用计算机数字重现, 分辨率达到了 56nm.

尽管 X 射线全息术的目标是对含水样品成像, 但目前实验的样品大多还是干的. Lindaas 等[23] 对复杂生物样品 NIL8 仓鼠神经中枢成纤维细胞进行了 X 射线同轴全息术和光学显微镜观测结果的比较研究 (见图 14.13), 结果在其再现图中可以看到一些亚细胞结构, 这些结构在透射电镜中可以看到而在光学显微镜中看不到, 从而证实了 X 射线全息术的有效性. 目前, X 射线全息术的记录方式仅局限于同轴全息和无透镜傅里叶变换全息, 探测器为 CCD 或 PMMA, 全息图再现以数字再现为主. 对 PMMA 记录的全息图可用电子显微镜或原子力显微镜等读出并数值化, 再现的空间分辨率最好可达 40~60nm. X 射线同轴全息术具有光路简单, 不需

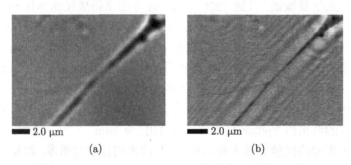

　　　　(a)　　　　　　　　　　　　　　　　(b)

图 14.13　光学显微图 (100×, NA=0.9)(a) 及 X 射线全息图的重现像 (右, λ=1.8nm)(b). 样品为 NIL8 仓鼠神经中枢成纤维细胞[23]

要分束器等光学元件, 但是存在和可见光同轴全息术一样的孪生像问题以及需要高分辨率的记录介质; X 射线无透镜傅里叶变换全息术具有对记录介质分辨率要求低的优点, 但是需要 X 射线聚束器在放置样品的平面上产生一个参考点源. X 射线无透镜傅里叶变换全息术是利用菲涅耳波带片对 X 射线的一级衍射进行聚焦, 而制作高质量小焦斑半径的菲涅耳波带片同样需要高分辨率的记录介质. 以上种种因素使得 X 射线全息术的分辨率距极限分辨率还差一个量级.

14.3.5 几种显微术的优缺点

表 14.1 给出了几种显微术的优缺点.

表 14.1 几种显微术的优缺点[3]

	透射 X 射线显微镜	扫描透射 X 射线显微镜	接触 X 射线显微术	Gabor(伽博) 全息	衍射成像
探测器	CCD	计数器	CCD	CCD	CCD
视野大小	物镜波带片决定	操作者控制	大	大	小
分辨率	物镜波带片和探测器决定	波带片决定	光刻胶和衍射决定	光刻胶和相干性决定	不受技术限制
剂量	较高	最低	较高	较高	
成像时间	快 (总体)	慢	快 (总体)	快 (总体)	慢 (3D)
时间相干	单色 (ZP)	单色 (ZP)	可以多色	单色	单色
光源	多种模式	单一模式	多种模式	单一模式	单一模式
强度变化影响	小	大	小	小	小
闪耀光源	行	不能	行	2D 行, 3D 不	3D 不
相位衬度	第尼克	微分	不能	内含	内含
暗场成像	有可能	能	不能	不能	不能
光电发射	能	能	不能	不能	不能
荧光成像	不能	能	不能	不能	不能
XANES 图像	能	能	很难	很难	很难
偏振	有可能	能	有可能	有可能	有可能
微光谱	难	能	不能	不能	不能

14.4 上海光源软 X 射线谱学显微光束线站

在这一节, 简要介绍一下上海光源软 X 射线谱学显微光束线站[24].

14.4.1 上海光源软 X 射线谱学显微光束线布局

上海光源 (SSRF) 是中国内地第一台第三代同步辐射光源装置, 也是世界上较为先进的中能区光源装置之一. 软 X 射线谱学显微光束线站的设计瞄准世界前沿的发展, 集高空间分辨能力 (50nm) 与高能量分辨能力 (285eV 分辨能力 $E/\Delta E$ 为

6000) 于一身, 主要针对细胞、材料、环境等进行高分辨率的谱学显微研究. 光子能量为 250~2000eV, 基本覆盖了与生命、环境、健康等密切相关的 C、N、O、F、Na、Mg、Al、Si 等重要元素的 K 吸收边线. 由于能区分布跨越 "水窗" 波段, 该技术在研究亚细胞结构以及生物分子的形态、分布等方面较常规技术具有独到的优势. 目前, 该技术的发展方向之一是结合冷冻固定技术, 进行生物活样品的高分辨率三维成像研究.

　　近年来, 人们对用不同极化或极化可调的同步辐射光进行同步辐射研究的兴趣越来越高, 如磁散射、漫散射、光电子谱等. 圆二色研究需要正、负螺旋的圆极化光, 而高精度的水平/垂直方向衍射实验需要垂直/水平方向的线极化光, 用 45°/135° 线极化的光可以使某些实验中样品室不用转动. 因此, 在光源的设计上上海光源采用波荡器光源, 满足众多领域的用户对偏振光的特殊需求.

　　图 14.14 为上海光源 STXM 线站光学布局示意图. 光束线入口距光源点约 20m 处利用一个四刀狭缝 (图 14.14 中未画出) 来限制束线的水平和垂直接收角, 可根据需要调整. 四刀狭缝的另一个功能是吸收大部分的辐射功率, 保护下游光学元件. 水冷柱面镜使入射光沿水平方向偏转 3.44°, 其表面镀金, 主要用于准直弧矢面上的入射光束, 产生垂直方向的平行光束. 同时也兼高频滤波作用, 截掉 2000eV 以上的高能辐射, 降低下游元件的热负载. 由于柱面镜接受的热负载较大, 故需直接水冷.

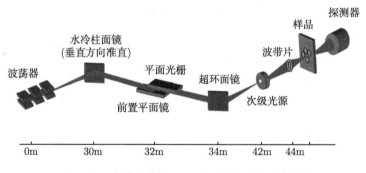

图 14.14　上海光源 STXM 线站光学布局示意图

　　单色器由前置平面镜和平面光栅组成. 工作在平行光模式下, 无入射狭缝. 通过变包含角选择波长. 这种结构简单的 SX700 型光栅单色器已广泛应用在 ALS、CLS 等大型同步辐射装置的软 X 射线扫描显微光束线上. 其主要优点为: ①单色器入射、出射光轴固定、覆盖较宽的能带; ②平面光栅上的热负载被大大降低, 而且根据实验需要可以灵活地选择高通量模式以及高能量分辨模式. 沿垂直方向色散的平行光束经超环面镜垂直聚焦成像在出射狭缝上. 超环面镜也将光源水平方向聚焦成像到出射狭缝上, 以保证充分利用有限的相干光子.

出射狭缝也兼作精密聚焦元件 (波带片透镜) 的光源 (图 14.14 中的次级光源). 出射狭缝与波带片透镜距离 2m. 波带片透镜直径 $D = 200\mu m$, 外带宽 $\Delta r = 30nm$. 如果入射光能量分辨率大于 1000, 而且次级光源为理想点光源, 则波带片实现理想聚焦.

14.4.2 实验站布局及实验方法

软 X 射线谱学显微术是一种独特的软 X 射线实验技术. 实验中对样品进行空间二维扫描, 获得高空间分辨率的图像. 衬度机制可以采用吸收衬度、偏振衬度, 以及化学衬度. 化学衬度基于高能量分辨的近边 X 射线吸收精细谱(NEXAFS) 技术. 通过扫描感兴趣的元素 (或掺杂成分) 吸收边附近的能量, 获得该元素种类 (或掺杂成分) 的特征吸收谱图, 然后通过三维扫描 (二维空间 X、Y, 一维能量 E) 获得一系列能量–空间透射堆栈图像, 通过适当的数据处理可以得到样品中的掺杂成分及其精细空间分布. 实验站设计中还保留了样品的三维扫描 (X, Y, φ) 功能, 以实现纳米分辨率断层扫描功能 (或称为 Nano-CT). 光谱 Nano-CT(四维扫描, X, Y, φ, E) 技术目前刚刚起步, 是实验站的发展方向之一.

STXM 实验站的主要功能概括为:

(1) X 射线成像;

(2) 透射 NEXAFS;

(3) 化学成分成像 (chemical mapping);

(4) 微细磁畴成像 (magnetic mapping);

(5) 偏振特性研究;

(6) 三维形态 Nano-CT.

STXM 的主要研究领域包括: 聚合物科学 (多相聚合物复合材料的掺杂对材料性能的影响)、生物应用 (细胞、菌类等自然状态下的亚微米级的空间与化学分析、人工材料与蛋白质的相互作用及兼容性研究等)、环境 (土壤、菌类与有害金属的亲和作用等)、新型材料设计、磁成像等.

为充分发挥软 X 射线的性能, 设计中还预留了足够的空间以便将来根据用户的需求发展其他软 X 射线实验技术, 如俄歇电子谱 (AES)、X 射线激发光子发射 (XEOL)、光电子显微术 (PEEM)、气相光电离和飞行时间测量、磁圆二色等.

实验站使用的 STXM 显微镜主要由光束聚焦系统、样品扫描系统、快速正比探测器、样品槽、控制系统与图形用户界面五部分组成.

如图 14.15 所示, 聚焦系统、样品槽、探测器, 以及各自的移动控制平台均安装在一个大的真空腔内, 可以实现 10^{-4}Pa 的真空度. 该显微系统真空腔与光束线真空管道通过氮化硅窗加以隔离, 以使该系统同时能工作在大气环境或者氦气环境.

湿样品环境则通过特制样品槽实现. 由于出射狭缝是波带片透镜的物光源, 因此要求两者的横向相对振动幅度不能大于 5μm(对聚焦光斑尺寸的贡献约为 5nm).

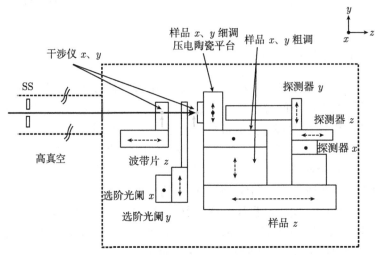

图 14.15　扫描透射 X 射线显微镜组件示意图

1. 聚焦系统

聚焦系统为光谱显微的核心部分. 原理如图 14.16 所示. 为了得到理想聚焦光斑 (对 +1 级, 光斑尺寸为 $1.22r$, r 为波带片外带宽). 波带片需要配备中心阻挡圆盘 (直径约为 $D/2$) 和级选光阑 (约 $D/2$ 孔径, 位于 $3f/4$ 处) 以消除 0 级光的影响.

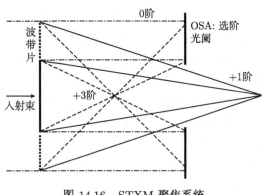

图 14.16　STXM 聚焦系统

为了得到高的衍射效率, 上海光源软 X 射线谱学显微线站采用 4 个波带片对不同能段进行优化. 波带片参数如表 14.2 所示.

表 14.2 波带片参数

能段/eV	波带片直径/外环宽度/(μm/nm)	厚度/nm	焦距/mm 最小	焦距/mm 最大	中心挡板/μm 直径	中心挡板/μm 高度
130~280	200/30	150	0.63	1.36	80	20
280~800	200/30	200	1.36	3.87	80	20
800~1400	200/30	280	3.87	6.78	80	20
1400~2000	200/30	300	6.78	9.68	80	20

2. 样品扫描系统

由于实验过程中 X 射线光斑无法移动, 通常采用移动样品来实现扫描. 样品扫描需要粗扫描, 如步进马达, 同时也需要精细扫描, 如压电陶瓷, 以实现样品的精细扫描投射图像, 定位精度不应大于 10nm. 在进行 NEXAFS 扫描成像时, 光子能量的改变导致焦点位置改变, 要求样品纵向位置作相应的调节, 因此必须有措施监控样品做纵向运动时的横向偏离 (偏离光轴状态), 并能加以补偿. 根据国际上同类线站的实际经验, 采用可见光差分干涉仪来实现监控调节与补偿.

3. 快速正比计数器

按设计要求, 样品处平均光子通量为 10^8 光子数/s. 若假设样品的透射率为 10%, 则到达探测器上的光子通量近似为 10^7 光子数/s. 因此, 要求探测器的计数能力大于 10MHz. 图 14.17 给出了 ALS 的 STXM BL7.0 和 BL5.3.2 使用的高速正比探测器结构. 这种结构通过在透明塑料管的尖端部涂上磷粉薄层, 将 X 射线光子转换成可见光, 然后通过光电倍增管 (PMT) 计数, 计数能力高达几十兆赫兹, 可以满足本实验站的要求. 磷沉淀层基底通常使用单晶 $CdWO_4$(CWO)、$YAlO_3$：Ce(YAP) 或者 Gd_2O_2S：Pr(GSO), 单晶材料由透明塑料管尖端支撑.

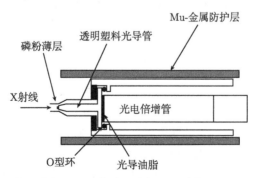

图 14.17 高速正比探测器示意图

上海光源软 X 射线谱学显微光束线站采用了类似的快速正比计数器作为探测器.

4. 样品槽

为便于观测自然状态下 (含水状态) 的生物样品, 需要设计专用的湿样品槽. 通常湿样品被裹在氮化硅窗内, 成三明治结构. 氮化硅在本线站设计的能量范围有足够的透明度. 200nm 厚的氮化硅窗的透过率, 非常接近 1. 图 14.18 给出了其整体结构示意. 样品厚度 1~2μm, 氮化硅窗两片, 各为 100nm, 三明治结构固定在 200μm 厚的 Si 基板上.

图 14.18　湿样品槽结构

5. 控制系统

扫描透射 X 射线显微镜控制系统主要包括粗细移动平台、探测器和激光干涉仪的控制, 以及相关探测器的数据采集等. 样品的精细扫描采用压电陶瓷平移台, 将由一个三维的激光干涉仪跟踪样品和波带片的相关位置来提高其稳定性和精确性, 采用闭环伺服控制系统. 实验站采集模块包括实验站元件工作状态的数据记录和探测器的实验数据获取. 实验站通过接口模块与光束线控制通信, 以实现在实验站终端实现对光束线上单色仪、狭缝的控制及参数数据获取.

14.5　TXM 和 STXM 的应用

软 X 射线光谱范围 (75~2150eV) 覆盖了生物、环境、聚合物等领域几乎所有重要元素的吸收边, 如 C、N、O、Na、Mg、Al 和 Si 元素的 K 吸收边; Ti、V、Cr、Mn、Fe、Co、Ni、Cu 和 Zn 等重要过度金属元素的 L 吸收边; 以及 P、S、Cl、K 和 Ca 的 L 吸收边. 目前基于同步辐射软 X 射线发展出的显微方法主要有: STXM 和 TXM 两种, 相比于常规的接触式显微术及 Gabor 全息术, 这两种方法还可以进行近边 X 射线吸收精细谱分析, 因此已经成为主流的实验方法. STXM 的特点是: 样品所受到的辐射损伤较低, 但对同步辐射光源的要求较高. STXM 除了拥有较高的空间分辨率 (30nm) 外, 还能提供高能量分辨率的 NEXAFS 谱, 这使它对各种样品中的微量元素十分敏感, 能够对样品中的各元素或化学物质进行特征识别和定量分析. TXM 的特点是: 样品所受到的辐射损伤较高, 但是成像速度快, 对同步辐射光源的要求较低.

一般来说, 可以利用样品的吸收谱来对样品进行谱学研究. 但是有些时候, 样品较厚, 直接测量吸收谱比较困难. 众所周知, 物质吸收光能量后会受到激发, 在退激发过程中会产生荧光和俄歇电子. 这些荧光射线和电子的强度是与吸收成正比的, 所以通过对它们的测量, 也可以得到吸收的信息.

TXM 的数据通常由 CCD 系统采集接收. 一般选取固定的光子能量, 依靠吸收衬度得到所需的图像和信息. STXM 由于在测量过程中要对样品进行二维扫描, 所以每个扫描像素点的信号一般采用光电二极管等探测器探测. 测量后, 数据一般以光学密度的形式表示出来. STXM 的数据分析方法主要有: 堆栈分析法(STXM spectral image stack analysis)、主成分分析法(principal component analysis, PCA)[25]、聚类分析法(cluster analysis)[26,27] 等. 堆栈分析法是把单次扫描的像素点重现到一幅图中, 然后按照能量序列进行堆栈, 最后从堆栈中提取有用的光谱吸收信息. 主成分分析法可以在样品成分信息未知的情况下通过计算得出样品中含有的成分数目, 而且可以通过最小二乘法拟合得知是否含有某一种成分. 如果已知样品的成分信息, 就可以求出样品成分在空间的分布. 对于成分信息未知的样品, 还需要使用聚类分析法, 以便得到样品中所含成分信息及其空间分布. 聚类分析法利用主成分分析法得到的中间结果, 通过按照各个像素点的光谱关联度来进行分类, 得出样品含有的成分的光谱, 然后通过与标准数据库进行比较, 得出具体的成分. 目前这些方法都有相应的处理软件, 用户可以方便地处理实验数据.

下面给出 STXM 和 TXM 的一些应用例子.

14.5.1 在生命科学中的应用

在生命科学的研究中, 一直希望能得到自然状态下的生命体的显微图像. 传统的光学显微方法虽然可以在自然状态下研究生物样品, 但是分辨率低; 电子显微镜虽然分辨率很高, 但是对样品的预处理十分复杂, 需要切片、染色等一系列过程, 而这些过程往往会破坏样品的结构和活性. 以上两种方法已经越来越不能满足研究的需要. 同步辐射软 X 射线显微方法作为一种新的、能够在纳米尺度研究含水状态或近自然状态的生物样品的方法, 越来越受到人们的重视.

在软 X 射线能量范围内, 有个被称作 "水窗" 的波段. 在这个波段内, 有机生命物质 (主要含 C, N 等) 对 X 射线的吸收远高于水 (H, O) 对 X 射线的吸收 (图 14.19). 这样在能量略低于 O 吸收边处对样品进行测量, 通过水和生物成分的吸收衬度, 就能够得到含水状态下生物样品的显微图像.

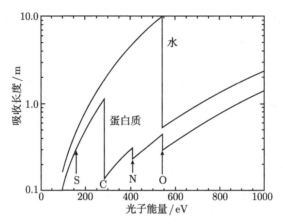

图 14.19   典型生物样品的吸收长度 (C, O, N, H, S 的含量分别是 52.5%, 22.5%, 16.5%, 7.0%, 1.5%)[28]

当然, 由于软 X 射线本身的光子能量比较高, 测量过程中存在一定量的辐射损伤, 所以, 实验中往往需要对样品进行冷冻. 目前用于 TXM 测量的冷冻技术已经发展得比较成熟, 而 STXM 测量生物样品一般需要在超高真空下进行, 并且要求能够在样品所在的二维平面上进行纳米量级的精确定位, 所以 STXM 的冷冻技术尚处于发展中.

1. STXM 在生命科学中的应用

1) 钙的沉积和钙化的组织[3]

钙化和脱钙过程与进化、老化、正常生理活动以及疾病等各种生命活动都有着紧密的联系. STXM 为测定组织切片和细胞等生命结构中钙的分布和浓度提供了

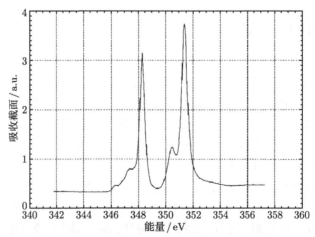

图 14.20   骨骼中钙的吸收谱[3]

一个十分方便的方法. 通过对含钙组织的 X 射线吸收谱的研究, 发现在钙的 L 边附近有两个强烈的共振峰 (图 14.20). 对含钙样品在共振峰能量处和远离共振峰能量处分别用 STXM 进行扫描, 测定其吸收谱. 再对比在不同能量处的光谱, 就可以得到样品中钙分布的信息.

　　Buckley[29] 利用 STXM 对正常的和病理组织中钙的分布进行了研究. 图 14.21 显示的是肌腱炎患者的 0.1μm 厚的固定、但未染色的肌腱组织切片中钙的分布. 结果发现, 在软骨细胞的周围有一些小的微晶核, 这些被认为是细胞向周围环境分泌的沉积物.

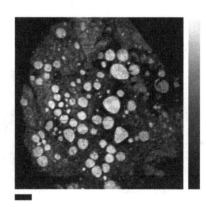

图 14.21　肌腱炎患者的 0.1μm 厚的肌腱组织切片中钙的分布: 钙的浓度分布图显示出致病沉积物的密度和分布情况. 比例尺: 20μm. 峰值亮度: 表示钙的浓度为 $5.5\mu g/cm^2$[29]

　　2) 区分细胞中的 DNA 和蛋白质

　　DNA 和蛋白质都有各自独特的近边吸收谱 (图 14.22), 人们已经用这些光谱所提供的信息来研究细胞中 DNA 和蛋白质的分布情况. Zhang 等[30,31] 研究发现, 纯净的 DNA 和细胞核的 C 元素的近边吸收谱中有着相同的, 十分显著的共振峰, 而比较细胞核与细胞质的 C 元素近边吸收谱发现, 纯净蛋白质的近边吸收峰在细胞质的光谱中比在细胞核的光谱中体现得更明显. 这样通过选择适当的 X 射线能量, 测量相应能量处的 C 元素吸收谱, 通过对这些光谱的分析, 就能够得到 DNA 和蛋白质在细胞等生命单元中的分布情况. 图 14.23 显示利用这种方法得到的公牛精子中的 DNA 和蛋白质分布.

　　3) 利用 STXM 研究生物膜中抗菌剂的分布[32]

　　抗菌剂在人们的日常生活和工业生产上使用十分广泛, 并且在其随废水一起排放到自然环境中以后还保持着本身的生物活性. 进入自然界的抗菌剂会和生物膜相互作用, 对水生生态系统产生重大的影响. 为了了解抗菌剂如何影响水生生态系统, 需要知道抗菌剂在生物膜中的空间分布, 吸附点及其对生物膜结构的影响等.

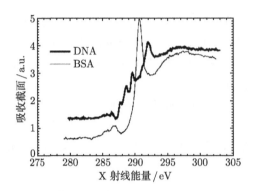

图 14.22　利用 STXM 测得的 DNA 和蛋白质的 C 近边吸收光谱, 谱中的一些吸收峰可以用来研究 DNA 和蛋白质的分布[30]

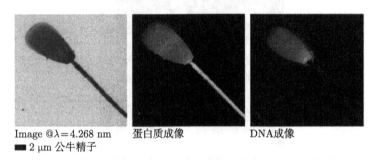

图 14.23　利用 STXM 测量的风干的公牛精子中 DNA 和蛋白质的分布情况[30]

STXM 具有高的空间分辨和能量分辨能力, 应用 STXM 可以很容易地对生物膜进行研究.

　　STXM 可以对样品进行 X 和 Y 两个方向的二维扫描, 在每个扫描点 (像素点) 测量样品的近边吸收光谱. 并且认为测得的光谱是这个像素点内各物质的近边吸收谱的线性叠加. 这样, 通过对所测得的光谱和样品中所含物质的标准光谱比较、分析 (奇异值分解, SVD), 就可以得到样品中每个像素点处各组分的含量, 从而得出样品中各物质的空间分布信息. James 等[32] 利用 STXM 得到了用洗必泰 (防腐消毒剂) 处理过的生物膜中各成分的分布. 图 14.24 是当 X 射线能量为 288.2eV 时, 利用 STXM 得到的生物膜中羽纹硅藻群落图像. 图 14.25 是图 14.24 中白色长方形区域在 X 射线能量为 288eV 和 288.2eV 时所得到的 STXM 图像的相减 ($I_{288.2} - I_{282}$). 该图显示的是区域中的有机成分而去掉了其他成分的贡献. 图 14.26 是对样品进行分析的标准光谱. 从图中可以看出, 蛋白质, 多糖和油脂的 C 1s 吸收光谱都有着各自的特征; $CaCO_3$ 的 C 1s 光谱和 K 2p 光谱可以用来分析这两种成分; 洗必泰的光谱在 285.1~286.4eV 内有一些特征峰, 这与其分子结构中 C 1s→ π^*_{ring} 和 C 1s→ $\pi^*_{\text{C=N}}$ 跃迁有关. 图 14.27 即是图 14.25 所示区域中各成分的分布信息.

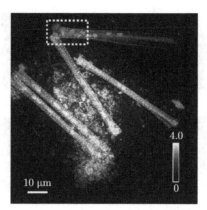

图 14.24   X 射线能量为 288.2eV 时 STXM 获得的、在 100µg/L 洗必泰中暴露 8 周后的生
物膜羽纹硅藻区域的光学密度图像[32]

图 14.25   图 14.24 中白色矩形所示区域在 X 射线能量为 288eV和 288.2eV 时所得到的
STXM 图像相减 ($I_{288.2} - I_{282}$) 的图像[32]

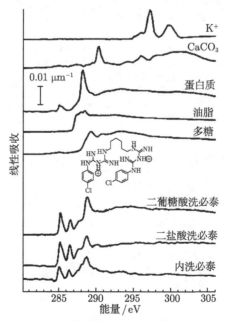

图 14.26   纯净的 K^+(K_2CO_3 扣除 CO_3^{2-})、$CaCO_3$、蛋白质 (人类血清蛋白)、油脂
(1,2-dipalmitoyl-sn-glycero-3-phosphocholine)、多糖 (黄原胶) 和洗必泰的近边吸收谱[32]

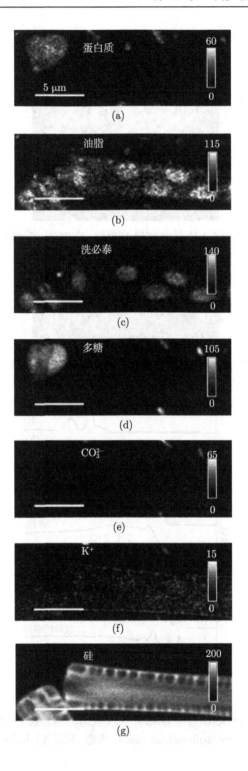

(a) 蛋白质　60　0　5 μm

(b) 油脂　115　0

(c) 洗必泰　140　0

(d) 多糖　105　0

(e) CO_3^{2-}　65　0

(f) K^+　15　0

(g) 硅　200　0

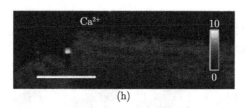

(h)

图 14.27 羽纹硅藻中各成分的分布

(a) 蛋白质; (b) 油脂; (c) 洗必泰; (d) 多糖; (e)CO_3^{2-}; (f)K^+; (g) 硅; (h)Ca^{2+}. 其中 (a)~(g) 的图像是能量范围为 280~320eV 所测得的一系列吸收光谱经过 SVD 处理后的图像, Ca^{2+} 的图像 (h) 是 X 射线能量为 352.6~350.3eV 所测得的吸收谱差异. 灰度表示相对厚度[32]

Wang 等[33] 使用 STXM 对细胞进行了断层重建, 图 14.28 所示为实验所用的装置. 样品台是和电子显微镜样品台类似的格子. 实验时把样品台放入快速泵的密封舱 (airlock) 中, 再把密封舱放入样品室中, 样品室保持 $10^{-5} \sim 10^{-7}$ Pa 的真空度. 密封舱能够驱动样品台绕单一倾斜轴旋转.

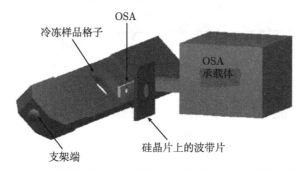

图 14.28 样品台倾斜 45° 时波带片, 样品和 OSA 的相对位置

细胞培养在电子显微镜格子中进行, 所用细胞为老鼠 T3T 纤维细胞. 当培养的细胞达到一定的程度便将格子中的培养液去掉并进行冷冻.

实验首先拍摄 0° 位置的图像, 接着从 $-55° \sim +60°$ 每隔 5° 拍摄一幅图 (见图 14.29). 拍摄选取每 100nm 尺度有 400×300 像素, 在每个像素上停留 20ms, 得到一幅图要大约半个小时, 而完成整个数据的收集要 24 小时, 这个时间有待缩短.

在 0° 的位置, X 射线朝着探测器的方向定义为 $+Z$ 方向; 此时水平和垂直的轴分别为 X 和 Y 方向. 在这 3 个方向上的重建图如图 14.30~图 14.32 所示. 这三个图分别显示了 T3T 纤维细胞的 Y、X 和 Z 平面的重建切片. 其中 Y 平面重建切片表示切片平面垂直于 Y 轴, 横轴和纵轴分别为 X 轴和 Z 轴. 其他两图依此类推. 在实验过程中并没有观察到明显的由辐射所引起的变化. 此实验证明了使用 STXM 对真核细胞进行三维重建的可能性. 但缩短实验时间、提高分辨率和进行元素和化学绘制的方法还有待发展.

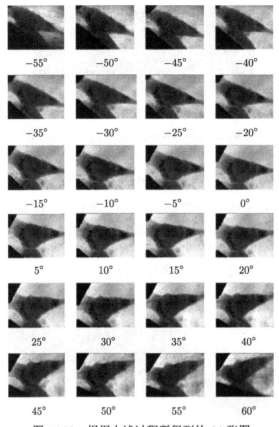

$-55°$　　　$-50°$　　　$-45°$　　　$-40°$

$-35°$　　　$-30°$　　　$-25°$　　　$-20°$

$-15°$　　　$-10°$　　　$-5°$　　　$0°$

$5°$　　　　$10°$　　　　$15°$　　　　$20°$

$25°$　　　　$30°$　　　　$35°$　　　　$40°$

$45°$　　　　$50°$　　　　$55°$　　　　$60°$

图 14.29　根据上述过程所得到的 24 张图

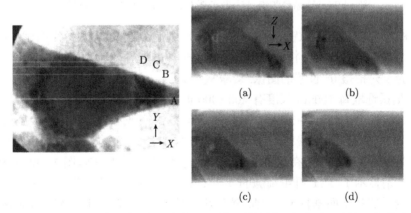

(a)　　　　　　　　(b)

(c)　　　　　　　　(d)

图 14.30　在 Y 平面的重建切片. 左图为在 $0°$ 时得到的图像, 白线显示右边 4 幅薄片图在 Y 方向所对应的位置

(a) $y = 10.7\mu m$; (b) $y = 15.6\mu m$; (c) $y = 17.2\mu m$; (d) $y = 18.1\mu m$

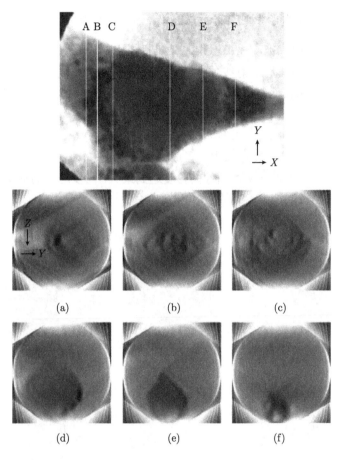

图 14.31　X 平面的重建切片图, 上图为 0° 位置所得到的图像, 白线显示出下面 6 幅图在 X
方向所对应的位置

(a) $x = 4.1\mu m$; (b) $x = 5.8\mu m$; (c) $x = 8.2\mu m$; (d) $x = 17.1\mu m$; (e) $x = 22.3\mu m$; (f) $x = 27.4\mu m$

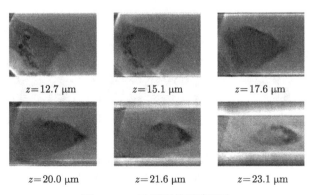

图 14.32　Z 平面的重建切片

2. TXM 在生命科学中的应用

1) 利用 TXM 研究被虐原虫感染的红细胞[34]

正如前面提到的, 软 X 射线独有的水窗波段使其在研究生物样品方面有着巨大的优势. 利用水和其他生命物质的吸收衬度, 可以很容易地得到含水状态或近乎自然状态下的生命体的纳米尺度图像.

Magowan 等[34] 在 ALS 光源的显微成像光束线站 XM-1 上, 对被虐原虫感染的红细胞在各阶段的结构和形态进行了成像分析, 如图 14.33 所示. 实验所用的 X 射线能量为 517eV, 可以使所得图像的衬度达到最大. 同步培养的红细胞在观察时使用 1%或 2%的戊二醛/PBS 固定, 并未被染色.

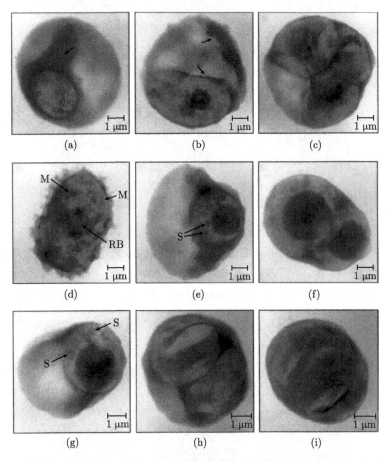

图 14.33　用半胱氨酸蛋白酶抑制剂处理和没有处理的营养体阶段疟疾寄生虫在普通红细胞中寄生的软 X 射线显微图像[34]

(a) ～(d) 没有处理过的营养体; (e)～(i) 用抑制剂处理过的营养体

图 14.33 中, 图 14.33(a) 显示的是没有处理过的营养体在感染红细胞 12h 后的图像 (曝光 30s), 红细胞内的物质在营养体周围进行了再分配, 箭头指示的黑色区域是比较致密的位置. 图 14.33(b) 显示感染红细胞 30h 后的疟原虫营养体 (曝光 60s), 箭头指示出寄生虫周围的致密区域. 图 14.33(c) 显示感染 36h 后的红细胞 (曝光 30s). 图 14.33(d) 是感染 36h 后的多核裂殖体, M 指出可分辨的单个的裂殖体, RB 为残留的消化液泡 (曝光 30s). 图 14.33(e)~(g) 为用半胱氨酸蛋白酶抑制剂处理过的营养体 ((e)、(f) 用 leupeptin 处理; (g) 用 ZFR(benzy loxy earbonyl-Pbe-Arg-CH$_2$) 处理): 从图中可以看到, 扩大了的消化液泡中含有密集的物质, S 指示出处于寄生虫细胞质内的致密球状物质 (曝光 30s). (h)、(i) 用 ZFR 处理过的营养体显示出和没有处理过的营养体显著不同的结构以及内部物质分布的混乱, 可看到寄生体上出现类似裂缝的形状以及明显分割的区域.

2) 细胞纳米结构的三维重建[28]

众所周知, 三维图像能提供更详细的信息. 通过得到的生物细胞及细胞内物质的三维空间分布对细胞的形态和结构进行研究, 是许多研究人员所希望的. 以往用来实现细胞三维成像的, 主要有激光共聚焦显微镜和电子显微镜: 前者通过荧光标记技术, 可以观察活细胞中被标记的各种亚结构, 分辨率达到 100nm. 但是, 这种方法无法对细胞中未被标记的结构进行观察. 电子显微镜是通过将细胞脱水后切成连续的片段, 然后将所得的片段成像组合. 但是, 样品的前处理过程会造成生物化学上的变化, 且无法观察样品在含水状态下的情况. X 射线 CT 可在不用标记的情况下研究细胞中不同结构之间的三维关系, 为细胞的三维成像提供了一种新的选择.

实现细胞三维重建需要解决的一个关键问题就是低温冷却, 以削弱在断层摄影过程中的辐射损伤. 基于 TXM 的细胞断层摄影, 低温冷却几乎是唯一的样品处理过程. ALS 的 TXM 线站进行 CT 拍摄时 (图 14.34), 把细胞放在毛细管中以实现对单个细胞 360° 方向性的数据收集, 整个样品用低温气体 (如液态硝基根氢气) 冷却 (快速冷却可以使冰处于无定形的状态). 每隔 4° 拍摄一张全场的影像投影, 用计算机对这些图像进行重建以及一系列的处理, 即可得到完整的细胞三维重建图 (图 14.35).

图 14.34 是 ALS 的 TXM 线站所用样品台的示意图[28]. 此系统使用低温气体冷却技术, 使液氮温度的氦气不断流过样品表面以保持在拍摄过程中的低温, 样品和 X 射线光路的高真空用 100nm 硅氮化物窗口隔开. 实验采用机动化的样品台, 使感兴趣的区域能够绕中心轴旋转. 实验首先要利用光学显微镜使样品台的转轴和所观察样品的中心轴重合, 使样品旋转 180° 所产生的偏离不超过 2μm. 进一步的调整通过 4 束低剂量的 X 射线图像获得, 使中心轴在旋转过程中的偏离不超过 0.25μm. 具体过程为: 首先在 0° 拍摄一张样品的图像并记录下样品中心的位置, 再

旋转样品 180° 拍摄一张图像记下样品中心的位置并将样品中心调整到这两个位置中间; 对 90° 和 270° 进行同样的处理. 图 14.35 是用该实验系统测得的完整酵母细胞的三维重建图, 所用 X 射线能量为 517eV.

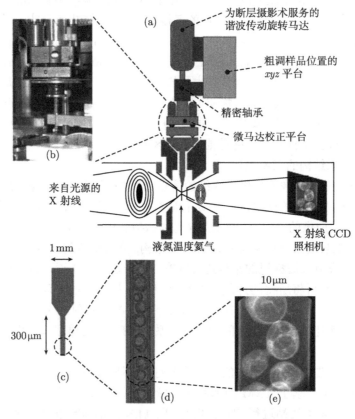

图 14.34　ALS 的 TXM 线站所使用的样品台[28]

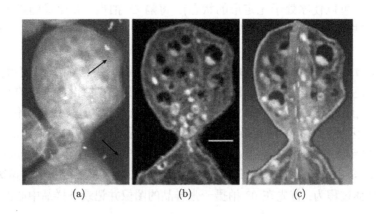

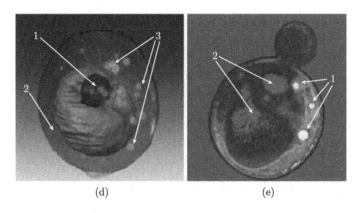

图 14.35 使用 TXM 对完整酵母细胞的重建图像

重建过程是在 180° 的范围内每隔 4° 拍摄一张发射图像. (a)45 张图中的一张, 可以看到图中有很多囊泡和细胞器的重叠. (b) 为 (a) 中原始数据通过计算机重建所得. (c) 是从 (b) 的重构数据经容量修剪而得到的视图. (d) 通过边缘增强梯度算法得到的卷积补偿图像, 图中可以清楚地看到细胞核 (1 所示), 液泡 (2 所示) 和油脂 (3 所示). (e) 酵母细胞的色编码重建 (油脂为 1 所示, 液泡为 2 所示)[28]

14.5.2 在材料科学和物理学中的应用

软 X 射线显微不仅能提供纳米量级的空间分辨率, 还能提供包含元素化学信息的近边吸收谱, 因此, STXM 和 TXM 在材料科学和物理学上也有着广泛的应用.

1. STXM 在材料科学和物理学中的应用

1) STXM 用于聚合物材料的研究[35]

聚合物是一种在工业生产和日常生活中都广泛应用的高分子材料. 在实际应用中, 人们通常在聚合物中加入各种增强颗粒来改变聚合物的化学性质和机械性能. 因此, 定性或定量地了解增强颗粒在聚合物中的分布有十分重要的意义. 在传统的分析方法中, 红外光谱和核磁共振虽然能够进行元素分辨, 但缺乏足够的空间分辨率; 透射电子显微方法有很高的空间分辨率, 但缺乏元素分辨的能力, 并且还容易造成严重的辐射损伤. 相比较而言, X 射线谱学显微提供了一种十分有效的方法.

研究发现, 聚合物中的 π 键和 σ 键会对其 NEXAFS 光谱产生影响, 这样, 不同的聚合体有各自独特的 NEXAFS 光谱 (见图 14.36). 因此可以应用 NEXAFS 光谱定性定量分析各种聚合物, 区分并确定特定的聚合物在混合物中的分布以及确定未知的聚合物.

Hitchcock 等[35,36] 利用 STXM 研究了掺入两种聚合物多元醇(copolymer polyol) 增强颗粒的聚氨酯. 这两种增强颗粒分别为：SAN(poly styrene-co-acrylonitrile) 和

PIPA(aromatic-carbamate rich poly-isocyanate poly-addition product).

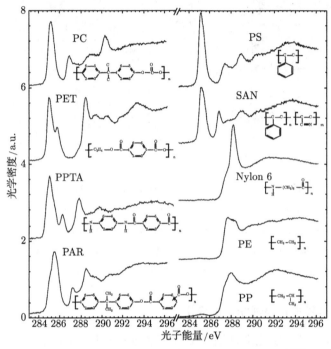

图 14.36　一些常见聚合物的 C 1s NEXAFS 光谱[35]

图 14.37 是 SAN、PIPA 颗粒和聚氨酯复合材料的 C 1s NEXAFS 光谱. 从图中

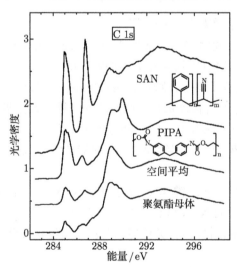

图 14.37　SAN、PIPA 和聚氨酯复合材料的 C 1s NEXAFS 光谱, 以及整个样品的平均 C 1s NEXAFS 光谱. 该光谱是在 ALS 的 STXM 线站上获得[35]

可以看到, SAN 和 PIPA 的光谱在 285eV 的低能处都有很强的吸收峰, 它来源于两种颗粒中的 C 1s → $\pi^*_{C\equiv C}$ 跃迁. 而在这个能量处, 聚氨酯复合材料的吸收很微弱. 因此, 可以利用这种吸收强度的差别来突出这两种增强颗粒. 在能量 286.7eV 处, SAN 的光谱有一个很强的吸收峰, 这是由此种颗粒中的丙烯腈的 C 1s → $\pi^*_{C\equiv N}$ 跃迁产生. 这个由 SAN 增强颗粒中丙烯腈所产生的独特的光谱峰可以用来区分 SAN 和 PIPA 这两种成分, 并且可以用来对 SAN 进行定量分析.

　　图 14.38 是通过电子显微镜获得的包含 SAN 和 PIPA 两种增强颗粒的聚氨酯复合材料图像, 从图中无法分辨哪些是 SAN, 哪些是 PIPA. 图 14.39 是利用 STXM 在不同能量处得到的聚氨酯复合材料图像. 利用这些图像可以很容易地从聚氨酯复合材料中区分这两种增强颗粒.

图 14.38　含有 SAN 和 PIPA 两种增强颗粒的电子显微镜图像, 从图中无法分辨这两种增强颗粒[35]

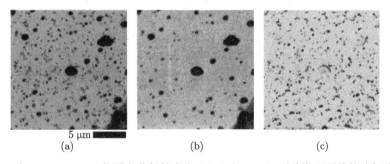

(a)　　　　　　　　　　　(b)　　　　　　　　　　　(c)

图 14.39　在 Stony Brook 装置上获得的含有 SAN 和 PIPA 两种增强颗粒的聚氨酯复合材料在不同能量处的 STXM 图像

(a) 285.1eV; (b) 287.2eV; (c) 两幅图的差别, 显示出 PIPA 的分布[35]

　　前面介绍了 TXM 和 STXM 在细胞三维重建方面的应用, 但是可以看到, 实验所用的能量是单一的. 从理论上讲, STXM 可以将 CT 技术和 NEXAFS 谱技术相结合, 从而得到结合三维空间和一维能量 (x, y, θ, E) 分布的四维图像信息. 这样可以提供更详细的关于样品的空间结构和元素状态的信息, 更能满足目前材料科学、生命科学等方面研究的要求. 但是由于数据处理过程和实验精度要求太高, 目前该方面的研究还处在发展之中[36].

　　Johansson 等[37] 用了两个 X 射线能量值对用丙烯酸酯填充的中空聚苯乙烯微球 (acrylate polyelectrolyte-filled polystyrene microsphere) 进行了研究. 得到了所谓化学 X 射线断层摄影术的图像. 图 14.40 是实验所用的丙烯酸酯填充的中空聚苯乙烯微球样品的结构和对应各成分中的 O 的近边吸收谱.

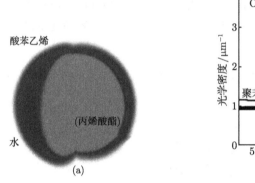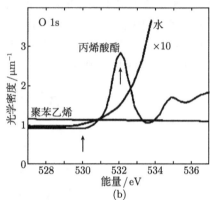

图 14.40　丙烯酸酯填充的中空聚苯乙烯微球样品 (a) 及聚苯乙烯和聚丙烯酸酯在水和玻璃中 O 的 1s 吸收边以下的近边吸收谱[37](b)

　　测量时, 含水状态的样品被放置在毛细管中. 图 14.40(b) 中两个箭头所指示的能量 (530eV, 532.2eV) 被用来区分样品中聚苯乙烯和聚丙烯酸酯两种成分. 虽然在能量为 530eV 处实际的吸收包含了聚苯乙烯、聚丙烯酸酯、水和毛细管壁四种成分的贡献, 但是可以认为在毛细管内, 主要的吸收来自聚苯乙烯, 而其他成分的贡献很少. 通过实验得到的样品的三维重建图像, 如图 14.41(后附彩图) 所示.

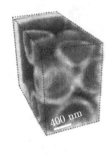

图 14.41　聚丙烯酸酯 (绿色) 和聚苯乙烯 (灰色) 空间分布的三维图像[37]

2) STXM 结合时间分辨在磁学上的应用

同步辐射光源发出的光是时间间隔不变的脉冲光. 脉冲的时间间隔可以达到皮秒量级. 因此, 可以进行时间分辨的实验研究[38~40].

Waeyenberge 等[39] 在 ALS 装置 10.0.2 扫描显微线站上, 结合 X 射线磁圆二色和时间分辨技术, 研究了镍铁导磁合金 ($Ni_{18}Fe_{20}$) 在外加交变磁场脉冲下旋心 (vortex core) 结构的动力学特性. 实验结果对磁动力学理论和磁存储技术的发展具有重要的意义.

所用的样品为 1.5μm×1.5μm×50nm 的薄膜. 图 14.42 为实验的示意图. 外加的激发磁场由带状线的交变电流产生. 激发磁场的频率为 250Hz, 振幅为 0.1mT, 并且与圆偏振的同步辐射光同步, 以便可以得到样品电磁响应的快速照相. 由于样

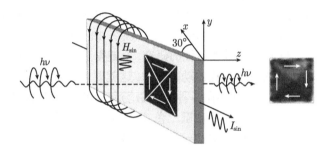

图 14.42 样品和带状线装置的示意图

通过带状线的交变电流, 它产生一个交变磁场. 通过样品的圆偏振 X 射线被样品有选择性地吸收. 右图显示样品在 X 方向上的磁化所形成的磁衬度图像. 样品为 1.5μm×1.5μm×50nm 的薄膜, 实验选用的 X 射线能量为 852.7eV(Ni 的 L3 吸收边). 图中的白色箭头指示出朗道结构中 4 个磁畴的磁化方向[39]

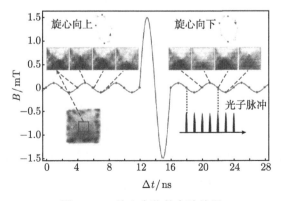

图 14.43 旋心变化的实验结果

图中显示的是在 4ns 单周期磁场脉冲 (振幅 0.1mT) 作用前后样品中旋心结构的动力学响应. 图中箭头前方的点表示旋心在 0 度相位, 其他点表示旋心在其他相位[39]

品对圆偏振 X 射线的吸收与样品在光传播方向上的磁化成比例. 所以为了得到样品平面内的朗道结构 (Landau structure) 图像, 实验时使样品和入射 X 射线成 60° 夹角. 图 14.43(书后附彩图) 是观察到的在一个单周期交变磁场脉冲作用前后样品的旋心结构动力学响应.

2. TXM 在材料科学和物理学中的应用

1) TXM 在磁性材料方面的应用

了解各种磁性系统的微观磁结构, 在理论研究和实际应用上 (磁传感器、磁存储器、磁机械等) 都有着十分重要的意义. 特别是磁单层薄膜和磁多层薄膜, 由于其展现的各种迷人的特性, 如夹层交换耦合 (interlayer exchange coupling)、自旋注入(spin injection)、巨磁阻效应等, 更提升了人们对它们微观磁结构研究的热情.

磁性薄膜系统的组成大多是 3d 过渡金属元素, 如 Fe、Co、Ni 和 Cu 等以及稀土元素 (如 Gd、Tb、Dy 等). 磁单层膜厚度一般在 100nm 以下, 磁多层膜由不同的磁单层薄膜组成. 目前对于磁性系统的研究, 希望得到反映化学特性的高空间分辨成像和在外场作用下的磁化过程的动态成像. 这就要求探测方法具有灵敏的元素分辨能力和高磁性衬度以及能够在各种外加磁场和温度环境下对样品进行微观结构成像的能力. M-TXM 将 X 射线磁圆二色 (XMCD) 和 X 射线显微相结合, 能够实现上述要求, 成为研究磁性结构的一种十分有效的方法. 图 14.44 是 ALS 光源用于磁性成像的软 X 射线显微线站 M-TXM 的示意图.

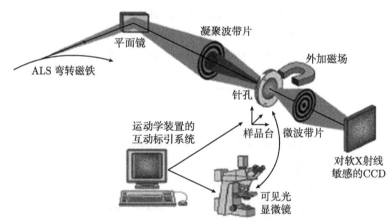

图 14.44　ALS 光源用于磁性成像的软 X 射线显微线站示意图[41]

磁圆二色是通过测量磁性材料对左旋和右旋 X 射线吸收谱的强度差, 得到元素的自旋磁矩, 轨道磁矩等相关的信息.

图 14.45 是无定形 $Gd_{25}Fe_{75}$ 系统分别在 Fe 的 L_2、L_3 边和 Gd 的 M_5、M_4 边所得到的 M-TXM 图像. 无定形的 $Gd_{25}Fe_{75}$ 系统是在 350nm 聚乙烯膜上通过磁控

溅射方法得到的, 每次成像的时间为几秒钟, 所得到的图像的横向分辨率为 35nm. 图中的白色和黑色区域是由于磁畴对不同 X 射线偏振方向吸收不同而造成的, 其磁化方向分别朝着纸平面外 (白色) 和纸平面内 (黑色).

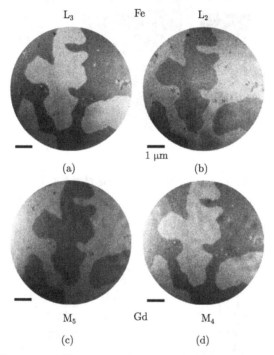

图 14.45 无定形 GdFe 层 (59nm 厚) 的 M-TXM 图像

(a) 在 Fe L$_3$ 边 (706eV) 得到的磁畴结构; (b) 在 Fe L$_2$ 边 (719eV) 得到的磁畴结构; (c) 在 Gd M$_4$ 边 (1189eV) 得到的磁畴结构; (d) 在 Gd M$_5$ 边 (1221eV) 得到的磁畴结构; 比例尺为 1μm[42]

图 14.46 是杂散场耦合磁微触头 (stray-field coupled magnetic microcontact) 在 Fe 的 L$_3$ 吸收边得到的 M-TXM 显微图像. 样品是在 Si$_3$N$_4$ 膜上依次镀上 11nm Al、30nm Fe、30nm Ni 和 6nm Al. 从图 14.46(b) 和图 14.46(c) 中可以看到, 当外界磁场从 +40mT 变到 −40mT 时, 所得到图像的对比度从黑变白. 说明当外界磁场反转后磁化矢量也发生了反转. 图 14.47 是图 14.46 所示的磁微触头在外加磁场为 0.8mT 时 M-TXM 测到的磁畴图案.

2) 表面分子的取向研究[44]

TXM 和 STXM 都可以提供元素的近边吸收谱. 对于处于分子中的原子, 近边吸收谱峰是由于原子内壳层电子吸收 X 射线能量后跃迁到高能级的分子轨道

图 14.46　2μm×2μm 和 2μm×4μm 大小杂散场耦合磁微触头在外加 ±40mT 磁场下所得到的 M-TXM 图像 (磁化接近饱和). 外加磁场与长方形的短轴平行

(a) 在 +40mT 时的模拟磁化图像; (b) +40mT 时测量的 M-TXM 图像; (c) −40mT 时测得的图像[43]

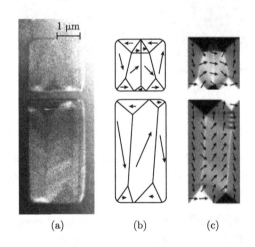

图 14.47　图 14.46 所示的磁微触头在外加磁场为 0.8mT 时 M-TXM 测到的磁畴图案, 磁场方向平行于矩形的短边

(a) M-TXM 图像; (b) 畴壁位置示意图; (c) 理论模拟得到的磁畴图案[43]

(π^*、σ^* 轨道等) 后产生的吸收峰 (图 14.48). 根据跃迁选择定则知道, 吸收峰的强度和分子轨道方向与入射 X 射线电场方向的夹角的余弦的平方成正比. 这样, 改变入射 X 射线和样品表面的夹角, 通过比较共振峰的强度变化就可以得出样品表面分子和样品表面取向的关系.

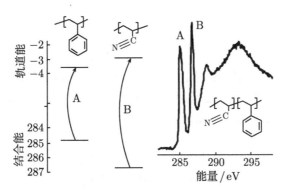

图 14.48   poly(styrene-r-acrylonitrile) 的 C 1s 近边吸收谱的光吸收示意图. 图中 285 和 287
能量处两个强烈的吸收峰分别对应于苯基官能团和丙烯腈中的 C 1s→ π* 跃迁[44].

图 14.49 是苯硫酚化学吸附在 Mo(110) 面后, 入射 X 射线与样品表面法向夹
角为 0° 和 70° 时分别测得的碳元素 K 壳层近边吸收光谱. 图中谱峰 1 显示的是
苯环中 C=C 的 π* 共振所产生的吸收峰. 由于苯环中 π 键的方向是与苯环平面垂
直的, 所以, 只要确定了 π 键与样品表面的夹角, 就确定了苯硫酚在 Mo(110) 面上
的取向.

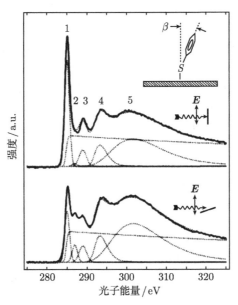

图 14.49   苯硫酚化学吸附在 Mo(110) 面后所测的碳 K 壳层近边吸收谱

上下两个光谱图分别是入射 X 射线与样品表面法向夹角为 0° 和 70° 时所得到. 峰 1: C=C 的 π* 共振
峰; 峰 2: C—S 的 σ* 共振峰; 峰 3: 含有 C=C 和 C—H 的成分; 峰 4 和峰 5: C=C 的 σ* 共振峰[44]

14.6　结　束　语

　　同步辐射软 X 射线显微技术由于具有独特的化学态高分辨本领 (高能量分辨率) 和较高的空间分辨本领, 已应用到材料、环境、生物、有机地球化学、陨星等众多学科领域. 目前, 世界上多数同步辐射光源上都建有软 X 射线显微线站, 在生命科学、环境方面、化学材料等领域得到了很多有意义的结果. 软 X 射线显微成像中, 辐射损伤是一个不容忽视的问题, 特别是对于生命科学领域中的研究. 因此发展相关的抗损伤技术, 如低温冷冻技术, 显得迫在眉睫. 由于同步辐射固有的时间结构, 使进行时间分辨的谱学显微技术已经成为可能, 可用来进行磁畴或者电畴的超快、超微结构动力学研究. 另外, 越来越多的研究需要原位的实验, 所以发展可以应用于各种原位实验 (如低温、加热、加变化的磁场、电场等) 的实验手段和合适的样品室或载物台也十分重要.

邰仁忠　陈　敏　许子健

参 考 文 献

[1] Meyer-Ilse W, Moronne M, Magowan C, et al. Techniques and applications of X-ray microscopy. Also Available as Lawrence Berkeley Laboratory Report LBL-35110, 1994: 297–303.

[2] 谢行恕. 生物样品的软 X 射线显微成像. 物理学进展, 1992, (12): 333–358.

[3] Kirz J, Jacobsen C, Howells M. Soft X-ray microscopes and their biological applications. Q Rev Biophys, 1995, (28): 33–130.

[4] Rose A. Television pickup tubes and the problem of vision. *In*: Marton L. Advances in Electronics. New York: Academic Press, 1948. 131–166.

[5] Sayre D, Kirz J, Feder R, et al. Transmission microscopy of unmodified biological materials. Comparative radiation dosages with electrons and ultrasoft X-ray photons. Ultramicroscopy, 1977, (2): 337–341.

[6] Tatchyn R, Csonka P L, Lindaa I. Outline of a variational formulation of zone-plate theory. J Opt Soc Am B1, 1984, (1): 806.

[7] Horowitz P, Howell J A. A Scanning X-ray microscope using synchrotron radiation. Science, 1972, (178): 608.

[8] Thieme J, Schmahl G, Rudolph D, et al. X-ray microscopy and spectromicroscopy. Status Report from the Fifth International Conference. Berlin: Springer Verlag, 1998.

[9] Meyer-Ilse W, Wavwick T, Attwood D. X-ray microscopy and spectromicroscopy. Status Report from the Sixth International Conference. San Franzisco: AIP Proc, 1999.

[10] Ade H, Kilcoyne A L D, Tyliszczak T, et al. Scanning transmission X-ray microscopy at a bending magnet beamline at the Advanced Light Source. J Phys IV France, 2003, (104): 3–8.

[11] Feser M, Beetz T, Jacobsen C, et al. Scanning transmission soft X-ray microscopy at beamline X-1A at the NSLS–advances in instrumentation and selected applications. *In*: Tichenor D A, Folta J A. Soft X-Ray and EUV Imaging Systems II. 146 Proceedings of SPIE, 2001: 4506

[12] Hitchcock A P, Morin C, Zhang X, et al. Soft X-ray spectromicroscopy of biological and synthetic polymer systems. Journal of Electron Spectroscopy and Related Phenomena, 2005, (144~147): 259–269.

[13] Morin C, Ikeura-Sekiguchi H, Tyliszczak T, et al. X-ray spectromicroscopy of immiscible polymer blends: polystyrene-poly (methylmethacrylate). Journal of Electron Spectroscopy and Related Phenomena, 2001, (121): 203–224.

[14] Jacobsen C, Lindaas S, Williams S, et al. Scanning luminescence X-ray microscopy: Imaging fluorescence dyes at suboptical resolution. Microscopy, 1993, (172): 121–129.

[15] Ade H, Kirz J, Hulbert S L, et al. X-ray spectromicroscopy with a zone plate generated microprobe. Applied Physics Letters, 1990, (56): 1841–1843.

[16] Jacobsen C, Kirz J, Williams S. Resolution in soft X-ray microscopes. Ultramicroscopy, 1992, (47): 55–79.

[17] Niemann B, Rudolph D, Schmahl G. Soft X-ray imaging zone plates with large zone numbers for microscopic and spectroscopic applications. Optics Comm, 1974, (12): 160.

[18] Schmahl G, Rudolph D, Niemann B, et al. Zone-plate X-ray microscopy. Reviews of Biophysics, 1980, (13): 297–315.

[19] Schmahl G, Guttmann P, Schneider G, et al. Phase contrast studies of hydrated specimens with the X-ray microscope at BESSY. Proceedings of the 4th International Conference, Chernogolovka, Russia, September 20-24, 1993: 196–206.

[20] Kinjo Y, Shinohara K, Ito A, et al. Direct imaging in a water layer of human chromosome fibres composed of nucleosomes and their higher-order structures by laser-plasma X-ray contact microscopy. Journal of Microscopy, 1994, (176): 63–74.

[21] Cheng P, Shinozaki D, Tan K. Recent advances in contact imaging of biological materials, *In*: Cheng P C, Jan G J. X-Ray Microscopy: Instrumentation and Biological Applications. Berlin: Springer-Verlag, 1987: 65–104.

[22] 陈建文, 徐至展, 朱佩平, 等. X 射线全息术、物理学进展, 1995, (15): 135–147.

[23] Howells M R, Jacobsen C J, Lindaas S. X-ray holographic microscopy using the atomic-force microscope. Proceedings of the 4th International Conference, Chernogolovka, Russia, September 20-24, 1993: 413–427.

[24] 上海光源软 X 射线谱学显微光束线站初步设计报告. 上海光源内部资料, 2006.

[25] Wasserman S R. Application of principal component analysis to XAS spectra. Journal de Physique IV, 1997, (7C2): 203–205.

[26] Lerotic M, Jacobsen C, Gillow J B, et al. Cluster analysis in soft X-ray spectromicroscopy: finding the patterns in complex specimens. Journal of Electron Spectroscopy and Related Phenomena, 2005, (144–147): 1137–1143.

[27] Lerotic M, Jacobsen C, Schafer T, et al. Cluster analysis of soft X-ray spectromicroscopy data. Ultramicroscopy, 2004, (100): 35–57.

[28] Le Gros M A, McDermott G, Larabell C A. X-ray tomography of whole cells. Structural Biology, 2005, (15): 593–600.

[29] Buckley C J. The measuring and mapping of calcium in mineralized tissues by absorption difference imaging. Review of Scientific Instruments, 1995, (66): 1318–1321.

[30] Zhang X, Ade H, Jacobsen C, et al. Micro-XANES: Chemical contrast in the scanning transmission X-ray microscope. Nuclear Instruments and Methods in Physics Research A, 1994, (347): 431–435.

[31] Zhang X, Balhorn R, Jacobsen C, et al. Mapping DNA and protein in biological samples using the scanning transmission X-ray microscope. Bailey and Garratt-Reed, 1994, 50–51.

[32] Dynes J J, Lawrence J R, Korber D R, et al. Quantitative mapping of chlorhexidine in natural river biofilms. Science of the Total Environment, 2006, (369): 369–383.

[33] Wang Y, Jacobsen C, Maser J, et al. X-ray microscopy with a cryo scanning transmission X-ray microscope: II. Tomography. Journal of Microscopy, 2000, (197): 80–93.

[34] Magowan C, Brown J T, Liang J, et al. Intracellular structures of normal and aberrant plasmodium falciparum malaria parasites imaged by soft X-ray-microscopy. Proc Natl Acad Sci USA, 1997, (94): 6222–6227.

[35] Hitchcock A P, Koprinarov I, Tyliszczak T, et al. Optimization of scanning transmission X-ray microscopy for the identification and quantitation of reinforcing particles in polyurethanes. Ultramicroscopy, 2001, (88): 33–49.

[36] Johansson G A, Tyliszczak T, Mitchell G E, et al. Three-dimensional chemical mapping by scanning transmission X-ray spectromicroscopy. J Synchrotron Rad, 2007, (14): 395–402.

[37] Chou K W, Puzic A, Stoll H, et al. Direct observation of the vortex core magnetization and its dynamics. Appl Phys Lett, 2007, (90): 202505.

[38] Waeyenberge B V, Puzic A, Stoll H, et al. Magnetic vortex core reversal by excitation with short bursts of an alternating field. Nature, 2006, (444): 461–464.

[39] Acremann Y, Strachan J P, Chembrolu V, et al. Time-Resolved Imaging of Spin Transfer Switching: Beyond the Macrospin Concept. Phys Rev Lett, 2006, (96): 217202.

[40] Koprinarov I, Hitchcock A P. X-ray Spectromicroscopy of Polymers: An introduction for the non-specialists. http://unicorn.mcmaster.ca/stxm-intro/polystxmintro-all.pdf

[41] Fischer P, Kim D H, Kang B S, et al. Achievements and perspectives of magnetic soft X-ray transmission microscopy. Proc 8th Int Conf X-Ray Microscopy IPAP Conf Series 7, 2006, 252–254.

[42] Fischer P, Eimuller T, Schutz G, et al. Imaging magnetic domain structures with soft X-ray microscopy. Structural Chemistry, 2003, (14): 1040.

[43] Meier G, Eiselt R, Bolte M, et al. Comparative study of magnetization reversal in isolated and strayfield coupled microcontacts. Appl Phys Lett, 2004, (85): 1193.

[44] Stohr J, Outka D A. Determination of molecular orientations on surfaces from the angular dependence of near-edge X-ray-absorption fine-structure spectra. Phys Rev B, 1987, (36): 7891.

第 15 章　同步辐射材料结构分析高压技术

高压技术可以使样品处于极端的压力 (更确切地说是压强) 环境下, 研究其结构和物性的变化. 压力与温度和成分一样, 是决定物质存在状态的基本物理参量之一. 在压力的作用下, 原子或分子的间距被缩短, 相邻电子轨道的重叠增加, 使物质的晶体结构、电子结构以及原子 (分子) 间的相互作用发生变化, 从而引起其物理性能 (力学、热学、电学、磁学、光学等) 和化学性质的改变.

高压技术可以与多种同步辐射技术结合, 如与 X 射线衍射 (XRD)、X 射线吸收 (XAS)、X 射线发光 (XES)、非弹性散射 (IXS)、X 射线成像等结合, 研究物质的结构、相图、状态方程、熔化性质、弹性、强度、织构、流变等. 本章主要介绍采用金刚石对顶砧原理的静高压技术、高压原位的同步辐射 X 射线粉末衍射技术, 以及这些技术在物质结构测试和分析中的应用.

15.1　实　验　装　置

在高压极端条件下, 利用同步辐射 X 射线衍射进行材料结构分析研究的实验装置主要包括高压装置、X 射线衍射装置、光束线和微束聚焦系统.

15.1.1　高压装置

根据压力加载技术的不同, 高压装置有动高压设备和静高压设备, 静高压设备主要又分为金刚石对顶砧压机 (DAC) 和大体机压机 (LVP). 本章只介绍金刚石对顶砧高压技术, 包括压力的获取、压力的测量和静水压技术.

1. 金刚石对顶砧压腔

金刚石对顶砧高压技术的基本原理很简单, 即把力施加到两颗砧面很小、平行对顶的金刚石上, 通过力的逐级有效传递, 在对顶的砧面之间产生高达几百吉帕的压强 $(1\text{GPa} = 1 \times 10^9\text{Pa})$, 如图 15.1 所示. 两颗对顶金刚石砧面之间的封垫, 采用高硬度且具有一定韧性的金属或其他材料, 中心的微型孔用于装载样品. 封垫的使用不仅对样品起到约束作用, 还可以缓解金刚石边缘的应力集中, 提高 DAC 技术所能达到的压力极限 [1,2]. 金刚石压砧台面的面积和施加力的大小, 决定了样品上所承载的压力, 通常金刚石砧面的直径为 $50\sim500\mu\text{m}$. 根据实验对压力范围要求的不同, 压砧台面设计为不同的大小和形状, 分为平台面压砧和倒角压砧. 一般情况下, 台面直径小于 100μm 的倒角压砧, 可以获得 100GPa 以上的样品压力.

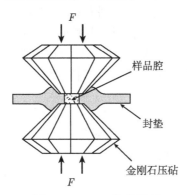

图 15.1 DAC 技术原理

对金刚石压砧加载有不同的方式, 因此也形成了各种不同的 DAC 装置[3]. 图 15.2 所示为 BSRF 高压站引进改造的 Mao-Bell 对称型 DAC 压腔. 其优点是操作简单, 且可以容易地与激光加温系统组合, 同时获得高压和高温的样品环境, 是目前同步辐射高压研究使用最普遍的 DAC 装置. 由于金刚石对于大部分波长的光是透明的, 因此 DAC 技术可以用于 X 射线衍射和光谱测量.

图 15.2 Mao-Bell 对称型 DAC 压腔

2. 外加温 DAC 装置

在与材料科学以及地球和行星科学有关的研究中, 常常需要在高压且高温的条件下对样品进行测量. 在 DAC 中获得高温的方法大致分为两大类: 电加温 (也称外加温) 和激光加温 (也称内加温).

最常用的电加温方法是在金刚石和封垫样品腔的周围安装一个由电阻丝组成的微型加热器, 利用金刚石的极好导热性质, 通过热传导对样品进行加温, 如图 15.3 所示. 温度测量采用热电偶探头, 紧贴于金刚石的侧表面粘接, 由于金刚石的高传热效率, 热电偶与金刚石接触点的温度近似于样品腔内的温度. 在外加温 DAC 使用前, 可以用标准样品的熔点对热电偶进行标定, 以提高温度测量的精度. 电加温的特点是样品腔中的温度分布均匀, 且容易控制和测量. 采用电加温方法, 在常规环境下, 样品温度可到 800K. 如果有惰性气体保护金刚石, 样品温度可到 1200K 以上. 图 15.4 为电加温 DAC 的实物照片及控制电路.

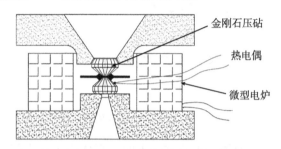

金刚石压砧

热电偶

微型电炉

图 15.3　DAC 外加温示意图

图 15.4　DAC 外加温实物照片及控制电路

3. 双面激光加温 DAC

由于金刚石是一个光学透明的窗口, 将聚焦的高功率激光光束引入到 DAC 的样品腔中. 通过样品对激光功率的吸收, 可以达到几千摄氏度以上的极高温度. 图 15.5 所示为高功率激光照射 DAC 样品的情况. 为了获得均匀的样品温度, 被聚焦后的激光束被分成两路, 从 DAC 两边对称地进入样品腔, 称为双面加温.

激光加温产生极高温度的区域仅限于样品腔内, 任何测温探头都无法引入, 因此外加温技术所用的热电偶测温法不再适用, 温度的测量采用黑体辐射原理[4~6]. 如图 15.5 所示, 样品吸收激光发热将产生黑体辐射, 根据 Planck 定律, 物体发热在温度 T 下产生的热辐射强度是一个波长的函数, 表示为

$$I_\lambda = c_1\varepsilon(\lambda)\lambda^{-5}/[\exp(c_2/\lambda T) - 1] \tag{15.1}$$

式中, I_λ 为光谱强度; λ 为波长; T 为温度; $\varepsilon(\lambda)$ 为发射度系数; c_1 和 c_2 为常数. Planck 定律为激光加温提供了一个测量温度的方法. 样品被激光加热的过程中, 在

适当的波长范围内收集样品发热产生的黑体辐射光谱, 通过 Planck 函数拟合得到温度.

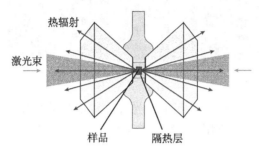

图 15.5 样品吸收激光发热产生黑体辐射

激光加温 DAC 需要一套复杂的光学系统, 包括高功率激光器、激光聚焦光路、功率控制光路、热辐射谱收集光路、显微观察光路及成像光谱仪系统等[7,8]. 图 15.6 所示为北京同步辐射装置 (BSRF) 高压实验站建立的双面激光加温系统原理, 图中 X 射线衍射系统以能量色散模式为例. 图 15.7 为系统的部分光路实物照片.

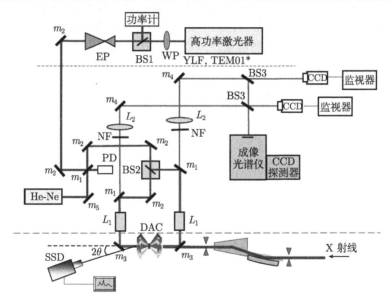

图 15.6 BSRF 高压站双面激光加温系统原理图

4. 压力测量系统

在金刚石对顶砧高压实验中, 压力测量通常采用红宝石荧光法. 红宝石在激光的激发下可以产生荧光, 其常温常压下的荧光峰由 R1 线 (694.2nm) 和 R2 线

图 15.7　BSRF 高压站的双面激光加温系统部分光路

(692.7nm) 组成. 在压力下, 红宝石的荧光峰位将随着压力的增加向长波方向移动, 如图 15.8 所示. 实验中, 常用 R1 线的移动标定压力, 其峰位与压力存在以下线性关系:

$$P = \frac{A}{B}\left[\left(\frac{\lambda_{\mathrm{p}}}{\lambda_0}\right)^B - 1\right] \tag{15.2}$$

式中, λ_0 为红宝石在常温常压下 R1 线中心的波长; λ_{p} 为 R1 线在压力下的中心波长. A 和 B 分别为常数, 其中 A=1904, 非静水压下 B=5, 准静水压下 B=7.665[9,10].

　　红宝石荧光测压是高压实验中常用的方法, 适用于各种利用金刚石对顶砧的高压实验, 如 X 射线衍射、拉曼光谱、红外吸收光谱、电学测量等. 红宝石荧光测压方法需要具有激发光源的光谱测量系统. 实验前, 在金刚石压腔中装入样品的同时放入 1~2 颗红宝石微粒 (粒度约几个微米). 实验中, 相对每一个压力点利用光谱测量系统测量 R1 荧光峰的位置, 由式 (15.2) 计算出压力.

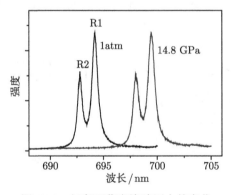

图 15.8　红宝石荧光峰随压力的变化

　　在高压 X 射线衍射实验中, 除了红宝石荧光法测压外, 还可以采用压力内标法. 一些金属或化合物, 具有由超声数据或冲击波实验结果建立的 $p(V)$ 状态方程或等温压缩线, 这些状态方程描述了晶胞体积与压力之间的关系, 因此可以作为一级压标或压力内标, 用作衍射实验中的压力测量. 装填样品时, 压力内标与实验样品一起放入 DAC 的样品腔中, 在获得样品衍射信号的同时得到压力内标的衍射数据, 根据其晶胞体积的变化 V/V_0, 由已知的状态方程计算出相应的压力. 压力内标一般选用结构简单、化学稳定、实验压力范围内无相变发生的材料, 如 Pt、Au、Cu、Ta、NaCl、MgO 等. 另外, 具有合理的大压缩率也是选择压标材料要考虑的因素, 大的压缩率可以提高压力测量的精度.

在高压衍射实验中, 压力内标法是一种简便的测压方法. 由于压标材料与样品同时装入 DAC 压腔中, 实验中在获取样品衍射信号的同时也得到压标的晶胞参数, 因此可以直观地观察到压力的变化. 在实际应用中, 要根据样品的结构特征及其压力下的可能变化来选择适当的压标材料, 避免压标的衍射峰对样品的衍射数据造成过多的干扰. 在能量色散衍射实验中, 尽量选择荧光峰出现在 10keV 能量以下的压标材料. 对于一些晶体结构相对复杂的样品来说, 有时很难找到合适的压标材料, 此时用红宝石荧光测压是比较好的选择.

15.1.2 X 射线衍射装置

高压衍射方法在原理上与常规的 X 射线衍射没有什么区别, 都遵从布拉格方程: $\lambda = 2d\sin\theta$. 高压 X 射线衍射与常规衍射不同的是, 在衍射几何上受到高压装置的诸多限制, 在衍射光路的设计上需要采取一些特殊的措施. 实验室使用的传统商业多圆衍射仪很难用于同步辐射高压衍射实验, 同步辐射装置上的高压衍射系统多是自己搭建的, 目前主要用于金刚石对顶砧和大体压机两种高压装置. 本文主要介绍金刚石对顶砧高压衍射系统, 包括能量色散衍射 (energy dispersive X-ray diffraction, EDXD) 和角度色散衍射 (angle dispersive X-ray diffraction, ADXD) 两种基本的模式.

1. 能量色散 X 射线衍射系统

对于能量色散 X 射线衍射方法, 布拉格方程以能量的方式表达

$$Ed = 6.1993/\sin\theta \tag{15.3}$$

式中, E 为入射光子能量 (keV); d 为晶面间距 (Å); θ 为衍射角. 由式 (15.3) 可知, 当入射光为连续的 X 射线谱 (俗称白光) 时, 对一特定的衍射角 θ, 相对于不同的 d 值, 凡是能量满足式 (15.3) 的入射线都会产生衍射. 因此, 在与入射 X 射线成 2θ 角的方向上放置一个可分辨光子能量的探测器, 便可同时得到衍射全谱. 图 15.9 为能量色散 X 射线衍射原理示意图, 图中所示的固体探测器可以分辨光子能量.

图 15.10 为 BSRF 高压站能量色散 X 射线衍射系统实物照片. 系统中固体探测器采用对高能量光子响应灵敏的高纯锗探测器, 其能量响应范围从零点几个千电子伏到 100keV 以上, 固有的能量分辨 ΔE 在 6keV 时约为 150eV. 探测器放在一个二圆测角仪的转臂上, 可以根据实验的需要改变衍射角 2θ, 角度变化范围在 0~25°.

高压装置安装在样品台上, 与一圆组合可对样品进行 X、Y、Z、ω、χ 五个姿态的调整, 使样品定位在携带探测器转臂的旋转中心上. 能量色散衍射需要波长连续的 X 射线, 即白光, 一般由同步辐射装置的插入件引出. 同步辐射白光经过限光或聚焦后获得微米尺度的光斑, 照射 DAC 中的样品. 样品产生的衍射信号由固体探测器接收, 经过分析处理送入数据采集系统.

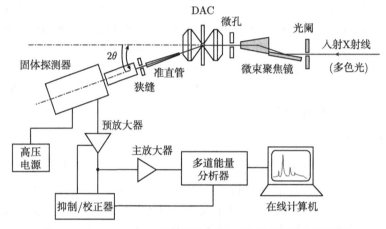

图 15.9　BSRF-4W2 高压能量色散 X 射线衍射装置原理图

图 15.10　BSRF 高压站能量色散 X 射线衍射系统实物照片

在高压 X 射线衍射实验中, 由于样品量很少且封闭在 DAC 压腔中, 衍射信号比常规样品要弱很多个数量级, 因此有效地屏蔽散射背底是获得高质量衍射数据的关键. 除了有效屏蔽实验站棚屋内的散射光外, 在样品与探测器之间的探测光路上需放置一个准直管, 对衍射信号进行空间约束, 截取 DAC 样品腔内有效区域的信息[11]. 准直管组件由步进电机控制, 可进行位置和角度的精密调节, 通过 ROI 扫描程序可以精确定位与样品和探测器的相对位置. 准直管的使用可以有效地屏蔽金刚石的康普顿散射及实验棚屋内的杂散信号, 提高衍射信号的信噪比. 图 15.11 是样品在 80GPa 下的衍射谱, 图 15.11(a) 为没有准直管时的数据, 图 15.11(b) 为使用准直管后的结果, 可以看出空间约束技术的显著效果.

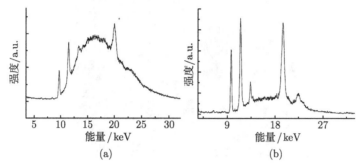

图 15.11 空间约束技术对衍射背底的抑制

(a) 没有准直管; (b) 使用准直管[11]

2. 角色散 X 射线衍射系统

采用能量色散衍射, 照射样品的 X 射线为多色光, 衍射信号由点探测器收集, 衍射图像以光子能量分布的方式表示. 对于角色散衍射测量, 入射光为单色的 X 射线, 衍射信号由具有空间分辨的面探测器接收. 常用的面探测器有成像板和电荷耦合探测器 (CCD). 图 15.12 所示为角色散衍射测量原理, 由同步辐射光源引出的多色 X 射线, 经双晶单色器分光后输出波长为 λ 的单色光, 经过聚焦后照射样品. 由布拉格方程可知, 当入射 X 射线波长 λ 一定时, 由晶体不同晶面 (khl) 产生的衍射线具有不同的衍射角 θ, 其结果在二维探测器上形成一个以 2θ 角空间分布的衍射图像.

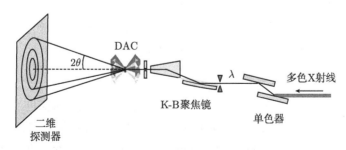

图 15.12 BSRF-4W2 高压角色散 X 射线衍射装置原理图

图 15.13 为 BSRF 高压站角色散 X 射线衍系统实物照片. 系统中面探测器采用

MAR-345 成像板, 接受面积为直径为 345mm 的圆, 像素大小为 100μm. 单色器采用 Si(111) 双晶单色器, 通过改变入射光的角度, 出射 X 射线的能量可在 8~25keV 变化. 在角色散衍射系统中, 衍射光路不能进行信号约束, 因此实验环境的杂散光会作为背底被探测器接收.

图 15.13　BSRF 高压站角色散 X 射线衍射系统实物照片

3. EDXD 和 ADXD 的比较

基于 DAC 技术的高压衍射研究, 针对不同的实验, 能量色散衍射和角度色散衍射两种方法有各自的优势和不足. 能量色散方法在探测光路上, 通过准直孔可以对衍射信号进行空间约束, 获取 DAC 样品腔中有效区域的衍射信号. 这个优点可以屏蔽样品环境产生的背底信号, 尤其适应于衍射因子较低的样品以及径向衍射实验等. 能量色散衍射的最大缺点是能量分辨率低, 由于固体探测器的本征分辨能力使得 EDXD 方法的系统分辨率大于 2%, 因而引起较大的晶胞参数测量误差. 另外, 不可避免的荧光峰和逃逸峰会对衍射信号有干扰. 角色散衍射采用单色的 X 射线, 在 10~100keV, 普通的双晶单色器都很容易达到 10^{-4} 量级的分辨率, 因此提高了测量的精度. 在 DAC 高压衍射发展的初期, 国际同步辐射装置上的高压衍射系统多为能量色散方法, 随着同步辐射光源性能的提高和二维探测器的发展, 近十年来, 国际上基于 DAC 的高压原位 X 射线衍射系统逐渐由 ADXD 取代了 EDXD. 然而, EDXD 在一些特殊的高压研究中仍然有它的优势.

15.1.3　光束线和微束聚焦系统

在 BSRF, 用于高压研究的同步辐射光, 由北京正负电子对撞机 (BEPC II) 的 4W2 多级扭摆磁铁引出. 4W2 扭摆磁铁为一真空盒内的插入件, 共有 11 个周期, 周期长度为 14.8cm, 其 gap 可在 16~30mm 变化, 在 gap 为 18mm 时中心磁场强度约为 1.5T. 4W2 束线装有 Si(111) 双晶单色器, 可提供的光子能量范围为 8~25keV, 能量分辨为 10^{-4} 量级. 单色器可以进入和退出光束线, 以便高压衍射实验时, 根据能量色散和角色散衍射的需要选取多色光 (白光) 或单色光, 如图 15.14 所示.

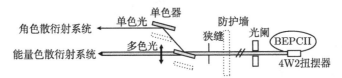

图 15.14　BSRF-4W2 光束线示意图

对 DAC 高压实验, 样品孔的直径一般为 $100\mu m$ 左右, 极高压时会更小. 对于具有一定发散角的同步辐射, 要获得比样品尺寸还小的入射光斑, 有两种方法, 一是多级限束, 二是微束聚焦. 4W2 光束线采用 Kirkpatrick-Baez 掠入射微束聚焦模式[12], 图 15.15 所示为采用白光时的聚焦光路设置, 采用单色光时原理相同. 垂直聚焦镜距 4W2 扭摆磁铁中心的距离 f_1 约为 18m. f_2(水平焦距) 有两种设置, 在激光加温高压实验时约为 190mm, 在非激光加温的高压实验时为 120mm. 按照 4W2 扭摆磁铁引出光源点的参数, 在激光加温模式, 聚焦光斑的理论值约为 $25\mu m \times 12\mu m$. 在非激光加温的高压实验时, K-B 聚焦镜更加靠近样品, 可以进一步缩小光斑的大小. 两块 K-B 镜为表面镀铑或铂的压弯椭柱面镜, 在使用单色光时掠入射角一般选取 2.5mrad, 接收角约为 $10\mu rad$. 在采用白光时, 调整 K-B 镜的掠入射角, 使高能量的白光通过, 能量上限一般选取 35~40keV. 图 15.16 为 K-B 聚焦镜系统获得的垂直方向聚焦光斑的扫描图形. 在非激光加温模式下获得, 光斑大小 FWMH=8μm.

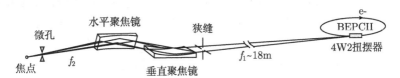

图 15.15　4W2 光束线 K-B 微束聚焦光路设置

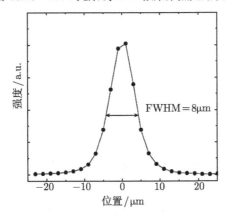

图 15.16　垂直聚焦光斑的扫描图像

15.2 实 验 方 法

15.2.1 样品准备

1. 样品的初始特征

高压衍射是研究样品在压力下导致的结构变化, 在样品装入 DAC 样品腔之前, 需要对样品的初始结构进行了解. 通常样品的初始相是已知的, 其特征衍射峰在 X 射线粉末衍射标准数据库 (JCPDS) 里可以查到. 对于一些合成的或未知结构的天然样品, 要在常温常压下进行样品的 XRD 表征, 即物相鉴定. 如果实验采用能量色散衍射方法, 还要对构成样品组分的荧光峰位进行确定, 以便衍射角和压标物质的选取. 样品自身的这些特征, 决定实验过程中一些参数的选取.

2. 压标的选择

前面已经介绍, DAC 高压实验可以选用红宝石和压力内标两种物质进行测压. 在需要采用压力内标进行标压时, 需选取合适的压标材料. 根据样品的初始结构和可能产生的高压相, 选取压标的首要条件是压标物质的晶面间距 d 值与样品不重叠. 如果采用能量色散衍射方法, 还要考虑压标物质的荧光峰不在样品的衍射能量范围内. 在常用的一些压标物质中, Pt、Au 具有结构简单、衍射信号强等特点, 且荧光峰位于较低的能量段, 常被用作首选的压标, 尤其是在能量色散衍射实验中. 而 NaCl 的特点是具有大压缩率, 可以获得较高的测压精度, 其荧光峰几乎观察不到, 也是能量色散衍射常用的一种压标. 但 NaCl 在 30GPa 左右会有相变, 因此常用于实验压力不高的测量. 压力内标的选择比较复杂, 要根据样品的特征、实验的需求多方面考虑. 对于一些常温的高压实验, 多采用红宝石作为压标. 在高温高压实验中, 尤其是原位的测量, 压力内标是主要的测压方法. 有些实验, 压力内标和红宝石压标同时使用.

3. 样品装填及静水压技术

根据实验要求的不同, 样品的装填有很多方法. 对静水压环境要求不高的实验, 粉末样品可以直接填入样品腔中, 压标物质可以以合适的比例混入样品中, 也可以在样品装入后在样品表面铺上薄薄一层. 图 15.17 是一个典型的非静水压样品的填充状态. 金刚石压砧的直径为 300μm, 充满样品腔的白色粉末是样品, 没有传压介质. 图中清晰可见五颗散布的红宝石微粒, 最小的粒径不到 5μm, 用于压力的测量和压力梯度的评估.

对静水压环境要求严格的实验如状态方程的测量, 以及激光加温实验等, 样品的装填与上方法完全不同. 样品腔中除了装入样品和压标物质外, 还要填入传压介质或隔热介质. 样品处于介质之间, 与金刚石压砧和封垫不接触.

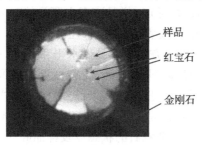

　　　　　　　　　　　　　　　　—— 样品

　　　　　　　　　　　　　　　　—— 红宝石

　　　　　　　　　　　　　　　　—— 金刚石

图 15.17　非静水压样品的装填

　　用作传压介质的物质多是一些不易固化的液体或惰性气体, 如甲醇、乙醇和水的混合液, 硅油, 氩气, 氦气等. 由于这些介质本身的性质, 所能达到的有效静水压范围有所不同. 甲醇、乙醇和水的混合液在 10GPa 以下有非常好的静水压性, 但在 10GPa 以上会迅速固化, 失去压力传递效应. 氦气是目前认为静水压极限最高的传压介质, 其静水压性可以延伸到 50GPa 以上. 不同的传压介质具有不同的装填方法, 甲醇、乙醇和水的混合液以及硅油的装填相对简单, 在装入样品后直接滴入样品腔中即可. 气体传压介质则需要专门的填充装置和方法. 对于液化温度比氦气高的气体, 如氩气, 可以通过液氮冷却液化的方法填充. 液化点比较低的气体, 如He、Ne、H_2 等, 则需要专门的高压气体加载装置填充. 图 15.18 示出压标材料状态方程交叉验证实验的样品装填. 样品腔中两个圆形块状的样品分别是压标材料 Ag和 Mo, 粒径约 20μm, 样品腔中的白色区域为传压介质 Ar.

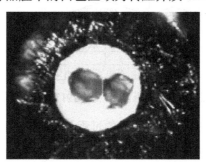

图 15.18　用于状态方程交叉验证测量的样品装填

15.2.2　高压衍射数据的获取

　　在样品处于应力加载的状态下对样品进行测量称作原位测量. 原位高压衍射实验的目的是在不同的压力下获取样品的一组衍射谱, 其操作过程包括加压、测压、取谱、观察与分析等. 图 15.19 以能量色散衍射测试为例给出实验的一般流程.

实验前要对系统进行标定. EDXD 系统需要对多道分析器进行能量标定, 以及对探测器位置所决定的衍射角进行标定. 样品准直主要是与 X 射线对准. 基于 DAC 的高压实验, 样品尺寸和入射的聚焦 X 射线都在微米量级, 光路准直需借助吸收原理. 用 X 射线在垂直于光轴的方向对样品做水平和上下扫描, 由光电探测器收集透过 DAC 样品腔的 X 射线强信号, 得到样品腔的两维图像, 可以直观地确定样品相对于 X 射线的位置. 在获取高压衍射谱以前, 要先采集样品的常规谱, 以判断所选衍射几何参数是否合适, 以及是否存在样品以外的其他峰, 如封垫的信号等. 判断能否继续加载的主要依据是金刚石的状态以及样品腔的挤流现象.

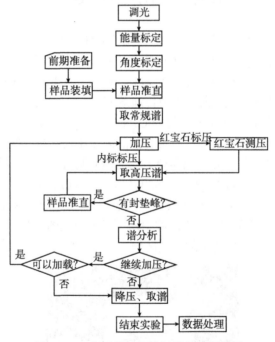

图 15.19　高压能量色散衍射实验流程图

对 ADXD 实验, 加压、测压、取谱的过程与 EDXD 是一样的. 在进行 ADXD 实验前, 需对入射单色光的能量和样品相对探测器的距离进行标定. 对于多数加压装置, 在实验过程中都需要将压机从样品台上取下进行加压或者降压, 然后再放回样品台上进行测量. 因此, 不论是 EDXD 还是 ADXD 实验, 对于每一个压力点, 都要保证样品位于系统的旋转中心上.

15.2.3　能量色散衍射实验

1. 能量色散 X 射线衍射谱

在能量色散 X 射线衍射原理一节已经介绍, 能量色散 X 射线衍射以波长连续的同步辐射光为入射光源, 由位于固定衍射角位置的固体探测器接收衍射信号. 固体探测器将每一个接收到的光子转变为一个其电平与光子能量成正比的电脉冲信号, 这一脉冲信号经放大后输入多道分析器, 经分析处理后计入相应的道数, 如图 15.20 所示.

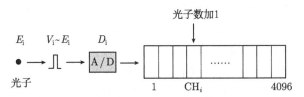

图 15.20   能量色散衍射实验数据采集示意图

能量色散 X 射线衍射测量直接得到的衍射图像, 横坐标为多道分析器道数 (channel), 纵坐标为对应不同晶面的光子计数 (count). 图 15.21 为多道分析器数据采集界面实时显示的衍射图像. 采集数据谱可以 *.chn 或 *.spe 的文件格式存储. 在高压衍射实验中, 多道分析器道数一般选取 4096, 所对应的光子能量上限由电子学系统的参数设置决定. 根据 BSRF 所能提供的同步辐射光谱分布, 通常选取能量上限为 40keV. 在获取衍射谱前, 要对探测器系统进行能量标定和角度标定, 并选取合适的衍射角.

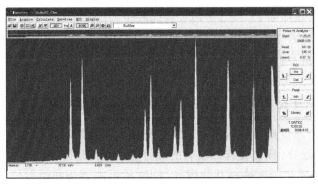

图 15.21   典型的能量色散 X 射线衍射图像

2. 能量标定

前面所述可知, 在能量色散衍射实验中, 样品产生的多波长衍射信号由探测器接收进入多道分析器的相应通道. 因此, 光子能量 E 与多道分析器的道数 CH 之间存在着以下线性关系:

$$E_i = a + b * \mathrm{CH}_i$$

能量标定的目的就是用一系列不同能量的标准谱, 通过线性拟合的方式确定系数

a、b 的值. 用若干具备不同放射线能量的 X 射线放射源进行能量标定是最简便的方法, 放射源的选择根据系统的能量范围确定. 限于金刚石对低能 X 射线的吸收以及 BSRF 4W2 所提供的光谱分布, BSRF 高压站的 EDXD 系统所能提供的能量范围为 5～40keV, 可用的放射源有 ^{55}Fe、^{241}Am 等. 另外一种标定方法是用元素的 X 射线荧光线. 由于元素的 X 射线荧光光子能量对应元素的内层电子能级差, 不受探测条件和元素的化学状态以及环境温度等影响, 因此可用作能量标准. 其方法是选取几种含有 X 射线荧光能量恰好处于实验有效能量范围内的元素的物质, 混合放在样品腔中, 在不使入射 X 射线直接照到探测器接收区的尽可能小的 2θ 角处, 收集其荧光谱. 在 BSRF 高压站 EDXD 系统有效的光子能量范围内, 合适的能标物质有 Pt、Au、Mo、Pd、Ag 、In、Sn 等. 通常的方法是放射源和荧光源共用. 按照以上方法可以得到一组与探测器道数 CH_i 相对应的能量值 E_i, 对这组数据进行线性拟合, 便可得出能量标定曲线.

能量标定是针对系统配置进行的, 与电子学参数和探测器道数的设定等有关, 标定完成以后若以上设置有所改变, 则需要重新标定.

3. 角度标定

在能量色散 X 射线衍射系统中, 衍射角 2θ 由固体探测器前狭缝相对于入射光路的位置所决定. 在固定了探测器的位置后, 要对衍射角进行精确标定. 其方法是取某种标准粉末晶体如 Pt、Au 等放在样品腔中, 在不加压和室温状态下采集它的衍射谱, 读出各衍射线的能量 E_i, 根据标准卡片上提供的晶面间距 d_i 值, 作强度加权平均, 由布拉格方程计算出衍射角 2θ 的值. 衍射角标定后, 在获得一套完整的高压衍射谱的过程中要保持不变.

4. 衍射角的选取

对于每一个原位高压实验样品, 都要根据其常压下的结构确定合适的衍射角 2θ. 这个角度的选择, 既要使样品现有的或可能出现的衍射强峰的位置落在有效的能量范围内, 又要使衍射峰相互分辨开, 同时尽可能避免在衍射位置出现荧光峰. 金刚石对顶砧压腔的出射孔已经限制了最大的衍射角的值, 在这个范围内按以上原则适当选取. 选取较大的 2θ 角, 会增加衍射峰的数量, 但同时也降低了能量分辨率, 使临近的衍射峰重叠. 2θ 角过小, 则出现的衍射线条会减少. BSRF 高压站的 EDXD 系统决定的最佳 2θ 范围为 $10°～25°$, 有效光子能量范围为 5～40keV. 这种情况下, 晶面间距在 1.0～5.0Å 具有衍射强峰的晶面, 都有可能通过选择合适的 2θ 角, 获得较好的衍射数据.

5. 能量分辨和测量精度

在 X 射线衍射测量中, 晶胞参数的测量精度与探测器系统的能量分辨有关. 在

高压 EDXD 实验中, 样品产生的衍射峰的展宽由下式表示[13]:

$$E_{\mathrm{FWHM}} = [(\Delta E_{\mathrm{SSD}})^2 + E^2 \cot^2 \theta (\Delta \theta)^2 + (E/d)^2 (\Delta d_{\mathrm{p}})^2]^{1/2} \qquad (15.4)$$

式中第一项是固体探测器的固有分辨率, 对于不同的能量有以下关系:

$$(\Delta E_{\mathrm{SSD}})^2 = (\Delta E_0)^2 \cdot (E/5.9\mathrm{keV}) \qquad (15.5)$$

其中 ΔE_0 为探测器在 5.9keV 时的能量分辨. 式 (15.4) 中第二项是入射光路和探测光路引入的几何因子, 取决于衍射角的大小和角度带宽. 第三项是非静水压引起的谱线展宽. 对于高压衍射常用的高纯锗探测器, 其固有的能量分辨 ΔE_0 在 5.9keV 时很难小于 150keV, 因此采用能量色散衍射技术很难获得高分辨的衍射数据. 但由于能量色散方法可以对衍射信号进行空间约束, 屏蔽样品环境产生的背底信号, 在一些散射因子较低样品的实验中以及径向衍射实验等, 仍有它的优势.

15.2.4 角色散衍射实验

1. 角色散 X 射线衍射谱

在角色散衍射实验中, 入射光子能量固定, 衍射信号由具有空间分辨能力的面探测器接收, 得到的是以衍射角 2θ 空间分布的衍射图像. 通过专用的图像处理软件, 可以将探测器获取的二维图像转化成以衍射角 θ 为横坐标、衍射强度 I 为纵坐标的谱图. 图 15.22 为由 MAR-345 成像板探测器获得的标准样品 CeO_2 在常规条件下的衍射图, 图中的环状线条对应于 CeO_2 晶体不同晶面 (khl) 的衍射极强.

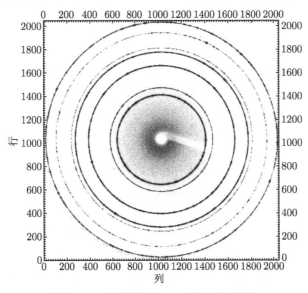

图 15.22　标准样品 CeO_2 的衍射图像

图 15.23 为样品在 DAC 中处于压力下的衍射图像. 因为 DAC 出射窗口开角的形状为槽型, 样品在垂直方向的衍射信号被部分截止. 角色散衍射系统的测量精度主要取决于单色器的能量分辨、二维探测器的空间分辨、入射光的角度发散以及探测器与样品间的距离等. 在获取衍射谱前, 要对系统进行能量标定和距离标定.

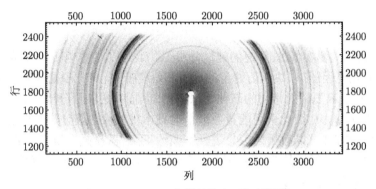

图 15.23   DAC 中样品的高压衍射图像

2. 能量标定

角色散衍射实验中, 需要标定的参数是入射单色 X 射线的能量 (或波长), 以及成像板探测器的接收面与 DAC 中样品间的距离. 单色 X 射线由双晶单色器产生, 根据双晶单色器原理, 输出的单色 X 射线能量 E 和入射角 θ 满足布拉格方程, 存在以下关系:

$$E = C/\sin(\theta)$$

式中, C 为常数. 能量标定就是用一系列不同能量的标准谱确定常数 C. 其方法是在双晶单色器有效能量范围内选取几种不同的元素, 采集其近边吸收谱, 得到一组 $E_i - \theta_i$ 数据, 通过最小二乘拟合得到能量标定曲线. 常用于能量标定的吸收材料有 Cu、Mo 等.

3. 距离标定

在角色散衍射实验中, 不同晶面 (hkl) 产生的衍射线以不同的 2θ 角成像在二维探测器的不同位置. 在入射 X 射线波长 λ 一定的条件下, 通过对衍射图像中衍射峰所对应的 2θ 角的测定, 得到晶面间距 d 的值. 衍射角 θ 由两个参数决定, 一是探测器与样品间的距离, 二是衍射点相对入射 X 射线即衍射环中心的位置. 距离标定在能量标定以后进行, 方法是收取标准样品如 CeO_2 的衍射谱, 用标准卡片给定的晶面间距值及入射 X 射线的波长进行标定. Fit2D 软件提供了非常方便的标定功能, 只要输入 CeO_2 的衍射图像数据以及入射光的波长值, 就很容易得到标定的距离值, 同时给出探测器接受面与入射光垂直度的校正值. 在进行距离标定时, 要注意样品一定要位于系统的旋转中心位置. 另外, Fit2D 软件还可以通过输入衍射环上的不同点坐标确定入射光的位置.

4. 系统分辨分析

角色散衍射测量的系统分辨主要来自入射单色 X 射线的带宽、面探测器的空间分辨以及衍射几何引起的角度展宽. 当采用 Si(111) 双晶单色器时, 在 10~30keV 范围内能量分辨率很容易达到 10^{-4} 量级. 面探测器的空间分辨取决于 IP 或 CCD 的像素大小, 以及探测器与样品间的距离. 目前这两种探测器的像素都可以做到 100μm 以下. 高压实验中, 需要微束聚焦获得与 DAC 中样品匹配的光斑, 在不损失太多光强的情况下, 聚焦的 X 射线一般都具有较大的发散角, 这是角色散衍射实验中引起谱线展宽的主要因素. 但与能量色散衍射相比, 角色散衍射获得的数据质量要高出很多.

15.2.5　激光加温 DAC 实验

如图 15.5 所示, 高压实验的样品处于 DAC 的样品腔中, 构成样品的金刚石压砧以及金属封垫都是非常好的热导体. 因此要通过激光加温使样品获得足够高的温度, 除了需要高功率密度的入射激光外, 还要对样品进行有效的热隔离. 常用的固体隔热介质有 NaCl、MgO、KI 等, 用作压力传输介质的 Ar、He 等惰性气体也是很好的隔热材料. 样品装填方式如前面所述的三明治状, 固体介质一般压片放入样品腔中, 气体介质可以通过液化或者压缩的方式填入. 在有些实验中, 为了避免加温引起晶粒长大, 有时也会在样品中按一定比例掺入 MgO、Al_2O_3、NaCl 等介质.

激光加温实验可以采用 “原位” 和 “退火” 两种方式. 退火实验适用于样品高温高压相可以保留的结构相变研究, 以及利用激光加温释放样品腔中内应力的实验. 而对于高温高压相不能通过退火保留的样品, 以及 P-V-T 状态方程和熔化曲线的测量等, 都必须进行原位的激光加温衍射实验. 原位实验对光路的准直精度要求很高, 包括两路激光加温光束、入射的 X 射线、热辐射收集光路、探测光路等, 都要对准 DAC 中样品的同一位置. 图 15.24 是原位双面激光加温实验光路示意. 在原位测量中 X 射线光斑必须小于激光加温光斑 (图 15.24(b)), 才能使探测到的衍射信号真正来自加温区域. BSRF 高压站的 K-B 微束聚焦系统, 可提供的 X 光斑约为 25μm×10μm, 激光加温光斑通常调至 50μm. 在激光加温实验中, 有时会出现因晶粒长大而产生严重的晶体择优取向, 这时可以通过旋转 DAC 在整个立体角内收集衍射信号, 以补偿晶体取向的影响.

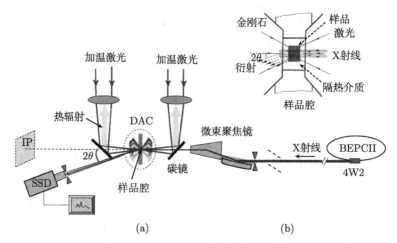

(a)　　　　　　　　　　　　(b)

图 15.24　原位双面激光加温实验光路示意

15.2.6　径向 X 射线衍射

这里所讲的径向 X 射线衍射, 是针对金刚石对顶砧中的高压衍射而言的. 前面所述的基于金刚石对顶砧的高压 X 射线衍射, 入射 X 射线沿 DAC 的加载轴方向进入, 可以称为轴向衍射或平行衍射, 如图 15.25 所示. 径向衍射与平行衍射不同的是, 入射 X 射线从 DAC 的侧面引入, 与加压轴垂直或有一个角偏离, 如图 15.26 所示.

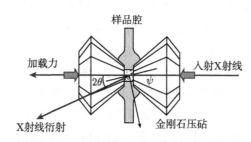

图 15.25　金刚石对顶砧轴向衍射光路

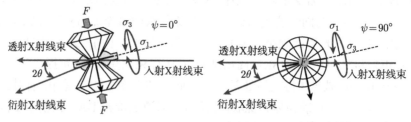

图 15.26　金刚石对顶砧径向衍射的光路示意图

径向衍射是以 Singh 晶格应变理论 [14~16] 为基础发展起来的基于金刚石对顶

砧的衍射方法, 可用于测量材料在高压下的强度、弹性、织构和静水压状态方程等. 图 15.26 中显示的衍射几何采用能量色散衍射模式, 在以透射 X 射线束与衍射 X 射线束之间夹角的平分线 (图中虚线) 为轴旋转 DAC 时, 可以改变加压轴与衍射面法线的夹角 ψ. 在 0~90° 获取不同 ψ 角的衍射信号, 可得到样品在单轴加载下的应力和应变信息. 在采用角色散模式进行径向衍射时, 由于面探测器获取的二维衍射图像已经含有 ψ 角的成分, 因此 DAC 不需要旋转, 实验相对简单.

15.3 实验数据分析

15.3.1 数据格式的转换

在 X 射线衍射实验中, 数据采集系统获取的衍射信号通常以探测器系统采用的格式存入文件, 在做一系列的分析处理前, 要先对这些文件进行格式转换.

能量色散衍射实验由多道分析器获取的衍射数据, 以探测器道数与光子计数的关系存储为 *.chn 或 *.spe 格式的文件. 数据转换的目的之一是通过能量标定曲线 $E = a + b*CH$ 将道数转换为光子能量, 目的之二是将数据格式转换为 ASCII 编码的文本格式, 以便做进一步的处理. 实验站提供的数据转换软件 chn2data.exe[17] 可将 Maestro 32 产生的原始文件 (*.chn) 转换为 *.dat 文件. 图 15.27 为数据转换程序的执行界面, 在转换过程中输入能量标定时得到的参数 a 和 b (参见 15.2.4 节), 转化后的结果为光子能量与衍射强度对应的数据列表文件. 用任意图形软件可以调入转换后的数据文件, 显示横坐标为光子能量、纵坐标为衍射强度的谱图, 如图 15.28 所示.

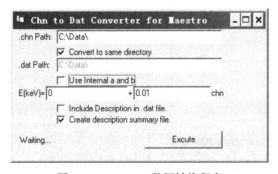

图 15.27 EDXD 数据转换程序

对角色散衍射实验, 成像板探测器采集到的数据为衍射强度的空间成像, 文件格式为 *.mar3450. 数据转换是对二维图像进行积分处理, 得到衍射强度与衍射角 θ 间的关系. 最实用的数据转换软件是由欧洲同步辐射装置 (European Synchrotron Research Facility, ESRF) 开发的 Fit2D[18], 如图 15.29 所示. 图 15.29(a) 为面探测器收集到的标准样品 CeO_2 的衍射图像, (b) 为对衍射环积分得到的横坐标为 2θ、纵坐标为强度的衍射谱. 转换后的衍射谱可以作为后期进行谱峰拟合和晶胞参数精修的初始文件. 在使用 Fit2D 进行衍射图像处理的时候, 要输入系统的标定值包括单色光能量和探测器距离 (参见 15.2.5 节), 同时要对一些不属于样品的衍射斑点和线条进行处理.

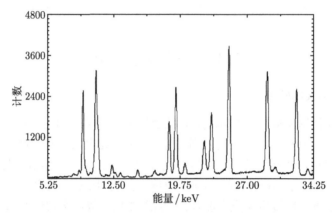

图 15.28　数据转换后的能量色散衍射谱图

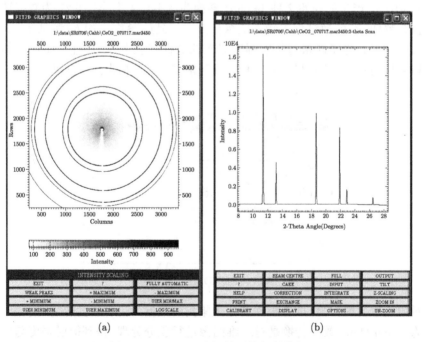

(a)　　　　　　　　　　　　　　　　(b)

图 15.29　Fit2D 处理前后的衍射数据

(a) 为原始图像; (b) 为积分后的衍射谱

15.3.2 谱峰分析及指派

原始数据经初步处理得到的 EDXD 和 ADXD 衍射谱, 可以通过寻峰软件如 Peakfit、Fityk 等进行峰形拟合和处理, 得到各个单峰所对应的能量或角度值. 图 15.30 所示为 Peakfit 软件处理 EDXD 数据的过程, 对应每个衍射峰的数学是拟合得到的能量值[19].

无论是 EDXD 还是 ADXD 实验, 探测器系统所接收到的信号除了样品的衍射外, 在衍射光路中可能产生的任何信号也都囊括其中. 而在能量色散衍射谱中, 还包含样品的荧光峰、探测器产生的逃逸峰等. 因此, 在对衍射峰进行指标化之前, 要对每个峰的所属进行指认. 图 15.31 例举 Pt 的 EDXD 谱, 其中共有 10 个典型的峰, 根据 EDXD 谱的特点, 应该包含 Pt 的衍射峰、荧光峰以及可能的逃逸峰. 因

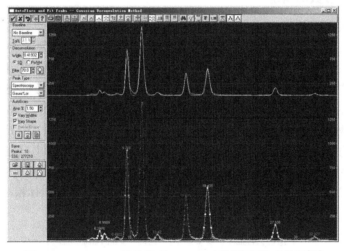

图 15.30　Peakfit 软件处理 EDXD 衍射数据的示意图[19]

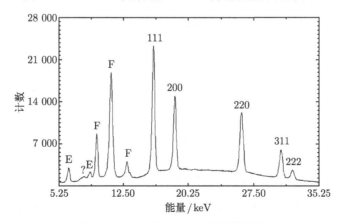

图 15.31　Pt 的 EDXD 谱峰的指派

荧光峰有本征的能量, 很容易被指认. 图中以 F 表示的为 Pt 的三个 K 壳层的荧光峰, 能量分别为 9.4423keV、11.0707keV 和 12.942keV. 逃逸峰是衍射强峰的伴生物, 其强度约为主峰的 1/10, 在主峰的左侧 (低能端), 其与主峰的能量差与固体探测器采用的晶体有关. 分析图谱可知, 能量分别为 16.04keV 和 18.51keV 的两个强峰可能会产生逃逸峰, 其位置在 6keV 和 8.5keV 附近. 很显然, 标为 E 的两个小峰为两个强峰的逃逸峰. 在排除了荧光峰和逃逸峰后, 剩下的 5 个峰便可能是 Pt 的衍射峰. 由于 Pt 的结构已知, 经过指标化可以确认以 hkl 表示的 5 个峰为 Pt 的衍射峰. 图 15.31 只是一个极简单的例子, 多数样品的衍射峰要复杂得多, 要小心地分析指认. 相比之下, ADXD 没有荧光峰和逃逸峰, 谱峰的指派要简单一些.

15.3.3   晶胞参数的确定

在确认属于样品的衍射峰后, 则可根据衍射谱的特征及峰位进行晶胞参数的计算. 如果样品的结构是已知的, 可对每个衍射峰进行指标化, 并由布拉格方程根据衍射峰的能量或角度值计算得到每个 khl 对应的晶面间距 d 值, 采用最小二乘法原理求解出晶胞参数 $(a\,b\,c\,\alpha\,\beta\,\gamma)$ 和单胞体积 V. 能进行这种数据处理的代表性软件有 Unitcell, 其主界面如图 15.32 所示. 这是一个简单实用的对粉末衍射数据进行晶胞参数拟合的程序, 对 EDXD 和 ADXD 都适应. 使用时, 将所有晶面指数 hkl 所对应的数值 (d 值、2θ 或者 E) 作为参数文件输入, 即可解出已知结构晶体的晶格参数, 并给出拟合误差. 在高压衍射实验中, 高压相的结构往往是未知的, 需要运用全谱拟合的方法进行结构精修, 得到新相的晶胞参数和单胞体积.

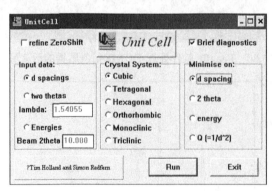

图 15.32   UnitCell 软件主界面

15.3.4   全谱拟合及 Rietveld 结构精修[20]

运用全谱拟合的方法做结构精修, 可以对未知结构的衍射数据进行处理. 常用的软件包括 FullProf、GSAS+EXPGUI 以及 JANA2000 等. 全谱拟合方法主要有

Pawley 和 Le Bail 两种方法. 在高压粉末衍射实验中, 衍射强度常常是不确定的, 常用的全谱拟合方法是 Le Bail 方法. Le Bail 方法中衍射强度不是精修变量, 只对晶胞参数、零点修正、线形参数等变量进行精修, 可以较好的给出相应的晶胞参数信息, 但不能给出原子占据位置. Rietveld 结构精修与 Le Bail 全谱拟合不同的是通过原子占据精修衍射强度, 因此可以得到更多的信息, 如原子占据位置、择优取向、晶粒大小等, 但对衍射谱的质量要求很高. 图 15.33 是用 GSAS 软件对稀土倍丰氧化物 Nd_2O_3 的衍射数据进行 Rietveld 结构精修的结果[21]. 其中衍射谱中的实线为实验获得的衍射数据, 十字符号为精修的模型, 最底部的曲线为二者之间的残差, 谱下方的短线为拟合峰的位置. 拟合结果给出 Nd_2O_3 在 33.1GPa 时为六方结构, 晶胞参数 $a=3.778(1)$Å, $c=5.219(1)$Å.

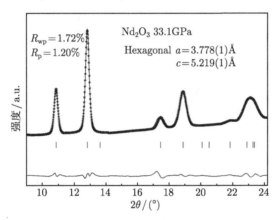

图 15.33 Nd_2O_3 在 33.1GPa 衍射数据的 Le Bail 精修结果[21]

15.3.5 状态方程拟合

由不同压力下的衍射数据得到的晶胞体积随压力的变化关系, 可以拟合得到 P-V 状态方程, 也称等温压缩线. 常用来描述固体状态的方程有许多半经验的形式, 如布里奇曼 (Bridgman) 等温状态方程, 从有限应变理论导出的 Murnahan、Birch 方程等. 用这些方程对实验得到的 P-V 数据进行最小二乘法拟合, 可以导出弹性参数如体弹模量及其对压力的一阶、二阶导数在零压时的值 B_0, B_0' 和 B_0'' 等. 状态方程拟合可以通过 EOSFIT、Origin 等软件进行.

下面给出几种常用的 P-V 状态方程形式:

(1) Murnaghan 方程[22]

$$P = B_0/B_0' \left[\left(\frac{V}{V_0} \right)^{-B_0'} - 1 \right] \tag{15.6}$$

(2) 三阶 Birch-Murnaghan 方程[23]

$$P = \frac{3}{2} B_0 \left[\left(\frac{V}{V_0} \right)^{-7/3} - \left(\frac{V}{V_0} \right)^{-5/3} \right] \times \left\{ 1 + \frac{3'}{4} (B_0' - 4) \left[\left(\frac{V}{V_0} \right)^{-2/3} - 1 \right] \right\} \quad (15.7)$$

(3) Vinet 方程[24]

$$P = 3 B_0 \left(\frac{V}{V_0} \right)^{-2/3} \left[1 - \left(\frac{V}{V_0} \right)^{1/3} \right] \exp \left\{ \frac{3}{2} (B_0' - 1) \left[1 - \left(\frac{V}{V_0} \right)^{1/3} \right] \right\} \quad (15.8)$$

式中, V 和 V_0 分别为压力 P 和常压下的晶胞体积; B_0 和 B_0' 分别为体弹模量及其对压力的一阶导数. 图 15.34 例举金属 Ag 的状态方程[25], 其中数据点为实验得到的不同压力下的晶胞体积, 曲线为用 Vinet 方程拟合的结果. 拟合得到的状态方程参数为: V_0=67.7Å^3, B_0=101.9 (1) (GPa), B_0'=5.89 (01).

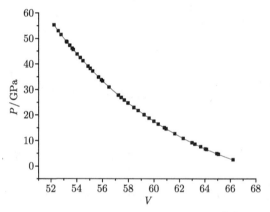

图 15.34　金属 Ag 的压力–体积关系[25]

15.4　应 用 实 例

高温高压下的 X 射线衍射测量可以研究物质的晶体结构相变、状态方程、熔化曲线、弹性、织构、流变等性质, 在材料科学、地球科学、物理、化学、能源、环境等领域的研究中有着广泛的应用.

15.4.1　钙钛矿结构 PbCrO$_3$ 的等结构相变

压力可以导物质结构的改变. 高压下的 X 射线衍射可以直接测量晶体结构的变化, 研究物质的相变和相图. 在同步辐射装置上, 压致晶体结构相变是高压衍射最重要的应用研究.

钙钛矿结构是一种重要的晶体结构类型, 不仅是下地幔最主要的矿物相, 也是强关联电子体系如高温超导体所具备的典型结构. 具有钙钛矿结构的过渡金属氧化物, 由于 3d 电子自旋、轨道、电荷、晶格等各种自由度间的精细相互作用, 而具有许多奇特的物理化学性质. 致密的钙钛矿结构在外部环境 (如温度、压力) 变化时, 结构中共角顶的配位八面体会产生畸变、旋转和相互倾斜从而导致相变发生. 通常情况下这种相变不会导致体积的显著改变. 但是, 当外部条件的改变导致体系的电子结构发生重大变化时, 则可能导致材料结构和性质的显著改变, 引起明显的体积变化. Xiao 等利用激光加温 DAC 技术, 在 17~30GPa 压力下合成出立方钙钛矿结构氧化物 PbCrO$_3$. 在北京同步辐射装置上, 利用原位的高压角色散衍射测量, 对其高压行为进行了研究, 发现了一个奇特的压致等结构相变现象[26]. 这个从立方结构到立方结构的转变, 导致近 10% 的体积变化.

图 15.35(a) 是在不同压力下获得的 PbCrO$_3$ 的高压 X 射线衍射图像, 从中可以明显地看出由立方到立方的等结构相变过程. 如图 15.35(a) 所示, 当 PbCrO$_3$ 压缩到 1.2~1.6GPa 时, 在低压相各衍射峰的高角度位置出现了相应的衍射峰, 这些衍射峰可以指标化为另一种的立方钙钛矿结构. 共存的高、低压相体积差异近 10%, 并且随着压力增高, 低压相很快消失, 高压相一直稳定地存在直到实验的最高压力. 图 15.35(b) 为多次实验的压力–体积数据, 显示出相变导致的体积变化达 9.8%. 在体积模量的压力导数 K_0' 固定为 4 的情况下, 由压力–体积数据计算的状态方程参数为, 低压相: $V_0 = 64.64(7)$Å^3, $K_0 = 59(5)$GPa; 高压相: $V_0 = 57.61(8)$Å^3, $K_0 = 187(4)$GPa. 从体积模量看, 低压相显示出异常大的压缩性. 这一点, 在图 15.35(b) 的压缩曲线中也可以明显地看出来.

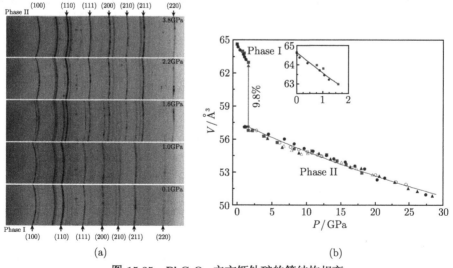

图 15.35　PbCrO$_3$ 立方钙钛矿的等结构相变

(a) 等结构相变过程的高压原位 X 射线衍射图像; (b) PbCrO$_3$ 立方钙钛矿高、低压相的压力–体积关系, 显示相变导致 9.8%的体积变化[26]

等结构相变是一种稀有的相变现象, 伴随大体积变化的等结构相变更极为少见. $PbCrO_3$ 的等结构相变现象是立方钙钛矿等结构相变的首次发现. $PbCrO_3$ 立方钙钛矿压致等结构相变导致异常大的体积变化及其蕴含的奇特物理机制, 对传统的钙钛矿相变理论研究提出了新的挑战.

15.4.2 Ta 的准静水压状态方程

高压下的 X 射线衍射可以直接测量晶胞体积 V 随压力 P 的变化, 因此非常适于研究材料的压缩性质和状态方程. BSRF 高压课题组, 利用同步辐射高压衍射技术, 在 DAC 中对一些常用金属压标材料的状态方程, 进行了测量研究[25,27]. 实验采用不同的静水压技术, 如填入 He 或 Ar 作为传压介质, 利用激光加温对 DAC 中的样品进行退火等.

钽 (Ta) 是一个简单体心立方结构的过渡金属, 由于其结构稳定、熔点高, 是高温高压衍射实验常用的压标物质之一. Ta 的状态方程虽然已有很多研究, 包括超声实验、冲击波实验、X 射线衍射实验以及理论计算等, 但结果存在很大分歧, 使 Ta 成为一个颇有争议的压标物质. 对于 X 射线衍射实验来说, 如何提高样品的静水压环境, 是获得精确状态方程的途径之一. Tang 等分别用 Ar 和 He 作为传压介质, 利用能量色散衍射和角色散衍射, 测量了 Ta 的准静水压状态方程, 最高压力分别为 133GPa 和 50GPa[27].

图 15.36 (a) 给出以 Ar 作为传压介质、用能量色散 X 射线衍射技术获得的 Ta 的部分高压衍射谱, 其中以晶面指数 (hkl) 标注的峰为 Ta 的衍射峰, 标以 "f" 的峰为 Ta 的荧光峰. 由衍射数据得到的晶胞体积 V 与压力 P 的关系示于图 15.36(b) 中.

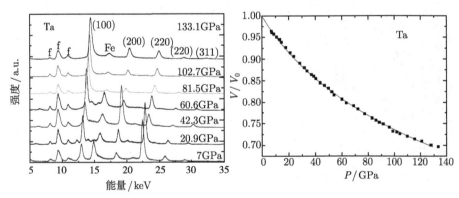

图 15.36   Ta 的高压线衍射谱 (Ar 为传压介质)(a) 及 Ta 的压力–体积关系 (b)

用式 (15.9) 表达的 Vient 方程[24] 对图 15.36(b) 的 P-V 数据进行最小二乘法拟合, 在固定常压下体积为实验测得值 $V_0 = 36.01\text{Å}^3$ 的情况下, 得到体弹模量 B_0

= 192 (3)GPa, 其一阶导数 $B_0' =3.58(11)$. 为了与前人的结果 [28,29] 进行比较, 固定 B_0 为超声实验得到的值 194GPa, 得到 $B_0' = 3.54(2)$. 这个数据稍低于 Cynn 与 Yoo 用 Ar 作为传压介质的结果, 而高于 Dewaele 用 He 作为传压介质的结果 [27]. 图 15.37 同时给出三组 P-V 数据, 可以看出 Tang 等的数据与 Dewaele 的数据重叠得很好, 而 Cynn 与 Yoo 的数据则有较大的弥散.

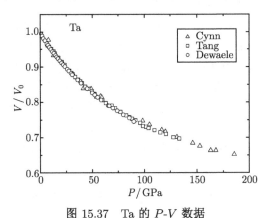

图 15.37 Ta 的 P-V 数据

△ 和 □ 以 Ar 为传压介质; ○ 以 He 为传压介质

在单轴加载的 DAC 中利用 X 射线衍射测量状态方程, 引起测量误差一个主要来源是样品的静水压状态. 对样品的静水压状态进行评估有多种方法, 其中比较可信的是监测样品不同晶面的压缩比 d/d_0 (其中 d 为压力下的晶面间距, d_0 为常压下的值). 对于立方结构的材料, 在静水压下各晶面的压缩比相同, 而非静水压下各晶面的压缩比随晶面指数 hkl 的不同而不同 [30,31]. 图 15.38 所示为 Ta 的不同晶面压缩比 d/d_0 随压力的变化. 在直到最高压力 133GPa 的范围内, d/d_0 的最

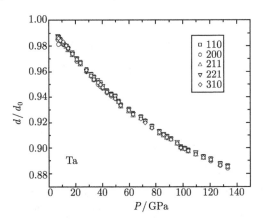

图 15.38 Ta 的不同晶面压缩比随压力的变化

大差小于 0.2%. Kenichi 等的 ZnO 实验中, 用 ME 介质在 14 GPa 以上偏差大于偏 0.3%, 用 He 介质在 54 GPa 范围内偏差为 0.08%. 由此看出, Ar 作为传压介质如果样品装填得好, 在很高的压力仍能保持较好的传压性, 但与 He 相比静水压效果仍然差一些.

15.4.3　非静水压下材料弹性模量及强度研究

在金刚石对顶砧压腔中, 由于金刚石压砧的几何形状, 使得高压封垫中的样品处于单轴应力场中, 即轴向加载方向应力最大, 径向应力最小. Singh 等系统地研究了金刚石对顶砧内单轴应力场下样品的晶格应变、空间取向、最大差应力以及剪切模量之间的关系, 提出了晶格应变理论[14,16]. 根据这个理论对非静水压下的径向衍射数据进行分析, 可以估算材料在极高非静水压下的强度和弹性模量, 同时得到静水压状态方程. 在 BSRF 高压实验站上, 分别利用能量色散和角色散衍射系统发展了 DAC 径向衍射技术, 对一些材料的强度、弹性模量、织构和静水压状态方程进行了研究 [20,32].

根据 Singh 晶格应变理论, 金刚石压腔中的样品所承受的最大差应力为

$$t = \sigma_3 - \sigma_1 \tag{15.9}$$

式中, σ_3 为轴向加载方向应力; σ_1 为径向应力. 通过 X 射线衍射所观察到的多晶样品的晶面间距 $d_m(hkl)$ 为压砧加载轴向与衍射角法线方向之间夹角 Ψ 的函数:

$$d_m(hkl) = d_p(hkl)[1 + (1 - 3\cos^2 \Psi)Q(hkl)] \tag{15.10}$$

式中, $d_p(hkl)$ 为对应静水压下面的晶面间距. 采用 DAC 径向衍射方法在不同的 Ψ 角获取样品的衍射数据, 通过 (15.11) 式拟合可以得到样品的静水压晶面间距 $d_p(hkl)$ 和参数 $Q(hkl)$. 在晶界等应力条件下有:

$$t = 6G\langle Q(hkl)\rangle \tag{15.11}$$

式中, G 为多晶样品的平均剪切模量; $Q(hkl)$ 为对所有观察到的衍射峰求平均. 样品在单轴压应力场下发生塑性形变后, 所承受的最大差应力 t 与其在此应力场下的屈服强度 Y 有以下关系:

$$t \leqslant 2\tau = Y \tag{15.12}$$

贺等利用 BSRF 径向衍射系统, 结合晶格应变理论, 研究了 Os 以及 Al$_2$O$_3$ 等材料的强度、弹性模量以及静水压状态方程. 图 15.39 为金属 Os 在不同 Ψ 角下的径向 X 射线衍射谱, 衍射图像在 36.5GPa 压力下获取[32].

图 15.40 显示在 DAC 中用径向衍射测量得到的 Os 和其他硬金属的差应力. 从图中可以看出, Os 在 20～30GPa 范围内很可能达到屈服, 屈服强度随着压力增加, 在最高压力时达到 11.7GPa. Os 在 15.7～58.2GPa 压力范围的差应力 ($t =$

9.8~11.7GPa), 比已报道的硬纯金属如 Re、Mo、W 等都大得多. 这表明, 在已知的硬纯金属材料中, Os 可能是最硬的.

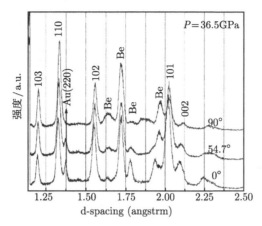

图 15.39　金属 Os 在不同 Ψ 角下的高压径向 X 射线衍射谱[32]

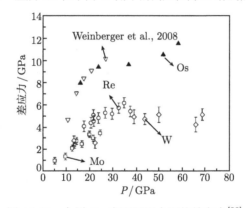

图 15.40　金属 Os 在不同压力下的差应力[32]

由式 (15.11), 当 $\Psi = 54.7°$ 时 $d_m(hkl) = d_p(hkl)$, 这样可以得到相应的静水压状态方程. 由径向衍射数据得到的金属 Os 在不同 Ψ 角下的压缩曲线在图 15.41 中示出. 用三阶 Birch-Murnaghan 状态方程拟合在 $\Psi = 54.7°$ 的 RXD 数据, 得到的体弹模量 $K_0 = (390 \pm 6)$GPa(固定 $K_0' = 4$). 这与 Takemura 等用 He 作为压力介质的准静水压实验的结果 $K_0 = (395 \pm 15)$GPa 符合得非常好. 由 RXD 数据导出的 Os 的体弹模量, 从 262GPa 变化到 413GPa, 与 Ψ 角有关. 在 $\Psi = 0°$ 和 $\Psi = 90°$ 时分别为 (262 ± 11)GPa 和 (413 ± 11)GPa.

虽然径向衍射结合 Singh 晶格应变理论在研究弹性上有些局限, 但在一些同步辐射装置上, 仍常用于材料在高压下的强度和静水压状态方程测量. Bai 等还通过 DAC 径向衍射探测了 NaCl 在非静水压下的晶格应变性质. 发现 NaCl 在从 B1 相转变为 B2 相的临界点时, 差应力突然下降到接近于零[20].

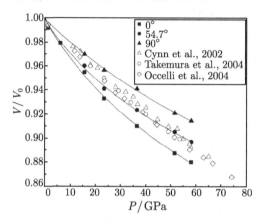

图 15.41　金属 Os 在不同 ψ 角下的压缩曲线[32]

刘　景

参 考 文 献

[1] Van Valkenburg. Conference International Sur-les-Hautes Pressions. LeCreusot, Saone-Loire, France. 1965.

[2] Jayaraman A. Diamond anvil cell and high-pressure physical investigations. Rev Mod Phys, 1983, (55): 65–108.

[3] Moss W C, Goettel K A. Finite element analysis of the diamond anvil cell: achieving 4.6 Mbar. Appl Lett, 1986, (48): 1258–1260.

[4] Jeanloz R, Heinz D L. The equation of state of the gold calibration standard. J Phys Paris, 1984: 45–83.

[5] Boehler R, The phase diagram of iron to 430 kbar. Res Lett, 1986, (13): 1153–1156.

[6] Heinz D L, Jeanloz R. Manghnani M H, Syono Y. Temperature measurementsin thelaser-heated diamond cell. In: High-Pressure Research in Mineral Physics. Terra Scientific, Tokyo/American Geophysical Union, Washington D C, 1987: 113–127.

[7] Shen G Y, Rivers M L, Wang Y B, et al. Laser heated diamond cell system at the Advanced Photon Source for in situ X-ray measurements at high pressure and temperature. Rev Sci Instrum, 2001, 72(2): 1273–1282.

[8] 刘景, 李晓东, 李延春, 等. 同步辐射激光加温 DAC 技术及在地球深部物质研究中的应用. 地学前缘, 2005, (12): 93–101.

[9] Mao H K, Bell P M, Shaner J W, et al. Specific volume measurements of Cu, Mo, Pd, and Ag and calibration of the ruby R_1 fluorescence pressure gauge from 0.06 to 1 Mbar. J Appl Phys, 1978, (49): 3276–3283.

[10] Mao H K, Xu J, Bell P. Calibration of the Ruby pressure Gauge to 800 kbar under Quasi-Hydrostatic conditions. Journal of Geophysical Research, 1986, (91): 4673–4676.

[11] Li X D, Liu J, Yang S S, et al. Collimation of X-ray diffraction under high pressure at Beijing Synchrotron Radiation Facility, J Phys-Condens Mat, 2002, 14(44): 10541–10544.

[12] Eng P J, Newville M, Rivers M L, et al. Dynamically figured Kirkpatrick Baez X-ray microfocusing optics. SPIE Proc, 1998, (3449): 145.

[13] Baublitz M A J, Volker Arnold, Ruoff A L, Energy dispersive X-ray diffraction from high pressure polycrystalline specimens using synchrotron radiation. Rev Sci Instrum, 1981, 52(11): 1616–1624.

[14] Singh A K, Mao H K, Hemley R J, et al. Estimation of single-crystal elastic moduli from polycrystalline X-ray diffraction at high pressure: application to FeO and Iron. Phys Rev Lett, 1998, (80): 2157–2160.

[15] Singh A K. The lattice strains in a specimen (cubic system) compressed nonhydrostatically in an opposed anvil device. J Appl Phys, 1993, (73): 4278–4286.

[16] Singh A K, Balasingh C, Mao H K, et al. Analysis of lattice strains measured under non-hydrostatic pressure. J Appl Phys, 1998, (83): 7567–7575.

[17] 数据转换软件 chn2data.exe 由周镭提供.

[18] Hammersley A P, Svensson S O, Hanfland M, et al. Two-dimensional detector software: from real detector to idealised image or two-theta scan. High Pressure Research, 1996, (14): 235.

[19] 罗崇举. 金属二氧化物的高温高压结构相变研究. 北京: 中国科学院高能物理研究所硕士论文. 2006.

[20] 白利刚. 稀土氧化物的相变与压标的状态方程. 北京: 中国科学院高能物理研究所博士论文. 2010.

[21] Jiang S, Bai L G, Liu J, et al. The phase transition of Eu_2O_3 under high pressures. Chin Phys Letts, 2009, 26(7): 076101.

[22] Murnaghan F D. The compressibility of media under extreme pressures. Proc Natl Acad Sci, 1944, (30): 244–247.

[23] Birch F J. Finite strain isotherm and velocities for single-crystal and polycrystalline NaCl at high pressure and 300K. Geophys Rev, 1978, (83): 1257–1268.

[24] Vinet P, Ferrante J, Rose J, et al. Compressibility of solids. Geophys, 1987, (92): 9319-9325.

[25] 唐玲云. 压标材料的状态方程研究. 北京: 中国科学院高能物理研究所博士论文. 2008.

[26] Xiao W S, Tan D Y, Xiong X L, et al. Large volume collapse observed in the phase transition in cubic $PbCrO_3$ perovskite. PNAS, 2010, 107(32): 14026–14029.

[27] Tang L Y, Liu L, Liu J, et al. Equation of State of Tantalum up to 133GPa. Chin Phys Letts, 2010, 27(1): 016402.

[28] Cynn H, Yoo C S. Equation of state of tantalum to 174GPa. Phys Rev B, 1999, (59): 8526–8529.

[29] Dewaele A, Loubeyre P, Mezouar M. Refinement of the equation of state of tantalum. Phys Rev B, 2004, (69): 92106–92109.

[30] Kenichi T. Evaluation of the hydrostaticity of a helium-pressure medium with powder X-ray diffraction techniques. J Appl Phys, 2001, 89(1): 662–668.

[31] Kenichi T, Singh A K. High-pressure equation of state for Nb with a helium-pressure medium: Powder X-ray diffraction experiments. Phys Rev B, 2006, (73): 224119.

[32] Chen H H, He D W, Liu J, et al. High-pressure radial X-ray diffraction study of osmium to 58GPa. Eur Phys J B, 2010, (73): 321–326.

第16章 真空紫外光电离质谱技术

16.1 引　言

大部分原子和分子的电离能都在真空紫外光(VUV) 波段, 因此只需吸收一个 VUV 光子就可以将其电离, 故而称其为 VUV 单光子电离. 单光子电离技术是物理化学和分析化学最主要的工具之一, 可以用来研究原子或分子的能态、电离能、离解能、碎片离子出现能、吸收截面、电离截面等一些基本的物理化学特性, 也可以研究原子或分子的超激发态、离子光谱以及光解离动力学等. 近年来, 该技术与其他手段相结合, 应用的范围更加广泛, 如离子成像、燃烧化学、大气气溶胶、纳米材料、生物小分子和分析化学等. 现有的 VUV 光源主要包括真空紫外放电灯、相干 VUV 激光和同步辐射等. 而真空紫外放电灯波长单一, VUV 激光调谐范围较窄. 与之相比, 同步辐射光源在 VUV 波段具有准直性好、波长连续可调以及高亮度等优点. 随着同步辐射光源的发展, VUV 单光子电离技术的应用领域也将越来越广泛.

16.2　同步辐射 VUV 单光子电离技术

质谱技术已经广泛应用于物理、化学、生物等多个学科. 作为鉴定分子结构的重要手段, 传统的质谱仪一般都采用 70eV 的电子轰击电离作为电离源. 较高的电子能量会产生大量的碎片离子, 这对于复杂体系的分析会带来一定的困难; 如果降低电子的能量, 会降低质谱的信噪比, 并且由于电子的能量分辨较差, 仍然会产生一定的碎片离子. 虽然商品化的质谱一般与色谱联用, 可以部分克服质谱的碎片问题, 但是该技术无法检测反应过程中产生的自由基. 近年来, 将同步辐射 VUV 单光子电离与分子束取样技术相结合, 可以克服电子轰击电离和激光光电离技术的很多缺点, 是非常适合于研究燃烧产物和中间物的一种新方法. 下面以燃烧研究为例, 来介绍 VUV 单光子电离技术.

燃烧过程中会产生很多不同种类的中间产物, 如果利用电子轰击电离, 很难确定质谱中的峰是来自电离过程中产生的碎片离子, 还是燃烧本身产生的中间体. 由于同步辐射 VUV 光电离是单光子过程, 能避免在电离时产生碎片, 结合分子束取样, 能够广泛探测燃烧产物, 尤其是各种中间体和多环芳烃[1]. 图 16.1 所示为分别利用电子束轰击电离和同步辐射 VUV 单光子电离所得到的丙烷的质谱, 前者的质谱中存在大量的碎片离子峰, 而后者的质谱中只存在丙烷的分子离子峰. 同步辐射 VUV 单光子电离还可以研究在燃烧过程中起关键作用的自由基如 CH_3、C_2H_3、HCO、C_3H_3、C_3H_5、C_4H_3、C_4H_5、C_5H_3、C_5H_5、C_7H_7、C_9H_7 等, 而这些自由基在电子轰击电离中是很难进行研究的.

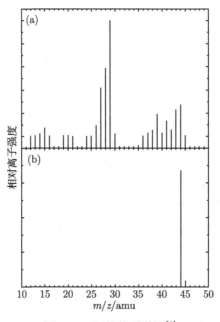

图 16.1　丙烷的质谱图[1]

(a) 70eV 电子轰击电离得到的质谱; (b) 同步辐射单光子电离得到的质谱 (光子能量为 11.20eV). 质量数 44 的峰为丙烷, 质量数 45 的峰为 ^{13}C 同位素所致

火焰中的物质大多为碳氢化合物, 其中很多有同分异构体, 它们的元素组成和相对分子质量相同, 对应的却是不同的分子. 例如, C_3H_4 可能是丙炔 (H_3C—$C\equiv CH$), 也可能是丙二烯 (CH_2=C=CH_2), 二者在质谱上占据同一个位置, 无法通过质荷比进行区分. 而只有区分出每种同分异构体并测量出它们各自的浓度, 才能够帮助我们发展燃烧动力学模型并理解燃烧机理. 然而, 同分异构体的化学结构不同导致它们的物理化学特性有所差异, 如丙炔的电离能是 10.36eV, 丙二烯的电离能是 9.69eV, 通过对电离能的测量, 可以将它们区分. 然而目前商品化的质谱都采用电子轰击电离, 无法有效地区分同分异构体. 利用同步辐射的波长连续可调特性, 通过测量物质的光电离效率谱 (PIE) 来测量电离能, 可以区分同分异构体, 这是利用同步辐射研究燃烧的另一个优点.

如图 16.2(a) 所示, 通过扫描光子能量, 测量 Ar 离子的信号强度随光子能量变化的曲线, 称为光电离效率谱. 当光子能量小于 Ar 的电离能时, 没有离子信号出现; 一旦光子能量大于 Ar 的电离能, 离子信号会上升, 其 "拐点"(称为阈值) 处所对应的光子能量即为 Ar 的电离能. 在图 16.2(a) 中可以清楚地测得 Ar 的电离能为 15.76eV. 如果利用电子轰击电离, 通过扫描电子能量, 也可以得到类似的曲线, 如图 16.2(b) 所示. 从图 16.2(b) 可见, 电子束的能量分辨较差以及电离阈值附近电离截面较弱, 很难得到一个准确的电离能; 不仅如此, 不同的同分异构体的电离能有时相差很小, 因此电子轰击电离无法区分这些同分异构体. 图 16.3 是四个丁醇/氧气火焰中质量数为 44 离子的光电离效率谱[2], 从图中可以看到两个明显的阈值, 分别对应于乙烯醇和乙醛.

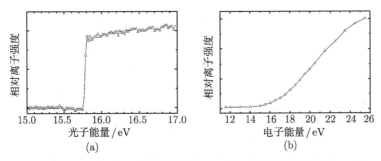

图 16.2 Ar 原子的光电离效率谱 (a) 及电子轰击电离效率谱 (b)[1]

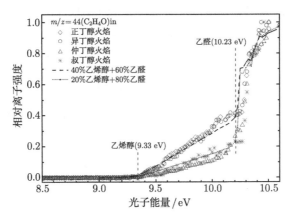

图 16.3 四个丁醇/氧火焰中质量数为 44 的光电离效率谱[2]

在燃烧过程中会产生很多不同的燃烧中间物, 图 16.4 所示是苯/氧气预混火焰中测得的质谱图[3]. 在固定的取样位置, 测量光电离效率谱, 可以得到质谱中每一个峰所对应的物质; 也可以固定光子能量, 扫描燃烧炉的位置, 得到每一个峰的空间分布, 并结合光电离截面的数据得到每种产物的绝对浓度分布.

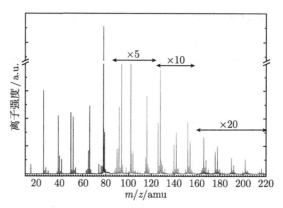

图 16.4　苯/氧气预混火焰的光电离质谱图. 燃烧当量为 $\phi = 1.75$, 光子能量为 11.6eV[3]

16.3　实验方法和实验装置简介

16.3.1　光束线介绍

　　合肥国家同步辐射实验室 U14C 是真空紫外光束线, 它由光束线偏转镜、气体滤波室、前置反射箱、光栅单色仪和后置反射箱组成, 具体结构如图 16.5 所示. 来自于波荡器的同步辐射光被环面光束线偏转镜偏转和聚焦后, 经由气体滤波器进入前置反射镜箱; 同步辐射光由前置反射镜聚焦到单色仪的入射狭缝上, 再经球面反射闪耀光栅色散后聚焦于出射狭缝, 然后由后置反射镜聚焦至光电离室样品上. 光束线前端区把光束线和储存环的超高真空系统隔开, 它由水冷光屏、超高真空阀门、快速关闭阀和安全闸组成. 水冷光屏的作用是在前端区处于关闭情况下吸收全部同步辐射, 使下游的超高真空阀门不致受到高通量光子照射而损坏, 或者在实验站临时不用光时放下, 保护光束线光学元件不受同步光长时间辐照. 光束线上的超

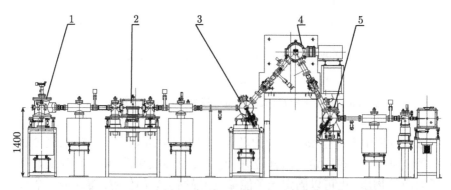

图 16.5　合肥国家同步辐射实验室 U14C 光束线结构图

1–光束线偏转镜; 2–气体滤波室; 3–前置反射镜箱; 4–光栅单色仪; 5–后置反射镜箱

高真空阀门和快速关闭阀主要是保护储存环不受光束线或实验站突发事故的影响造成储存环暴露大气.

该光束线使用 1m 的 Seya Namioka 型正入射真空紫外光栅单色仪. 光栅室内部安装一块能量范围覆盖 7.8~24eV 的光栅, 能量分辨本领接近 1000. 前置反射镜使用环面反射镜, 表面镀金, 它将同步辐射光聚焦于单色仪的入射狭缝上, 并将光源中的 X 射线滤除. 由于它承受较大的热负载, 镜座上安装循环水系统进行冷却; 后置反射镜也使用表面镀金的环面镜, 它将单色后的同步辐射光聚焦于样品处. 光束线真空维持在 $10^{-7} \sim 10^{-8}$Pa 量级, 在光栅室等各个腔体之间安装气动超高真空阀将它们隔开, 使得各部分可以独立工作和更换元件. 为了抑制高次谐波, 在前置反射镜前端安装了一套气体滤波系统, 将在下面详细介绍.

光束线后置反射镜将同步辐射光聚焦后照射在光电离室的样品上. 由于后置反射镜箱的真空度为 10^{-8}Pa 量级, 光电离室真空度在 10^{-4}Pa 量级, 必须在二者间使用差分抽气系统以维持真空稳定. 该系统由分子泵、离子泵和真空阀门组成, 工作真空度一般优于 1.0×10^{-5}Pa.

16.3.2 高次谐波的消除

为了提高光通量, 合肥国家同步辐射实验室 U14C 真空紫外光束线在储存环中安装了插入件波荡器. 波荡器不仅提高了辐射光的通量, 同时也使真空紫外范围内的奇次高次谐波相对地提高. 这些高次谐波对于以电离和激发原子分子外层价电子为机制的光化学、光谱学、化学反应动力学实验将产生严重干扰.

许多方法被用于抑制同步辐射真空紫外高次谐波, 其中最典型的是利用固体滤波片吸收或应用镜面多重反射相对减弱短波长成分两种方式. 滤波片是由适当的材料做成的薄片或薄膜, 根据选用材料的不同, 可以仅使某一能量的光通过, 而高于这一能量的光被滤除. 在真空紫外波段 (5.0~40eV) 可以作为滤波片的材料有石英 (可透过的最高光子能量是 7.5eV)、氟化镁 (10.5eV) 和氟化锂 (11.8eV), 合肥国家同步辐射实验室 U10 光束线一直使用后两种, 也可以使用硅、碲、三氧化二铝、锡、铟等薄膜. 对于来自波荡器的高通量同步辐射光, 固体滤波片吸收大量光子容易形成色斑, 失去透光性. 多重镜面反射同固体滤波片类似, 在 11.0~25.0eV 范围内效果不佳.

气体可以吸收高于其电离能的光, 是一种很好的吸收真空紫外光的介质. 只要光路上存在适量气体, 高于其电离能的 VUV 光子几乎无法穿透, 而低于其电离能的 VUV 光子被气体吸收量有限. U14C 光束线安装了一套通入惰性气体用于抑制高次谐波的气体滤波器. 为防止通入的气体影响光束线正常运行, 该气体滤波系统采用三级差分抽气, 保证在工作时 (通惰性气体时, 吸收池的压力 0.67~1.33kPa), 光束线上其他子系统在超高真空下正常工作[4].

图 16.6 是主气室与三级差分抽气系统的结构图. 主气室 GC 是位于主腔体中的圆柱体, 其尺寸为截面半径 25mm, 长 274mm, 主气室与主腔体 C1(第一级差分抽气室) 之间由差分管过渡, 差分管小孔直径为 0.5mm, 长 50mm. 各级抽气室之间都由差分管隔开以限定气导. 在气体滤波系统前面有一超环面偏转镜, 其聚焦点接近气室中心位置, 这样就减小了位于差分管处光斑的尺寸, 可以相应缩小差分管的内径, 进一步限定气导. 由于工作时气室的压力有 1.333kPa 左右, 可能形成分子束, 气体将沿差分管轴线方向大量漏出, 造成光束线中其他子系统压力提高, 干扰光的稳定性和污染光学器件, 严重的还可能破坏储存环的超高真空, 从而干扰环内电子束的稳定性. 因此将气室两边的差分管出口端切成 60° 角, 使分子束流偏离光轴. 第二级差分室 (C2 和 C2′) 与第三级差分室 (C3 和 C3′) 之间接有气阀, 气阀与第二级差分室真空计联锁, 当第二级差分室真空变差, 气阀将会自动关闭, 防止破坏光束线其他子系统的真空. 为确保对光调整的准确度及更换后位置的重现性, 第一、二级差分室固定在一起, 第一、二级差分管固定于差分抽气室上, 通过支撑可以同时调节第一、二级差分管. 为抽走大量低压气体以及避免机械震动干扰, 第一级差分室 C1 使用 1400 L/s 的涡轮分子泵, 第二级差分室 C2 和 C2′ 各使用一台 600 L/s 涡轮分子泵, 第三级差分室 C3 和 C3′ 各使用一台 450 L/s 溅射离子泵. 一、二级共用一套前级抽气系统, 为 70 L/s 罗茨泵和 8 L/s 无油干泵. 气室压力用电容薄膜压力计测量, 第一、二级差分室真空使用 MKS 冷规测量, 第三级差分室真空使用电离真空计测量.

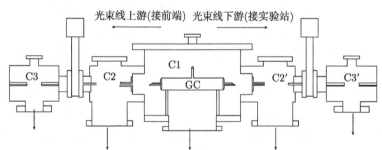

图 16.6　合肥国家同步辐射实验室气体滤波器的结构示意图

GC– 气室; C1– 一级差分室; C2(C2′)– 二级差分室; C3(C3′)– 三级差分室; 各级差分室之间差分管的内径分别为: GC-C1 是 1mm, C1-C2 以及 C1-C2′ 为 2mm, C2-C3(C2 内) 为 6mm, C2-C3(C3 内) 及 C3 与光束线之间是 10mm. 上游接光束线的前端, 下游接光束线的单色仪

图 16.7 为气体滤波器的气室通入不同压力的 Ar 气时, 测量得到空气的质谱图. 由图 16.7(a) 可以看到一系列的质谱峰 $m/z = 14, 16, 17, 18, 28$ 和 32, 分别对应于 N^+, O^+, OH^+, H_2O^+, N_2^+ 和 O_2^+. N_2 和 O_2 的电离能分别是 15.581eV 和 12.0697eV, 如果没有高次谐波的影响, 在 13.0eV 的光子作用下, 应该不能电离 N_2,

而只能看到 O_2 离子的峰. 同理, 图 16.7(a) 中的 N^+, O^+ 和 OH^+ 也是来自高次谐波的影响, 分别来自于 N_2, O_2 和 H_2O 的离解电离, 因而会影响正常的实验结果. 随着气室 GC 中 Ar 压力的增高, 如图 16.7(b) 所示, N^+, O^+, OH^+ 和 N_2^+ 的峰在减弱, 这是因为主气室 GC 中的压力越高, 滤去高次谐波的效果则越好; 当主气室 GC 中的压力在 1.333kPa 时, 只有质量数为 18 和 32 的峰, 对应于 H_2O 和 O_2, 如图 16.7(c) 所示.

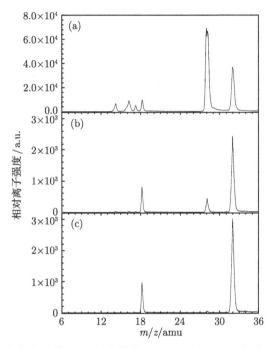

图 16.7 空气的光电离质谱图, 光子能量是 13.0eV, 气室 GC 内以 Ar 作为吸收气体

(a) 气室内氩气压力 0Pa; (b) 气室内氩气压力 667Pa; (c) 气室内氩气压力 1.333kPa

下面以 N_2 为例来计算高次谐波的滤去效率 η

$$\eta = (I_0 - I_P)/I_0 \tag{16.1}$$

式中, I_0 为未通入 Ar 时质谱 N_2^+ 的信号强度 (N_2^+ 谱峰的面积积分); I_P 为气室 GC 中压力为 P 时质谱 N_2^+ 的信号强度. 图 16.8 是不同压力下高次谐波的滤除率, 其中当气室中 Ar 的压力为 1.333kPa 时, 滤除率超过 99.97%. 对 N^+ 作相应处理也得到类似结果. 其性能略优于美国先进光源类似装置[5], 和中国台湾同步辐射研究中心类似装置性能相当[6].

一般情况下, 当实验需要 8~15eV 能量的同步辐射光时, 使用氩气作为滤波气体; 当实验需要 10~18eV 能量光子时, 使用氖气则较为理想. 图 16.9 为气室 GC 中通入 1.213kPa 氩气时, 氙气在其电离能附近的光电离效率谱, 可以看出, 电离能拐点明显, 在电离能以下没有高次谐波的影响, 记数为零. 图 16.10 为气体滤波器通

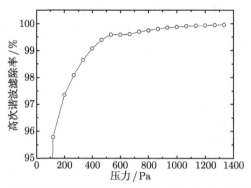

图 16.8   高次谐波滤去效率与通入气室 GC 中 Ar 的压力的关系

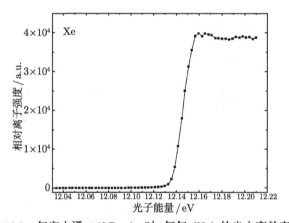

图 16.9   气室内通 1.2kPa Ar 时, 氙气 (Xe) 的光电离效率谱

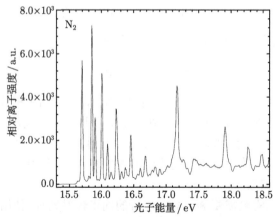

图 16.10   气室 GC 内通入 1.27kPa 氖气 (Ne) 时 N_2 的光电离效率谱

入 1.27kPa 氖气 (电离能为 21.564 54eV) 时, 氮气的光电离效率谱, 可以看出电离能拐点明显, 电离能以下没有高次谐波的影响, 谱图的清晰也反映了气体滤波池的工作稳定性.

U14C 光束线三级差分抽气滤波系统展现了极佳的滤除波荡器高次谐波的能力, 并维持光束线其他子系统在超高真空的环境下正常工作, 为光电离、光解离、燃烧和分析等研究提供了有力的工具.

16.3.3 实验站简介

国家同步辐射实验室 U14C 实验站主要用于光电离、光解离质谱研究, 可根据不同实验体系的需要使用不同的光电离质谱系统. 图 16.11 是我们自行设计的用于燃烧诊断的光电离/分子束质谱装置[3], 它主要由燃烧室、差分抽气室、光电离室、反射式飞行时间质谱仪、真空泵和数据采集系统等组成.

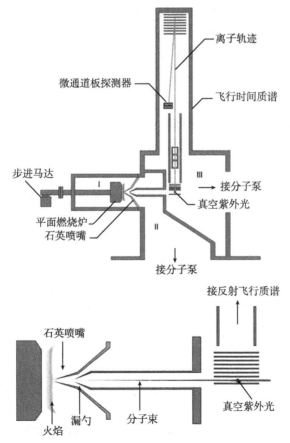

图 16.11 用于燃烧诊断的光电离/分子束飞行时间质谱装置[3]

实验中, 燃料与载气、氧气预混后在 Mckenna 炉中燃烧, 可以通过步进马达前后移动改变炉子在燃烧室中的位置. 燃烧生成的活性自由基和中性产物通过特制的石英喷嘴取样后形成超声分子束并进入到差分抽气室, 再经过一个准直漏勺 (skimmer) 后到达光电离室, 与同步辐射光相交叉. 中性分子束吸收真空紫外光子被电离, 生成的离子随后在质谱仪引出电极和加速电极的推动和加速下, 进入无场区自由漂移, 再经离子反射电极反射后被微通道板接收和记录. 实验可以得到不同光子能量下的光电离质谱图, 也可以通过扫描光子能量得到不同波长下的质谱图. 将每一个谱峰的面积积分、扣除本底、归一化后得到某一个特定质量的离子随光子能量的变化曲线, 即光电离效率谱 (PIE), 从 PIE 曲线上能得到中性分子和自由基的电离能, 以及碎片离子的出现势等重要数据.

16.4　真空紫外光电离质谱的应用

本节从实验方法出发介绍同步辐射在 VUV 波段的主要应用, 尤其是最近几年应用到很多新的领域, 如燃烧化学、生物小分子、大气气溶胶、纳米粒子、等离子体诊断和复杂有机体分析等[7]. 此外, 还列出了同步辐射 VUV 光吸收与光散射等实验方法的应用, 由于篇幅所限, 这里仅列出每个领域中具有代表性的工作, 以供参考.

16.4.1　在化学反应动力学研究中的应用

1. 光吸收研究

光吸收光谱和绝对光吸收截面的测量是同步辐射在 VUV 波段最早的应用之一. 根据 Beer-Lambert 定律可以计算原子或分子的吸收截面[8,9]

$$I_t = I_0 \exp(-n\sigma x) \tag{16.2}$$

式中, I_t 为透过气体样品后的光强; I_0 为入射光强; n 为劣样品的分子数密度; σ 为光吸收截面; x 为吸收长度. 研究的主要目的是测量在几个电子伏到分子的电离能波段的吸收光谱和吸收截面. 由于同步辐射在 VUV 波段的波长连续可调, 非常有利于进行光吸收研究. 例如, Hoxha 等利用德国 BESSY 光源研究了 C_2H_3Br 的光吸收[10]; 最近, Limão-Vieira 等利用丹麦 ASTRID 光源, 系统地研究了 H_2O、CH_3COOH、C_6F_6、C_2H_3Cl、CF_3X (X=Cl、Br 和 I)、$C_2H_2F_2$、CF_2HCl 等的光吸收[11~17]. 并且结合高分辨的单色仪, 观察到一些新的振动谱带和高 Rydberg 系列.

如果光子的能量大于分子的电离能, 一般采用多级电离室的方法来测量绝对光吸收截面, 装置的示意图如图 16.12 所示.

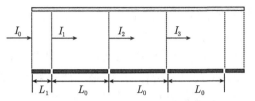

图 16.12　多级电离室的实验装置示意图

I 代表光强; L 代表电极板的长度

根据 Beer-Lambert 定律和光电离量子产率的定义, 通过测量各极板的电流可以得到绝对光吸收截面、光电离截面和光离解截面. Hatano 等利用该方法在日本的光子工厂对大量有机分子进行了研究[8,9,18~23]; Holland 等在英国的 Daresbury 光源研究了小分子的光吸收, 如 N_2、O_2、CO_2、SO_2 等[24,25]; 我们曾利用类似的方法研究了金属有机物 $M(CO)_6$ (M=Cr、Mo 和 W) 的光吸收[26]; 此外, 其他小组利用分布在世界各地的同步辐射光源也进行了类似的研究[27~30]. 由于实验装置比较简单, 光吸收这类研究是同步辐射在 VUV 波段应用最广、成果最多的方法之一. 但是, 该方法只能得到稳定分子的光吸收和光电离截面, 无法得到自由基的光吸收和光电离截面, 这是它的局限性之一. 另外, 该方法只能研究一些气体分子和易挥发的液体、固体样品, 而难以研究不易挥发的物质如固体材料和生物分子等.

2. 光电离研究

原子、分子、自由基与团簇的光电离研究, 是同步辐射在化学动力学和原子分子物理中的最早应用之一. 世界上绝大多数的 VUV 光束线, 都是利用光电离技术来测量原子、分子、自由基和团簇等的一些重要的物理化学参数, 如电离能、键离解能、离子的生成热等, 此外利用该方法还可以得到化学反应的通道等. 结合不同的探测手段, 如电子能量分析器和质谱等, 可以分别测量光电子谱、光电离质谱和光电离效率谱等. 有兴趣的读者可以参考 Ng 发表的评论文章[31~33] 和撰写的书籍[34,35]. 自 1995 年开始, 合肥同步辐射实验室光化学实验站也进行了大量有关光电离的工作[36~39], 主要开展小分子与团簇的研究. 国际上前期主要应用超声分子束研究一些稳定的分子或团簇. 近期, 结合不同的束源, 将光电离的研究范围大大拓宽, 如: ① 美国劳伦斯伯克利国家实验室的先进光源, 通过激光溅射产生的中性碳团簇, 然后利用 VUV 光电离, 可以了解这些团簇的电离能、结构等信息[40]. ② Mori 等在日本的 UVSOR 光源研究 C_{60} 的光电离[41]. ③ Fischer 和 Alcaraz 等利用 SiC 管高温热解产生 C_3H_3 和 C_2H_5 自由基, 利用法国 Super-ACO 光源研究这些自由基的光电离[42]. ④ Osborn 和 Taatjes 等通过激光光解产生烷基自由基 CH_3 和 C_2H_5, 然后这些自由基在流动反应管中与 O_2 反应生成过氧烷基自由基, 如 CH_3OO 和 C_2H_5OO[43], 最后利用分子束取样和光电离质谱研究这些不稳定的反应中间物, 还可以进行时间分辨的测量. 该方法除了研究碳氢化合物与 O_2 反应外, 还可以用于研究卤族元素与 O_2 等反应、金属原子与有机物的反应等. 由于同步辐射单光子电离比较容易观察到反应中较大的中间物或自由基, 所以对研究反应过程中一些关键的基元反应起到重要作用. 这是其他实验方法难以做到的. 离的研究也超越了传统的热力学的参数测量, 开始延伸到分析科学, 如燃烧化学、大气气溶胶、生物小分子、纳米粒子、等离子体诊断等, 在下面的几节中将对这些应用作详细的介绍.

3. 单分子光解离和双分子反应研究

光碎片平动能谱是研究分子光解离动力学的有力工具, 一般是利用一束紫外激光对分子进行光解, 然后探测解离后中性产物的能量分布与角分布. 早期的实验都是利用电子轰击电离或共振增强多光子电离 (REMPI) 来探测解离后的中性产物, 如前面所述, 这些方法都存在或多或少的问题, 尤其是不利于探测较大的碳氢化合物. 1997 年 Yang 等在美国的 ALS 光源上首次将同步辐射的单光子电离技术应用于光解离研究[44]. 随后, 美国 Neumark 领导的研究小组[45~47]、Suits 领导的小组[48~52] 和 Butler 领导的小组[53~56], 利用波长为 193nm 的光进行光解离在上述装置上进行了大量的研究. Yang 等利用台湾新竹的同步辐射光源建立了一套同步辐射光解离装置, 利用 157nm 的光解研究了很多体系[57~61]. 同步辐射单光子电离是一种普适性的探测技术, 可以探测到光解离的所有中性产物, 且没有碎片离子的干扰, 通过扫描光子能量还能够区分产物的同分异构体. 同样, 该技术也可以应用于双分子反应产物 (如交叉分子束) 的探测. 例如, Blank 等利用同步辐射研究 $Cl + C_3H_8 \longrightarrow HCl + C_3H_7$ 的交叉分子束反应[62]. 相对于单分子光解离研究, 对双分子反应的研究还不是很多, 主要是受信号强度的限制. 此外, Neumark 等还利用光解离过程中产物的动量匹配关系, 测量了 C_2H_3、C_3H_5、C_3H_5 等自由基的绝对光电离截面[63,64].

4. 二价和多价离子的符合研究

当光子能量达到约几十至几百电子伏时, 原子或分子吸收一个光子就可以发射两个电子. 同步辐射的波长可调以及高亮度等特性, 为开展二价离子的光谱与动力学研究提供了有利的条件. 其结合飞行时间质谱、飞行时间光电子谱、光电子-光离子符合谱、光电子-荧光符合谱、光电子成像等技术, 可以获得原子或分子的二价电离能、二价离子的电子态与振动态、高 Rydberg 态、离子对等很多基本的物理化学信息, 也可以研究二价离子解离过程中的解离通道[65~69]; 如果与离子、电子成像技术相结合, 可以测量二价离子解离过程中的角分布等. 牛津大学的 Eland 等, 自 1990 年开始利用惰性气体真空紫外放电灯, 也进行了此方面的大量研究[70~72].

合肥国家同步辐射实验室有一条利用波荡器的 VUV 光束线, 能够提供能量范围在 7.5~124eV 的光子, 可以开展此类研究.

5. 高分辨离子光谱

随着同步辐射光束线的能量分辨越来越高, 在离子的超高分辨光谱研究领域的应用也越来越广. 例如, 1996 年 Ng 等在 ALS 光源建立了一个 6.65m 长的单色仪, 结合脉冲场致电离, 使得在 VUV 波段同步辐射的能量分辨可以达到 0.5meV[73,74]; 1999 年他们通过改进, 加入了电子 "门" 技术, 消除了热电子的影响, 进一步提高了信噪比和电子能量分辨, 其能量分辨达到 1 cm^{-1}, 可以与 VUV 激光的分辨相媲美[75]. 该技术可以用来研究分子离子的光谱并得到离子的转动结构. 在此基础上, 该小组研究了大量分子离子的振动–转动光谱[76~79]. 从 2002 年开始, 他们又将红外激光与 VUV 的同步辐射相结合, 利用 VUV 激发加 IR 电离或 IR 激发加 VUV 电离技术, 研究了 C_2H_2、NH_3 等[80~82].

6. VUV 傅里叶变换光谱

傅里叶变换光谱一般都采用红外或可见光作为光源, 在现代科学中发挥了重要的作用, 在物理、化学、生物、环境、能源等众多的领域得到了广泛的应用. 1995 年日本的光子工厂首先建立了一套基于同步辐射的 VUV 傅里叶变换光谱仪[83], 将英国 Imperial 大学傅里叶变换光谱仪与日本光子工厂的装置结合, 研究了 NO、O_2 等分子的转动光谱, 其精度较之传统方法有了大幅度的提高[84~88]. 2002 年法国的 Orsay 光源建设了一套类似的装置, 其最短波长可以达到 60nm, 主要用于表面科学的研究[89]. 最近, 法国的 SOLEIL 同步辐射实验室也建设了 VUV 傅里叶变换光谱仪. 这是一个正在发展的新方向, 尤其在最近几年发展较快.

7. 离子/电子成像

1987 年 Chandler 和 Houston 首次将离子成像技术应用于分子光解离的研究, 该方法可以同时测量产物的能量分布和空间分布[90]. 在随后的近 20 年, 该技术得到了很大的发展, 应用范围越来越广. 常规的方法是利用激光的共振多光子电离来探测单分子解离或双分子反应的产物, 其局限性在于无法探测一些能级以及共振态并不清楚的复杂的反应产物, 如较大的碳氢化合物等. 1999 年, Suits 等首次将同步辐射的单光子电离技术应用于离子成像的研究[91,92]. 随后在 ALS 光源上, 该技术被进一步发展并应用于电子成像, 其研究的范围也拓展得越来越广. 例如, Neumark 等利用同步辐射研究了 He 液滴以及 He 液滴包裹 SF_6 分子的光电子成像[93,94]. 2006 年 Leone 小组将可见激光与 VUV 的同步辐射光相结合, 利用电子成像技术研究了 Br_2 的光解离动力学[95]; 此外, 该小组还将同步辐射的光电子成像技术应用于生物纳米粒子的研究, 研究了乙氨酸和苯基丙氨酸–乙氨酸–乙氨酸纳米粒子的光电子成像, 探测了电子的能量分布和角分布, 并通过扫描光子能量, 得到了这些生物纳米粒子的电离能等数据[96]. 再与 X 射线的结果比较, 发现纳米粒子在气相情况下的电离能小于结晶情况下的电离能, 根据二者的差, 可以推出极化能并进一步可以得到乙氨酸的分子极化率是 (4.7 ± 0.3)Å^3 $((31.9\pm1.9)$a.u.$)$. 2005 年法国的 SOLEIL 光源也建设了一个光电子/光离子成像的实验站[97], 合肥国家同步辐射实验室也正在发展该方法[98]. 现在绝大部分的离子成像研究仍然使用激光作为探测光源, 利用同步辐射还不是很多, 主要是受同步辐射的时序 (准连续性) 和光强 (单次脉冲的光强与激光相比要弱很多) 的限制. 预计在第四代的同步辐射光源 (自由电子激光) 上该方法将会有更大的发展和更广泛的应用.

16.4.2　在燃烧研究中的应用

燃烧是一种物质因剧烈氧化而发光发热的自然现象. 人类利用燃烧已经有 100 多万年的历史. 到目前为止, 人类的能源仍旧来自于煤、石油和天然气等化石燃料的燃烧而获得. 然而, 化石燃料在消费过程中又必然伴随着温室气体、氮氧化物、硫氧化物等污染物排放量的增加, 给人类的生活带来便利的同时也极大地影响甚至危害到生态环境和人类健康. 因此, 如何控制燃烧污染物是科研工作者关注的主要问题之一, 而且随着探索的深入, 关注的焦点从宏观转到微观. 如何从微观角度解释燃烧污染物的生成, 从而为控制燃烧过程、减少污染提供理论依据, 渐渐成为近年来燃烧科学的重要课题[7,99].

1. 燃料的热解

热解是指在无氧或缺氧状态下, 间接加热使含碳有机物发生热化学分解, 生成小分子物质 (气体和液体) 和固体残渣的过程[100,101]. 热解常常被认为是燃烧的第一步, 其本身涉及诸多复杂的化学反应过程. 随着技术的进步, 越来越多的分析方法被应用于热解研究中, 如广泛采用的热重 (TG) 和差热分析 (DTA) 法[102]. 热分析法得到的物理信息相对较多, 但获知的化学信息, 特别是热解产生的活性中间产物和反应机理的相关信息很少. 近期, 合肥国家同步辐射实验室利用同步辐射单光子电离结合超声分子束取样和飞行时间质谱仪作探测器, 对甲基叔丁基醚、甲苯、C_2-C_4 系列醇类生物燃料的热解进行了详细的研究[103~105]. 结合量子化学计算, 可以深入地了解燃料的热解机理和含氧污染物的形成机理, 对进一步提高醇类燃料的燃烧品质具有重要意义.

2. 一维低压层流预混火焰

火焰按照燃料和氧化剂达到反应期的混合方式可分为非预混、部分预混合完全预混火焰; 按照反应物流动特征可分为层流火焰和扩散火焰. 大多数研究者选择研究一维平面火焰, 而不是多维火焰, 这样需要较少的实验测量去表征火焰的结构. 此外, 压力是研究火焰的重要条件, 大多数燃烧实验都是在低压下进行, 这样可以提高空间分辨.

传统的燃烧研究一般都采用光谱方法或取样分析法对燃烧产物进行探测, 然而这两种方法都有各自无法避免的缺点, 不能探测一些自由基和较大的燃烧中间体. 2002 年美国研究人员在 ALS 光源上首次将同步辐射单光子电离技术应用于燃烧诊断中[99,106,107]. 2003 年, 合肥国家同步辐射实验室建立了一个燃烧实验站[3,108], 是目前世界上仅有的两套利用同步辐射研究燃烧的装置之一. 基于同步辐射单光子电离技术的燃烧研究具有以下优点: ①电离过程中没有碎片离子的干扰; ②不仅可以探测到大的燃烧中间物和产物, 还可以区分它们的同分异构体; ③可以探测到一些极不稳定的中间物, 如 ALS 燃烧装置和我们的装置在很多碳氢化合物燃料的燃烧中探测到一系列的烯醇类燃烧中间体[109] 和很多重要的自由基[110~114]. 近期, 美国 ALS 和合肥国家同步辐射实验室的燃烧实验站都获得了大量的实验结果[2,115~121]. 同步辐射单光子电离技术在燃烧领域的应用还处于起步阶段, 目前主要应用于低压层流预混火焰研究中. 此外, 国内外研究人员正致力于将其拓展到该领域其他的方向, 如常压非预混扩散火焰、等离子体辅助燃烧、催化辅助燃烧、燃料的高温热解等[7].

3. 常压非预混扩散火焰

实际上, 大多数燃烧过程在常压下发生, 燃料和氧化剂也未得到充分预混, 这种情形下得到的火焰被称为常压非预混扩散火焰. 与预混火焰相比, 扩散火焰会产生更多的炭黑 (soot)[122]. 以前的研究多是利用取样结合激光光电离技术, 这种技术虽然有很多优点, 却无法分辨火焰中众多的同分异构体. 2008 年合肥国家同步辐射实验室首次利用大气取样、同步辐射真空紫外光电离/分子束质谱技术研究了乙烯、丙烷等的常压非预混扩散火焰, 实验装置图和乙烯/空气扩散火焰的光电离质谱图如图 16.13 所示. 实验中鉴定了一系列火焰中的 C_1-C_{12} 中间体, 包括很多同

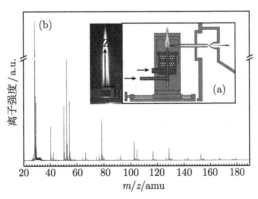

图 16.13   非预混扩散火焰实验装置图 (a) 及燃烧炉上方 30mm 处乙烯/空气扩散火焰的光电离质谱图 (b)

分异构体. 不仅如此, 实验还可以得到产物的空间分布, 这对进一步研究火焰结构和火焰中炭黑生成过程具有重要意义.

16.4.3   大气气溶胶的光电离

由于大气气溶胶严重危害全球环境和人类健康, 因此对它的研究也越来越受到重视. 传统的气溶胶质谱一般都采用电子轰击电离或真空紫外放电灯产生的 VUV 光电离作电离源. 2005 年美国 ALS 光源首先将同步辐射的单光子电离技术应用于气溶胶的研究中, Shu 等研制的装置可以用于研究气溶胶粒子的 VUV 光散射、光电子成像和光电离质谱[123], Mysak 等利用该装置研究了油酸、亚油酸、亚麻酸和胆固醇等有机气溶胶的光电离质谱并测量了这些有机分子的电离能[124]. 鉴于同步辐射单光子电离技术的诸多优点, 尤其是适合探测大的有机分子, 因此基于同步辐射的气溶胶研究会获得越来越多研究者的青睐, 合肥国家同步辐射实验室也正在建设一个气溶胶研究装置, 可以与烟雾箱、流动反应器等结合, 研究气溶胶粒子的表面反应及与 O_3 的反应等.

16.4.4   纳米粒子的 VUV 光散射

弹性光散射是研究超细粒子性质的一种标准方法, 在过去一般是利用可见或紫外光作光源. 与微米级的粒子相比, 纳米粒子无法利用可见光进行探测, 如波长为 532nm 的光子所能探测的最小球形的颗粒直径是 300nm. 最近, Shu 等利用 ALS 光源, 将同步辐射的 VUV 光用于弹性光散射的研究[123,125,126]. 例如, 利用 118nm 的同步辐射光, 可以探测到最小直径为 70nm 的超细 SiO_2 颗粒. 该研究证明 VUV 光散射仍然遵守 Mie 理论的预言, 而在 VUV 波段尽管存在着较强的光吸收, 但与可见光相比, VUV 光散射对超细粒子仍具有更高的灵敏度. 该方法可以研究纳米级的生物粒子、燃烧产生的炭黑气溶胶、高分子材料等, 大大拓展了传统光散射的研究范围.

16.4.5   低温等离子体诊断

在等离子体放电过程中会产生大量的光子、电子、离子和中性的中间体 (包括各种自由基), 对于放电过程中产生的光子、电子和离子的探测是比较容易实现的; 但对放电过程中产生的中性产物, 尤其是较大的中性产物的探测则比较困难, 通常采用的是光谱和质谱技术, 如前所述, 这些方法都有或多或少的缺点. 合肥国家同步辐射实验室将同步辐射的单光子电离技术与低温等离子体放电相结合, 可以探测放电过程中产生的所有中性产物, 包括不稳定的自由基等[127]; 另外通过扫描光子能量可以分辨其中的同分异构体. 例如, 我们在醇类物质的放电过程中可以探测到很多不稳定的烯醇类 (乙烯醇、丙烯醇和丁烯醇) 物质以及这些物质的各种同分异构体[128]; 在苯的放电过程中可以探测到 C_1-C_{12} 的所有中性产物[129].

16.4.6 在分析化学中的应用

质谱技术是鉴定分子结构的重要方法, 在生物学、医学、化学、环境科学、食品、法医刑侦、化工石油、地质等十分广阔的领域成为不可缺少的分析手段. 目前广泛使用的商用质谱仪所采用的电离方式主要有电子轰击电离 (EI)、大气压化学电离 (APCI)、电喷雾电离 (ESI) 和基质辅助激光解吸电离 (MALDI) 等, 尤其是 ESI 和 MALDI 的出现将质谱技术拓展到对高极性、难挥发和热不稳定的生物大分子的分析研究, 发展成为生物质谱, 迅速成为现代分析化学最前沿的领域之一. 但是这些技术也有一些难以克服的缺点, 如无法分析极性低的分子、分析前必须对样品进行复杂的前处理等. 光电离对样品分子的极性没有歧视, 电离过程也不受溶液等杂质的干扰, 可以克服商用质谱的缺点.

合肥国家同步辐射实验室利用同步辐射光电离质谱技术研究了一些有机、药物、天然产物和生物小分子, 获得了令人满意的结果. 由于研究体系均为固相或液相难挥发物质, 实验中采用两种不同的方法将中性分子汽化后引入真空: 利用一束 Nd:YAG 出射的基频 1064nm 激光聚焦在沉积于不锈钢靶表面的样品上, 中性样品分子瞬间受热后会被汽化[130], 或将样品溶于甲醇、乙腈等溶剂中, 利用电喷雾原理将溶液汽化后喷入真空[131], 再结合同步辐射 VUV 单光子电离进行质谱分析, 下面将分别介绍.

1. 生物小分子的光电离研究

生物小分子如氨基酸、嘧啶、嘌呤是蛋白质和 DNA 链的基本单元, 对这些分子的光电离、光解离研究具有非常重要的意义. 由于这些分子都是固体, 且饱和蒸汽压很低, 因此过去利用光电离技术对与生物有关的小分子研究不是太多. 最近, Wilson 等将这些不易挥发的样品溶于溶液中, 利用气溶胶发生器喷雾进样和气动力学 "透镜" 聚焦准直, 将这些生物粒子打在一个温度可调的靶上解析成单个的气相分子, 最后利用 ALS 光源的 VUV 单光子进行电离. 他们已经研究了色氨酸、组氨酸、苯基丙氨酸-氨基乙酸-氨基乙酸、β 胡萝卜素等[96,132,133], 他们利用该方法还研究了鸟嘌呤、腺嘌呤、氧氨嘧啶和胸腺嘧啶, 通过实验得到了这些分子的电离能、碎片离子的出现能、生成热以及结构等一些基本的物理化学数据. 同样, 该方法可以用于有机-无机混合物纳米粒子的光电离研究, 以及固体或纳米材料表面反应产物的分析等[134]. Jochims 等利用德国 BESSY 光源研究了在 6~22eV 光子能量范围内腺嘌呤、胸腺嘧啶和尿嘧啶的光电离[135], 但他们的进样方式与 Wilson 等的有所不同. 另外, 巴西的几个小组利用巴西 LNLS 同步辐射光源和 He(I) 真空紫外放电灯研究了乙氨酸、丙氨酸、脯氨酸和缬氨酸[136~138].

合肥国家同步辐射实验室从 2008 年开展利用激光解吸结合同步辐射光电离质谱研究生物小分子的工作, 研究体系包括多个氨基酸分子、核酸碱基、核苷等[139].

图 16.14 是胆固醇在 10eV 光子能量下的光电离质谱图. 可以看出, 仅有解吸激光
或电离光通过时得不到任何样品信号, 说明离子信号是二者共同作用的结果. 插图
是激光解吸和光电离过程原理图. 图 16.15 是 β 丙氨酸在不同光子能量下得到的
光电离质谱图. 随着电离光能量的增加, β 丙氨酸从最初只生成母体离子, 到逐渐
生成质荷比为 30, 43, 44, 45 等离子. 通过扫描 PIE 曲线, 可以得到母体和碎片离
子的电离能和出现势; 结合理论计算, 还可以推断出碎片的光解离机理.

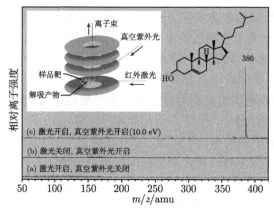

图 16.14　胆固醇的光电离质谱图

(a) 打开激光, 关闭同步辐射光; (b) 打开同步辐射光, 关闭激光; (c) 同时打开同步辐射光和激光. 插图: 激
光解吸/光电离过程原理图

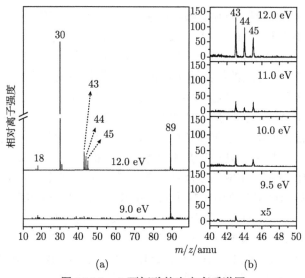

图 16.15　β 丙氨酸的光电离质谱图

(a) 光子能量为 9.0eV 和 12.0eV 下的光电离质谱图; (b) 光子能量在 9.5eV、10.0eV、11.0eV 和 12.0eV
下的光电离质谱图

目前的研究主要集中在较小的生物分子上, 而该方法最终的发展方向是研究大的生物分子如多肽、蛋白质等, 由于单光子电离过程中一个离子只带一个正电荷, 因此对生物大分子而言, 其光电离的质荷比非常大, 这就需要质谱具有宽质量范围、高分辨和高灵敏度.

2. 药物的光电离研究

色谱 —— 质谱联用技术是药物和药物代谢物定性、定量分析的重要手段. 合肥国家同步辐射实验室利用激光解吸/同步辐射光电离质谱方法对一些典型药物分子的光电离、光解离过程进行了研究[140]. 该方法可以控制药物分子碎片的产生, 得到电离能数据, 还可在较高光子能量下产生大量碎片离子, 这些碎片离子不仅可以提供分子结构信息, 相关碎片的解离机理对药物代谢的研究有重要的意义. 图 16.16 是祛痰药物福多斯坦在不同光子能量下的光电离质谱图. 从图中可以看到, 在 8.5eV 光子能量下, 只有质荷比 $m/z=179$ 的母体离子 $C_6H_{13}NO_3S^+$ 和 $m/z=75$ 的 $C_2H_5NO_2^+$ 碎片离子产生; 当光子能量在 9.5eV 时, 则产生大量的碎片离子, 如质荷比 $m/z=162, 134, 121, 106, 105, 92, 91, 87, 58$ 和 57 等, 分别对应于 $C_6H_{10}O_3S^+$, $C_5H_{12}NOS^+$, $C_3H_7NO_2S^+$, $C_4H_{10}OS^+$, $C_4H_9OS^+$, $C_3H_8OS^+$, $C_3H_9NS^+$, $C_4H_7S^+$, $C_3H_6O^+$ 和 $C_3H_5O^+$ 离子.

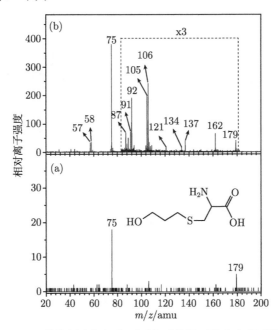

图 16.16　药物福多斯坦在不同光子能量下的光电离质谱图

(a) 光子能量为 8.5eV; (b) 光子能量在 9.5eV

3. 复杂体系的光电离研究

复杂有机体系如天然产物、中药提取物、油品、卷烟烟气等的定性定量分析检测是一项具有挑战性的工作. 一直以来, 色谱–质谱联用技术是研究这些复杂体系的重要工具, 即首先利用气相、液相色谱将混合物中的不同组分分离, 再利用质谱针对每一个色谱流出物进行分析.

同步辐射单光子电离是软电离过程, 可以控制电离光能量只产生母体离子, 因而很适合分析复杂混合物. 不仅如此, 由于光电离对分子极性没有歧视效应, 所以特别适合于电喷雾和大气压化学电离无法分析的低极性混合物. 最近, 合肥国家同步辐射实验室利用红外激光解吸/光电离质谱技术研究了复杂体系 —— 重油[141]. 图 16.17 是四种不同重油在 9.8eV 光子能量下的光电离质谱图. 可以看出, 重油的组成非常复杂. 图 16.17(a) 插图显示几乎每个质量数都包含一种或数种成分.

此外, 我们还利用电喷雾和热喷雾结合光电离质谱的方法对汽油和航空煤油的光电离过程进行了研究[142], 不仅获得了这些混合物的近阈值光电离质谱图, 定性地推断了油品中可能存在的组分, 还尝试性得到了部分组分的含量, 对色谱–质谱联用技术得到的结论是一个很好的补充.

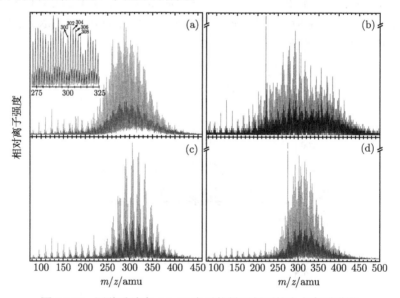

图 16.17　四种重油在 9.8eV 光子能量下得到的光电离质谱图

16.5　结论与展望

利用同步辐射单光子电离技术, 结合超声分子束取样和飞行时间质谱等技术, 研究碳氢化合物燃料和含氧燃料的低压层流预混火焰, 可以探测燃烧过程中的中间物及其空间分布; 对含氮、含硫燃料的燃烧过程进行研究, 可以了解 NO_x、SO_x 等污染物的形成机理. 该技术在燃烧中的应用还可以拓展到常压非预混扩散火焰、等离子体辅助燃烧、催化辅助燃烧、燃料的高温热解等方向. 另外, 同步辐射单光子电离技术可以与色谱、热重、激光解吸、电喷雾等技术结合, 为复杂有机混合体系的分析另辟蹊径, 可以应用于催化反应过程的中间物和产物分析, 化学蒸汽沉积过程的中间物分析, 以及烟气分析、环境分析、药物分析、等离子体化学诊断等; 并且除了气相的光电离以外, 在 VUV 波段还可以发展光发射电子显微镜 (photoemission electron microscopy, PEEM) 以及 VUV 光电子能谱等, 可以应用于催化剂、强关联材料等方面的研究. 当前, 同步辐射单光子电离技术的发展正方兴未艾, 我们期待着更多的研究者参与进来, 利用这项技术去探索那些仍然掩盖着神秘面纱的科学世界.

齐 飞

参 考 文 献

[1] 齐飞. 燃烧: 一个不息的话题 —— 同步辐射单光子电离技术在燃烧研究中的应用. 物理, 2006, 35: 1–6.

[2] Yang B, Oßwald P, Li Y Y, et al. Identification of combustion intermediates in isomeric fuel-rich premixed butanol–oxygen flames at low pressure. Combustion and Flame, 2007, 148: 198–209.

[3] Qi F, Yang R, Yang B, et al. Isomeric identification of polycyclic aromatic hydrocarbons formed in combustion with tunable vacuum ultraviolet photoionization. Review of Scientific Instruments, 2006, 77: 084101.

[4] 张泰昌, 朱爱国, 洪新, 等. 国家同步辐射实验室 U14C 光束线气体滤波器的研制. 中国科学技术大学学报, 2007, 37: 582–585.

[5] Suits A G, Heimann P, Yang X M, et al. A differentially pumped harmonic filter on the chemical-dynamics beamline at the advanced light-source. Review of Scientific Instruments, 1995, 66: 4841–4844.

[6] Lee J C, Ueng T S, Chen J R, et al. A differential pumping system for the gas filter of the high flux beamline at SRRC. Nuclear Instruments & Methods in Physics Research Section a-Accelerators Spectrometers Detectors and Associated Equipment, 2001, 467: 793–796.

[7] Li Y Y, Qi F. Recent applications of synchrotron VUV photoionization mass spectrometry: insight into combustion chemistry. Accounts of Chemical Research, 2010, 43: 68–78.

[8] Koizumi H, Hironaka K, Shinsaka K, et al. VUV-optical oscillator strength distributions of C_2H_6O and C_3H_8O isomers. Journal of Chemical Physics, 1986, 85: 4276–4279.

[9] Hatano Y. Interaction of vacuum ultraviolet photons with molecules. Formation and dissociation dynamics of molecular superexcited states. Physics Reports-Review Section of Physics Letters, 1999, 313: 110–169.

[10] Hoxha A, Locht R, Leyh B, et al. The photoabsorption and constant ionic state spectroscopy of vinylbromide. Chemical Physics, 2000, 260: 237–247.

[11] Mason N J, Dawes A, Mukerji R, et al. Atmospheric chemistry with synchrotron radiation. J Phys B: At Mol Opt Phys, 2005, 38: S893–S911.

[12] Mota R, Parafita R, Giuliani A, et al. Water VUV electronic state spectroscopy by synchrotron radiation. Chem Phys Lett, 2005, 416: 152–159.

[13] Limão-Vieira P, Giuliani A, Delwiche J, et al. Acetic acid electronic state spectroscopy by high-resolution vacuum ultraviolet photo-absorption, electron impact, He(I) photo-electron spectroscopy and ab initio calculations. Chem Phys, 2006, 324: 339–349.

[14] Motch C, Giuliani A, Delwiche J, et al. Electronic structure of hexafluorobenzene by high-resolution vacuum ultraviolet photo-absorption and He(I) photoelectron spectroscopy. Chem Phys, 2006, 328: 183–189.

[15] Limão-Vieira P, Vasekova E, Sekhar B N R, et al. VUV photo-absorption spectroscopy of vinyl chloride studied by high resolution synchrotron radiation. Chem Phys, 2006, 330: 265–274.

[16] Eden S, Lima o-Vieira P, Hoffmann S V, et al. VUV photoabsorption in CF_3X (X = Cl, Br, I) fluoro-alkanes. Chem Phys, 2006, 323: 313–333.

[17] Limão-Vieira P, Vasekova E, Sekhar B N R, et al. VUV electronic state spectroscopy of 1,1-difluoroethene and difluorochloromethane by high resolution synchrotron radiation. Phys Chem Chem Phys, 2006, 8: 4766–4772.

[18] Kameta K, Ukai M, Terazawa N, et al. Absolute measurements of photoabsorption and photoionization cross-sections of disilane in the 13–40 eV region. Journal of Chemical Physics, 1991, 95: 6188–6189.

[19] Kameta K, Ukai M, Kamosaki T, et al. Photoabsorption, photoionization, and neutral dissociation cross-sections of dimethyl ether and ethyl methyl-ether in the extreme-ultraviolet range. Journal of Chemical Physics, 1992, 96: 4911–4917.

[20] Kameta K, Ukai M, Numazawa T, et al. Photoabsorption, photoionization, and neutral-dissociation cross-sections of SiF_4, $SiCl_4$, and $Si(CH_3)_4$ in the extreme-ultraviolet range. Journal of Chemical Physics, 1993, 99: 2487–2494.

[21] Kameta K, Machida S, Kitajima M, et al. Photoabsorption, photoionization, and neutral-dissociation cross sections of C_2H_6 and C_3H_8 in the extreme-uv region. Journal of Electron Spectroscopy and Related Phenomena, 1996, 79: 391–393.

[22] Hatano Y. Interaction of photons with molecules–cross-sections for photoabsorption, photoionization, and photodissociation. Radiat Environ Biophys, 1999, 38: 239–247.

[23] Kameta K, Kouchi N, Ukai M, et al. Photoabsorption, photoionization, and neutral-dissociation cross sections of simple hydrocarbons in the vacuum ultraviolet range. Journal of Electron Spectroscopy and Related Phenomena, 2002, 123: 225–238.

[24] Holland D M P, Shaw D A, McSweeney S M, et al. A study of the absolute photoabsorption, photoionization and photodissociation cross-sections and the photoionization quantum efficiency of oxygen from the ionization threshold to 490 angstrom. Chemical Physics, 1993, 173: 315–331.

[25] Holland D M P, Shaw D A, Hayes M A. A study of the absolute photoabsorption, photoionization and photodissociation cross-sections and the photoionization quantum efficiency of sulfur-dioxide from the ionization threshold to 400 A. Chemical Physics, 1995, 201: 299–308.

[26] Qi F, Yang X, Yang S H, et al. The absolute cross sections of photoabsorption, photodissociation, and photoionization of the group VIB metal hexacarbonyls at 300-1600 angstrom. Journal of Chemical Physics, 1997, 106: 9474–9482.

[27] Xia T J, Chien T S, Wu C Y R, et al. Photoabsorption and photoionization cross-sections of NH_3, PH_3, H_2S, and C_2H_4 in the VUV region. Journal of Quantitative Spectroscopy & Radiative Transfer, 1991, 45: 77-91.

[28] Stark G, Yoshino K, Smith P L, et al. High-resolution absorption cross-sections of carbon-monoxide bands at 295-k between 91.7 and 100.4nm. Astrophys J, 1991, 369: 574–580.

[29] Morgan H D, Seyoum H M, Fortna J D E, et al. High resolution VUV photo-absorption cross sections of O_2 near 83.4nm. J Electron Spectrosc & Related Phenom, 1996, 79: 387–390.

[30] Chen F Z, Judge D L, Wu C Y R. Temperature dependent photoabsorption cross sections of allene and methylacetylene in the VUV-UV region. Chem Phys, 2000, 260: 215–223.

[31] Ng C Y. State-selected and state-to-state ion-molecular reaction dynamics by photoionization and differential reactivity methods. Advances in Chemical Physics, 1992, 82: 401–500.

[32] Ng C Y. Vacuum ultraviolet photoionization and photoelectron studies in the new millennium: recent developments and applications. International Journal of Mass Spectrometry, 2000, 200: 357–386.

[33] Ng C Y. Vacuum ultraviolet spectroscopy and chemistry by photoionization and photoelectron methods. Annual Review of Physical Chemistry, 2002, 53: 101–140.

[34] Ng C Y. Vacuum Ultraviolet Photoionization and Photodissociation of Molecules and Clusters. Singapore: World Scientific Publishing, 1991.

[35] Ng C Y. Photoionization and Photodetachment. Singapore: World Scientific Publishing, 1999.

[36] Qi F, Sheng L S, Zhang Y W, et al. Experimental and theoretical-study of the dissociation-energies $D_0(H_2N-H)$ and $D_0(H_2N^+-H)$ and other related quantities. Chemical Physics Letters, 1995, 234: 450–454.

[37] Qi F, Yang X, Yang S H, et al. Mass resolved photoionization/fragmentation studies of $Cr(CO)_6$ at photon energies of similar to 8-40 eV. Journal of Chemical Physics, 1997, 107: 4911–4918.

[38] Liu F Y, Qi F, Gao H, et al. A vacuum ultraviolet photoionization mass spectrometric study of ethylene oxide in the photon energy region of 10-40 eV. Journal of Physical Chemistry A, 1999, 103: 4155–4161.

[39] Liu F Y, Sheng L S, Qi F, et al. A vacuum ultraviolet photoionization mass spectrometric study of propylene oxide in the photon energy region of 10–40 eV. Journal of Physical Chemistry A, 1999, 103: 8179–8186.

[40] Nicolas C, Shu J N, Peterka D S, et al. Vacuum ultraviolet photoionization of C-3. Journal of the American Chemical Society, 2006, 128: 220–226.

[41] Mori T, Kou J, Ono M, et al. Development of a photoionization spectrometer for accurate ion yield measurements from gaseous fullerenes. Review of Scientific Instruments, 2003, 74: 3769–3773.

[42] SchuBle T, Roth W, Gerber T, et al. The VUV photochemistry of radicals: C_3H_3 and C_2H_5. Phys Chem Chem Phys, 2005, 7: 819–825.

[43] Meloni G, Zou P, Klippenstein S J, et al. Energy-resolved photoionization of alkylperoxy radicals and the stability of their cations. J Am Chem Soc, 2006, 128: 13559–13567.

[44] Yang X, Lin J, Lee Y T, et al. Universal crossed molecular beams apparatus with synchrotron photoionization mass spectrometric product detection. Review of Scientific Instruments, 1997, 68: 3317–3326.

[45] Sun W Z, Yokoyama K, Robinson J C, et al. Discrimination of product isomers in the photodissociation of propyne and allene at 193nm. Journal of Chemical Physics, 1999, 110: 4363–4368.

[46] Robinson J C, Sun W Z, Harris S A, et al. Photofragment translational spectroscopy of 1,2-butadiene at 193nm. Journal of Chemical Physics, 2001, 115: 8359–8365.

[47] Robinson J C, Harris S A, Sun W Z, et al. Photofragment translational spectroscopy of 1,3-butadiene and 1,3-butadiene-1,1,4,4-d(4) at 193nm. Journal of the American Chemical Society, 2002, 124: 10211–10224.

[48] Hemmi N, Suits A G. Photodissociation of oxalyl chloride at 193nm probed via synchrotron radiation, Journal of Physical Chemistry A, 1997, 101: 6633–6637.

[49] Qi F, Sorkhabi O, Suits A G, et al. Photodissociation of ethylene sulfide at 193nm: a photofragment translational spectroscopy study with VUV synchrotron radiation and ab initio calculations. Journal of the American Chemical Society, 2001, 123: 148–161.

[50] Blank D A, Suits A G, Lee Y T, et al. Photodissociation of acrylonitrile at 193nm: a

photofragment translational spectroscopy study using synchrotron radiation for product photoionization. Journal of Chemical Physics, 1998, 108: 5784–5794.

[51] Sorkhabi O, Qi F, Rizvi A H, et al. The ultraviolet photochemistry of phenylacetylene and the enthalpy of formation of 1,3,5-hexatriyne. Journal of the American Chemical Society, 2001, 123: 671–676.

[52] Qi F, Suits A G. Photodissociation of propylene sulfide at 193nm: a photofragment translational spectroscopy study with VUV synchrotron radiation. Journal of Physical Chemistry A, 2002, 106: 11017–11024.

[53] Forde N R, Butler L J, Ruscic B, et al. Characterization of nitrogen-containing radical products from the photodissociation of trimethylamine using photoionization detection. Journal of Chemical Physics, 2000, 113: 3088–3097.

[54] Morton M L, Butler L J, Stephenson T A, et al. C-Cl bond fission, HCl elimination, and secondary radical decomposition in the 193nm photodissociation of allyl chloride. Journal of Chemical Physics, 2002, 116: 2763–2775.

[55] Mueller J A, Miller J L, Butler L J, et al. Internal energy dependence of the H+allene H+propyne product branching from the unimolecular dissociation of 2-propenyl radicals. Journal of Physical Chemistry A, 2000, 104: 11261–11264.

[56] Mueller J A, Parsons B F, Butler L J, et al. Competing isomeric product channels in the 193nm photodissociation of 2-chloropropene and in the unimolecular dissociation of the 2-propenyl radical. Journal of Chemical Physics, 2001, 114: 4505–4521.

[57] Wang C C, Lee Y T, Lin J J, et al. Photodissociation dynamics of cyclopropane at 157nm. Journal of Chemical Physics, 2002, 117: 153–160.

[58] Lee S H, Lee Y T, Yang X M. Dynamics of photodissociation of ethylene and its isotopomers at 157nm: Branching ratios and kinetic-energy distributions. Journal of Chemical Physics, 2004, 120: 10983–10991.

[59] Mu X L, Lu I C, Lee S H, et al. Photodissociation dynamics of 1,2-butadiene at 157nm. Journal of Chemical Physics, 2004, 121: 4684–4690.

[60] Mu X L, Lu I C, Lee S H, et al. Photodissociation Dynamics of 1,3-Butadiene at 157nm. J Phys Chem A, 2004, 108: 11470–11476.

[61] Lu I C, Lee S H, Lee Y T, et al. Photodissociation dynamics of ketene at 157.6nm. Journal of Chemical Physics, 2006, 124–129.

[62] Blank D A, Hemmi N, Suits A G, et al. A crossed molecular beam investigation of the reaction Cl+propane $\longrightarrow$ HCl+C$_3$H$_7$ using VUV synchrotron radiation as a product probe. Chemical Physics, 1998, 231: 261–278.

[63] Robinson J C, Sveum N E, Neumark D M. Determination of absolute photoionization cross sections for vinyl and propargyl radicals. Journal of Chemical Physics, 2003, 119: 5311–5314.

[64] Robinson J C, Sveum N E, Neumark D M. Determination of absolute photoionization

cross sections for isomers of C_3H_5: allyl and 2-propenyl radicals. Chem Phys Lett, 2004, 383: 601–605.

[65] Masuoka T, Koyano I, Saito N. Kinetic-energy release in the dissociative double photoionization ocs. Journal of Chemical Physics, 1992, 97: 2392–2399.

[66] Avaldi L, Dawber G, Hall R I, et al. Double photoionization-recent results at daresbury and perspectives at trieste. Journal De Physique Iv, 1993, 3: 145–158.

[67] Wuilleumier F J, Journel L, Rouvellou B, et al. Direct double photoionization involving inner and outer electrons-first experimental-determination and many-body calculations of an absolute cross-section. Physical Review Letters, 1994, 73: 3074–3077.

[68] Alagia M, Boustimi M, Brunetti B G, et al. Mass spectrometric study of double photoionization of HBr molecules. Journal of Chemical Physics, 2002, 117: 1098–1102.

[69] Alagia M, Candori P, Falcinelli S, et al. Double photoionization of N_2O molecules in the 28-40 eV energy range. Chemical Physics Letters, 2006, 432: 398–402.

[70] Eland J H D. New coincidence techniques to study valence double photoionisation. Journal of Electron Spectroscopy and Related Phenomena, 2000, 112: 1–8.

[71] Eland J H D. Complete double photoionisation spectra of small molecules from TOF-PEPECO measurements. Chemical Physics, 2003, 294: 171–186.

[72] Eland J H D, Vieuxmaire O, Kinugawa T, et al. Complete two-electron spectra in double photoionization: the rare gases Ar, Kr, and Xe. Physical Review Letters, 2003, 90: 053003.

[73] Hsu C W, Lu K T, Evans M, et al. A high resolution photoionization study of Ne and Ar: Observation of mass analyzed threshold ions using synchrotron radiation and direct current electric fields. Journal of Chemical Physics, 1996, 105: 3950–3961.

[74] Hsu C W, Evans M, Ng C Y, et al. High resolution threshold and pulsed field ionization photoelectron spectroscopy using multi-bunch synchrotron radiation. Review of Scientific Instruments, 1997, 68: 1694–1702.

[75] Jarvis G K, Song Y, Ng C Y. High resolution pulsed field ionization photoelectron spectroscopy using multibunch synchrotron radiation: time-of-flight selection scheme. Review of Scientific Instruments, 1999, 70: 2615–2621.

[76] Hsu C W, Evans M, Stimson S, et al. Rotationally resolved photoelectron study of O_2: identification of the vibrational progressions for O_2^+ ($2\,^2\Pi_u$, $2\Sigma_u^-$) at 19.6-21.0 eV. Journal of Chemical Physics, 1998, 108: 4701–4704.

[77] Song Y, Evans M, Ng C Y, et al. Rotationally resolved pulsed field ionization photoelectron bands of O_2^+ ($X^2\Pi_{1/2,3/2g}$, $v^+ = 0$–38) in the energy range of 12.05-18.15 eV. Journal of Chemical Physics, 1999, 111: 1905–1916.

[78] Song Y, Evans M, Ng C Y, et al. Rotationally resolved pulsed field ionization photoelectron bands for O_2^+ ($a^4\Pi_u$, $v^+ = 0$–18) in the energy range of 16.0-18.0 eV. Journal of Chemical Physics, 2000, 112: 1306–1315.

[79] Song Y, Evans M, Ng C Y, et al. Rotationally resolved pulsed-field ionization photo-electron bands for $O_2^+(A\,^2\Pi_u, v^+ = 0$–12) in the energy range of 17.0-18.2 eV. Journal of Chemical Physics, 2000, 112: 1271–1278.

[80] Qian X M, Kung A H, Zhang T, et al. Rovibrational-state-selected photoionization of acetylene by the two-color IR + VUV scheme: observation of rotationally resolved rydberg transitions. Phys Rev Lett, 2003, 91: 233001.

[81] Qian X M, Zhang T, Ng C Y, et al. Two-color photoionization spectroscopy using vacuum ultraviolet synchrotron radiation and infrared optical parametric oscillator laser. Review of Scientific Instruments, 2003, 74: 2784–2790.

[82] Bahng M K, Xing X, Baek S J, et al. A combined VUV synchrotron pulsed field ionization-photoelectron and IR-VUV laser photoion depletion study of ammonia. J Phys Chem A, 2006, 110: 8488–8496.

[83] Yoshino K, Smith P L, Parkinson W H, et al. The combination of a VUV fourier-transform spectrometer and synchrotron-radiation. Review of Scientific Instruments, 1995, 66: 2122–2124.

[84] Yoshino K, Esmond J R, Parkinson W H, et al. The application of a VUV Fourier transform spectrometer and synchrotron radiation source to measurements of: I. The $\beta(9,0)$ band of NO. J Chem Phys, 1998, 109: 1751–1757.

[85] Yoshino K, Thorne A P, Murray J E, et al. The application of a VUV-FT spectrometer and synchrotron radiation source to measurements of the NO and O_2 bands at 295 K. Phys Chem Earth (C), 2000, 25: 199–201.

[86] Imajo T, Yoshino K, Esmond J R, et al. The application of a VUV Fourier transform spectrometer and synchrotron radiation source to measurements of: II. The δ (1,0) band of NO. J Chem Phys, 2000, 112: 2251–2257.

[87] Wahlgren G M, Johansson S G, Litzen U, et al. Atomic data for the Re II UV 1 multiplet and the rhenium abundance in the HgMn-type star chi Lupi. Astrophysical Journal, 1997, 475: 380–386.

[88] Kalus G, Johansson S, Wahlgren G M, et al. Abundance and isotopic composition of platinum in χ Lupi and HR 7775 derived with the help of new laboratory spectra of Pt II. Astrophysical Journal, 1998, 494: 792–798.

[89] De Oliveira N, Joyeux D, Phalippou D. A Fourier transform spectrometer without beam splitter for the VUV-EUV range. Surface Review and Letters, 2002, 9: 655–660.

[90] Chandler D W, Houston P L. Two-dimensional imaging of state-selected photodissociation products detected by multiphoton ionization. J Chem Phys, 1987, 87: 1445–1447.

[91] Peterka D S, Ahmed M, Ng C Y, et al. Dissociative photoionization dynamics of SF6 by ion imaging with synchrotron undulator radiation. Chemical Physics Letters, 1999, 312: 108–114.

[92] Li W, Poisson L, Peterka D S, et al. Dissociative photoionization dynamics in ethane studied by velocity map imaging. Chemical Physics Letters, 2003, 374: 334–340.

[93] Peterka D S, Lindinger A, Poisson L, et al. Photoelectron imaging of helium droplets. Phys Rev Lett, 2003, 91: 043401.

[94] Peterka D S, Kim J H, Wang C C, et al. Photoionization and photofragmentation of SF_6 in helium nanodroplets. Journal of Physical Chemistry B, 2006, 110: 19945–19955.

[95] Plenge J, Nicolas C, Caster A G, et al. Two-color visible/vacuum ultraviolet photoelectron imaging dynamics of Br_2. J Chem Phys, 2006, 125: 133315.

[96] Wilson K R, Peterka D S, Jimenez-Cruz M, et al. VUV photoelectron imaging of biological nanoparticles: Ionization energy determination of nanophase glycine and phenylalanine-glycine-glycine. Physical Chemistry Chemical Physics, 2006, 8: 1884–1890.

[97] Garcia G A, Soldi-Lose H, Nahon L. A versatile electron-ion coincidence spectrometer for photoelectron momentum imaging and threshold spectroscopy on mass selected ions using synchrotron radiation. Review of Scientific Instruments, 2009, 80: 023102.

[98] Tang X F, Zhou X G, Niu M L, et al. A threshold photoelectron-photoion coincidence spectrometer with double velocity imaging using synchrotron radiation. Review of Scientific Instruments, 2009, 80: 113101.

[99] Hansen N, Cool T A, Westmoreland P R, et al. Recent contributions of flame-sampling molecular-beam mass spectrometry to a fundamental understanding of combustion chemistry. Progress in Energy and Combustion Science, 2009, 35: 168–191.

[100] Cordero T, Rodriguez-Maroto J M, Rodriguez-Mirasol J. On the kinetics of thermal decomposition of wood and wood components. Thermochimica Acta, 1990, 164: 135.

[101] Orfao J J M, Antunes F J A, Figueiredo J L. Pyrolysis kinetics of lignocellulose materials-three independent reactions model. Fuel, 1999, 78: 349.

[102] 刘振海. 化学分析手册. 北京: 化学工业出版社, 2000.

[103] Zhang T C, Wang J, Yuan T, et al. Pyrolysis of methyl tert-butyl ether (MTBE): Part I. Experimental study with molecular-beam mass spectrometry and tunable synchrotron VUV photoionization. J Phys Chem A, 2008, 112: 10487–10494.

[104] Zhang T C, Zhang L D, Wang J, et al. Pyrolysis of methyl tert-butyl ether (MTBE): Part II. Theoretical study of decomposition pathways. J Phys Chem A, 2008, 112: 10495–10501.

[105] Zhang T C, Zhang L D, Hong X, et al. An experimental and theoretical study of toluene pyrolysis with tunable synchrotron VUV photoionization and molecular-beam mass spectrometry. Combustion and Flame, 2009, 156: 2071–2083.

[106] Cool T A, Nakajima K, Mostefaoui T A, et al. Selective detection of isomers with photoionization mass spectrometry for studies of hydrocarbon flame chemistry. Journal of Chemical Physics, 2003, 119: 8356–8365.

[107] Cool T A, McIlroy A, Qi F, et al. Photoionization mass spectrometer for studies of flame chemistry with a synchrotron light source. Review of Scientific Instruments, 2005, 76.

[108] Huang C Q, Yang B, Yang R, et al. Modification of photoionization mass spectrometer with synchrotron radiation as ionization source. Review of Scientific Instruments, 2005, 76.

[109] Taatjes C A, Hansen N, McIlroy A, et al. Enols are common intermediates in hydrocarbon oxidation. Science, 2005, 308: 1887–1889.

[110] Taatjes C A, Osborn D L, Cool T A, et al. Synchrotron photoionization measurements of combustion intermediates: the photoIonization efficiency of HONO. Chemical Physics Letters, 2004, 394: 19–24.

[111] Taatjes C A, Klippenstein S J, Hansen N, et al. Synchrotron photoionization measurements of combustion intermediates: Photoionization efficiency and identification of C_3H_2 isomers. Physical Chemistry Chemical Physics, 2005, 7: 806–813.

[112] Hansen N, Klippenstein S J, Taatjes C A, et al. Identification and chemistry of C_4H_3 and C_4H_5 isomers in fuel-rich flames. Journal of Physical Chemistry A, 2006, 110: 3670–3678.

[113] Yang R, Yang B, Huang C Q, et al. VUV photoionization study of the allyl radical from premixed gasoline/oxygen flame. Chin J Chem Phys, 2006, 19: 25–28.

[114] Yang B, Huang C Q, Wei L X, et al. Identification of isomeric C_5H_3 and C_5H_5 free radicals in flame with tunable synchrotron photoionization. Chem Phys Lett, 2006, 423: 321–326.

[115] Huang C Q, Wei L X, Yang B, et al. Lean premixed gasoline/oxygen flame studied with tunable synchrotron vacuum UV photoionization. Energy & Fuels, 2006, 20: 1505–1513.

[116] Yang B, Li Y Y, Wei L X, et al. An experimental study of the premixed benzene/oxygen/argon flame with tunable synchrotron photoionization. Proc Combust Inst, 2007, 31: 555–563.

[117] Cool T A, Nakajima K, Taatjes C A, et al. Studies of a fuel-rich propane flame with photoionization mass spectrometry. Proceedings of the Combustion Institute, 2005, 30: 1681–1688.

[118] Cool T A, Wang J, Hansen N, et al. Photoionization mass spectrometry and modeling studies of the chemistry of fuel-rich dimethyl ether flames. Proc Combust Inst, 2007, 31: 285–293.

[119] Hansen N, Miller J A, Taatjes C A, et al. Photoionization mass spectrometric studies and modeling of fuel-rich allene and propyne flames. Proc Combust Inst, 2007, 31: 1157–1164.

[120] Law M E, Westmoreland P R, Cool T A, et al. Benzene precursors and formation routes in a stoichiometric cyclohexane flame. Proc Combust Inst, 2007, 31: 565–573.

[121] Kohse-Hoinghaus K, Oßwald P, Struckmeier U, et al. The influence of ethanol addition on premixed fuel-rich propene–oxygen–argon flames. Proc Combust Inst, 2007, 31: 1119–1127.

[122] Du J, Axelbaum R L. The effect of flame structure on soot particle inception in diffusion flames. Combust Flame, 1995, 100: 367–375.

[123] Shu J N, Wilson K R, Ahmed M, et al. Coupling a versatile aerosol apparatus to a synchrotron: Vacuum ultraviolet light scattering, photoelectron imaging, and fragment free mass spectrometry. Review of Scientific Instruments, 2006, 77: 043106.

[124] Mysak E R, Wilson K R, Jimenez-Cruz M, et al. Synchrotron radiation based aerosol time-of-flight mass spectrometry for organic constituents. Anal Chem, 2005, 77: 5953–5960.

[125] Shu J N, Wilson K R, Arrowsmith A N, et al. Light scattering of ultrafine silica particles by VUV synchrotron radiation. Nano Lett, 2005, 5: 1009–1015.

[126] Shu J N, Wilson K R, Ahmed M, et al. Elastic light scattering from nanoparticles by monochromatic vacuum-ultraviolet radiation. Journal of Chemical Physics, 2006, 124: 034707.

[127] Wang J, Li Y Y, Tian Z Y, et al. Low temperature plasma diagnostics with tunable synchrotron vacuum ultraviolet photoionization mass spectrometry. Review of Scientific Instruments, 2008, 79: 103504.

[128] Wang J, Li Y Y, Zhang T C, et al. Interstellar enols are formed in plasma discharges of alcohols. The Astrophysical Journal, 2008, 676: 416–419.

[129] 朱爱国, 王晶, 田振玉, 等. 低压下苯介质阻挡放电等离子体的研究. 中国科学技术大学学报, 2007, 5: 586–590.

[130] Pan Y, Zhang T C, Hong X, et al. Fragment-controllable mass spectrometric analysis of organic compounds with an infrared laser desorption/tunable vacuum ultraviolet photoionization technique. Rapid Commun Mass Spectrom, 2008, 22: 1619–1623.

[131] Yang Z, Zhang T C, Pan Y, et al. Electrospray/VUV single-photon ionization mass spectrometry for the analysis of organic compounds. J Am Soc Mass Spectrom, 2009, 20: 430–434.

[132] Wilson K R, Belau L, Nicolas C, et al. Direct determination of the ionization energy of histidine with VUV synchrotron radiation. Int J Mass Spectrom, 2006, 249–250: 155-161.

[133] Wilson K R, Jimenez-Cruz M, Nicolas C, et al. Thermal vaporization of biological nanoparticles: fragment-free vacuum ultraviolet photoionization mass spectra of tryptophan, phenylalanine-glycine-glycine, and, beta-carotene. J Phys Chem A, 2006, 110: 2106–2113.

[134] Gloaguen E, Mysak E R, Leone S R, et al. Investigating the chemical composition of mixed organic-inorganic particles by "soft" vacuum ultraviolet photoionization: The reaction of ozone with anthracene on sodium chloride particles. Int J Mass Spectrom, 2006, 258: 74–85.

[135] Jochims H W, Schwell M, Baumgärtel H, et al. Photoion mass spectrometry of adenine, thymine and uracil in the 6–22 eV photon energy range. Chem Phys, 2005, 314: 263–282.

[136] Lago A F, Coutinho L H, Marinho R R T, et al. Ionic dissociation of glycine, alanine, valine and proline as induced by VUV (21.21 eV) photons. Chem Phys, 2004, 307: 9–14.

[137] Coutinho L H, Homem M G P, Cavasso-Filho R L, et al. Photoabsorption and photoionization studies of the amino acid proline in the VUV region. Brazilian Journal of Physics, 2005, 35: 940–944.

[138] Marinho R R T, Lago A F, Homem M G P, et al. Gas phase photoabsorption and mass spectra of L-alanine and L-proline in the soft X-ray region. Chem Phys, 2006, 324: 420–424.

[139] Pan Y, Zhang L D, Zhang T C, et al. Intramolecular hydrogen transfer in the ionization process of a-alanine. Phys Chem Chem Phys, 2009, 11: 1189–1195.

[140] Pan Y, Yin H, Zhang T C, et al. The characterization of selected drugs with IR laser desorption/tunable synchrotron VUV photoionization mass spectrometry. Rapid Commun Mass Spectrom, 2008, 22: 2515–2520.

[141] Guo W Y, Bi Y C, Guo H J, et al. Infrared laser desorption/vacuum ultraviolet photoionization mass spectrometry of petroleum saturates: a new experimental approach for the analysis of heavy oils. Rapid Commun Mass Spectrom, 2008, 22: 4025–4028.

[142] Wang J, Yang B, Li Y Y, et al. The tunable VUV single-photon ionization mass spectrometry for the analysis of individual components in gasoline. Int J Mass Spectrom, 2007, 263: 30–37.

第17章　同步辐射 X 射线磁圆二色

人类与磁性物质的接触已有数千年历史, 根据物质所表现出的宏观或微观磁效应发展了一系列磁表征手段. 其中磁–光效应是研究物质磁性的一个有效途径. 从物理本质上看, 所有的磁–光效应均是塞曼效应直接或间接的表现. 体系的能级分裂使得固体中的原子能级对于偏振光有了选择性的吸收. 1846 年法拉第发现当线偏振光沿着磁化强度矢量方向传播时, 由于左、右旋圆偏振光在铁磁体中的折射率不同, 光的偏振面会发生旋转; 1875 年, 英国科学家克尔发现线偏振光被磁化的铁磁体表面反射后, 反射光变为相对于入射光旋转了一定角度的椭圆偏振光. 法拉第效应和磁–光克尔效应研究的是原子外层价电子的行为. 1975 年, Erskine 和 Stern 在计算 Ni 的芯能级到价带的共振吸收时发现, 当入射光为圆偏振光时, 吸收强度是 Ni 的磁化强度的函数, 首先提出了 XMCD 的概念 [1]. XMCD 是指由于磁化样品对左旋和右旋 X 射线圆偏振光的吸收不同而产生的二向色性现象. 但是, 在相当长时间内, 因缺乏高亮度、高偏振、波长连续可调的 X 射线源, 实验上一直无法开展; 12 年后, 随着同步辐射技术的不断进步, Schütz 等在 Fe 的 X 射线的近边 [2] 和扩展结构中 [3] 观察到 XMCD 现象. 实际上, 真正从理论上对 XMCD 的研究是 Thole 等 [4] 和 Carra 等 [5] 在 1992 年前后发展起来的, 根据他们的理论, 可以直接定量的用 XMCD 技术测量原子基态的轨道磁矩和自旋磁矩.

近十年来, 同步辐射插入件技术逐渐成熟, 光源的亮度、发散角、能量分辨率和圆偏振度等指标均有了很大提高, 这些改善促使 XMCD 研究迈上新台阶, 在实验和理论方面均有了极大提高. 目前这种实验技术已应用在磁性材料的研究中, 在无机和生物无机化学领域它也将很可能成为一个重要的研究工具 [6]. 与传统的磁学研究工具相比, XMCD 技术具有明显的优势: 首先, 和 X 射线吸收谱一样, XMCD 谱是一种具有元素分辨能力的实验技术; 其次, 因为芯能级吸收谱主要是以偶极跃迁为主的量子力学过程, 理论分析较简单, 通过恰当的近似能够确定磁性元素的轨道磁矩和自旋磁矩. 另外, 将 XMCD 与同步辐射成像技术相结合 [7], 还可以获得磁性材料中具有元素分辨和空间分辨的磁学显微照片.

17.1 基本原理

1. XMCD 效应的计算

当 X 射线入射到样品表面, 会与物质发生相互作用而引起出射 X 射线强度衰减, 其衰减程度可用 X 射线的吸收系数 μ 来表示. 人们发现 μ 随着入射 X 光子能量不是单调不变的, 它在某些位置会出现吸收的突跃, 即吸收边. 通常将吸收边前和边后几十电子伏范围内的吸收结构称为 X 射线近边吸收精细结构 (XNEAS). 利用费米黄金定则, 芯能级电子受激跃迁到空态或部分填充态的跃迁, 几率为

$$\sigma_{\text{abs}} = \frac{2\pi}{h}| < \Phi_f|H'|\Phi_i > |^2 \rho(E_f) \tag{17.1}$$

式中, Φ_i、Φ_f 分别为吸收原子的初态和末态; $\rho(E_f)$ 为末态 Φ_f 的能态密度; H' 为 X 射线电磁场对电子的作用.

这种光与物质的作用包括电偶极作用、磁偶极作用、电四极作用、磁四极作用等, 为了定量计算 X 射线的吸收强度, 通常用电偶极近似[8] 进行处理. 这时, 电子间的相互作用可以用一个电偶极场来表示, 意味着光子的波长比原子尺寸大, 从而与 X 射线吸收有关的高阶项在计算中可以忽略; 但是, 当光子的波长逐渐减小至与电子–原子核距离相当时, 这些高阶项会变得非常重要. 而对于不同的 "选择定则", 忽略磁偶极项和电四极项一般不会影响到跃迁的强度. 故在偶极近似的情况下, 跃迁几率可以表示为

$$\sigma_{\text{abs}} = \frac{2\pi}{h}|\langle\Phi_f|\frac{eA_0}{mc}p \cdot e_q|\Phi_i\rangle|^2 \rho(E_f) \propto |\langle\Phi_f|r \cdot e_q|\Phi_i\rangle|^2 \rho(E_f)\delta(\hbar\omega - E_f + E_i) \tag{17.2}$$

式中, $\hbar\omega$ 为电子从初态到终态激发所需光子能量; e_q 为 X 射线入射方向的单位电场矢量; r 为电子的位置矢量; $\rho(E_f)$ 为末态 f 的能态密度; $\delta(\hbar\omega + E_i - E_f)$ 为能量守恒的 δ 函数.

当入射光为左或右圆偏振时, $e_{q=\pm1} = \mp\frac{1}{\sqrt{2}}(\hat{e}_x \pm i\hat{e}_y)$; 当入射光为线偏振时, $e_{q=0} = \hat{e}_z$; 这里, $q = \pm1, 0$ 分别表示左右圆偏振光和线偏振光.

结合式 (17.2) 可以看出, X 射线吸收强度不仅与入射 X 射线的偏振特性有关, 还取决于电子的末态态密度.

磁性物质对左、右旋偏振光的吸收差异 $I^+ - I^-$ 定义为 XMCD. 为简单说明其由来, 以 3d 过渡金属的吸收为例, 用原子轨道线性组合 $|j, m_j\rangle$ 作为吸收原子的态, 各子能级相应态见表 17.1. 根据跃迁选择定则 $\Delta l = \pm1$; $\Delta m=+1$(左旋 LCP), $\Delta m=-1$ (右旋 RCP), 结合吸收截面公式可以得到原子对不同偏振光的吸收情况.

以 L_2 边对左旋偏振光的吸收为例, 计算其跃迁几率

$$\sigma_{L_2}^{\uparrow} \propto \frac{1}{3}(|\langle 2,1|\boldsymbol{r}\cdot\boldsymbol{e}_q|1,0\rangle|^2) + \frac{2}{3}(|\langle 2,0|\boldsymbol{r}\cdot\boldsymbol{e}_q|1,-1\rangle|^2)R^2$$
$$\sigma_{L_2}^{\downarrow} \propto \frac{2}{3}(|\langle 2,2|\boldsymbol{r}\cdot\boldsymbol{e}_q|1,1\rangle|^2) + \frac{1}{3}(|\langle 2,1|\boldsymbol{r}\cdot\boldsymbol{e}_q|1,0\rangle|^2)R^2$$

$$(17.3)$$

根据 Bethe-Salpeter 公式[9], 对于球谐函数有

$$\left\langle l+1, m_l\pm 1 \left| \frac{x\pm iy}{r} \right| l, m_l \right\rangle = \sqrt{\frac{(l\pm m_l+2)(l\pm m_l+1)}{2(2l+3)(2l+1)}} \qquad (17.4)$$

由此推出:

$$|\langle 2,2|\boldsymbol{r}\cdot\boldsymbol{e}_q|1,1\rangle^2 = 2/5$$
$$|\langle 2,1|\boldsymbol{r}\cdot\boldsymbol{e}_q|1,0\rangle^2 = 1/5 \qquad (17.5)$$
$$|\langle 2,0|\boldsymbol{r}\cdot\boldsymbol{e}_q|1,-1\rangle^2 = 1/15$$

式 (17.3) 中的 $R = \int R_{nl}^*(r)R_{n'l'}(r)r^3\mathrm{d}r$ 是径向波函数的积分. 结果表明左偏光在 L_2 边的吸收包含了自旋向上跃迁 $\sigma^{\uparrow} \propto 1/9R^2$ 和自旋向下 $\sigma^{\downarrow} \propto 1/3R^2$. 其他由 p→d 能级的跃迁矩阵可参看表 17.2[10].

表 17.1　　过渡金属各子能级对应的态

p_j	m_j	$|j, m_j\rangle$	d_j	m_j	$|j, m_j\rangle$
$p_{1/2}$	$-1/2$	$-\frac{\sqrt{2}}{\sqrt{3}}Y_{1-1}^{\uparrow} + \frac{1}{\sqrt{3}}Y_{10}^{\downarrow}$		$-3/2$	$-\frac{2}{\sqrt{5}}Y_{2-2}^{\uparrow} + \frac{1}{\sqrt{5}}Y_{2-1}^{\downarrow}$
	$+1/2$	$-\frac{1}{\sqrt{3}}Y_{10}^{\uparrow} + \frac{\sqrt{2}}{\sqrt{3}}Y_{11}^{\downarrow}$	$d_{3/2}$	$-1/2$	$-\frac{\sqrt{3}}{\sqrt{5}}Y_{2-1}^{\uparrow} + \frac{\sqrt{2}}{\sqrt{5}}Y_{20}^{\downarrow}$
	$-3/2$	$Y_{1-1}^{\downarrow}$		$+1/2$	$-\frac{\sqrt{2}}{\sqrt{5}}Y_{20}^{\uparrow} + \frac{\sqrt{3}}{\sqrt{5}}Y_{21}^{\downarrow}$
	$-1/2$	$\frac{1}{\sqrt{3}}Y_{1-1}^{\uparrow} + \frac{\sqrt{2}}{\sqrt{3}}Y_{10}^{\downarrow}$		$+3/2$	$-\frac{1}{\sqrt{5}}Y_{21}^{\uparrow} + \frac{2}{\sqrt{5}}Y_{22}^{\downarrow}$
$p_{3/2}$	$+1/2$	$\frac{\sqrt{2}}{\sqrt{3}}Y_{10}^{\uparrow} + \frac{1}{\sqrt{3}}Y_{11}^{\downarrow}$		$-5/2$	$Y_{2-2}^{\uparrow}$
	$+3/2$	$Y_{11}^{\uparrow}$	$d_{5/2}$	$-3/2$	$\frac{1}{\sqrt{5}}Y_{2-2}^{\uparrow} + \frac{2}{\sqrt{5}}Y_{2-1}^{\downarrow}$
				$-1/2$	$\frac{\sqrt{2}}{\sqrt{5}}Y_{2-1}^{\uparrow} + \frac{\sqrt{3}}{\sqrt{5}}Y_{20}^{\downarrow}$
				$+1/2$	$\frac{\sqrt{3}}{\sqrt{5}}Y_{20}^{\uparrow} + \frac{\sqrt{2}}{\sqrt{5}}Y_{21}^{\downarrow}$
				$+3/2$	$\frac{2}{\sqrt{5}}Y_{21}^{\uparrow} + \frac{1}{\sqrt{5}}Y_{22}^{\downarrow}$
				$+5/2$	$Y_{22}^{\uparrow}$

表 17.2　p→d 各态跃迁矩阵元

吸收边	p_{mj}	$d_{3/2}$				$d_{5/2}$					
		$-3/2$	$-1/2$	$+1/2$	$+3/2$	$-5/2$	$-3/2$	$-1/2$	$+1/2$	$+3/2$	$+5/2$
$L_2(LCP)$	$-1/2$			1/9							
	$+1/2$				1/3						
$L_2(RCP)$	$-1/2$	1/3									
	$+1/2$		1/9								
$L_3(LCP)$	$-3/2$		6/255				1/25				
	$-1/2$			8/255				3/25			
	$+1/2$				6/255				6/25		
	$+3/2$										10/25
$L_3(RCP)$	$-3/2$					10/25					
	$-1/2$	6/255					6/25				
	$+1/2$		8/255					3/25			
	$+3/2$			6/255					1/25		

从表 17.2 可以看到: 跃迁矩阵强度之和对于 LCP 和 RCP 是一样的, 那么, 只有当末态的不同 m_j 存在不同的电子占据数时, 才会导致 LCP 和 RCP 的吸收差异, 即出现圆二色效应. 对过渡金属而言, 当施加外磁场, 由于自旋分裂, 不同自旋电子的能级发生改变; 这样当电子填充到费米能级时, 一种自旋较另一种自旋的能带将被填充更多的电子, 出现 "多子" 和 "少子" 带, 即 $\rho^\uparrow(E_f) - \rho^\downarrow(E_f) \neq 0$, 从而产生了 XMCD 效应.

2. 偏振度切换和磁场切换的等效性

XMCD 测量的是磁性材料对两种圆偏振光的吸收差异, 实验需要在 X 射线的不同偏振态下进行. 但是, 由弯铁引出的同步辐射, 左、右旋偏振光位于轨道面的两侧, 偏振光切换过程中伴随的机械误差会引起偏振度的不可估误差. 因此, 经常采用固定偏振光切换外磁场的测量模式, 二者是等效的, 这可以由 X 射线吸收截面得到验证. 施加随时间变化的外磁场后, 体系的哈密顿 (Hamiltonian) 量为 $H(\boldsymbol{r}, B)$, 设 $\Phi(\boldsymbol{r}, B)$ 是体系的本征函数, 则相应的时间反演函数 $\Phi'(\boldsymbol{r}, B) = \Phi^*(\boldsymbol{r}, -B)$ 也是薛定谔 (Schrodinger) 方程的一个解. 那么对于不同的偏振光和不同的磁化方向, X 射线吸收截面表示为

$$
\begin{aligned}
\sigma(e_q, B) &\propto \int \phi_f^*(B) \boldsymbol{e}_q \cdot \boldsymbol{r}(B) \phi_i(B) \int \phi_f(B) \boldsymbol{e}_q^* \cdot \boldsymbol{r} \phi_i^*(-B) \\
&= \int \phi_f'(-B) \boldsymbol{e}_q \cdot \boldsymbol{r}(B) \phi_i^*(-B) \int \phi_f^*(-B) \boldsymbol{e}_q^* \cdot \boldsymbol{r} \phi_i(B) \\
&= \sigma(\boldsymbol{e}_q^*, -B)
\end{aligned}
\tag{17.6}
$$

同理可证

$$\sigma(e_q, -B) = \sigma(e_q^*, B)$$

$$\longrightarrow \text{XMCD} = \sigma(e_q, B) - \sigma(e_q^*, B) = \sigma(e_q, B) - \sigma(e_q, -B) \tag{17.7}$$

由此可见, XMCD 实验中磁场的切换与偏振度的切换是等效的.

3. 两步模型

为了更直观地理解 XMCD 的来源, 采用 "两步模型"[7] 说明 XMCD 的原理 (图 17.1(a)). 假定对于 3d 过渡族磁性金属, d 壳层的电子存在着净磁矩, 它正比于自旋向上和向下的空穴的差值. 为了测量 d 壳层的这种差异, 需要样品对 X 射线的吸收依赖于电子自旋. 这通过使用左旋和右旋圆偏振光可以实现, 左旋和右旋偏振光把所携带的角动量 $+\hbar$ 和 $-\hbar$ 传给所激发的光电子, 这个光电子接受这个角动量作为自旋角动量、轨道角动量或者是两者各一部分. 如果该电子来自过渡金属的自旋轨道分裂能级 $P_{3/2}$, 光子的角动量可以部分地通过自旋–轨道耦合传递给自旋角动量; 右旋光则相反. 由于 $P_{3/2}$ 和 $P_{1/2}$ 能级具有相反的自旋–轨道耦合, 自旋极化在 L_3 和 L_2 边将是相反的. 在吸收过程中, 自旋向上和自旋向下是根据光子自旋的方向来定义的. 由于 2p 到 3d 的 X 射线吸收过程主要是偶极跃迁, 自旋反转是禁戒的, 也就是说, 自旋向上的电子只能被激发到自旋向上的空态上; 反之也一样. 这样, 自旋分裂的价壳层对被激发的光电子起到自旋选择器的作用, 并且跃迁的强度直接与相应自旋的空 d 态数目成比例. 作为选择器的价壳层量子轴是由磁化强度的方向决定的. 磁性圆二色效应的大小与 $\cos\theta$ 成比例, 其中 θ 为光子自旋与磁化方向的夹角. 因此在自旋与磁化方向平行时, 可以得到最大的磁性圆二色

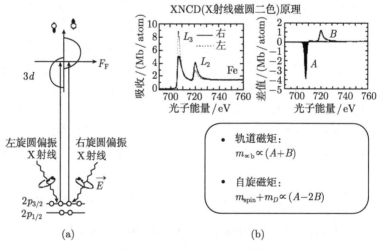

图 17.1　XMCD 的原理图[12]

效应. 在这种情况下, L_3 和 L_2 边强度的差异通过加和定则不仅可以定量的与自旋和轨道磁矩的大小联系在一起[4,5], 还与自旋密度和轨道磁矩的各向异性联系起来[11]. 因此, XMCD 谱可以决定原子磁矩的大小、方向和各向异性.

图 17.1(a) 描述了 Fe 样品的 XMCD 分析过程, 圆偏振的 X 射线激发原子从芯态到价态 ($2p\to3d$) 的跃迁, 正反磁场下的吸收差异从吸收谱可以明显地看出; 注意到由于 $2p$ 壳层自旋和轨道间存在强烈的耦合, L 吸收边已分裂成 L_3 和 L_2 边; 正反磁场下的吸收谱的差值即圆二色谱 (MCD 谱) 如图 17.1(b) 的上方所示, A、B 分别对应 MCD 谱中 L_3 和 L_2 边的积分面积, 它们通过公式 (图 17.1(b) 下) 直接与原子的自旋和轨道磁矩联系在一起.

4. 加和定则

Thole 等提出的轨道和自旋的加和定则是 XMCD 实验的理论基础, 给出了原子的自旋和轨道角动量与 XMCD 谱的关系, 将 X 射线吸收谱的积分强度、XMCD 谱的积分强度与介质磁学性质联系了起来. 通过测定铁磁性材料中特定原子的 X 射线磁性圆二色吸收谱, 结合加和定则就可以分别获得该元素的原子自旋磁矩和轨道磁矩, 建立磁特性与轨道磁矩间的桥梁.

轨道加和定则[13]

$$\int_{j_++j_-} (\mu_+ - \mu_-)\mathrm{d}\omega \Big/ \int_{j_++j_-} (\mu_+ + \mu_- + \mu_0)\mathrm{d}\omega = \frac{1}{2}\frac{l(l+1)+2-c(c+1)}{l(l+1)(4l+2-n)}\langle L_Z\rangle$$

(17.8)

自旋加和规则[14]

$$\frac{\displaystyle\int_{j_+} (\mu_+ - \mu_-)\mathrm{d}\omega - [(c+1)/c]\int_{j_-} (\mu_+ - \mu_-)\mathrm{d}\omega}{\displaystyle\int_{j_++j_-} (\mu_+ + \mu_- + \mu_0)\mathrm{d}\omega}$$

$$= \frac{l(l+1)-2-c(c+1)}{3c(4l+2-n)}\langle S_Z\rangle + \frac{l(l+1)[l(l+1)+2c(c+1)+4]-3(c-1)^2(c+2)^2}{6lc(l+1)(4l+2-n)}\langle T_Z\rangle$$

(17.9)

式中, c 为芯态轨道量子数; l 为价态轨道量子数; $j_\pm = l \pm 1/2$; $\mu_{\pm,0}$ 对应外磁场与波矢 k 平行、反平行和垂直时的吸收系数; $4l+2-n$ 为价带的空穴数; $\langle T_Z\rangle$ 为磁偶极算符, $\boldsymbol{T} = \boldsymbol{S} - \boldsymbol{r}(\boldsymbol{r}\cdot\boldsymbol{s})/r^2$, 反映原子内自旋的各向异性.

具体到 3d 过渡族金属 $c=1$(p 壳层)、$l=2$(d 壳层), 轨道和自旋加和定则简化为

$$\langle L_Z\rangle = 2(10-n)(\Delta L_3 + \Delta L_2)\Big/\int_{L_2+L_3} (\mu_+ + \mu_- + \mu_0)\mathrm{d}\omega$$

(17.10)

$$\langle S_Z\rangle + 7/2\langle T_Z\rangle = 3/2(10-n)(\Delta L_3 - 2\Delta L_2)\Big/\int_{L_2+L_3} (\mu_+ + \mu_- + \mu_0)\mathrm{d}\omega$$

从式 (17.10) 可以看到, 轨道磁矩的计算仅与吸收谱有关, 而自旋磁矩还需要考虑磁量子数 T_Z 的贡献. Stohr 通过测量角分辨的 XMCD 发现, 自旋和轨道的各向异性仅与电荷密度的各向异性有关, 并依此可以推导出 T 值[11]. 在电荷分布各向同性的体系中 $T=0$; 而在表面和界面处 $T>0$. 过渡金属 3d 族自旋–轨道耦合 $\xi L \cdot S (\xi \leqslant 0.1 \text{eV})$ 远小于交换相互作用 $\Delta_{ex} (\approx 1 \text{eV})$, 因此当施加外磁场后, 电荷分布并不会发生明显变化, T_z 可以忽略. 而 4d, 5d 以及体系的表面和界面存在强的自旋–轨道耦合 $(\xi \approx 2 \text{eV})$[13], T_z 值是必须考虑的.

加和定则的推导过程包含了一些近似和假设: ① 加和定则是基于原子模型推导出的结果, 与 Wu 等利用能带理论计算结果相比, 误差在 5%~10%[15]; ② 处理 3d 过渡金属的吸收时, 2p→ 4s 的跃迁也满足同样的跃迁选择定则, 但由于仅占跃迁总强度的 2% 而忽略不计; ③ 假设自旋–轨道耦合能远大于其他相互作用, 但对于较轻的过渡金属 V、Ti, 利用加和定则计算出的自旋磁矩偏差高达 80%. 这是由于芯态空穴间存在很强的相互作用, 不符合该条件所致[15]; ④ 假设径向函数 R 为常数. 而 Wu 等计算 Ni 的径向函数时却发现, 从 3d 能带底至能带顶径向函数线性增加了 30%, 并且 R 随能量的变化只影响自旋加和定则, 但对轨道加和定则几乎没有影响[16]. 因此, 在利用加和定则计算的过程中, 要充分考虑到各近似条件是否满足所研究的体系.

17.2　实 验 装 置

XMCD 实验装置主要有以下四个组成部分: ① 圆偏振 X 射线源; ② 光束线; ③ 使样品磁化的磁铁; ④ X 射线吸收探测设备.

17.2.1　圆偏振 X 射线源

圆偏振 X 射线源是提供高质量的圆偏振 X 射线, 由于需要对 X 射线的波长进行连续扫描, 所以, 只能采用同步辐射源. 同步辐射的电矢量平行于加速度的方向偏振, 即在圆形轨道上运动的电子发出的电矢量总是在该轨道平面上指向圆心. 如果观察点位于轨道平面内 $(\psi=0)$, 则观察到电矢量变化是在一根直线上, 此时接受到的辐射是线偏振. 如果观察点不在轨道平面上, 而在垂直方向偏离一个角度 $(\psi>0$ 或 $\psi<0)$, 则观察到电矢量在一个椭圆内变化, 在此位置上接受到的辐射是椭圆偏振, 如图 17.2 (a) 所示.

偏振性主要表现电子在弯转磁铁或扭摆器中的辐射. 对于一般情况, 电矢量不在轨道平面内的电子辐射强度可以分解为平行于和垂直于轨道平面的两个分量, 这两个分量间的相位总是 90°, 而且平行分量大于垂直分量, 其相对振幅为

$$\begin{pmatrix} E_x \\ E_y \end{pmatrix} = \begin{pmatrix} \sqrt{1+(\gamma\psi)^2}\cdot \mathrm{K}_{2/3}(\eta) \\ \mathrm{i}\gamma\psi\cdot \mathrm{K}_{1/3}(\eta) \end{pmatrix} \tag{17.11}$$

式中, $\mathrm{K}_{1/3}$ 和 $\mathrm{K}_{1/3}$ 为修正贝塞尔函数; y 为光子能量与储存环特征能量的比值; γ 为电子能量与它的静质量的比值; $\eta = (y/2)[1+(\gamma\cdot\psi)^2]^{2/3}$; ψ 为垂直接收角, 即测量点与电子轨道面的夹角. 定义 r 为偏振椭圆的最短与最长轴线的比率, 即 $r=E_y/\mathrm{i}E_x$, 则可得出圆偏振度 $P_\mathrm{c}=2r/(1+r^2)$[6].

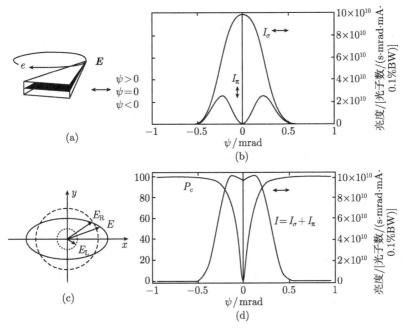

图 17.2 同步辐射在 $\psi=0$ 时是线偏振, 但在 $\psi\neq0$ 时则为椭圆偏振 (a), 当光子能量为 800eV 时, 其光子强度的水平分量 I_σ 和垂直分量 I_π 随 ψ 的变化, 其数据引用的是 SSRL 的储存环参数 (b), 椭圆偏振光可以看作是左右圆偏振光的叠加 (c) 及计算了偏振度 P_c 和总的光子强度 I 随 ψ 的变化 (d)

图 17.2 (b) 表示了随 ψ 的变化光子能量的水平分量和垂直分量的变化趋势, 可以看出: 水平分量的变化近似于高斯分布, 而垂直分量则比较复杂, 在 $\psi=0$ 处出现一个凹陷; 由此计算出的同步光的强度和偏振度随垂直接受角 ψ 的变化如图 17.2(d) 所示; 图 17.2 (c) 表示椭圆偏振光可以看作是不同强度的左右圆偏振光的叠加. 从图 17.2 可以看出, 圆偏振光有偏振度和光强不可兼得的矛盾, 离开回旋平面越远光的偏振度越好, 但同时光强下降得也很快. 第三代同步辐射源不同于第二代的主要标志是大量插入件的使用. 在当今第三代同步辐射装置上出现了各种类型的波荡器, 采用特殊设计的波荡器可以获得高强度高偏振度的同步辐射光.

对于弯铁光源, 方法之一是在适当的位置加一 "斩波器"(chopper). 从原理上说, 斩波器是一个带有通光孔的圆盘, 转动圆盘, 可以使得轨道面上下的光分别通过, 从而连续获得左右圆偏振光. 但在实际的应用上, 由于斩波器的机械误差、相对于光源点的安装误差, 均会造成切换时左右圆偏振度绝对值差异. 常用切换外磁场方向的方式来代替切换左右圆偏振光. 但是在测量过程中, 难以消除储存环电子轨道的波动.

17.2.2　光束线

由电子储存环发射的复色拓展光源, 经衍射元件色散和成像元件聚集, 加上一些光学窗、光阑、狭缝、偏振器、位置探测器等辅助元件, 构成同步辐射所独有的光束传输系统, 也就是光束线. 光束线直接连接着储存环和实验站, 是各类光学元件经优化组合, 线性排布于真空管内, 形成数十米的大型光学传送系统. 其主要功能是通过各种光学元件把具有连续谱的复色光加工成能满足实验对能量、通量、分辨率、偏振性、光斑尺度等要求的单色光安全、可靠、高效地传输到实验站, 供不同的科学实验. 在软 X 射线区域, 一般采用掠入射的平面镜和光栅, 通过这些光学元件后, 同步光的偏振特性几乎全被保留了下来. 而在硬 X 射线区域, 通常考虑晶体单色仪. 下面以合肥国家同步辐射实验室的 XMCD 站为例, 简单介绍光束线.

图 17.3 是 XMCD 光束线示意图. 沿着 X 射线的传播方向 (从左向右), 光束线的主要部件为前端、斩波器、前置镜、单色器和后置镜. 斩波器 (chopper) 有三种工作位置, 分别选取左、右旋偏振光和线偏振光. 前置聚焦镜 (pre-mirror) 是一个超环面镜, 以水平反射的方式放置. 它将入射光垂直聚焦到入射狭缝上, 水平聚焦到光栅附近. 由于 XMCD 实验对圆偏振度的要求, 同步辐射光的最强部分无法利用, 因此为了保证有足够的通量, 光束线需要有较大的接收角, 消像差是必须要解决的问题. 考虑到各种因素光束线选用了变线距光栅单色器 (VLSPG), 它具有自聚焦和部分消像差的功能, 在垂直接收角很大时仍然有较好的能量分辨率. 后置聚焦

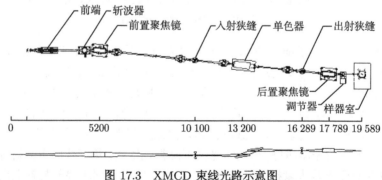

图 17.3　XMCD 束线光路示意图

镜 (post-mirror) 也采用超环面镜, 在水平方向和垂直方向上将光束聚焦到样品处. 前置聚焦镜和后置聚焦镜均以水平反射的方式放置, 目的是使光学系统尽量具有垂直方向上的对称性, 以使两种偏振的光在入射狭缝、出射狭缝和样品上的成像尽量一致. 斩波器位于轨道面时, 利用 SHADOW 程序追迹得到光斑基本位于 3mm× 1mm 的范围内 (图 17.4).

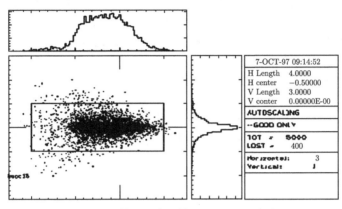

图 17.4 样品处光斑的 SHADOW 追迹

1. 单色器工作原理

变线距平面光栅 (VPGM) 是根据像差理论设计的, 其刻线密度按照预先设定的规律在衍射方向变化, 改变了光程函数在衍射方向的像差系数, 从而改善了成像质量和提高了能量分辨率. 变线距光栅具有自聚焦和消像差的功能, 由它构成的单色器减少了系统的光学元件, 提高了传输效率. 图 17.5 是光栅结构参数示意图.

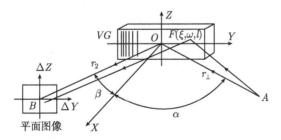

图 17.5 变线距光栅的几何结构示意图

设光栅在任意位置 P 处的光栅常数

$$d = d_0(1 + b_2 w + b_3 w^2 + b_4 w^3 + \cdots) \tag{17.12}$$

式中, d_0 为光栅中心的刻线间距. 根据等光程成像原理, 变线距光栅的衍射方程及变线距系数必须满足下列方程:

$$d(\sin\beta + \sin\alpha) = m\lambda \tag{17.13a}$$

$$\frac{\cos^2\beta}{r_2} + \frac{\cos^2\alpha}{r_1} = b_2\frac{m\lambda}{d_0} \tag{17.13b}$$

$$\frac{\sin\beta\cos^2\beta}{r_2^2} + \frac{\sin\alpha\cos^2\alpha}{r_1^2} = \frac{2}{3}(b_3 - b_2^2)\frac{m\lambda}{d_0} \tag{17.13c}$$

式中, α 和 β 分别为 X 射线的入射角和出射角, r_1 和 r_2 对应于单色器物距和像距. 式 (17.13a) 是光栅方程, (17.13b) 方程消离焦像差, (17.13c) 方程消慧形像差. 这种单色器入射角 α 和出射角 β 之和不是定值, 通过旋转平面镜可以实现包含角的变化.

2. 超环面聚焦镜

光束线的前置镜和后置镜均是超环面镜, 可以同时完成水平和垂直两个方向上的聚焦, 其优点是减少反射面提高了传递效率. 根据费马原理, 超环面镜聚焦方程为

子午方向:
$$\frac{1}{r_s} + \frac{1}{r_s'} = \frac{2}{R\sin\theta_i} \tag{17.14}$$

弧矢方向:
$$\frac{1}{r_m} + \frac{1}{r_m'} = \frac{2\sin\theta_i}{\rho}$$

式中, r_s、r_s' 和 r_m、r_m' 分别对应了子午方向和弧矢方向的物距和像距; θ_i 为掠入射角. 对于 XMCD 光束线的后置镜, θ_i, r_s、r_s' 和 r_m、r_m' 分别为: 3°, 4789mm、1500mm、1500mm、1500mm. 由聚焦方程可得 R=43650mm, ρ=78.50mm. 若后置聚焦镜的面形误差在子午方向 $\sim 2''$, 弧矢方向 $\sim 10''$, 由此引入的光斑误差 $\sim 30\mu m$ 和 $8\mu m$, 与设计指标要求的光斑尺寸 3mm(H) 和 1mm(V) 相比, 可以忽略不计.

17.2.3　磁铁系统

磁铁是 XMCD 实验中的主要设备之一, 为样品提供所需外磁场. 从 XMCD 实验技术的发展看, 经历了永磁铁 — 电磁铁 — 超导磁铁的发展历程. 早期采用的永磁体, 其磁场强度有限且不可调. 初期使用的是一外置的柱形永磁铁, 依靠改变永磁体的取向来改变磁场方向; 现在普遍采用的是电磁铁, 与永磁体相比, 磁场强度连续可调且可方便地换向. Arenholz 和 Prestemon[17] 最近设计了一个 8 极磁铁, 样品架可以进行 180° 极角和 360° 方位角旋转, 能够实现样品沿任意角度的磁化; 而对于一些有机磁性样品、磁性纳米颗粒等, 材料的磁特性只有在低温强磁场下才能表现出来, 几个特斯拉的超导磁体越来越受到重视. 如日本光子工厂设计的低温强磁系统, 超导线圈直接浸在液氦中, 样品处的磁场可达 5.8T, 温度 4.2K. NbTi 的超导材料, 减小了线圈的自感效应, 使得磁场换向方便快捷. 随着冷却技术的提高,

2T 的超导磁铁其温度已经可以降到 0.5K. 随着研究体系的低维化、复杂化, 低温强磁场将成为 XMCD 实验的必要条件.

17.2.4 X 射线吸收探测设备

XMCD 的探测模式主要有透射法、荧光法和电子产额法; 比较而言, 透射法对样品的厚度要求比较苛刻, 特别是在原子的吸收边附近 X 射线的穿透深度非常有限[18]; 对 3d 元素, 在软 X 射线波段, 荧光产额的效率远低于电子产额, 使这种探测方法受到了限制, 也有文献报导荧光产额与透射法测得的谱有差别[19]; 相比之下, 电子产额的采集方式由于简单易用而广泛用于 XMCD 谱的测量. 下面以间接测量样品的全电子产额的模式 —— 样品电流法为例, 简单介绍吸收谱的采集模式.

样品电流法的原理如图 17.6 所示: 把样品作为一个极, 光子投射到样品表面激发芯能级电子产生空穴; 激发和退激发过程产生的电子在向样品表面移动过程中激发出大量的二次电子; 样品保持电中性的要求使它从接地的另一端补充等量的电子, 利用电流计或静电计即可以直接给出补充的电子数量.

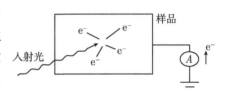

图 17.6 样品电流测量原理图

由于同步辐射的自然衰减特性, 以及轨道面的波动会影响到照射到样品上的同步辐射强度, 因此, 必须对这种同步辐射强度的波动进行实时的监测. 通常的做法是在沿着光路在样品的前面放置一片金网, 通过金网的吸收对入射光强度进行归一化. 图 17.7 是用电子产额测量 XMCD 的一个典型配置, 图中标出了磁铁、样品、监测金网、入射同步辐射的方向以及各种真空泵等.

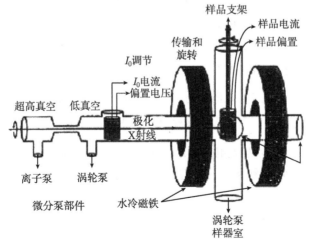

图 17.7 用电子产额的方法测量 X 射线吸收的实验配置图[12]

17.3　实　验　技　术

17.3.1　轨道与自旋磁矩的测量

通过 XMCD 的测量, 结合加和定则, 可以获得指定元素的轨道和自旋磁矩, 这是 XMCD 实验方法的基本用途. 另外, 由于它是基于 X 射线吸收的一项实验技术, 所以, 也具有元素分辨的特性, 能够根据吸收边的位置来判定元素的种类.

如前所述, XMCD 的实验原理是利用不同方向的圆偏振光 (或椭圆偏振光), 测量磁化样品的吸收谱 (XAS 谱), 根据两者的差异, 得到相应的磁圆二色谱 (MCD 谱). 为了描述方便, 将轨道和自旋磁矩的表达式 (17.10) 改写成

$$m_{\mathrm{orb}} = -\frac{4 \displaystyle\int_{\mathrm{L}_2+\mathrm{L}_3} (\mu_+ - \mu_-)\mathrm{d}\omega}{3 \displaystyle\int_{\mathrm{L}_2+\mathrm{L}_3} (\mu_+ + \mu_-)\mathrm{d}\omega}(10 - n_{3\mathrm{d}})$$

$$m_{\mathrm{spin}} = -\frac{6 \displaystyle\int_{\mathrm{L}_3} (\mu_+ - \mu_-)\mathrm{d}\omega - 4 \displaystyle\int_{\mathrm{L}_2+\mathrm{L}_3} (\mu_+ - \mu_-)\mathrm{d}\omega}{\displaystyle\int_{\mathrm{L}_2+\mathrm{L}_3} (\mu_+ + \mu_-)\mathrm{d}\omega}(10 - n_{3\mathrm{d}})\left(1 + \frac{7\langle T_z\rangle}{2\langle S_z\rangle}\right)^{-1} \tag{17.15}$$

式中, $\mu_\pm$ 为消除入射光强后左右圆偏振光的吸收谱, $\langle T_z\rangle$ 为磁偶极算符的期望值, 在 Hartree 原子单位中 $\langle S_z\rangle \sim 1/2 m_{\mathrm{spin}}$. 扣除背景采用了 X 射线吸收谱中常用的 "台阶" 函数 (在此采用了误差函数, 也有文献使用反正切函数).

图 17.8(a) 给出了正反向磁场下的 Fe 和 Co 的 L 边吸收谱 (μ_+ 和 μ_-)、加和吸收谱 (summed XAS) 的积分 $\int (\mu_+ + \mu_-)$ 及扣除背底所用的台阶函数, 吸收峰是 Fe 和 Co 元素的 L_3 和 L_2 峰, 对应的跃迁是 $2\mathrm{p}_{3/2}$ 和 $2\mathrm{p}_{1/2} \to 3\mathrm{d}$ 能级, r 表示加和吸收谱在 L_3 和 L_2 范围内的积分, 从谱上可以明显看出正反磁场下吸收谱存在着差异; 图 17.8 (b) 是 Fe 和 Co 的 XMCD 谱 ($\mu_+ - \mu_-$) 及相应的积分 $\int (\mu_+ - \mu_-)$; 其中, p 是 XMCD 谱在 L_3 边的积分, q 是 XMCD 谱在 L_3 和 L_2 边的积分. 根据理论计算, 对于 bcc 铁 $\dfrac{\langle T_z\rangle}{\langle S_z\rangle} \sim -0.38\%$[16], 因此在计算中常把该项忽略. 考虑到入射光与磁场方向夹角, 以及入射光的圆偏振度等因素, 需要在式 (17.9) 的右边乘上一个因子: $1/P\cos\theta$, 得到原子的轨道和自旋磁矩如下式[18]

$$M_l = -\frac{4qn_{\mathrm{h}}}{3rP\cos\theta}, \quad M_s = \frac{(4q - 6p)n_{\mathrm{h}}}{rP\cos\theta} \tag{17.16}$$

式中, P 为入射光的偏振度; θ 为掠入射角; n_{h} 为 3d 能带的空穴数. 在求自旋磁矩

时需要对 L_3 边单独积分, 选取吸收谱 L_3 和 L_2 峰中间最低点作为 L_3 和 L_2 的分界点.

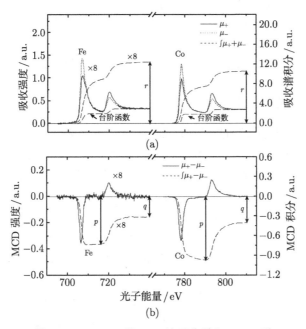

图 17.8　Fe、Co 的 $L_{2,3}$ 边吸收谱和 MCD 谱

(a) 正反磁场下的吸收谱、两者的加和积分, 吸收谱下面的虚线为台阶函数; (b) XMCD 谱及其积分

理论上讲, r 应该是对非偏振光激发的 L_2 和 L_3 边信号 (isotropic $L_{2,3}$ signal) 积分, 由于 3d 过渡金属的 X 射线磁性线二色强度比磁性圆二色强度低一个量级[20], 因此非偏振光吸收谱可由 $(\mu_+ + \mu_-)/2$ 近似代替; 为了扣除连续态对吸收谱的影响, 采用了 X 射线吸收谱中常用的 "双台阶" 函数, 台阶的位置选在 L_3 和 L_2 的峰值波长处, 台阶的高度比取 2:1[18], 双台阶函数的具体形式为

$$\text{step}(E) = H_{L_3} \left\{ \frac{1}{2} + \frac{1}{2} \text{erf} \left[\frac{2\sqrt{\ln 2}(E - P_{L_3})}{\Gamma_{G,L_3}} \right] \right\}$$
$$+ H_{L_2} \left\{ \frac{1}{2} + \frac{1}{2} \text{erf} \left[\frac{2\sqrt{\ln 2}(E - P_{L_2})}{\Gamma_{G,L_2}} \right] \right\} \tag{17.17}$$

式中, H 为 "台阶" 高度; P 为吸收峰位置; Γ_G 为 "台阶" 半宽度. 确切的 d 能带的空穴数需要通过计算的方法获得, 它受原子局域环境的影响. 通常文献中, 取 $n_{\text{h-Fe}}=3.39$[21], $n_{\text{h-Co}}=2.49$[18]. 表 17.3 是文献中报道的 Co、Fe 在不同环境下的轨道和自旋磁矩的计算结果.

表 17.3　Fe、Co 在不同局域环境下的磁矩比较

样品	Fe 自旋磁矩/μ_B	Fe 轨道磁矩/μ_B	Co 自旋磁矩/μ_B	Co 轨道磁矩/μ_B
体相[22]	2.19	0.09	1.57	0.14
薄膜相[18]	1.98	0.085	1.62	0.154
本实验结果[23]	1.63±0.03	0.36±0.02	1.58±0.01	0.31±0.02

17.3.2　电子产额的饱和效应

在用电子产额进行吸收的测量时, 根据样品厚度和测量时的配置情况, 饱和效应 (saturation effect) 有时会对吸收系数的测量产生很大的影响.

众所周知, 吸收了 X 光子后处于激发态的原子, 通过发射俄歇电子和特征 X 射线来退激发, 这是两个相互关联和竞争的发射过程. 对同一壳层空穴, 退激发过程中荧光产额和俄歇电子产额的相对发射几率满足 $w_{Auger} + w_{fluorescence}=1$[24]. 因此, 可以采用测荧光或电子的方法来获得原子的吸收信息. 当原子序数 $Z > 30$ 时, K 边的荧光产额才开始占主导, 而 $Z < 40$ 范围内的原子, 其 L 边的荧光产额所占比例不超过 1%; 所以, 荧光发射不适合研究轻元素的 X 射线吸收, 这也是在软 X 波段通常采用电子产额探测模式的主要原因. 然而, 实验中发现, 无论是电子产额还是荧光探测模式, 均会出现信号强度与吸收截面不成正比的现象, 即测量的信号并不能真实反映 X 射线的吸收系数, 这就是饱和效应, 也称自吸收效应. 随着对实验精度的要求不断提高, 如何减小或修正饱和效应所带来的影响引起人们普遍关注.

图 17.9(a) 表示了不同深度二次电子的衰减程度, 涂黑的部分分别表示 z 为 0 和 λ_e 时逸出电子数的权重; 从图 17.9 (b) 可以看出, 在 z 为 0 和 λ_e 的情况下, 吸收边前和边后基本相同, 而在吸收峰处由于大的吸收截面, 而出现明显的饱和效应.

Nakajima 等[25] 通过建立模型, 对半无限厚的样品在考虑电子产额的饱和效应后, 给出了电子产额的计算公式

$$N_e = C\frac{1}{1 + \cos\theta/\mu\lambda_e} = C\frac{\mu\lambda_e}{\cos\theta}\left(\frac{1}{\lambda_e/\lambda_x\cos\theta + 1}\right) \tag{17.18}$$

式中, N_e 是测量的电子产额, 光子的穿透深度为 λ_x, 光子的入射角为 θ, 电子的逃逸深度为 λ_e. 在实验中, C 为一个常数, $C = I_0A_0G$, 这里 G 被称为单电子增益函数. 现在人们已经了解到 G 与光子的能量成正比, 然而, 由于所采谱的范围一般为 700~1000eV 这个较小的范围内, 而在饱和效应较大的吸收边处, 其共振吸收宽度也只有大约 15eV, 所造成的影响也只有 2%. 因此, 在实际的处理中, 忽略了 G 随能量的变化而近似地把它看成是一个常数. 式 (17.18) 右边的括号内的量称为 "校正因子", 它表示了电子产额信号与真正的吸收系数间的偏离. 下面是校正因子的

表达式

$$f(\theta, \lambda_{\mathrm{x}}, \lambda_{\mathrm{e}}) \equiv \frac{1}{\lambda_{\mathrm{e}}/\lambda_{\mathrm{x}} \cos\theta + 1} \tag{17.19}$$

可以看出, 饱和效应通过因子 f 被明白地表达了出来, 当 $\lambda_{\mathrm{e}}/\lambda_{\mathrm{x}}\cos\theta \ll 1$ 时, $f = 1$, $N_{\mathrm{e}} \propto \mu$, 这时没有饱和效应; 但是, 当 $\lambda_{\mathrm{e}}/\lambda_{\mathrm{x}}\cos\theta \gg 1$ 时, $f = \lambda_{\mathrm{x}}\cos\theta/\lambda_{\mathrm{e}} \approx 0$, N_{e} 趋近于一个常数, 这时达到完全饱和.

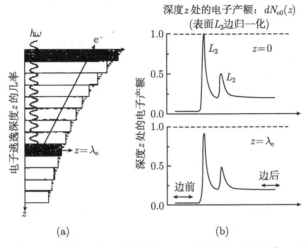

图 17.9　随样品深度变化, 逸出电子的衰减因子 (a) 及在样品表面距离 z 为 0 和 λ_{e} 时, 得到的吸收谱 (b)

　　由于 λ_{x} 是入射光子能量的函数, 导致校正因子也是光子能量的一个函数, 因此, 要去除饱和效应的影响是一件比较复杂的事. 实验中如对入射角没有特别要求, 应尽量避免使用大的入射角. 而对于一些需要测量样品磁各向异性的实验, 改变入射角在所难免, 可以先测量 $L_{2,3}$ 吸收峰位置的信号强度随入射角的变化趋势, 然后根据式 (17.19) 拟合实验曲线, 给出 $\lambda_{\mathrm{e}}/\lambda_{\mathrm{x}}\cos\theta$ 的值, 由此简单判断饱和效应影响程度的大小. 而对于薄膜面内的磁各向异性研究, 由于沿表面法线旋转而入射角并没有变化, 所以, 饱和效应对每个角度的影响应该是相同的. 至于如何修正饱和效应带来的影响是一件相对来说比较困难的工作, 目前还没有简单可行的方法.

17.3.3　磁矩测量的实验误差

　　由于加和定则是由原子模型提出的, 与根据能带计算得到的结果相比, 其偏差为 5%~10%. 实际的实验得到的自旋磁矩和轨道磁矩的结果究竟存在着多大的误差, 一直是人们非常关心的问题, Chen 等[18]用透射的方式对原位生长的 Fe、Co 薄膜进行 XMCD 的研究, 从而克服了饱和效应等一些人为因素的影响, 并把计算结果与其他方式得到的结果进行比较, 如表 17.4 所示. 结果发现, XMCD 的测量结果与使用旋磁比测量的结果[26] 符合得很好, 在计算时, 使用 OP-LSDA(orbital polarization local spin density approximation) 方法的计算结果也与 XMCD 和旋磁比测量的结果符合得非常好. 对于自旋磁矩, 与旋磁比相比, 其误差大约在 7%; 对于自旋磁矩和轨道磁矩的比值, 由于去除了来自原子空穴数、同步光偏振度等因素影响, 与旋磁比测量的结果的符合程度达到 3%.

表 17.4　Fe(bcc) 和 Co(hcp) 的轨道和自旋磁矩(单位: μ_B/atom)

	Fe(bcc)			Co(hcp)		
	m_{orb}/m_{spin}	m_{orb}	m_{spin}	m_{orb}/m_{spin}	m_{orb}	m_{spin}
MCD 和求和定则	0.043	0.085	1.98	0.095	0.154	1.62
旋磁比[26]	0.044	0.092	2.08	0.097	0.147	1.52
轨道极化–局域自旋密谋近似[27]	0.042	0.091	2.19	0.089	0.140	1.57
轨道极化–局域自旋密度近似 (不考虑轨道极化)[27]	0.027	0.059	2.19	0.057	0.090	1.57
自旋极化相对论–线性 muffin-tin 轨道 [28]	0.020	0.043	2.20	0.054	0.087	1.60
全势能线性缀加平面波 [16]	0.023	0.050	2.16	0.045	0.071	1.58
MCD 和求和定则 (校正后)	0.043	0.086	1.98	0.099	0.153	1.55

除了物理模型本身误差外, 还有其他一些误差因素, 如前面所说的饱和效应、外磁场对吸收谱的不对称影响等. 另外在计算方面也会引入一些误差, 比如, L_3 和 L_2 峰的分界点的确定、磁性原子的空穴数的确定, 背景函数、积分方式的选取等. 实际上, 2p→4s 的跃迁也是偶极跃迁所允许的, 其所占的比例大约只有到 3d 跃迁的 2%, 且符号相反, 通常计算中可以忽略.

17.3.4　数据分析

1. 吸收信号的归一化

实验中发现. 当用样品电流法测量样品的全电子产额时, 吸收信号很容易受到外磁场的影响. 这会导致在没有圆二色信号的情况下, 正反向磁场下的吸收信号也完全不相同, 表现出一定的非对称性. 其原因在于: 从样品上出射的电子在外磁场的作用下将受到洛伦兹力的作用, 沿磁场方向做螺旋线的运动; 这些做螺旋运动的电子有可能撞到样品上造成样品电流信号的损失, 从而影响到吸收信号的强度. 当外磁场方向相反时, 螺旋运动的方向也发生的变化, 从而导致正反向磁场对吸收信号的影响程度不同, 即 "非对称影响". 对于这种现象, 通常的解决办法是在样品的四周加上高压电网, 用电场力吸收电子阻止其重新回到样品表面; NSRL SXMCD 站根据所使用的内置式电磁铁的小磁头间距, 在样品前加设一片高压金网, 取得了良好的效果[29].

由于储存环电子轨道波动、同步光的自然衰减等因素影响, 入射光强实际是不断变化的. 在进行吸收测量时, 吸收信号与入射到样品的光强呈正比例的关系, 因此, 投射到样品前的光强 (I_0) 是必须知道的. 通常是在同步光到达样品前的光路中插入一片金网, 实时监测入射光强的变化; 通过同时测量入射光强和吸收信号, 从而实现对吸收信号的归一化处理.

在 $700\sim900\mathrm{eV}$ 的光子能量范围内, Au 的吸收是一个平滑的过程 (图 17.10), 在 Fe、Co、Ni 共振吸收的较窄能量范围内, 可以近似认为 Au 的吸收系数是一个常数, 从而通过用吸收信号除以金网的信号来进行归一化, 即

$$S^{\pm} = I^{\pm}/I_0 \tag{17.20}$$

式中, $I^{\pm}$、$S^{\pm}$ 分别为归一化前后正反磁场下的吸收信号.

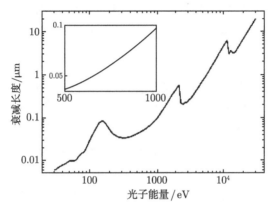

图 17.10 在 $30\sim30000\mathrm{eV}$ 范围内, Au 的光子衰减长度, 衰减长度实质上线吸收系数的倒数. 其中, 插图表示 Au 的光子衰减长度在 $500\sim1000\mathrm{eV}$ 范围内的变化

2. XMCD 信号强度分析

根据归一化后正反磁场下的吸收数据 $S^{\pm}$, 通过两者的差值可以直接获得 XMCD 谱. 然而, 在大多数情况下, 两者会出现一个小的偏移, 即在吸收边前和边后没有圆二色效应的位置 MCD 信号仍然不为零. 这种偏移起源于实验装置并非完美的对称、正反磁场下噪声的不对称、同步光的光斑在样品上的相对位置的不对称, 以及电子束的飘移等.

由于这种偏移不会自己消失, 而且小的 XMCD 谱的偏移会对 XMCD 的积分值造成很大影响, 因此, 在对 XMCD 信号进一步处理之前, 必须对其进行修正. 首先, 要确定吸收边的边前和边后区域范围, 通常把 L_3 吸收边前 40eV 到边前 15eV 的范围定义为吸收边前区域, 而把 L_3 吸收边后 65eV 到 100eV 的范围定义为吸收边后区域.

在进行 XMCD 谱分析时, 通常假定 XMCD 谱的边前和边后圆二色信号的平均值为零. 在具体的操作时, 对 MCD 谱进行直线的本底扣除, 直线的选取原则是

使吸收边前和边后的 XMCD 平均值为零, 这个过程通常是通过编程来完成的.

对边前区域的确定一般不需要太精确, 因为在这个区域磁场导致的共振吸收差异不存在, 况且电子束轨道的飘移还未来得及影响到吸收谱的对称性. 可是, 在确定边后的区域方面确实存在着困难, 因为在这个区域圆二色信号会延伸到很远; 在吸收的高光子能量端, 很难区分是真正的圆二色信号, 还是由磁场的非对称影响造成的误差, 同时这些因素又与轨道飘移因子的不确定性纠缠在一起. Chen 等[18] 根据透射法测量 XMCD, 发现直到超出 L_3 边约 65eV, MCD 信号才开始消失. 所以, 通常如前所述把 L_3 边 65eV 以后定义为边后区域.

在图 17.11(b) 显示了圆二色谱, 而虚线表示是积分曲线. 为获得 L_3 和 L_2 峰的积分, 必须知道两个峰的积分范围, 总的范围可以通过边前和边后的定义来确定, 而两峰的分界点通常选取吸收谱中两峰之间的最低点的光子能量.

3. 白线峰强度分析

为单独确定原子的自旋和轨道磁矩, 白线峰 (由 2p 电子到 3d 空轨道跃迁引起的特征峰) 的强度必须先行确定. 这里用于 XMCD 分析的白线区域是平均了左旋、右旋和线偏振光的吸收谱, 即 $(I^+ + I^0 + I^-)$; 对于立方对称的样品的来说, 这个值可以近似表示为 $\frac{3}{2}[I^+ + I^-]$. XMCD 分析中通常假定白线峰的强度为 $S^+ + S^-$, 这其实是假定了它与 $(I^+ + I^0 + I^-)$ 存在着正比例的关系. 为了获得白线峰的强度, 背景和非共振吸收的部分必须去除; 背景部分通常对边前进行线性拟合并扣除线性本底. 而对非共振吸收部分的去除, 通常采用归一化的双台阶函数 (double step function), 用来归一化的量即是吸收边的跳变. 考虑到自旋–轨道分裂的 $2p_{3/2}$ 和 $2p_{1/2}$ 轨道上电子数之比, 两个台阶的高度比定为 2:1. 图 17.11(a) 显示了背景扣除后的加和谱 (实线)、双台阶函数 (虚线), 以及积分曲线 (虚线). 积分区域的划定是用边前区域的终点和边后区域的起点.

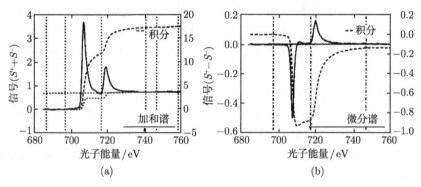

图 17.11　XMCD 的分析

(a) 分别标出了边前和边后区域、台阶函数、吸收谱积分曲线; (b) 标出了 XMCD 谱及其积分

17.4 应用实例

17.4.1 在磁性多层膜和磁性合金薄膜中的应用

铁磁合金薄膜有很多应用, 比如磁记录用的 FeCrCo 膜和磁光存储用的 TbFeCo 膜, 以及 FeNi 膜传感器等. 电子器件方面的发展要求器件同时具备微型化和适合在高频下操作, 而铁磁合金材料不仅具有大的电导率, 同时还兼有高磁化强度和大各向异性场, 因此受到密切关注. Co-Fe 合金由于其高饱和磁化强度、高居里温度和低矫顽力等优异特性而备受人们青睐, 合金中 Co 的含量达到 29%~70% 时, 表现为 BCC 结构的稳定 α 相, 是典型的软磁材料, 可以获得比纯 Fe 大 15% 的饱和磁感应强度[30]; Co 的比例达到 90% 的合金薄膜是巨磁阻自旋阀的最经典材料, 它具有 FCC 晶体结构, 其磁致伸缩系数几乎为零; 在较低温度下, 这种合金会经历一个从无序到有序的相变; 在发展高饱和磁化 Co-Fe 合金的过程中, 已经进行了大量研究[31~34]; Minor 和 Klemmer[35] 在 Co-Fe 合金中分别添加 B 和 Zr, 使薄膜饱和磁化强度分别达到了 2.1T 和 1.8T; Yun 等[36] 研究了用磁控溅射法制备的不同组分 Co_xFe_{1-x} 合金薄膜, 发现当 $x = 0.15$ 时, 薄膜的磁化强度达到最大值 2.13T. 利用 XMCD 技术对合金中不同组分原子的磁性进行研究, 对于从微观上理解这类铁磁合金的磁性来源以及从理论上对合金样品的生长进行指导具有重要的意义. 众所周知, 对于 3d 元素组成的铁磁合金薄膜和超晶格, 界面磁性在理论[37~39] 和实验上[40~42] 已被广泛地研究, 界面原子对称性的降低和配位数减少被认为是导致磁矩与体相样品相比有很大变化的主要原因, 下面就以 $Fe_{81}Ni_{19}/Co$ 薄膜为例, 介绍 XMCD 在铁磁合金中的应用.

样品是生长在单晶 MgO(001) 衬底上的 $Fe_{81}Ni_{19}/Co$ 超晶格[43], 生长方法是直流磁控溅射, XRD 的测量表明样品是 BCC 结构, 为防止氧化, 在表面覆盖 10Å 的 Al_2O_3; 样品为两个系列, 其一为 FeNi 的厚度保持 6ML 不变, 而 Co 的厚度从 2ML 增加至 6ML; 其二是 Co 的厚度保持不变, 而 FeNi 的厚度从 2ML 增至 6ML. XMCD 测得单位原子的总磁矩如图 17.12 所示. 可以看出, Co 的磁矩在界面处与对应体相值相差不大; 与 Fe 的体相值相比, $Fe_{81}Ni_{19}$ 中 Fe 的磁矩值有了很大提高, 这个结果与文献 [44] 和文献 [45] 中实验结果相符合, 与 Fe/Co 超晶格的理论计算结果也相一致. 另外发现, Fe 的磁矩会受合金中 Ni 的影响, 因为与 FeCo 合金中 Fe 的原子磁矩 $3\mu_B$/atom 相比, FeNi 中的 Fe 的磁矩值约 $2.9\mu_B$/atom 略微偏小. 从总体效果看, FeNi 层平均原子磁矩比对应体相值 $2.45\mu_B$/atom 增加了 $0.35\mu_B$/atom, 根据不同厚度的 FeNi 层的原子磁矩的变化分析, 增强的磁矩位于界面附近 3ML 以内, 通过与第一性原理的计算相比, 可以认为 FeNi 层的这种磁矩的增强应该归功于界面处原子间的混合而导致的 B2 相的形成.

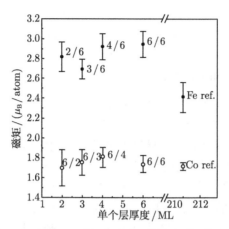

图 17.12　Fe、Co 的原子磁矩随各自层厚的变化

图中最后一个点为引用文献中的体相的参考值

17.4.2　在自旋电子学中的应用

稀磁半导体 (DMS) 作为自旋电子学的关键材料, 引起了人们广泛兴趣; 这些半导体中, 一部分非磁性的半导体阳离子被磁性离子代替, 使人们可以通过磁性离子间自旋耦合和载流子间的相互作用来操纵自旋自由度和电荷自由度. 实际上, 使用铁磁性的稀磁半导体, 可以方便地实现诸如自旋注入[46]、磁化反转的电子操纵[47], 以及电流导致的磁畴壁开关[48] 等自旋相关的新技术. 明确掺杂元素在稀磁性半导体的占位特点对深入了解其磁性起源问题至关重要. Wu[49] 将 XMCD 与理论计算 FLAPW(all-electron full-potential linearized augmented plane wave) 相结合来研究 $Ga_{1-x}Mn_xAs$ 稀磁半导体中 Mn 原子的分布特点. 图 17.13 是 Mn 的 XMCD 谱以及理论计算谱. Wu 计算了 Mn 原子处于不同替位状态下的吸收谱, 与实验结果比较后发现: 当 Mn_{Ca}-Mn_I 形成的二聚体与 Mn_{Ga} 替位原子以 50:50 的

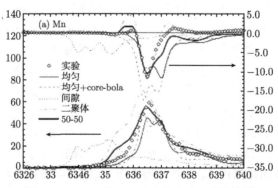

图 17.13　Mn 的 XMCD 谱以及理论计算谱

比例替位时, 实验与理论符合的非常好. 其中 Mn_I 处于 Ga 四面体结构的中心位置. 对其他两种元素 Gs 和 As 的 XMCD 谱用同样的假设来计算, 实验结果与理论也保持一致. 由此明确了 Mn 在 $Ga_{1-x}Mn_xAs$ 中的位置.

然而, 由于铁磁半导体 $Ga_{1-x}Mn_xAs$ 的居里温度 ($T_c < 200K$) 低于室温, 它的实际应用受到很大限制. 近年来, 具有室温铁磁性的过渡金属掺杂的 ZnO 基稀磁半导体受到人们广泛关注. 另外, 理论研究预测到 Co 掺杂 ZnO 的本征铁磁性可以通过电子掺杂来实现[50]. 然而, 对于这种铁磁性的起源一直存在着争论. 例如, 有的人认为其铁磁性起源于替代位的 Co 离子, 而有的人则认为金属 Co 团簇是导致其具有室温铁磁性的根本原因. 具有局域结构敏感性的 XMCD 将是解决这一问题的强有力工具. Kobayashi 等[51] 研究了不同磁场强度下, $Zn_{1-x}Co_xO$ ($x = 0.05$) 中 Co 的 L_2 和 L_3 边的 XMCD 谱, 从图 17.14(a) 可以看出, 在 Co 的 L 吸收边处出现微弱的 XMCD 信号; 在 $T = 20K$ 时, 随外磁场从 2.0T 变化到 4.5T, MCD 信号也会有所不同. 图 17.14(b) 给出了利用加和定则计算的 Co 的自旋、轨道以及总的磁矩, 发现随着外磁场的增加, 自旋磁矩单调增加, 说明这是样品顺磁成分在起作用, 在磁场为 0 时, 计算的磁矩值并不为 0, 说明样品的磁性中含有铁磁成分的贡献; 同时, 还可以看出, 轨道磁矩的变化不大; 从图 17.14(c) 可以看出, 磁矩对温度的变化不敏感. 同时, XMCD 谱与金属 Co 的有所不同[18], 显示出多重态的结构, 这说明本样品中的磁性来源不是金属 Co 的团簇, 而是处于替代位置的二价 Co 离子中的 3d 局域化电子.

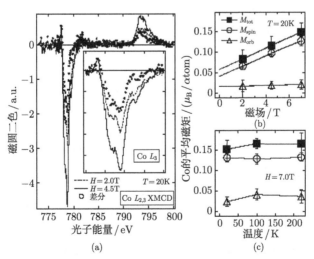

图 17.14 $Zn_{0.95}Co_{0.05}O$ 中, Co 的 L_2 和 L_3 边 XMCD 谱对磁场和温度的依赖

(a) 20K 时不同磁场下的 XMCD 谱; (b) 自旋、轨道以及总磁矩的平均值与磁场强度的对应关系; (c) 与 (b) 类似, 这里是与温度的对应关系

17.4.3　在磁性低维体系中的应用

XMCD 以 X 射线为探针, 可用来探测样品的表面 (Fe 氧体 $L_{2,3}$ 边的探测深度 45 Å[52])、局域的信息, 而成为表征纳米材料的有力手段. γ-Fe_2O_3 纳米颗粒属于尖晶石结构, 两个 Fe^{3+} 分别占据四面体位 (Fe_T^{3+}) 和八面体位 (Fe_O^{3+}), 具有不同的配位结构. 图 17.15[53] 给出了直径为 8nm 的 γ-Fe_2O_3 纳米颗粒中 Fe 的吸收谱及对应的 XMCD 谱, 实验时温度为 4.2K, 外磁场 2T. XMCD 能够有效地将二者的贡献分开, 从图 17.15 可以看到, Fe_T^{3+} 和 Fe_O^{3+} 对 XMCD 的贡献正好相反, 二者自旋通过反铁磁耦合, 使得 Fe_T^{3+} 的自旋磁矩与外磁场反平行. 实验中还发现, 随着外磁场的减小, Fe_O^{3+} 自旋方向的无序度远大于 Fe_T^{3+}, 说明在表面 Fe_O^{3+} 存在自旋的择优取向, 这是由于表面自旋同周围的配位原子存在弱交换作用所致.

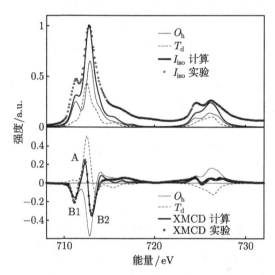

图 17.15　γ-Fe_2O_3 纳米颗粒 Fe 的吸收谱和 XMCD 谱

随着物理体系维度降低, 热运动逐渐成为磁有序下降的主要原因. 自旋阵列模型认为: 一维无限原子链在短程磁相互作用下会自发断裂成具有不同磁化方向的碎片, 因此有限温度下长程有序是禁戒的[54]; 但该模型未考虑原子链与衬底间的相互作用. Gambardella 等[55] 通过原子自组装外延技术将 Co 沉积在 Pt(997) 面上, 其线密度达到 $5\times10^6 cm^{-1}$; 从 STM 可以看到 Co 链具有非常好的周期性结构, 研究发现, 在 45K 和 10K 时分别出现了 Co 链的短程和长程有序. Landau 和 Lifshitz 认为[56], 对于一维有限原子链, 存在铁磁性耦合的自旋数目为 $N > \exp(2J/KT)$, 可以通过降低温度来增加自旋耦合数目和减弱热运动带来的起伏, 实现磁的长程有序. 图 17.16 分别给出了 Co 的单原子链、单层膜和体相样品的 XMCD 对比谱, 实验得到 Co 单原子链的轨道磁矩 $0.68\mu_B$ 和自旋磁矩 $2.08\ \mu_B$ 与单层膜和体样品比

较均有明显的增强 (体样品 $m_l=0.14\mu_B$, $m_s=1.57\mu_B$). 这是由于维度的降低使得 3d 能带窄化, 费米能级处的态密度相应增加而导致自旋磁矩的增加; 而轨道磁矩则强烈依赖于体系的晶体场结构, 对原子配位比较敏感, 因此与自旋磁矩相比轨道磁矩随着维度的变化更为明显.

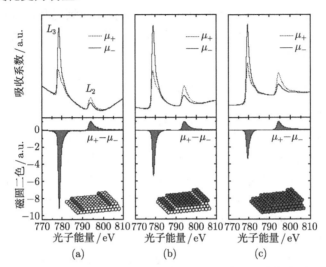

图 17.16　Co 的正反磁场下 X 射线吸收谱, XMCD 谱是通过上述两吸收相差获得

(a) 单原子链的情况; (b) 单层 Co 膜的情况; (c) 体相时的情况

17.4.4　磁各向异性的表征

在铁磁材料中, 磁各向异性能决定了净磁化的方向; 由于自旋方向改变时其交换相互作用并不随之改变, 因此, 无法从这个角度解释磁各向异性的微观起源. 那么, 必然存在其他的相互作用把自旋磁矩与晶格耦合在一起. 而偶极相互作用对这种相互作用贡献相当小, 它直接导致了所谓的形状磁各向异性能的差异.

1937 年, van Vleck 等[57] 提出这种磁化与晶格之间的耦合可以由下面三个相关的物理量来解释: ① 轨道磁矩; ② 晶体场; ③ 自旋–轨道耦合. 根据他的理论, 轨道磁矩通过电场被耦合到晶格上, 通过自旋–轨道的相互作用, 自旋磁矩的方向受到晶体场的影响. 这种磁各向异性被称为磁晶各向异性. 1989 年, Bruno[58] 导出了磁晶各向异性、轨道磁矩各向异性和自旋–轨道耦合参数之间的关系

$$E_{\mathrm{MCA}} \approx -\xi \cdot m_{\mathrm{orb}}^A \tag{17.21}$$

从原理上讲, 下面几种方法都可以进行轨道磁矩各向异性的测量. 首先, 由于自旋磁矩在磁场下具有各向同性, 因此, 在排除其他磁各向异性的情况下, 可以通过测量总磁化的各向异性来研究轨道磁矩的各向异性; 其次, 极化中子衍射技术可以分

别决定单晶样品的自旋和轨道磁矩; 另外, 由铁磁共振测量的 g 因子与 $m_{\mathrm{orb}}/m_{\mathrm{spin}}$ 成正比. 然而, 实际上由于轨道磁矩 (大约在 0.1 个玻尔磁子) 非常小, 上述方法在薄膜和体相样品体系中很难实行. 而 XMCD 在对 Bruno 理论的实验支持上是一项非常有价值的实验技术.

对于 3d 元素而言, 考虑到多数自旋带并非真正全充满以及自旋向上和自旋向下的态之间的耦合, 得到两个主要晶轴 (表示为 z 方向和 x 方向) 间的磁晶各向异性能可以用两个方向上的轨道磁矩来表示[59]

$$E_{\mathrm{MCA}} \approx -\frac{1}{4}\xi \cdot [(m_{\mathrm{orb}}^{z} - m_{\mathrm{orb}}^{x})\downarrow -(m_{\mathrm{orb}}^{z} - m_{\mathrm{orb}}^{x})\uparrow] + \frac{21\xi^2}{2\Delta_{\mathrm{exc}}}(m_{\mathrm{dip}}^{z} - m_{\mathrm{dip}}^{x}) \quad (17.22)$$

对于 3d 过渡金属, 由于存在着很强的交换耦合, 上式的最后一项在计算中可以忽略. 从式 (17.22) 还可以看到, 磁各向异性能不再与轨道磁矩的各向异性成正比例, 而是与轨道磁矩中自旋向上和自旋向下的贡献的差值成比例. 诚如人们所关注的那样, Weller 等[60] 进行了角分辨的 XMCD 测量, 宣布了 Bruno 公式的有效性. 就 4 个单层的 Co 而言, 他通过实验发现轨道磁矩的各向异性值约为 0.14 个玻尔磁子, 与 Bruno 的理论预测很好地符合. 然而, 用这种方法测量的磁各向异性能与用常规测量手段测量的结果相比, 只是定性地符合, 而在具体的数值上却相差一个比例因子. 究其原因, 主要与理论推导过程中的一些近似有关. 尽管 XMCD 的方法对磁晶各向异性只能进行定性地分析, 但由于其能对磁晶各向异性进行元素分辨的特色. 人们也利用 XMCD 技术开展了大量的磁各向异性方面的研究工作[61~64]. 下面将以金属 Co 为例, 展示 XMCD 技术在磁各向异性测量方面的应用.

Stohr[65] 巧妙地把样品作成台阶状, 利用 XMCD 谱和 PMOKE 对 Co 的这种三明治结构进行了细致的研究. 薄膜宽度为 10mm, 每个台阶宽度为 2mm; 在 Co 沉积前生长了 28nm 的 Au 作为缓冲层, 台阶的形成通过控制线性挡板移动来实现, 最后在 Co 膜上沉积约 9ML 的 Au 作为覆盖层. 研究发现: 随薄膜厚度从 3ML 逐渐增加到 12ML, 克尔角逐渐减小, 表明垂直样品表面磁化分量在减小, 当膜厚从 3ML 增加至 12ML, 薄膜的易磁化轴逐渐从垂直样品表面转到样品面内.

图 17.17 显示通过 XMCD 测量计算的轨道磁矩, 从图 17.17(a) 可以看出, 当薄膜厚度 t=3ML 时, 轨道磁矩的面内分量很小, 垂直分量起主导作用, 从而使薄膜显现出垂直于面内的磁各向异性 (与 PMOKE 的测量结果一致), 随着 t 的增加, 轨道磁矩的面内和垂直分量相差不大, 薄膜的形状各向异性起主导作用, 使得薄膜的易磁化方向转向面内; 把轨道磁矩的量值看作是各向同性部分和各向异性部分的叠加, 用 $(m_{\mathrm{orb}}^{\perp} + 2m_{\mathrm{orb}}^{//})/3$ 表示轨道磁矩的各向同性部分, 可以看出 (图 17.17(b)): 平均的轨道磁矩随薄膜厚度减小而减小, 分析认为, 这种减小可能与薄膜厚度减小导致的居里温度降低有关; 从图 17.17(c) 可以看出, 轨道磁矩垂直分量与面内分量的差值基本上随薄膜厚度减小而单调减小.

通过角分辨的 XMCD 测量, 同时也定量地决定了样品表面内和垂直于表面自旋相关的 d 能带电子占有率, 与通过第一性原理电子结构的计算结果相比, 发现符合得很好. 根据所提出的模型对 XMCD 的测量结果进行讨论, 得到了磁晶各向异性起源比较直观的图像, 即磁晶各向异性来源于轨道磁矩对某些特定晶轴方向的优先取向.

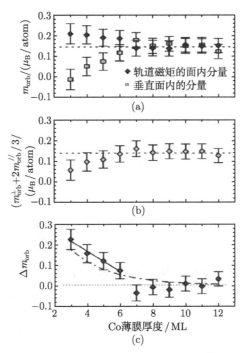

图 17.17　轨道磁矩的面内分量 $(m_{\text{orb}}^{\perp})$ 和垂直面内的分量 $(m_{\text{orb}}^{//})$ 随薄膜厚度的变化 (a), 轨道磁矩的各向同性部分 $(m_{\text{orb}}^{\perp} + 2m_{\text{orb}}^{//})/3$ 随薄膜厚度的变化 (b) 及面内和垂直面内的轨道磁矩的差值, $\Delta m_{\text{orb}} = m_{\text{orb}}^{\perp} - m_{\text{orb}}^{//}$, 随薄膜厚度的变化 (c)

17.4.5　元素分辨的磁滞回线测量[66]

磁性材料最重要的特征就是其磁化强度随外磁场的变化, 它通过磁滞回线表现出来. 其不仅包含着磁矩, 还含有磁各向异性和不同磁性元素间耦合的信息. 另外, 从中还能得到矫顽力、剩磁等重要的磁性参数. 到目前为止, 对磁滞回线的测量都是探测其总的磁化强度, 如磁光克尔效应、超导量子干涉仪等. 对于由多种磁性元素组成的复杂的磁性体系, 单独研究每种元素的磁滞回线能够提供常规磁测试手段所无法提供的新颖信息. 而利用 XMCD 技术元素分辨的特点就能达到这个目的. 考虑到在软 X 波段, 3d 过渡金属在 $L_{2,3}$ 峰上有大的吸收截面和强烈的 MCD 信号, 以及 4f 稀土元素的 $M_{4,5}$ 边; 因此, 在这个波段进行元素分辨的磁滞回线的测量是非常有利的.

Chen[66] 利用这种元素分辨的 XMCD 技术研究了 Fe/Cu/Co 异质结磁性材料. 他们制备了两种不同厚度的异质结, 分别是厚的三层样品 Fe(102Å)/Cu(30 Å)/Co(51 Å) 和薄的三层样品 Fe(50Å)/Cu(30 Å)/Cu(30 Å)/Co(64 Å). 实验在 NSLS 的 Dragon 光束线展开, 光子能量分辨率为 0.4eV. 测量磁场平行于样品表面 (图 17.18), 入射光 ($h\nu$) 与表面法线固定在 45° 角, 吸收谱的采集是利用高分辨的 7 元 Ge 探测器通过调节软 x 射线荧光. 图 17.19 显示了厚的 Fe/Cu/Co 样品的 Fe 和 Co 的 $L_{2,3}$ 归一化荧光软 X 射线吸收谱, 实线和虚线分别记录的是入射光子自旋平行和反平行于多数 3d 电子自旋, L_2 和 L_3 对应 $2p_{1/2} \to 3d$ 和 $2p_{3/2} \to 3d$ 的吸收白线峰.

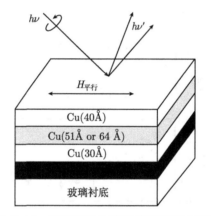

图 17.18　测量元素分辩的磁滞回线示意图

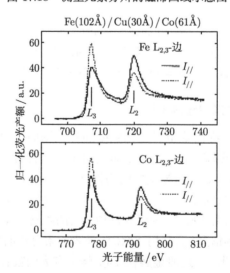

图 17.19　厚的 Fe/Cu/Co 样品的 Fe 和 Co 的 $L_{2,3}$ 归一化荧光软 X 射线吸收谱

图 17.20 上面的部分分别展示了厚的样品的 Fe 和 Co 的 L_3 白线峰强度和磁场的关系, 磁滞回线的行为可以清楚地被区分开, 并且 Fe 和 Co 的曲线明显不同: Fe 层表现了一个方形的曲线, 矫顽力是 38 Oe, 饱和磁场为 100 Oe, 而 Co 层则表现出较大的矫顽力 210 Oe 和饱和磁场 $\sim$ 450 Oe, 并且从 Co 的磁滞回线可以看出 Fe 膜和一部分 Co 膜存在着磁性耦合, 这可能是 Cu 的中间层不是很完全, 导致 Fe 和 Co 的薄膜直接的接触. 图 17.20 下半部分则显示了传统的用 VSM 测得磁滞回线和 Fe 和 Co 曲线的叠加的最小方差拟合, 同时给出了 Fe 和 Co 的元素分辨的磁滞回线 (ESMH) 曲线. 传统的 VSM 曲线可以用 Fe 和 Co 两个元素的磁滞回线线形叠加而被分辨出来. 最佳拟合的结果得出每个 Fe 原子磁矩为 (2.1 ± 0.08) μ_B, 每个 Co 原子磁矩为 (1.2 ± 0.05) μ_B, 并且 Fe 和 Co 层的饱和磁矩分别为 1.72×10^{-3} emu 和 0.51×10^{-3} emu. 同时 Fe+Co 的曲线能很好地吻合 VSM 曲线. 这种利用 ESMH 得到的精细的磁滞回线特征对于理解磁性异质结其他的一些物理现象, 特别是 GMR 效应, 有着重要的应用.

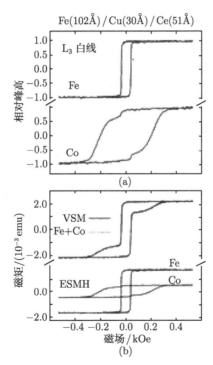

图 17.20 厚的 Fe/Cu/Co 样品 Fe 和 Co 的磁滞回线图 (a) 及 VSM 测量的磁滞回线 (b)

同样, 为了验证这种线形叠加是否适用于不同的厚度层的样品. 图 17.21 展示了薄的 Fe/Cu/Co 样品的磁滞回线图. 从图中可以得到每个 Fe 原子磁矩为 $(2.0 \pm 0.08)\mu_B$, 每个 Co 原子磁矩为 $(1.1 \pm 0.04)\mu_B$, Fe 和 Co 层的饱和磁矩分别为

0.85×10^{-3} emu 和 0.57×10^{-3} emu.

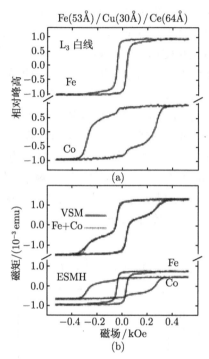

图 17.21　薄的 Fe/Cu/Co 样品 Fe 和 Co 的磁滞回线图 (a) 及 VSM 测量的磁滞回线 (b)

　　实验结果表明了对于异质结材料, 元素分辨的磁滞回线测量的可能性, 使用软 X 射线磁圆二色技术得到了 Fe/Cu/Co 三层膜中 Fe 和 Co 单独的磁滞回线. 在传统的磁滞回线测量技术中难以察觉的精细特征也可以被观察到. 这种新的元素分辨的磁滞回线测量技术为异质结磁性材料, 特别是多层膜体系提供了强有力的探测手段.

17.4.6　深度分辨的磁矩图像

　　超薄膜和多层膜的磁性深度特征已经被广泛研究, 因为表面或界面性质在材料的磁性行为中扮演着重要角色. 然而, 迄今为止, 很多对这方面信息的测量都是假设表面、界面和内部层不随薄膜生长厚度变化, 通过测量样品的整个磁化率和厚度的关系来获得. 但是这样的假设是不准确的. 另外, XMCD 技术是获得样品的磁特性很有效的手段, 最近, 一种深度分辨技术通过结合 XMCD 和 X 射线驻波的方法发展起来, 但这种方法需要严格的高质量的多层膜样品. 来自日本的科学家们 Amemiya 等 [67] 在光子工厂 BL-7A 发展了一种新颖的深度分辨结合 XMCD 技术, 其具体原理是在软 X 射线波段, 测量俄歇电子产额得到 X 射线吸收谱, 电子逃逸深度的改变依赖于电子发射的方向, 因此通过改变电子探测角度可以测量不同深度的 XMCD 信号, 使用成像的 (MCP) microchannel plate 探测器接收电子. 应用这种技术直接研究了 Fe/Cu(100) 和 Fe/Ni/Cu(100) 薄膜的磁性深度特征. 装置如图 17.22 所示.

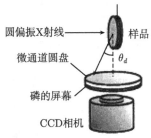

圆偏振X射线 —→ 样品

微通道圆盘

θ_d

磷的屏幕

CCD相机

图 17.22 装置示意图

图 17.23 显示了 3ML 和 7ML Fe 膜厚的 Fe L-edge XMCD 随探测深度 λ_e 的变化. 由图可见 3ML 的膜表现出相同的谱线强度, 表明其均匀的磁化性; 而 7ML 的膜的 XMCD 强度则随 λ_e 而减少, 说明它的磁矩主要局域在表面层. 并且 130K 的信号强度明显低于 200K 的, 这是因为内部层在 200K 是非磁的, 而在 130K 时是自旋密度波态 (SDW).

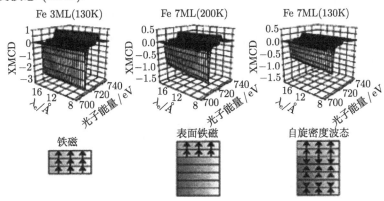

图 17.23 3 ML 和 7 ML Fe 膜厚的 Fe L-edge XMCD 随探测深度 λ_e 的变化

图 17.24 展示 130K 下 7ML 薄膜扣除的圆二色谱. 可以清楚地看到 SDW 的振幅和表面 FM 层的磁矩类似, 并且 SDW 层的第一个层与 FM 层是反铁磁耦合的. 说明 FM/SDW 界面拥有反平行的磁性耦合. 另外, SDW 层有一些小的结构信号, 这在表面 FM 层是没有的, 表明 SDW 区域有体相的特征.

图 17.25 为 Fe/Ni/Cu(100) 的深度分辨 XMCD 谱, 在两种情况下 Fe 膜都有磁性的表面层. 有趣的是 5ML 的膜的表面层有一个负的磁矩, 而 9ML 的则存在一个正的磁矩.

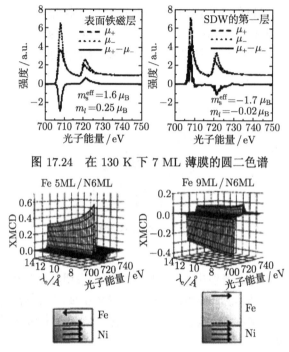

图 17.24　在 130 K 下 7 ML 薄膜的圆二色谱

图 17.25　Fe/Ni/Cu(100) 的深度分辨 XMCD 谱

这种技术直接揭示了磁性表面层的存在, 为认识磁性深度特征方面提供了定量的信息, 将传统的厚度依赖测量与这种技术结合起来在深入分析复杂磁性结构的深度特征上是非常有前景的手段.

17.5　XMCD 相关实验技术

XMCD 实验水平的提高, 不仅反映在实验设备的不断改进上, 同时表现在和 XMCD 相关的新的实验思想和手段的产生上, 包括: 光电发射磁圆二色 (PEXMCD)、横向磁圆二色 (TXMCD)、磁线二色 (XMLD) 等, 使得 XMCD 从实验和理论两方面逐渐趋于成熟, 成为磁学领域的一支生力军. 下面着重介绍 PEXMCD 和 XMLD 两种实验技术.

17.5.1　光电发射磁圆二色

一般来说, XMCD 是指光吸收的 X 射线磁性圆二色, 测量的是左旋、右旋偏振光的吸收差异. 近年来, 出现了一种同 XMCD 相关的角分辨的光电发射磁圆二色. 20 世纪 80 年代, Schronhense 在实验上证实了平面偏振光可以激发具有偏振性的光电子, 其偏振方向为入射光的偏振方向 $\hat{\varepsilon}$ 和光电子的出射方向 $\hat{k}$ 的叉乘 $\hat{\varepsilon} \times \hat{k}$[68].

90 年代初, Baumgarten 等发现了 Fe 的内层光电子 X 射线磁性圆二色现象[69]. 下面以 3d 过渡金属为例来讨论 PEXMCD. 由于 d 能带存在电子的未填充态, 原子或离子具有自旋磁矩和轨道磁矩. 此时芯态 (p) 和价态 (d) 电子的交换场作用使得原来简并的末态发生分裂, 这些分裂的子能级沿交换作用的择优方向量子化, 能级在空间上的分布不再是各向同性的. 当外磁场不为零时, 样品的磁化方向与外场一致. 当电子填充到费米能级时, 会出现自旋填充的 "多子" 和 "少子" 带; 与此同时光的偏振性对物质的激发确立了另一个择优方向: 电子轨道角动量量子化方向. 最终通过自旋和轨道相互作用, 耦合成一个特定的量子化方向, 对应于自旋–轨道的同向和反向的光激发几率不同, 导致磁圆二色效应的产生. 从原理上来看, XMCD 和 PEXMCD 一致, 二者的区别在于测量方式的不同. PEXMCD 测量的是某一方向的光电子, Schneider 等认为不能完全照搬光吸收 XMCD 的处理方法, 他提出了独立电子模型, 指出 PEXMCD 的最大圆二色效应可表示为[70]

$$A^{-1}(\mu, l) = \mathrm{sgn}(\mu)[4(\boldsymbol{e}_q \cdot \boldsymbol{M}) - 6(\boldsymbol{e}_q \cdot \boldsymbol{z})(\boldsymbol{z} \cdot \boldsymbol{M})]/(2 + 3\sin^2\theta) \tag{17.23}$$

式中, $\mu = \pm 1/2$, $\boldsymbol{z}$ 为光电子出射方向的单位矢量; θ 为入射光和出射电子间的夹角. 当入射光与磁场正交时, 等式右边第二项起决定性作用, 因此在这种情况下仍可观察到圆二色效应; 必须注意的是当测量全空间的电子时, 由于第二项角度积分后为零, 此时 $A^{-1}(\mu, l) \propto \boldsymbol{e}_q \cdot \boldsymbol{M}$, 回到了常说的圆二色效应存在的条件. 也就是说, 当 $\boldsymbol{e}_q \cdot \boldsymbol{M} = 0$ 时, 在电子的某一出射角度存在圆二色效应, 但全空间圆二色为零.

17.5.2 X 射线磁线二色

XMLD 是利用线偏振来研究磁性材料的二色性. 由于自旋–轨道相互作用, 使得芯态电子能级发生分裂; 同时由于外磁场的作用, 费米面附近自旋向上和自旋向下的能态密度分布不同, 最终导致了 XMLD 效应的产生[71]. Kunes 利用透射法研究 3d 过渡金属的 XMLD, 得出 XMLD 效应

$$\mathrm{XMLD} \propto \Delta \frac{\mathrm{d}}{\mathrm{d}E}(D^{\uparrow} - D^{\downarrow}) \tag{17.24}$$

式中, Δ 为芯态能级分裂值; $D^{\uparrow}$ 和 $D^{\downarrow}$ 分别对应自旋向上、下时的末态空穴态密度. 由于能级分裂 Δ 非常小, 因此与 XMCD 相比, XMLD 信号要弱得多, 对探测器的精度要求相对来说也比较高, 发展至今只有很少的相关报道[72~75]. 图 17.26 是 XMLD 实验中常见的几何结构示意图. 一般的线二色实验需要两个彼此正交的外磁场, 外磁场 $\boldsymbol{H}$ 分别与 X 射线的电矢量 $\boldsymbol{\varepsilon}$ 平行和垂直 (记为 $\boldsymbol{H}_{//}$ 和 $\boldsymbol{H}_{\perp}$). 为了排除 XMCD 效应的影响, X 射线以正入射方式辐射待测磁性样品, 实验证明对应于 $\boldsymbol{H}_{//}$ 和 $\boldsymbol{H}_{\perp}$ 所得吸收谱存在吸收差异[76], 即 XMLD 效应 (图 17.27). XMLD 可以研究铁磁体系和反铁磁体系, 它将 XMLD 信号和磁晶各向异性能直接联系起

来, 成为探究磁各向异性微观起源的有力手段. 随着探测手段的发展, XMLD 实验技术将会得到广泛的应用.

　　来自伯克利实验室先进光源的科学家们报道了立方对称的晶格中 $Ni^{2+}L_{2,3}$ 边 X 射线线二色谱能用两个基本的具有不同特征的谱线叠加而描绘出来[77]. 研究的样品为 PLD 方法生长在 $SrTiO_3$ (011) 和 (001) 衬底上的 40 nm 厚的 $NiFe_2O_4$ 多层膜.

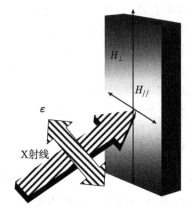

图 17.26　XMLD 实验几何示意图

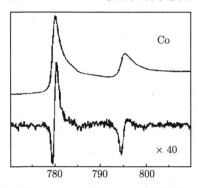

图 17.27　Fe 的 XMLD 吸收谱

　　图 17.28 显示了 $NiFe_2O_4/SrTiO_3(011)$ 多层膜的角分辨 Ni^{2+} $L_{2,3}$ 边 XMLD 谱. 其中的图 17.28(b) 是 $\varepsilon = \mu, 0° \leqslant \mu \leqslant 90°$ 情况下的 XMLD 谱, 红色为模拟计算的结果. $NiFe_2O_4$ 中 Ni^{2+} 的磁矩是铁磁耦合的并且在外加 0.5T 磁场的情况下在平面内做任何取向. 角分辨的 $Ni^{2+}L_{2,3}$ 边 XMLD 谱是由旋转 X 射线偏振 E 的方向和相对于晶轴的外加磁场 H 方向决定的. 改变 E 相对于晶格的方向可使 Ni 的磁矩平行和垂直于 E. 图 17.28 可清楚地看到较强的各向异性的 XMLD 信号. 尤其是 Ni L_2 XMLD 信号在 $\varepsilon = 0°$ 和 45° 之间翻转并在 $\varepsilon = 90°$ 时消失. 这表明 XMLD 的谱线形状强烈的依赖于 E 和 H 方向.

对于 XMLD 谱的角度依赖的理论表述可以从对称性角度考虑. 两个基本的谱线 I_0 和 I_{45} 可以作为一个修正性的描述. 应用这两条叠加很好的谱线拟合出了实验数据, 图 17.29 显示了使用在八面体晶场中计算双极跃迁 Ni $3d^8 \to 2p^5 3d^9$ 拟合的实验谱线[77].

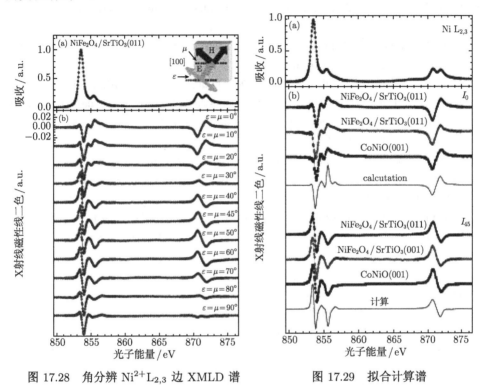

图 17.28　角分辨 $Ni^{2+}L_{2,3}$ 边 XMLD 谱　　图 17.29　拟合计算谱

闫文盛　郭玉献　李红红　王　劼

参 考 文 献

[1] Erskine J L, Stern E A. Calculation of M_{23} magneto-optical absorption-spectrum of ferromagnetic. Nickel Phys Rev B, 1975, (12): 5016.

[2] Schütz G, Wagner W, Wilhelm W, et al. Absorption of circularly polarized X-rays in iron. Phys Rev Lett, 1987, (58): 737.

[3] Schütz G, Frahm R, Mautner P, et al. Spin-dependent extended X-ray-absorption fine-structure-probing magnetic short-range order. Phys Rev Lett, 1989, (62): 2620.

[4] Thole B T, Carra P, Sette F, et al. X-ray circular dichroism as a probe of orbital magnetization. Phys Rev Lett, 1992, (68): 1943.

[5] Carra P, Thole B T, Altarelli M, et al. X-ray circular-dichroism and local magnetic fields. Phys Rev Lett, 1993, (70): 694.

[6] Funk T, Deb A, George S J, et al. X-ray magnetic circular dichroism - a high energy probe of magnetic properties . Coordination Chem Rev, 2005, (249): 3.

[7] Stohr J, Padmore H A, Anders S, et al. Principles of X-ray magnetic dichroism spectromicroscopy. Surf Rev and Lett, 1998, (5): 1297.

[8] Carra P, Altarelli M. Dichroism in the X-ray absorption-spectra of magnetically ordered system. Phys Rev Lett, 1990, (64): 1286.

[9] 顾莱纳粹, 莱茵哈特. 量子电动力学. 马伯强等译. 北京: 北京大学出版社. 2001:267.

[10] Smith N V, Chen C T, Sette F, et al. Relativistic tight-binding calculations of X-ray absorption and magnetic circular-dichrosm at the 12 and 13 edges of Nickel and Iron. Phys Rev B, 1992, (46): 1023.

[11] Stohr J, Konig H. Determinnation of spin-moment and orbital-moment anisotropies in transition-metals by angle-dependent X-ray magnetic circular-dichroism. Phys Rev Lett, 1995, (75): 3748.

[12] Nakajima R. Magnetic properties of transition metal multilayers studied with X-ray magnetic circular dichroism spectroscopy. IBM Journal of Research and Development, 1998, (42):73.

[13] Thole B T, Carra P, Sette F, et al. X-ray circular dichroism as a probe of orbital magnetization. Phys Rev Lett, 1992, (68): 1943.

[14] Carra P, Thole B T, Altarelli M, et al. X-ray circular dichroism and local magnetic-fields. Phys Rev Lett, 1993, (70): 694.

[15] Wu R Q, Wang D S, Freeman A J, et al. First principles investigation of the validity and range of applicability of the X-ray magnetic circular dichroism sum rule. Phys Rev Lett, 1993, (71): 3581.

[16] Wu R Q, Freeman A J. Limitation of the magnetic-circular-dichroism spin sum rule for transition metals and importance of the magnetic dipole term. Phys Rev Lett, 1994, (73): 1994.

[17] Arenholz E, Prestemon S O. Design and performance of an eight-pole resistive magnet for soft X-ray magnetic dichroism measurements. Review of Scientific Instruments, 2005, (76): 083908.

[18] Chen C T, Idzerda Y U, Lin H J, et al. Experimental confirmation of the X-ray magnetic circular dichroism sum rules for Iron and Cobalt. Phys Rev Lett, 1995, (75): 152.

[19] Pompa M, Flank A M, Lagarde P, et al. Experimental and theoretical comparison between absorption, total electron yield, and fluorescence spectra of rare-earth M5 edges. Phys Rev B, 1997, (56): 2267.

[20] Van der Laan G. Magnetic linear X-ray dichroism as a probe of the magnetocrystalline anisotropy. Phys Rev Lett, 1999, (82): 640.

[21] Zaharko O, Cervellino A, Mertins H C, et al. Soft X-ray magnetic circular dichroism in Fe and $Fe_{0.50}Co_{0.48}V_{0.02}$ films: quantitative analysis of transmission. Phys Jour B, 2001, (23): 441.

[22] Stohr J. X-ray magnetic circular dichroism spectroscopy of transition metal thin films. Journal of Electron Spectroscopy and Related Phenomena, 1995, (75): 253.

[23] Guo Y X, Wang J, Li H H, et al. Calculation of spin and orbital moments of 3d transition metals using X-ray magnetic circular dichroism in absorption. Chinese Science Bulletin, 2006, (51): 1934.

[24] Chen J G. NEXAFS investigations of transition metal oxides, nitrides, carbides, sulfides and other interstitial compounds. Surface Science Reports, 1997, (30): 5.

[25] Nakajima R, Stohr J, Idzerda Y U. Electron-yield saturation effects in L-edge X-ray magnetic circular dichroism spectra of Fe, Co, and Ni. Phys Rev B, 1999, (59): 6421.

[26] Bonnenberg D, Kempel K A, Wijn H P. J. Magnetic properties of 3d,4d and 5d elements, alloys and compounds. Dissertation, 1986, (III/19a): 178.

[27] Soderlind P, Eriksson O, Johansson B, et al. Spin and orbital magnetism in Fe-Co and Co-Ni alloys. Phys Rev B, 1992, (45): 12911.

[28] Guo G Y, Ebert H, Temmerman W M, et al. First-principles calculation of magnetic X-ray dichroism in Fe and Co multilayers. Phys Rev B, 1994, (50): 3861.

[29] Guo Y X, Wang J, Wang F, et al. A method which the bias magnetic field is equipped to reduce the current signals of samples. Nuclear Techniques, 2006, (29): 5.

[30] MacLaren J M, Schulthess T C, Butler W H, et al. Electronic structure, exchange interactions, and Curie temperature of FeCo. J Appl Phys, 1999, (85): 4833.

[31] Cai J W, Kitakami O, Shimada Y. Isotropic soft magnetic properties of CoFeAlCu films with (111) orientation. Phys. D. J Appl Phys, 1995, (28): 1778.

[32] Ishiwata N, Wakabayashi C, Urai H. Soft magnetism of high-nitrogen-concentration FeTaN films. J Appl Phys, 1991, (69): 5616.

[33] Ohnuma S, Kobayashi N, Masumoto T, et al. Magnetostriction and soft magnetic properties of $(Co_{1-x}Fe_x)$-Al-O granular films with high electrical resistivity. J Appl Phys, 1999, (85): 4574.

[34] Ikeda S, Tagawa I, Uehara Y, et al. Write heads with pole tip consisting of high-Bs FeCoAlO films. IEEE Tran Magnetics, 2002, (38): 2219.

[35] Minor M K, Klemmer T J. Transverse field anneal studies of high moment FeCoB and FeCoZr films. J Appl Phys, 2003, (93): 6465.

[36] Yun E J, Win W, Walser R M. Magnetic properties of RF diode sputtered Co_xFe_{100-x} alloy thin films. IEEE Tran Magnetics, 1996, (32): 4535.

[37] Hasegawa H. Effect of interface randomness on electronic and magnetic structures of Fe/Cr multilayers. J Phys Condens Matter, 1992, (4):169.

[38] Niklasson A M N, Johansson B, Skriver H L. Interface magnetism of 3d transition metals. Phys Rev B, 1999, (59): 6373.

[39] Eriksson O, Bergqvist L, Holmstorm E. Magnetism of Fe/V and Fe/Co multilayers. J Phys Condens Matter, 2003, (15): 8599.

[40] Pizzini S, Fontaine A, Dartyge E. Magnetic circular X-ray dichroism measurements of Fe-Co alloys and Fe/Co multilayers. Phys Rev B, 1994, (50): 3779.

[41] Wilhelm F, Poulopoulos P, Ceballos G, et al. Layer-resolved magnetic moments in Ni/Pt multilayers. Phys Rev Lett, 2000, (85): 413.

[42] Canedy C L, Li X W, Xiao G. Large magnetic moment enhancement and extraordinary Hall effect in Co/Pt superlattices. Phys Rev B, 2000, (62): 508.

[43] Soroka I L, Bjorck M, Brucas R, et al. Element-specific magnetic moments in bcc $Fe_{81} Ni_{19}/$ Co superlattices. Phys Rev B, 2005, (72): 134409.

[44] Dekoster J, Jedryka E, Wojcik M. Structure and magnetism in bcc Co/Fe superlattices. J Magn Magn Mater, 1993, (126): 12.

[45] Bjorck M, Andersson G, Lindgren B, et al. Element-specific magnetic moment profile in BCC Fe/Co superlattices. J Magn Magn Mater, 2004, (284) : 273.

[46] Ohno Y, Young D K, Beschoten B, et al. Electrical spin injection in a ferromagnetic semiconductor heterostructure. Nature, 1999, (402): 790.

[47] Chiba D, Yamanouchi M, Matsukura F, et al. Electrical manipulation of magnetization reversal in a ferromagnetic semiconductor. Science, 2003, (301): 943.

[48] Yamanouchi M, Chiba D, Matsukura F, et al. Current-induced domain-wall switching in a ferromagnetic semiconductor structure. Nature, 2004, (428): 539.

[49] Wu R Q. Carrier-induced magnetic ordering control in a digital (Ga,Mn)As structure. Phys Rev Lett, 2005, (94): 4.

[50] Sato K, Katayama-Yoshida H. Jap. Material design of GaN-based ferromagnetic diluted magnetic semiconductors. J Appl Phys Part 2-Letters, 2001, (40): L334.

[51] Kobayashi M, Ishida Y, Hwang J I, et al. High-energy spectroscopic study of the III-V nitride-based diluted magnetic semiconductor $Ga_{1-x}Mn_xN$. Phys Rev B, 2005, (72): 085216.

[52] Gota S, Gautier-Soyer M, Sacchi M. Fe 2p absorption in magnetic oxides: Quantifying angular-dependent saturation effects. Phys Rev B, 2000, (62): 4187.

[53] Brice-Profeta S, Arrio M A, Tronc E, et al. Magnetic order in Fe_2O_3 nanoparticles: a XMCD study. J Magn Magn Mater, 2005, (288): 354.

[54] Mermin N D, Wagner H. Absence of ferromagnetism or antiferromagnetism in one- or two-dimensional isotropic Heisenberg models. Phys Rev Lett, 1966, (17): 1133.

[55] Gambardella P, Dallmeyer A, Maiti K, et al. Ferromagnetism in one-dimensional monatomic metal chains. Nature, 2002, (416): 301.

[56] Landau L D, Lifshitz E M. Fluid mechanic. Statistical Physics, 1959, (Oxford Pergamon): 202.

[57] Van Vleck J H. On the anisotropy of cubic ferromagnetic crystals. Phys Rev, 1937, (52): 21.

[58] Bruno P. Tight-binding approach to the orbital magnetic moment and magnetocrystalline anisotropy of transition-metal monolayers. Phys Rev B, 1989, (39): 865.

[59] Van der Laan G J. Microscopic origin of magnetocrystalline anisotropy in transition metal thin films. Phys Condens Matter, 1998, (10): 3239.

[60] Weller D, Stohr J, Nakajima R, et al. Microscopic origin of magnetic anisotropy in Au/Co/Au probed with X-ray magnetic circular dichroism. Phys Rev Lett, 1995, (75): 3752.

[61] Dhesi S S, van der Laan G, Dudzik E, et al. Anisotropic spin-orbit coupling and magnetocrystalline anisotropy in Vicinal Co Films. Phys Rev Lett, 2001, (87): 067201.

[62] Durr H A, vanderLaan G. Magnetic circular X-ray dichroism in transverse geometry: A new tool to study the magnetocrystalline anisotropy. J Appl Phys, 1997, (81): 5355.

[63] Van der Laan G. Magnetic anisotropy and exchange biasing in heterojunctions studied by transverse magnetic circular X-ray dichriosm. J Magn Magn Mater, 1998, (190): 318.

[64] Bartolome F, Luis F, Petroff F, et al. XMCD study of the anisotropy of nanometric Co clusters in insulating and metallic matrices. J Magn Magn Mater, 2004, (272): E1275.

[65] Stohr J. Exploring the microscopic origin of magnetic anisotropies with X-ray magnetic circular dichroism (XMCD) spectroscopy. J Magn Magn Mater, 1999, (200): 470.

[66] Chen C T, Idzerda Y U, Lin H J, et al. Element-specific magnetic hysteresis as a means for studying heteromagnetic multilayers. Phys Rev B, 1993, (48): 642.

[67] Amemiya K, Kitagawa S, Matsumura D, et al. Direct observation of magnetic depth profiles of thin Fe films on Cu (100) and Ni/Cu(100) with the depth-resolved X-ray magnetic circular dichroism. Appl Phys Lett, 2004, (84): 936

[68] Schronhense G. X-ray-absorption near-edge spectroscopy and circular magnetic X-ray dichroism at the Mn K edge of magnetoresistive manganites. Phys Rev Lett, 1980, (44): 640.

[69] Baumgarten L, Schneider C M, Petersen H, et al. Magnetic X-ray dichroism in core-level photoemission from ferromagnets. Phys Rev Lett, 1990, (65): 492.

[70] Schneider C M, Venus D, Kirschner J. Strong X-ray magnetic circular dichroism in a "forbidden geometry"observed via photoemission. Phys Rev B, 1992, (45): 5041.

[71] Kunes J, Oppeneer P M, Valencia S, et al. Understanding the XMLD and its magnetocrystalline anisotropy at the L 2,3-edges of 3d transition metals. J Magn Magn Mater, 2004, (272-76): 2146.

[72] Schwickert M M, Guo G Y, Tomaz M A, et al. X-ray magnetic linear dichroism in absorption at the L edge of metallic Co, Fe, Cr, and V. Phys Rev B, 1998, (58): R4289.

[73] Kortright J B, Kim S K. Resonant magneto-optical properties of Fe near its 2p levels: Measurement and applications. Phys Rev B, 2000, (62): 12216.

[74] Oppeneer P M, Mertins H C, Abramsohn D, et al. Buried antiferromagnetic films investigated by X-ray magneto-optical reflection spectroscopy. Phys Rev B, 2003, (67): 052401.

[75] Mertins H C, Oppeneer P M, Kunes J, et al. Observation of the X-ray magneto-optical Voigt effect. Phys Rev Lett, 2001, (87):047401.

[76] Harp G R, Schwickert M M, Tomaz M A, et al. Competition between direct exchange and indirect RKKY coupling in Fe/V (001) superlattices.. IEEE Tran Magnetics, 1998, (34): 864.

[77] Arenholz E., van der Laan G, Chopdekar R V, et al. Angle-Dependent Ni^{2+} X-ray magnetic linear dichroism: interfacial coupling revisited. Phys Rev Lett, 2007, (98): 197201.

第18章　同步辐射紫外圆二色光谱

18.1　引　言

光学活性物质对于圆偏振光吸收的各向异性称为圆二色性, 即当两束旋转方向相反而振幅相等的圆偏振光透过一光学活性物质时, 所表现的吸收率 A_L 和 A_R 不相等, 其差值 $\Delta A = A_L - A_R \neq 0$ 可以用来定量描述圆二色性[1]. 圆二色性是研究分子结构不对称性的有效方法, 是一种比较成熟的检测生物大分子二级结构的手段, 被广泛用于蛋白质、多肽、核酸等生物样品以及其他一些非生物样品的研究.

设入射左圆偏振光与右圆偏振光的强度都是 I_0, 而 I_L 和 I_R 分别是经过样品后左圆偏振光与右圆偏振光的强度, 根据光吸收的 Beer-Lambert 定理可以得到

$$\Delta I(\lambda) = I_L(\lambda) - I_R(\lambda) = I_0(\lambda)\mathrm{e}^{-A_L(\lambda)} - I_0(\lambda)\mathrm{e}^{-A_R(\lambda)}$$
$$= I_0(\lambda)\mathrm{e}^{-(A(\lambda)+\Delta A(\lambda)/2)} - I_0(\lambda)\mathrm{e}^{-(A(\lambda)-\Delta A(\lambda)/2)} \tag{18.1}$$

式中, $A(\lambda) = (A_L(\lambda) + A_R(\lambda))/2$ 为样品的平均吸收率; $\Delta A(\lambda) = A_L(\lambda) - A_R(\lambda)$ 为样品的圆二色值. 通常情况下, $\Delta A(\lambda) \ll A(\lambda)$, 因此, 可以将指数项作级数展开并略去高阶微商, 得到

$$\Delta I(\lambda) = I_0(\lambda)\mathrm{e}^{-A(\lambda)}\Delta A(\lambda) = I(\lambda)\Delta A(\lambda) \tag{18.2}$$

或者

$$\Delta A(\lambda) = \Delta I(\lambda)/I(\lambda) \tag{18.3}$$

原则上, 如果分别测得经过样品后左圆偏振光强度谱 $I_L(\lambda)$ 和右圆偏振光强度谱 $I_R(\lambda)$, 相减即可获得 $\Delta I(\lambda)$, 相加后除以 2 即可得到 $I(\lambda)$, 从而根据式 (18.3) 计算出圆二色值 $\Delta A(\lambda)$. 但是, 由于 $\Delta A(\lambda) \ll A(\lambda)$, 或者说 $\Delta I(\lambda) \ll I(\lambda)$, 两者通常相差几个数量级, 常规仪器的动态范围及稳定性都不能满足检测要求. 因此, 只有使用相敏检测技术, 才能实现圆二色谱测量.

18.2　实 验 方 法

18.2.1　检测原理

圆二色性检测的前提是获得两束旋转方向相反而振幅绝对值相等的圆偏振光. 而圆偏振光可以使线偏振光经过 1/4 波片获得. 对同步辐射光源, 通过光束线特

殊设计或使用起偏器, 可以获得线偏振的同步辐射光, 然后用光弹调制器 (photo elastic modulator, PEM) 将线偏振光转化为左旋或右旋的圆偏振光. 光弹调制器的作用相当于 1/4 波片, 但是, 它又不是一个单纯的 1/4 波片. 它的工作原理是基于光弹效应, 即当透明的固体材料受到应力作用 (压缩或伸张) 时, 将产生双折射, 双折射效应正比于应变. 当线偏振光垂直入射到光弹调制器晶体表面, 如果其偏振面与光弹调制器介质晶体的光轴夹角为 45°, 则这束线偏振光 (电矢量 E) 可以被分解为两束互相正交、位相相同而振幅绝对值相等的线偏振光 (电矢量分别为 E_x、E_y), 如图 18.1(a) 所示. 假设晶体的光轴在 x 方向, 则电矢量为 E_y 的线偏振光为 o 光, 而电矢量为 E_x 的线偏振光为 e 光. 由于晶体对 o 光和 e 光的折射率不同, 它们在晶体内的传播速度也不同, 因此, 两列光波的振动将分别是

$$E_x = \frac{E}{\sqrt{2}} \cos\left[\omega\left(t - \frac{l}{v_e}\right)\right] \tag{18.4}$$

$$E_y = \frac{E}{\sqrt{2}} \cos\left[\omega\left(t - \frac{l}{v_o}\right)\right] \tag{18.5}$$

式中, l 为晶体厚度; v_e 和 v_o 分别为 e 光和 o 光的传播速度. 经过晶体后, e 光和 o 光将产生一个位相延迟

$$\Delta\varphi = \varphi_e - \varphi_o = \omega\left(t - \frac{l}{v_e}\right) - \omega\left(t - \frac{l}{v_o}\right) = \omega l\left(\frac{n_e}{c} - \frac{n_o}{c}\right) = \frac{2\pi l}{\lambda}(n_e - n_o) \tag{18.6}$$

式中, n_e 和 n_o 分别为 e 光和 o 光的折射率. 当 $\Delta\varphi = 90°$ (1/4 波长) 时, 经过晶体后将合成为圆偏振光.

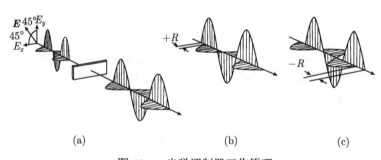

(a)　　　　　　　　　　(b)　　　　　　　　　　(c)

图 18.1　光弹调制器工作原理

(a) 一列线偏振光波可分解为两束互相正交、位相相同而振幅绝对值相等的线偏振光 (电矢量分别为 E_x、E_y); (b) 光弹调制器拉伸使得电矢量为 E_x 的线偏振光位相超前; (c) 光弹调制器压缩使得电矢量为 E_x 的线偏振光位相滞后;

光弹调制器工作时, 其介质晶体被周期性地拉伸–压缩. 当光弹调制器介质晶体处于自然状态时, 经过晶体后光线的偏振状态没有被改变. 而当晶体被压缩或伸张时, 由于晶体的双折射效应, 经过光弹调制器的 e 光和 o 光产生一个正或负的位相差, 如图 18.1(b) 和 (c) 所示. 假设由于晶体被周期性地压缩和拉伸时, 晶体双折射产生的最大位相差为四分之一波长, 则在晶体形变的极值点将得到左圆或右圆的偏振光. 图 18.2 为一个压缩–拉伸周期内出射光的偏振状态示意图, 其偏振状态在左圆与右圆之间振荡, 其间则是线偏振与椭圆偏振.

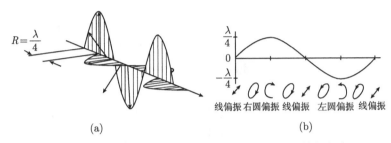

图 18.2　光弹调制器在 1/4 波片模式下出射光的偏振状态

(a) 两列线偏振光的位相差为 1/4 波长时, 合成一列圆偏振光; (b) 两列线偏振光在不同位相差下合成光波的不同偏振状态

显然, 在光弹调制器的一个工作周期内, 样品交替吸收左圆或右圆偏振光, 探测器探测到的光强也将有周期性变化, 其调制频率等于光弹调制器的振荡频率. 这一交流成分的振幅正比于 $\Delta I(\lambda)$. 将锁相放大器参考频率同步于光弹调制器的振荡频率, 可以方便地检测到这一信号. 而探测器输出的直流成分就是平均吸收后的 $I(\lambda)$. 两者相除即可得到 $\Delta A(\lambda)$.

18.2.2　同步辐射紫外圆二色装置组成

同步辐射紫外圆二色装置通常由光束线及圆二色测试设备两大部分组成.

圆二色实验要求光束线可以提供线偏振的单色光, 波长范围为 130~300nm, 波长准确性及分辨率好于 1nm. 如果光束线提供的单色光偏振度低于 80%, 则需要使用 CaF_2 或 MgF_2 晶体制作的起偏器.

圆二色测试设备通常由光弹调制器、探测器 (光电倍增管) 及锁相放大器组成. 目前大多选用美国 Hinds Instruments 公司的 PEM 90[2] 型光弹调制器 (可用于真空), 介质材料为 CaF_2 晶体, 可以透过波长大于 130nm 的光子, 工作在 1/4 波片模式, 在最大相位延迟点可以将入射线偏振光转化为圆偏振光, 光弹调制器的振荡频率是 50kHz 左右. 当入射波长改变时, 通过 PEM 控制器调整应力, 可以使光弹调制器在新的波长值处产生 1/4 周期的相位延迟, 得到不同波长的 CD 值.

　　SRCD 测试设备框图如图 18.3 所示. 来自光束线的线偏振光经过光弹调制器 PEM 后, 变成左圆、右圆周期性交替的圆偏振光. 经样品吸收后, 被探测器 (通常采用日盲光电倍增管, 工作波长范围 120~300nm) 接收. 探测器输出信号包含交流、直流成分, 通过信号调理器分离. 其中, 交流分量输入到锁相放大器 (参考频率为 PEM 的振荡频率) 取出; 而直流分量输入到一个比较器, 用以控制探测器高压电源的高压输出, 以改变探测器的增益, 使输出的直流分量值保持恒定. 这样做的好处是使式 (18.3) 的分母保持为常数, 从而当波长改变时, 锁相放大器输出信号直接给出了 CD 谱的形状[3,4].

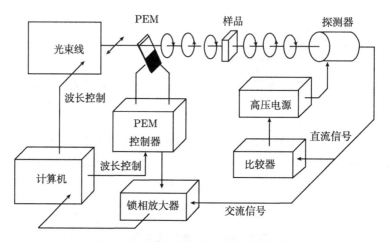

图 18.3　真空紫外圆二色实验原理图

　　实际的 CD 值与通过上述过程测得的信号值之间存在一个比例常数, 通常可以用已知 CD 值的样品来标定, 如樟脑磺酸 (camphorsulfonic acid, CSA)[5].

18.2.3　SRCD 相对常规 CD 的优越性

　　相对于常规实验室 CD 谱仪, SRCD 装置可以达到更短的波长, 在紫外短波区的光通量更高. 图 18.4 为 SRCD 和常规 CD 谱仪的光通量分布, 由图可知, SRCD 的短波可以达到 120nm, 而常规 CD 谱仪只能达到 190nm; 在短波紫外区 (波长小于 250nm), SRCD 的光通量比常规 CD 高两个数量级以上.

　　SRCD 的特点使得它拥有常规 CD 不具备的能力. 首先, SRCD 将圆二色光谱扩展到更短的波长区, 有可能鉴别常规 CD 无法区别的蛋白质折叠结构. 作为一个例子, 图 18.5 给出了两个结构不同的蛋白质的圆二色光谱[6], 在常规 CD 谱测量范围内 (图中虚线右侧), 两者没有明显差别; 但是, 通过 SRCD 测量得到更短波长区的圆二色光谱 (图中虚线左侧), 两者表现出明显的区别. SRCD 的这种能力在定量分析圆二色光谱时可以获得比常规 CD 数据分析更高的精确度.

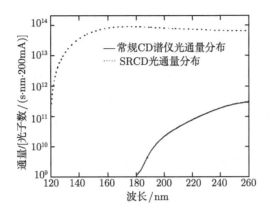

图 18.4 SRCD 及常规 CD 谱仪光通量分布

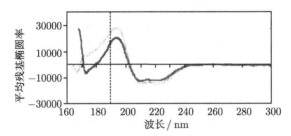

图 18.5 两种具有不同二级结构蛋白质的 CD 谱

黑-74% α 螺旋, 0% β 折叠, 10% 卷曲, 16% 其他

灰-48% α 螺旋, 5% β 折叠, 16% 卷曲, 31% 其他

其次, 由于 SRCD 的光通量大大提高, 使得 SRCD 测量的信噪比远好于常规 CD 测量. 图 18.6 (a) 给出了英国 DARESBURY 同步辐射实验室测量的肌球蛋白 (myoglobin) 的稳态圆二色光谱, 图 18.6(b) 则是溶菌酶 (lysozyme) 的动态圆二色光谱, 可以明显看出, SRCD 的数据的信噪比远远好于常规 CD 数据[5].

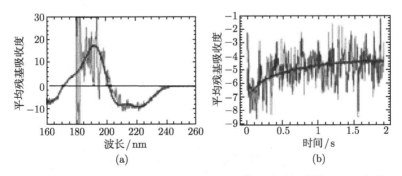

图 18.6 肌球蛋白的稳态圆二色光谱 (a) 及溶菌酶的时间分辨圆二色光谱 (b)

其中, 黑色曲线为 SRCD 数据, 灰色曲线为常规 CD 结果

18.2.4   SRCD 谱仪性能及其对测试结果的影响

1. 波长准确性

波长偏差对光谱分析的影响较大, ±1nm 偏差可以导致 alpha 螺旋分析 8% 差异[7]; 在保证单色仪波长校正准确下, 其他因素也会引起波长偏差, 如时间常数过小, 也有可能会导致波长蓝移. 波长校正通常通过特征的吸收峰位来标定, 在紫外波段, 常用钬溶液或钬玻璃; 苯蒸气也可以提供 240~270nm 波段波长标定; 氮气在真空紫外波段 (130~150nm) 有很多精细吸收谱结构, 可以用来标定波长.

2. 杂散光成分

在每个扫描波长处, 除了扫描波长的光本身外, 还有其他波长的光, 通常是长波光, 称为杂散光. 由于 SRCD 特点是往短波延伸, 而越往短波, 溶剂及样品池的吸收越来越大, 而对长波的吸收较小, 所以如果杂散光成分多, 则在短波部分探测器探测到的主要是杂散光成分, 而不是扫描到的短波长的光, 造成实验结果的误差.

3. 带宽和光斑尺寸

由于 CD 谱峰的 FWHM 通常是大于 10nm, 谱仪分辨率 1nm 即可满足测试要求. 稳态 CD 探测对光斑聚焦要求不高, 通常样品池通光孔径大于 10mm, 光斑小于 10mm 即可. 同时, 出于辐照损伤的考虑, 光斑聚焦过小, 会使光通量密度增加, 导致辐照损伤产生.

4. 辐照损伤

高强度紫外和真空紫外同步光对生物大分子样品的辐照损伤效应不容忽视; 图 18.7 为在英国 Daresbury CD12 SRCD 束线连续采集的 CSA 的 CD 谱[8], 随着扫

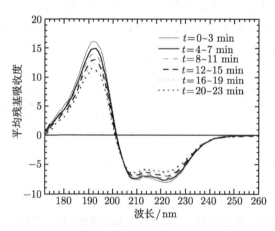

图 18.7   辐照损伤对 SRCD 测量的影响 (同一样品每隔 4 min 采集一条谱线)

描次数的增加, 谱峰幅度逐步降低, 第二次扫描和第一次就有较大区别, 说明发生辐照损伤. 而从数据分析出发, 通常采谱至少三次, 显然如果每次扫描幅度都逐渐降低, 数据将无法使用; 多个同步辐射 SRCD 束线合作, 发现辐照损伤和通量密度相关[9], 如果通量密度阈值低于 4×10^{10} 光子数/$(mm^2 \cdot s)$, 则一般可以避免辐照损伤; 如果实际实验中发现辐照损伤现象, 可以通过增大光斑尺寸来实现. 辐照损伤的机理尚不清楚, 可能是蛋白质分子内部水分子被加热, 但可以肯定的是, 不是由于蛋白质分子被破坏造成, 因为上面提到的发生辐照损伤的样品, 如果放置一定时间后重新扫描, 峰值幅度恢复.

5. 标准样品测试

利用标准样品可以测试 CD 谱仪的性能. 标准样品通常是樟脑磺酸 CSA(d-10-camphorsulfonic acid), CSA 在 290nm 和 192.5nm 处各有一特征峰, 192nm 和 290nm 的峰值比应该接近 2.0. 如图 18.8 所示.

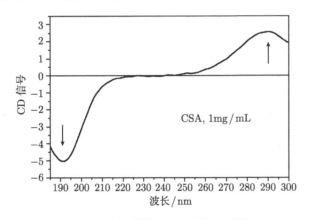

图 18.8 标准样品 CSA 的 CD 谱

18.2.5 SRCD 实验注意事项

CD 测试通常比较便捷, 但如何获得可靠的、高质量的 SRCD 数据, 需要在样品制备、样品测试上注意以下几点[10,11].

1. 样品池和缓冲液

虽然同步辐射光源提供高强度的深紫外到真空紫外光, 但为了拓展到更短波长, 降低缓冲液和样品池的吸收非常重要. SRCD 所用的样品池光程通常是 10μm, 这样, 缓冲液的吸收将大大降低. 随着光程降低, 蛋白质浓度增高, 通常每毫升几个毫克. 样品池常用的是石英样品池 (Hellma 公司, 德国), 缓冲液体系的选择也要考虑避开深紫外和真空紫外有强吸收的成分, 如氯离子; 相对于水, 重水 (D_2O) 作为溶剂, 有利于短波拓展; 通常用的样品池材料是石英, 但如果要探测 <170nm 光谱, 氟化物材料制备的样品池不可缺少. 装样时注意不要有气泡生成. 通常每个谱要采集三次, 如果重复测量时信号强度降低, 可能是有气泡生成, 或者是辐照损伤导致. 由于非常短的光程, 样品量仅需 10mL 多.

2. 样品池光程的准确测定

准确测定样品池光程对准确分析非常重要, 尤其对短光程的样品池更是如此. 通常采用干涉条纹方法, 测试空样品池的透射谱, 会产生一系列的干涉条纹, 如图 18.9 所示. 条纹数目和光程有关, 可用来计算光程

$$L(\mu m) = (n(W_s \times W_e)/2(W_e - W_s))/1000 \tag{18.7}$$

式中, W_s 为开始条纹波长; W_e 为结束条纹波长; n 为条纹数.

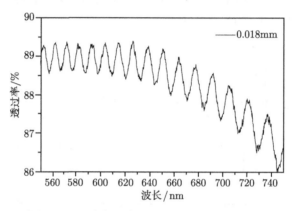

图 18.9　干涉条纹法测量短光程样品池的光程

3. 合适的样品浓度

为了尽量向短波拓展, 从提高信噪比的角度及不导致沉淀的前提下, 样品浓度越大越好, 这时, 相应的样品池光程可以减小, 使得光束中的溶剂和缓冲液减少, 从而有利于短波探测. 合适浓度调试可以从探测器高压曲线判断, 通常 CD 探测均包含探测器高压的数据, 如果没有扫描到所需的短波波长而高压急剧升高, 说明浓度过大. 对于 10μm 样品池, alpha 蛋白理想浓度 ~10mg/mL, 而 beta 蛋白则是 15~20mg/mL. 图 18.10 为一个 CD 测试结果, 实线是 CD 谱, 虚线是和 CD 同步采集的探测器高压曲线, 可以看到, 在短波端高压急剧加大.

4. 蛋白质浓度测定

精确的蛋白质浓度测定对获得准确的二级结构分析非常重要. 简单生化分析中常用的 Bradford 和 Lowry 方法的准确性不够. 最准确的浓度分析是氨基酸定量分

析, 但这个方法耗时; 另一个比较准确的浓度分析方法是探测蛋白质在盐酸胍中变性后在 280nm 处的吸收度 (A_{280})[10].

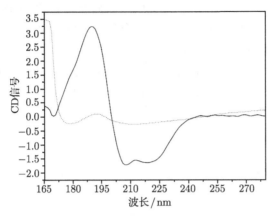

图 18.10 CD 扫描中高压的变化

18.3 圆二色光谱数据分析

18.3.1 定性分析

蛋白质结构可以分为四个层次: 一级结构、二级结构、三级结构和四级结构, 如图 18.11 所示. 一级结构就是氨基酸序列, 二级结构是肽链不同部分构成的折叠基本单元, 如 α 螺旋、β 折叠等; 三级结构是指有完整肽链所形成的由二级结构单元组成的蛋白质结构; 四级结构则是指那些有多条肽链的蛋白质中, 肽链之间形成的规则空间结构.

图 18.11 蛋白质的结构层次

从左到右: 一级结构 —— 肽链上氨基酸序列; 二级结构 —— 肽链上局部的折叠基本单元; 三级结构 —— 整根肽链上二级结构进一步盘绕折叠而成的三维构象; 四级结构 —— 多条肽链之间的相互空间构象

蛋白质按照所含二级结构的特点可以分为[12]: 以 α 螺旋为主的 α 螺旋类蛋白; 以 β 折叠为主的 β 折叠类蛋白; $\alpha + \beta$ 类蛋白指的是肽链既有 α 螺旋, 又有 β 折叠二级结构, 但两者分布在肽链不同的结构域; 而 α/β 类则是 α 螺旋和 β 折叠沿着肽链交替出现; 最后一类指的是变性的或没有有序结构类的无规卷曲类蛋白.

各类蛋白质具有不同的光谱特点, 提供了定性分析的基础: 在光谱形状上, α 螺旋类蛋白通常在 222nm 和 208~210nm 有两个强的负峰 (图 18.12), 而在 191~193nm

有一个更强的正峰; β 折叠类蛋白的特点则是只有一个负峰和一个正峰, 负峰在 210~225nm, 正峰在 190~200nm, 和 α 螺旋类蛋白相比, CD 信号强度则弱很多; 对于 $\alpha+\beta$ 类和 α/β 类蛋白, 由于 α 螺旋信号远强于 β 折叠, 因此谱形通常和 α 螺旋类蛋白类似, 222nm 和 208~210nm 有两个负峰, 而在 190~195nm 有个更强的正峰. Manavalan 和 Johnson[13] 注意到对于 $\alpha+\beta$ 类蛋白, 208~210nm 处负峰强度比 222nm 处的负峰强度要高, 而对 α/β 类蛋白则相反, 220nm 附近的负峰强度更高且峰形较宽. 而对于无规卷曲类蛋白, 特点是在 200nm 附近有个强的负峰.

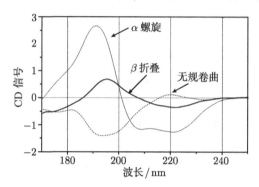

图 18.12　不同折叠类型蛋白质的特征 CD 谱

18.3.2　定量分析

　　CD 定量分析目前常用的是以已知二级结构的蛋白质为标准数据库, 通过非线性拟合, 得到待测样品二级结构组成的信息. 这些标准蛋白的结构通过蛋白质晶体的 X 射线衍射确定, 而 CD 通常测试的是蛋白质的溶液, 因此, 所有 CD 分析的前提是在溶液和晶体中二级结构是一致的. 分析方法有多种, 主要包括岭回归法 (ridge regression), 奇异值分解法 (singular value decomposition, SVD), 主成分分析 (PCA), 凸限制分析 (convex constraint analysis, CCA) 和神经网络法. 其中岭回归、SVD、神经网络方法比较成熟[12]. 不同方法都有对应的多种分析程序, 常用的有 CONTINLL(岭回归), SELCON(SVD), CDSSTR(SVD), K2D(神经网络).

　　CD 的数据处理和分析已有若干免费程序, 如 CDtools 等, 提供非常便利的、前期的数据处理[14]. 在线的 CD 分析免费网址 Dichroweb, http://dichroweb.cryst.bbk.ac.uk/html/home.shtml, 则提供多种 CD 分析程序供选择[15], 其中包含适合 SRCD 的短波到 175nm 的数据库. Dichroweb 是目前 SRCD 数据处理的最主要途径, 它提供了一个 SRCD 数据处理的公共平台, 并且由 SRCD 研究领域的高水平科研小组专人管理, 提高了数据处理结果的可比性, 值得采用.

　　PDB 是常用的蛋白质结构数据库, 对推动蛋白质结构研究意义重大. 参照 PDB, 一个国际性的合作项目蛋白质圆二色谱数据库 (the protein circular dichroism data bank, PCDDB) 正在建设[16]. 数据库由 SRCD 和商用 CD 的数据组成, 形成一系列新的生物信息学和结构生物学的研究. 同时 PCDDB 可以提供充分数据, 来构建像 SP175 那样的广域标准数据库或者 CRYST175 那样专门的数据库, 有利于数据分析, 每个 SRCD 实验线站将是镜像站点.

18.3.3 CD 的单位

通常 CD 的单位有两种, 一是以吸收度表示, 另一种是以椭圆度表示; 前面提到 CD 探测的是左右旋圆偏振光通过样品后的吸收差异, 因此吸收度单位是最直接的

$$\Delta\varepsilon = (\varepsilon_{\mathrm{L}} - \varepsilon_{\mathrm{R}}) = (A_{\mathrm{L}} - A_{\mathrm{R}})lC$$

式中, A 为吸收度; l 为光程 (cm); C 为浓度 (g/cm^3).

虽然 CD 谱仪均是直接探测吸收度的差值, 但由于历史的原因, 文献中常用的单位是椭圆度 $[\theta]$, 两者关系为 $[\theta] = 3300\Delta\varepsilon$, $[\theta]$ 的单位 (°)·cm^2/dmol, $\Delta\varepsilon$ 的单位 M^{-1}·cm^{-1}.

18.4 SRCD 应用

SRCD 由 Brookhaven National Laboratory 的 NSLS 光源 20 世纪 80 年代最先发展起来, 主要应用于核酸的研究[15]. SRCD 在蛋白质二级结构中的重要作用直到 20 世纪 90 年代才开始被认识. 目前在二代和三代光源上有多个已运行或计划投入运行的 SRCD 线站.

CD 数据分析离不开标准数据库. SRCD 的特点就是向短波的拓展, 显然 SRCD 要想发挥其作用, 必须有相应的短波长的数据库, 因为原来常用的数据库短波截止波长通常到 185nm. SP175 就是由 70 个可溶性蛋白 SRCD 数据组成的新的标准数据库[17], 并可以通过 CD 分析网站 DICHROWEB 获得. SP175 的短波截止波长为 175nm, 而且其标准谱为 70 个, 覆盖较广的二级结构和折叠种类 (基于 CATH 的分类[18]), 而通常标准数据库标准谱为 20 多个; 更短截止波长加上更多标准谱, 极大提高 CD 分析的准确性和对多种结构的分辨. 拓展到 175nm, 改善了 beta 折叠蛋白及富含 PII 及 irregular 二级结构的分析; 而这些结构的信号在长波长处 (210~220nm) 通常被螺旋结构的强信号所压制; 短波的拓展使得信息量增加, 可以区分精细的二级结构, 如 310 helices 和 alpha 螺旋以及不同 beta sheets 的区分.

利用 SP175, 采用群分析方法[17], 可以从 SRCD 数据获得额外的蛋白质折叠的信息. 例如, beta 桶和 beta 三明治折叠形成明显分离的群, 而混合的 alpha-beta 桶和 alpha-beta 三明治也形成不同的群. 而如果 CD 数据只到 190nm, 只有三个群形

成, 对应 alpha、beta 折叠和混合三种折叠. 向短波拓展的一个意想不到的好处是, 可以改善蛋白精确浓度未知谱的分析[19].

对于蛋白的折叠和去折叠研究, SRCD 相对于商用仪器有较大改善, 因为变性蛋白的结构信息通常都在短波区域, 而在这个区域, 由于变性剂 (如尿素和盐酸胍) 的高吸收使得商用 CD 难以测试. 除了改善通常蛋白分析的 SP175 数据库, 针对特殊蛋白的专门数据库也被生成, 一个例子就是 CRYST175 数据库, 它是由 9 个属于眼晶状体 β, γ-crystallin family 的蛋白数据组成[20]. 这类蛋白有一个特征的双 Greek-key 折叠. CRYST175 对于和白内障相关蛋白的研究具有重要意义. 其他的专门数据库还包括膜蛋白数据库[21] 和变性蛋白数据库[22]. 膜蛋白难以结晶, 是 X 射线晶体学难以发挥的领域. 由于膜蛋白样品的高散射效应, 探测器要求离样品越近越好, 对于商用 CD 谱仪难以做到, 而对于 SRCD 可以很方便地改变探测器的几何位置, 来尽可能多地收集散射光[6].

在结构生物学中, SRCD 开始在 β 折叠蛋白、折叠识别、碳水化合物和糖蛋白、膜蛋白及复合物相互作用等方面发挥重要作用. SRCD 可以探测到商用谱仪难以探测的结构的细微变化, 比如人眼晶状体蛋白的野生型和引发白内障的突变型的结构差别[23]、metmyoglobin 结构在水溶液和促进螺旋的有机溶剂中的差别[24]、蛋白质和药物结合引起的结构变化[25,26]. SRCD 还被发现对于蛋白质复合物的形成提供有利的信息, 因为在 VUV 波段形成复合物后的 CD 谱会发生明显的变化, 虽然蛋白质的二级结构并没有发生改变[27].

SRCD 发挥作用的另一个方面是蛋白质折叠和去折叠的热力学研究. 由于短波长可以测得更多的跃迁, 同时高通量的光源使得可以在高离子强度下测试, 这些优势使得在原肌球蛋白 tropomysin 中发现一个新的折叠中间态; 也可以开展分子伴侣作用的折叠中间态的稳定性研究[28].

对于高散射的研究体系, 商用 CD 难有用武之处, 而 SRCD 对这类体系的探测有很大帮助. 例如, 研究蜘蛛丝溶液到纤维的变化[29]; 还有对膜蛋白的研究 SRCD 也有独到之处[21].

多种技术的联用是实验方法发展的重要方向. 比如两种同步辐射方法, 尤其与 X 射线散射方法的结合, 两者样品均是溶液体系, X 射线散射可以提供蛋白质分子或复合物的形状信息, 而 SRCD 提供折叠变化的信息. SRCD 和 SAXS(X 射线小角散射) 联合已用于单个蛋白和复合物的二级和三级结构的探测[30~32], 同时, SRCD 和其他同步辐射方法的结合值得我们的注意; 而动态 SRCD 和单分子荧光的结合则可研究塌陷 (collapsed) 未折叠蛋白的动力学过程[33].

虽然 SRCD 主要研究集中于蛋白质, 但同时其他生物大分子的 CD 研究也得益于 SRCD 的短波长数据. CD, 尤其是近 UV CD, 对于 DNA 主链构象的判别一致起到非常重要的作用. 早期的 SRCD 研究表明 180nm 以下还有新的谱峰[34]. 近年来的核苷和核苷酸 SRCD 研究表明碱基在 VUV 区域比糖对谱峰贡献更多. pH 和温度效应表明 VUV 谱峰对结构和化学环境的改变十分敏感[35].

糖在远紫外区的 CD 信号较弱 (因而在研究糖蛋白时可以忽略糖的作用), 但糖在 VUV 区会导致较强的信号. 它们峰的位置, 方向和幅度可以指示糖的种类和构型[36~38], 将来可以区分复杂糖样品的成分. SRCD 也被用于解释糖蛋白的 VUV 谱来确定糖组分的贡献和它们对蛋白质结构的影响, 可用来检测蛋白质–糖复合物的形成.

18.5　时间分辨 SRCD

蛋白质折叠的动力学一直是备受关注的领域. 研究动力学首先需要触发折叠变化的方法, 然后利用各种谱学来研究变化的过程. 触发方法常用的是停留技术(SF-stopped flow), 这是一种溶液混合技术, 比如将蛋白质溶液和变性剂溶液混合, 触发折叠变化的发生, 但停留技术的死时间问题, 使得采用停留方法的时间分辨主要在毫秒范围. SF 探测采用单波长测试, 峰值为特定二级结构的峰位, 如常采用的 α 螺旋结构的 222nm 峰位 (图 18.13[25]).

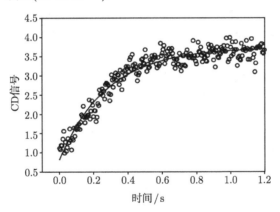

图 18.13　细胞色素 c 220nm 处 SRCD 停流实验结果

另一类方法是通过溶液条件的突变, 来触发折叠变化的发生. 其中主要的方法是激光脉冲升温技术. 它利用水对近红外激光的吸收而升温, 可以使溶液在皮秒或纳秒范围内瞬时升温几十摄氏度, 从而使蛋白质瞬时处于非平衡态, 通过 SRCD 研究蛋白质从非平衡态到平衡态的弛豫过程中的光谱变化, 获得折叠动力学的信息.

动力学中的光谱探测通常是在一个固定的波长, 探测信号随时间的变化. 而发展中的能量色散方法将一次提供全谱的探测, 无疑将为动力学研究带来更丰富的信息.

张国斌　陶　冶

参 考 文 献

[1] 鲁子贤, 崔淘, 施庆洛. 圆二色性和旋光色散在分子生物学中的应用. 北京: 科学出版社, 1987: 19.

[2] Oakberg T, Trunk J, Sutherland J C. Calibration of photoelastic modulators in the vacuum UV. SPIE Proceedings, 2000, (4133): 101–111.

[3] Hipps K W, Crospy G A. Applications of the photoelastic modulator to polarization spectroscopy. J Phys Chem, 1979 (83): 555–562.

[4] Drake A F. Polarisation modulation-the measurement of linear and circular dichroism. J Phys E, 1986, (19): 170–180.

[5] http://www.srs.dl.ac.uk/VUV/CD/cdguide.html.

[6] Wallace B A, Janes R W. Synchrotron radiation circular dichroism spectroscopy of proteins: secondary structure, fold recognition and structural genomics. Curr Opin Chem Biol, 2001, (5): 567–571.

[7] Miles A J, Wien F, Lees J G, et al. Calibration and standardisation of synchrotron radiation and conventional circular dichroism spectrometers. Part 2: Factors affecting magnitude and wavelength. Spectroscopy, 2005, (19): 43–51.

[8] Clarke D T, Jones G. CD12: a new high-flux beamline for ultraviolet and vacuum-ultraviolet circular dichroism on the SRS, daresbury. J Synchrotron Rad, 2004, (11): 142–149.

[9] Miles A J, Janes R W, Brown A, et al. Light flux density threshold at which protein denaturation is induced by synchrotron radiation circular dichroism beamlines. J Synchrotron Radiation, 2008, (15): 420–422.

[10] Miles A J, Wallace B A. Synchrotron radiation circular dichroism spectroscopy of proteins and applications in structural and functional genomics. Chem Soc Rev, 2006, (35): 39–51.

[11] Johnson Jr W C. Circular dichroism instrumentaion. In: Fasman G D. Circular Dichroism Instrumentation in Circular Dichroism and The Conformational Analysis of Biomolecules. New York: Plenum Press, 1996: 636–652.

[12] Venyaminov S Y, Yang J T. Deter mination of protein secondary structure. In: Fasman G D. Determination of Protein Secondary Structure, Circular Dichroism and the Conformational Analysis of Biomelecules. New York: Plenum Press, 1996: 69–107.

[13] Manavalan P, Johnson Jr W C, Sensitivity of circular dichroism to protein tertiary structure class. Natrue, 1983, (305): 831–832.

[14] Lees J G, Smith B R, Wien F, et al. CD tool–an integrated software package for circular dichroism spectroscopic data processing, analysis, and archiving. Anal Biochem, 2004, (332): 285–289: http://cdtools. cryst.bbk.ac.uk/.

[15] Whitmore L, Wallace B A. Dichroweb, an online server for protein secondary structure

analyses from circular dichroism spectroscopic data. Nucl Acid Res, 2004, (32): 668–673.

[16] Wallace B A, Whitmore L, Janes R W. The protein circular dichroism data bank (PCDDB): a bioinformatics and spectroscopic resource. Proteins, 2006, (62): 1–3.

[17] Lees J G, Miles A J, Wien F, et al. A reference database for circular dichroism spectroscopy covering fold and secondary structure space. Bioinformatics, 2006, (22): 1955–1962.

[18] Orengo C A, Michie A D, Jones S, et al. CATH-a hierarchic classification of protein domain structures. Structure, 1997, (5): 1093–1108.

[19] Lees J G, Miles A J, Janes R W, et al. Novel methods for secondary structure determination using low wavelength (VUV) circular dichroism spectroscopic data. BMC Bioinformatics, 2006, (7): 507–517.

[20] Evans P, Bateman O A, Slingsby C, et al. A reference dataset for circular dichroism spectroscopy tailored for the βγ-crystallin lens proteins. Exp Eye Res, 2007, (84): 1001–1008.

[21] Wallace B A, Lees J, Orry A J W, et al. Analyses of circular dichroism spectra of membrane proteins. Protein Sci, 2003, (12): 875–884.

[22] Matsuo K, Sakurada Y, Yonehara R, et al. Secondary-structure analysis of denatured proteins by vacuum-ultraviolet circular dichroism spectroscopy. Biophys J, 2007, (92): 4088–4096.

[23] Evans P, Wyatt K, Wistow G J, et al. The P23T cataract mutation causes loss of solubility of folded γ D-crystallin. J Mol Biol, 2004, (343): 436–444.

[24] Thulstrup P W, Brask J, Jensen K J, et al. Synchrotron radiation circular dichroism spectroscopy applied to metmyoglobin and a 4-α-helix bundle carboprotein. Biopolymers, 2005, (78): 46–52.

[25] Jones G R, Clarke D T. Applications of extended ultra-violet circular dichroism spectroscopy in biology and medicine. Faraday Discuss, 2004, (126): 223–236.

[26] Cronin N B, O'Reilly A, Duclohier H, et al. Effects of deglycosylation of sodium channels on their structure and function. Biochemistry, 2005, (44): 441–449.

[27] Cowieson N P, Miles A J, Robin G, et al. Evaluating protein:protein complex formation using synchrotron radiation circular dichroism spectroscopy. Proteins, 2008, (70): 1142–1146.

[28] Evans P, Slingsby C, Wallace B A. Association of partially folded lens β B2-crystallins with the α-crystallin molecular chaperone. Biochemical Journal, 2008, (408): 691–699.

[29] Dicko C, Knight D, Kenney J M, et al. Structural Conformation of Spidroin in Solution: A Synchrotron Radiation Circular Dichroism Study. Biomacromolecules, 2004, (5): 758–767.

[30] Stanley W A, Sokolova A, Brown A, et al. Synergistic use of synchrotron radiation techniques for biological samples in solution: a case study on protein-ligand recognition by the peroxisomal import receptor Pex5p. J Synchrotron Radiat, 2004, (11): 490–496.

[31] Scott D J, Grossmann J G, Tames J R H, et al. Low resolution solution structure of the apo form of escherichia coli haemoglobin protease Hbp. J Mol Biol, 2002, (315): 1179–1187.

[32] Grossmann J G, Hall J F, Kanbi L D, et al. The N-terminal extension of rusticyanin is not responsible for its acid stability. Biochemistry, 2002, (41): 3613–3619.

[33] Hoffmann A, Kane A, Nettels D, et al. Mapping protein collapse with single-molecule fluorescence and kinetic synchrotron radiation circular dichroism spectroscopy. Proc Natl Acad Sci USA, 2007, (104): 105–110.

[34] Johnson K H, Gray D M, Sutherland J C. Vacuum UV CD spectra of homopolymer duplexes and triplexes containing A.T or A.U base pairs. Nucl Acid Res, 1991, (19): 2275–2280.

[35] Nielsen S B, Chakraborty T, Hoffmann H V. Synchrotron radiation circular dichroism spectroscopy of ribose and deoxyribose sugars, adenosine, AMP and dAMP nucleotides. Chem Phys Chem, 2005, (6): 2619–2624.

[36] Stroyan E P, Stevens E S. An improved model for calculating the optical rotation of simple saccharides. Carbohydr Res, 2000, (327): 447–453.

[37] Matsuo K, Gekko K. Vacuum-ultraviolet circular dichroism study of saccharides by synchrotron radiation spectrophotometry. Carbohydr Res, 2004, (339): 591–597.

[38] Holm A I S, Worm E S, Chakraborty T, et al. On the influence of conformational locking of sugar moieties on the absorption and circular dichroism of nucleosides from synchrotron radiation experiments. J Photochem Photobiol, 2007, (A 187): 293–298.

第 19 章　同步辐射微纳加工技术

19.1　引　　言

20 世纪给人类生活带来最大改变的技术思想之一就是微型化. 电子器件微型化的巨大成功使得微型化思想渗透到各个领域, "芯片" 概念深入人心. 当人们把信息传感、处理、机械执行以及其他一些微器件, 按照集成电路的制造原则, 以高密度、低成本的方式集成在一起时, 产生了微电子机械系统(micro electro mechanical system, MEMS) 这一概念. 1987 年由美国加利福尼亚州大学伯克利分校首次采用 "硅工艺" 制造出转子直径为 60~120μm 的微静电马达, 标志着微电子机械系统的正式诞生[1], 当时就引起了国际学术界和产业界的高度重视. 到 2011 年, 全世界的 MEMS 产业产值已经达到 102 亿美元, 预计到 2016 年该产业的市场将达到 200 亿美元. 同时, 随着微型化进程的不断深入, 人们在 21 世纪迎来了纳米科技的新时代. 纳米科技的发展非常迅速, 预计到 2014 年, 全球纳米科技市场规模将超过万亿美元.

微型化思想不断深入发展并取得巨大成功的基础来源于微纳加工技术的不断进步. 同时, 市场的巨大需求也对微纳加工技术不断提出更高的要求, 促进其迅速发展. 到目前为止, 微纳加工已经发展成为一门涵盖非常广泛的技术, 种类很多, 常见的有 IC 工艺、LIGA 技术、微电火花加工技术、激光束加工、精密车床加工以及软光刻技术等[2~5]. 这些技术各有特色, 其中应用最广泛的是 IC 工艺. IC 工艺是典型的平面工艺, 其核心技术是光刻技术. 在集成电路的发展过程中, 人们正是通过不断发展光刻技术来缩小芯片上微结构的尺寸, 从而保证芯片的集成度能按照 "摩尔定律" 以每 18 个月翻一番的速度不断提高. 光学曝光技术在 20 世纪 70 年代实现的最小电路尺寸为 4~6μm, 到 80 年代初提高到了 1μm. 因为受到光源波长的限制, 当时人们预测的极限分辨率为 0.5μm. 为了不断提高芯片集成度, 人们很早就提出可以选择波长更短的光源来获得更高的极限分辨率. 70 年代初, 美国麻省理工学院的 Smith 首先开发了 X 射线曝光技术[6], 很多著名的微电子公司也加入到 X 射线曝光技术的研发中, 为下一代光刻技术的产业化进行开发和准备. 虽然以 X 射线作为曝光光源的优越性非常明显, 但由于当时的光源本身的功率太低, 直到同步辐射被引入微纳加工中, X 射线曝光技术才真正得到快速发展.

同步辐射光亮度高、发散角小, 是理想的 X 射线曝光光源. 美国的 IBM、AT&T, 日本的 NTT、NEC 等公司都分别在同步辐射装置上建造了光刻实验线站, 开展基于同步辐射的光刻技术研究. 产业界的投入使得基于同步辐射的 X 射线曝光技术快速发展, 到 1995 年, IBM 已经能够利用此技术生产电路尺寸小于 250nm 的芯片[7], 当时被认为是最成熟、最有产业化潜力的先进制造技术. 同时, 通过对基于同步辐射的微纳加工技术的不断深入研究, 不仅提高了工艺水平、完善了同步辐射实验线站等设备的设计和制造, 还针对不同需求开辟了不同特色的加工方法, 像 LIGA 技术和 X 射线干涉光刻技术等. 虽然由于多种原因, X 射线曝光技术最终没有取代光学曝光走入产业化进程, 但基于同步辐射的 X 射线曝光技术以其独特的技术优势在微纳加工的很多领域得到应用, 它对微纳加工技术的发展具有重要意义.

同步辐射光谱范围很宽, 覆盖了整个 X 射线波段 (0.01~10nm), 基于同步辐射的微纳加工技术可以按照不同的 X 射线波长来进行分类. 波长小于 0.7nm 的 X 射线, 适合开展超深结构的微纳加工 ——LIGA 技术; 波长为 0.7~2.5nm 的 X 射线, 适合开展超微结构的微纳加工 —— 高分辨率 X 射线曝光技术; 波长大于 2.5nm 的 X 射线, 适合开展周期性纳米结构的微纳加工 ——X 射线干涉光刻技术. 本章将从这三个方面介绍基于同步辐射的微纳加工技术.

19.2　同步辐射微纳加工技术原理

19.2.1　LIGA 技术

在常规的 MEMS 制作中, 主要依赖于 IC 工艺, 所制作的 MEMS 材料主要是 Si, 这大大限制了其他具有优良性质的材料如金属、塑料、陶瓷等在 MEMS 领域的应用. 1987 年, 德国卡尔斯鲁厄 (Karlsruhe) 原子核研究中心开发出了一种全新的微纳加工技术 ——LIGA 技术[8~10], 从而开辟了一条全新的可以利用多种材料的三维 MEMS 工艺方法. LIGA 技术包括 X 射线深度光刻、电铸和塑铸复制三个工艺过程. 图 19.1 显示了标准 LIGA 工艺的工艺流程.

1. 同步辐射深度光刻

首先是利用同步辐射光进行厚胶深度光刻 (光刻胶一般是 PMMA), 得到高精度 (亚微米)、大高宽比的光刻胶微结构. 由于深度光刻工艺中选用了波长很短的 X 射线, 加工的微结构的高度可以从几十微米到毫米量级, 高宽比可以大于 100.

2. 电铸

利用光刻胶下面的金属种子层做导电层进行电镀, 将光刻胶三维立体结构形成的间隙用金属填充. 电镀一直进行到金属将光刻胶完全覆盖住, 形成一个与光刻胶图形凹凸互补的、稳定的相反结构金属体, 然后将光刻胶及附着的基底材料清理掉[11,12]. 此金属结构体可以作为批量复制的模具, 也可以作为最终的产品.

3. 塑铸

由于同步辐射光刻比较昂贵, 因此大批量生产受到限制. 塑铸是为了大批量、低成本复制同步辐射光刻微结构, 通常利用电铸获得的金属结构作为模具, 向金属模腔中填入塑料, 然后脱模得到塑料复制品. 主要工艺包括反应注射成型法、热塑注射成型法和热压印成型法[13~15]. 利用塑铸工艺获得的塑料微结构, 不仅可以作为最终的产品, 也可以为利用电铸工艺制作金属产品提供塑料铸模, 从而实现金属微结构的批量生产. 同时, 利用塑铸工艺获得的塑料微结构作为模具, 采用塑铸工艺也可以实现陶瓷等其他材料微结构的制作.

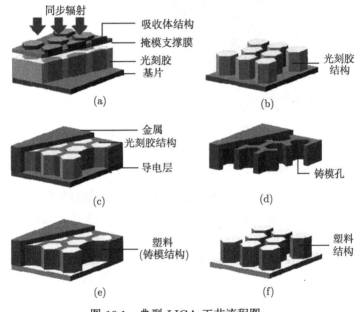

图 19.1　典型 LIGA 工艺流程图

(a) 光刻; (b) 显影; (c) 电铸; (d) 模具; (e) 塑铸; (f) 脱模

4. 活动结构制作原理

除了采用分别制作各自活动的部件, 然后组装为整机的方法外, 可以在上述的 LIGA 工艺过程中加入牺牲层 (sacrificial layer) 技术[16], 来制造部分或全部活动部件. 牺牲层技术是美国威斯康星大学的 Henry Guckel 教授领导的研究小组开发的, 其制作原理图 (图 19.2). 牺牲层技术是在制作较大高宽比的图形之前, 在衬底上沉积一层几微米厚的牺牲层材料, 然后用光刻和湿法腐蚀得到活动部件的衬底图形, 接下来的工艺和制作固定图形的 LIGA 工艺一样, 只不过这时应调整 X 射线掩模的活动部件图形, 使其对准牺牲层上活动部件衬底图形. 在图形制作完成之后, 再将牺牲层腐蚀除去, 就能够得到完全或部分活动的部件. 牺牲层技术的加入, 大大拓展了 LIGA 技术的应用领域, 这一技术在传感器和微电机等器件制作方面有其优越性, 特别是它能够较容易地制作出一部分固定而另一部分活动的器件 (加速度传感器).

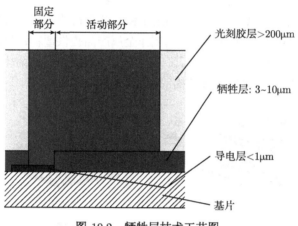

图 19.2　牺牲层技术工艺图

5. 复杂的三维结构的制作原理

　　LIGA 技术制作的图形具有侧壁陡直性和平行性均较好的特点, 但一般只能得到具有相同纵向高度的准三维图形. 如果对上述的 LIGA 工艺进行改进, 就能够制作出不同高度尺寸或侧面倾斜的复杂三维图形, 使之满足实际需要. 一般地, 可以采用两种方法来完成复杂的三维微结构的制作. 一种方法是掩模和样品没有相对运动, 采用特殊的曝光工艺来完成三维微结构的制作. 在 LIGA 工艺过程中, 通常保持同步辐射光和光刻胶垂直, 因此得到侧壁垂直的图形, 只要改变同步辐射光和光刻胶表面的夹角, 就能够得到侧壁倾斜的微结构, 以满足实际需要, 图 19.3(a) 是两次倾斜曝光的结构. 如果再加上样品和掩模的同时旋转就可以制作出更为复杂的图形[17,18](图 19.3(b)). 上面提到的曝光工艺都使用普通的掩模采用多次曝光来实现复杂微结构的制作, 还可以使用特殊形状的掩模通过一次曝光来完成复杂三维微结构的制作[19]. 特殊掩模图形的设计是以投影原理为依据的, 当同步辐射与样品的夹角变化或样品旋转时, 掩模在光刻胶上的投影也随之改变. 要得到复杂的三维微结构, 可以通过所需的微结构图形反过来设计掩模图形, 制作形状特殊的掩模, 然后利用这个掩模来曝光. 曝光过程中改变同步辐射与样品的夹角, 同时旋转样品, 利用计算机精确控制夹角的变化以及特定夹角下所需的曝光剂量, 通过一次曝光就可以得到复杂的三维微结构. 在制作含不同高度的图形时, 可以先将图形分层, 然

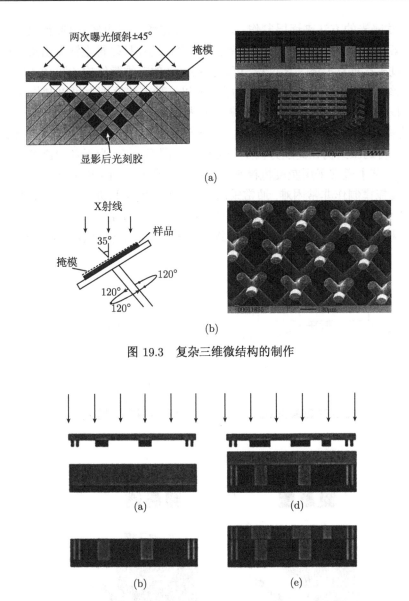

图 19.3 复杂三维微结构的制作

图 19.4 逐步法制作三维微结构示意图[20]

(a) 第一次曝光; (b) 第一次电铸、抛光; (c) 涂第二层光刻胶; (d) 第二次曝光; (e) 第二次电铸、抛光; (f) 去除光刻胶后采用多次曝光的方法来逐层制作. 第一次制作出第一层图形, 电铸得出金属图形后, 再涂第二层光刻胶, 通过对准后, 曝光得出第二层图形, 再电铸得出第二层金属图形, 通过多次重复上述工艺过程, 可以获得复杂的三维微结构 (图 19.4)[20]. 由于每一层微结构之间没有明确的相互约束, 所以这种方法原则上可以制作非常复杂的微结构, 但是每次都需要不同的掩模, 工艺相对烦琐, 制作周期长. 另一种方法是利用掩模和样品的相对运动来完成三维微结构的制作. 一般来说, 按照投影的原理, 曝光获得的微结构在高度方向上与掩模上的图形无关. 为了获得侧壁变化的微结构, IC 工艺中通常采用灰度掩模来实现微结构高度方向上的变化. 在 LIGA 工艺中, 灰度掩模制作非常困难, 通常采用固定掩模, 往复平动或转动样品的方法将掩模上的平面图形转移到光刻胶的三维结构上[21,22]. 如图 19.5(a) 所示, 在掩模和样品的相对运动中, 有部分光刻胶始终可以被掩模图形有效地遮挡, 保证不被曝

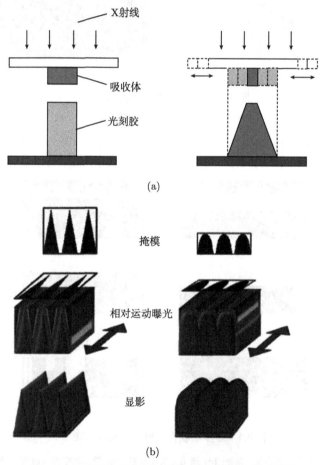

(a)

(b)

图 19.5　掩模相对运动法制作三维微结构示意图[22]

光; 还有部分光刻胶相对掩模图形被周期性地遮挡或被曝光, 最终形成梯形的三维微结构. 如果掩模图形是三角形, 让样品沿着一个角的方向做相对往复运动, 最终可以获得三棱柱的结构 (图 19.5(b)). 这样, 就可以通过设计掩模图形以及掩模和样品的相对运动, 将掩模上的平面图形转移到光刻胶的三维结构上, 实现复杂三维微结构的制作.

综上所述, 利用改进的 LIGA 技术可以进行复杂三维微结构的制作, 但通常工艺相对复杂, 要求 X 射线掩模的高精度对准, 同时样品台应具有倾斜和旋转等功能.

6. LIGA 技术的优点及不足

1) LIGA 技术的优点

LIGA 技术的优越性主要表现在如下四个方面[23,24]:

(1) 能够制作出高精度、大高宽比的活动微结构. 应用 LIGA 技术制作的微结构, 可获得很大的高宽比. 对于宽度仅为数微米的图形, 其高度可以为数毫米. 同时, 其宽度在整个高度上可以保持极高的精度, 1mm 高的微结构宽度偏差为亚微米量级, 如此高的精度是其他微细加工方法不可能达到的.

(2) 可用材料广泛. LIGA 技术拓宽了硅工艺的材料范围, 使得很多具有优良性质的新材料在 MEMS 中获得应用. 目前在 LIGA 技术中可用的材料主要有: 金属、高分子材料、玻璃、陶瓷等, 还可以将它们组合使用.

(3) 适合大规模生产. LIGA 技术中包含模铸工艺, 可以实现大规模生产, 从而大大降低生产成本, 使得 LIGA 技术走向商业生产成为可能.

(4) 可以制作复杂的三维微结构.

2) LIGA 技术的缺点

当然 LIGA 技术本身也存在不足, 有很多的固有问题需要解决.

首先是同步辐射深度光刻. 由于需要同步辐射光, 深度 X 射线光刻的成本较高, 而且不容易实现.

在微电铸工艺中, 如何获得高精度高质量的金属微结构也存在不少问题. 由于微结构尺寸很小, 并具有很大的高宽比, 电镀液在微结构中的传递受限, 往往难以顺利将光刻获得的大高宽比图形高精度地转移到金属微结构中, 这样就使得同步辐射光刻的高精度受到限制.

在塑铸工艺中也存在相似的问题. 随着微结构高宽比的增加, 金属模具与塑料复制品的脱模分离变得困难, 因此图形的缺陷容易产生, 难以获得高质量的塑料复制品.

从工艺原则上讲, LIGA 还不是完全的三维工艺, 一些复杂的三维微结构还无法通过 LIGA 工艺实现. 另外, LIGA 工艺与集成电路工艺兼容性不好也大大限制了它的发展.

19.2.2 高分辨率 X 射线曝光技术[25~29]

接近式光刻工艺中, 由于受衍射现象的限制可加工最小线宽为

$$w = k\sqrt{\lambda G} \tag{19.1}$$

式中, w 为最小线宽; λ 为 X 射线波长; G 为掩模与样品之间的间隙; k 为与工艺相关的参数. 可以看出, 波长越短越有利于实现更细的线条. 为了提高光刻的分辨率, X 射线光刻在 20 世纪 70 年代初就被开发并被工业界作为光学光刻的后续技术深入研究. X 射线曝光的示意图 (图 19.6(a)). X 射线透过掩模, 将吸收体图形投影到光刻胶上, 实现图形 1:1 的复制. 由于掩模衬底为低原子序数材料的薄膜, 一般厚度只有 1μm 左右, 机械强度非常低, 所以, X 射线曝光只能采用接近式曝光. 由式 (19.1) 可知, 曝光的分辨率取决于掩模与样品的间隙, 并与工艺过程相关. k 是与工艺相关的参数, k 值越小代表工艺条件越苛刻, 工艺宽容性越差, 难以实现大规模生产. 在 X 射线曝光工艺中, 通常 k 值取为 1. 可以看出, 对于波长为 1nm 的 X 射线, 要获得 100nm 的曝光分辨率, 最大的掩模间隙为 10μm. 为了有效地描述衍射与掩模间隙的相互关系, 引入无量纲的菲涅耳数 N_F

$$N_F = \frac{w^2}{4G\lambda} \tag{19.2}$$

由图 19.6(b)[28] 可以看出, 当 $N_F > 10$ (掩模间隙较小) 时, 入射光的衍射落在菲涅耳区, 靠近掩模吸收体图形边缘处的光刻胶上的光强分布比较陡直, 可以实现对掩模图形的精确复制; 当 $N_F < 1$ (掩模间隙较大) 时, 入射光在光刻胶上的光强分布逐渐表现为夫琅禾费衍射, 难以实现对掩模图形的精确复制. 所以, 为了实现图形的精确复制, 要求掩模间隙较小以保证衍射落在菲涅耳区. 当然, 由于工艺条件的影响, 在实际曝光中 $N_F > 1$ 就基本能够实现对掩模图形的精确复制.

理论上, 高分辨 X 射线光刻可以获得非常高的曝光分辨率, 但在实际工艺中往往难以实现. 由于 X 射线光刻是 1:1 的接近式曝光, 为了获得非常精细的纳米结构, 就要求掩模吸收体图形也要同样精细. 一般来说, 电子束光刻应该可以满足加工需求. 但是, 由于掩模吸收体需要尽量多地吸收 X 射线, 通常高分辨 X 射线光刻中掩模吸收体 (金) 厚度大于 250nm, 特别精细的纳米结构需要很大的高宽比, 实际加工中很难实现. 同时, 由于纳米结构尺寸非常小, 为了实现图形的精确复制, 要求掩模间隙非常小, 而间隙太小又容易造成掩模的损坏, 这给特别精细图形的加工带来了很大的困难. 为了解决这些问题, 人们提出了 "超分辨" 的概念[30~33]. 图 19.7 为 X 射线在吸收体边缘处的衍射分布图 [30]. 可以看出, 暗区边缘的归一化光强为 0.25 而不是 1, 也就是说如果选择曝光阈值为 0.25 则可以实现对吸收体图形 1:1 的精确

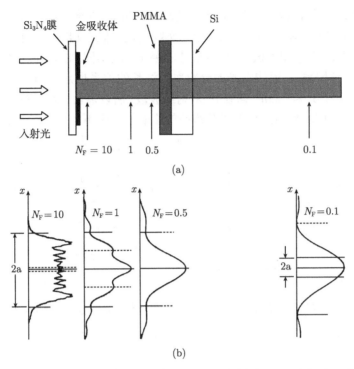

图 19.6 软 X 射线接近式曝光的示意图 (a) 及不同掩模间隙对应的光强分布 (b)

复制, 而选择曝光阈值为 1 则获得比吸收体图形大的光刻胶结构 (透光区的尺寸变窄). 所以, 通过选择不同的曝光阈值, 使用同一个掩模也可以获得不同尺寸的曝光图形. 如果使用较低的剂量曝光同时选择感光灵敏度合适的光刻胶, 则只有光强分布很强处的光刻胶可以被曝光、显影. 由光强分布可以看出, 光强越大的部分, 其分布越窄, 曝光获得的图形也越窄, 从而可以有效地实现 "超分辨", 即使用大尺寸的掩模获得小尺寸的光刻胶图形. 这样可以大大降低制造掩模的难度, 有利于实现超精细的纳米结构的加工. 同时, 由图 19.6(b)[28] 可以看出, 对于菲涅耳区的衍射, 由于光强分布变化太快, 不能通过选择剂量来较大程度地改变曝光图形的尺寸, 并且工艺上也无法保证. 为了获得较大倍率的缩小曝光, 一般需要选择 $N_F < 0.5$ 的夫琅禾费衍射区, 光刻胶上的光强分布变化不快, 可以通过改变曝光剂量来较大程度地改变曝光图形的尺寸, 并且工艺上也有一定的保证. 当 $N_F < 0.5$ 时, 掩模间隙也逐渐变大, 降低了掩模间隙控制的难度, 避免了掩模的损坏, 使得 "超分辨" 工艺有可能走向实用化.

"超分辨" 工艺表现在式 (19.1) 中就是通过减小 k 值来获得很高的曝光分辨率. 图 19.8[30] 给出了 k 值为 0.2 时 X 射线衍射和光电子效应对曝光分辨率的影响. 可以看出, X 射线衍射和光电子效应的共同作用决定了 "超分辨" 工艺的曝光分辨率. 设置不同的掩模间隙, 可以获得不同的曝光分辨率. 对应 15μm 的掩模间隙有可能获得 25nm 线宽. 这与 LIGA 工艺中的影响比较相似, 只是由于两种工艺中的掩模间隙 (光刻胶厚度) 相差很大, 所以最佳的曝光波段不同, 曝光分辨率也有较大不同. 正常的高分辨率 X 射线曝光的分辨率与波长的关系也是与图 19.8 一致的, 其最佳曝光波长为 0.7~1.2nm, 落在软 X 射线波段, 所以通常又称为软 X 射线光刻. 不过由于 k 值较大, X 射线衍射对分辨率的影响的斜率不同, 可实现的最小线宽较大. 当然, "超分辨" 工艺的 k 值较小, 表示其工艺条件苛刻, 工艺宽容性较差.

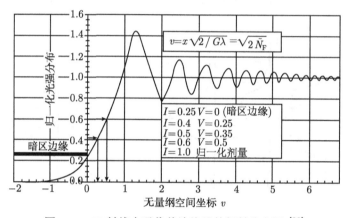

图 19.7　X 射线在吸收体边缘处的衍射分布图 [30]

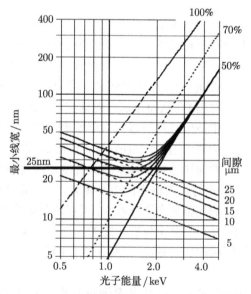

图 19.8　k 值为 0.2 时 X 射线衍射和光电子效应与曝光分辨率的关系 [30]

与 LIGA 工艺中的同步辐射深度光刻一样, 高分辨率 X 射线曝光同样可以利用倾斜与旋转工作台来制作复杂的三维微纳结构. 不过, 由于软 X 射线的穿透深度有限 ($< 10\mu m$), 所获得的微纳结构机械性能会较差.

高分辨率 X 射线曝光技术的优点及不足:

高分辨率 X 射线曝光技术的优越性主要表现在如下两个方面:

(1) 能够制作出高分辨、大高宽比的纳米结构. 高分辨率 X 射线曝光的最大优势就是波长短, 这可以有效地减少衍射对曝光分辨率的影响, 精确复制由电子束光刻加工的吸收体图形. 相对与电子束光刻, 它不仅可以实现批量复制, 大大提高加工效率, 更可以获得大高宽比的纳米结构. 软 X 射线的穿透深度接近 $10\mu m$, 这就意味着制作的纳米结构的高宽比可以达到几十, 有利于提高器件的性能. 对于宽度仅为数百纳米的图形, 其高度可以为数微米. 同时, 其宽度在整个高度上可以保持极高的精度, 这是其他微细加工方法不可能达到的.

(2) 工艺宽容性好. 高分辨率 X 射线曝光具有较大的工艺宽容性. 由图 19.6(b) 可以看出, 当衍射落在菲涅耳区时, 图形边缘处的光刻胶上的光强分布比较陡直, 即使曝光剂量有比较大的变化, 线宽的变化也很小, 其他工艺条件 (如显影阈值) 的变化对线宽影响也不大. 同时, 由于软 X 射线有一定的穿透性, 样品和环境中的灰尘不会影响曝光精度. 所以, 软 X 射线光刻的工艺宽容性很好.

高分辨率 X 射线曝光技术本身也存在不足, 它有很多的固有问题需要解决.

(1) 由于需要同步辐射光, 软 X 射线光刻的成本较高, 而且不容易实现. 较高的工艺、设备成本使得软 X 射线光刻难以适应大批量的生产.

(2) 由于软 X 射线光刻是 1:1 的接近式曝光, 掩模的所有细节 (包括缺陷) 全部都会复制到光刻胶上, 所以掩模的制作要求非常高, 而较大高宽比的吸收体结构不仅制作困难, 制作成本也非常高, 这也大大限制了软 X 射线光刻的应用.

(3) 掩模与样品的间隙是影响软 X 射线光刻曝光分辨率的最主要因素之一, 所以曝光中要求对掩模间隙精确控制. 要获得高分辨的结构通常要求掩模间隙小于 $10\mu m$, 精确控制非常困难. 再加上掩模以及样品本身的不平整, 间隙的控制就更难了. 实际的曝光过程中, 往往会因为掩模间隙过小造成掩模的损坏, 大大减少了掩模的使用寿命, 增加了曝光成本.

19.2.3 X 射线干涉光刻技术

X 射线干涉光刻 (XIL) 是利用两束或多束相干 X 射线的干涉条纹对光刻胶进行曝光, 是一种新型的先进微纳加工技术, 可以开展几十甚至几个纳米周期的纳米周期结构加工.

XIL 技术中目前效果最好的是衍射型 XIL, 图 19.9 是四光栅衍射型 XIL 原理图. 图中掩模板是刻有多个透射光栅的一个基板, 这些光栅一般是由电子束直写方法制作的. 在软 X 射线波段的光束线上用针孔空间滤波, 选择具有足够空间相干长度的光作为次级光源. 这样的光束通过掩模上的分束光栅时由于衍射分成多束光束, 并在样片的光刻胶上产生干涉条纹. 以二光束衍射型 XIL 为例, 干涉条纹周期 $d = p/2m$, p 为分束光栅周期, m 为衍射级次, 即空间频率倍乘, 倍数取决于所选择的衍射级次, 与波长无关. 干涉条纹周期与波长无关这一性质使得同步光的谱宽被充分利用, 大大缩短了曝光时间. 对于单个图案, 电子束刻蚀的结构尺度可以小到 10nm, 但对于高密度 (周期 < 50nm) 且大面积 (mm²) 的图案, 电子束曝光的效果将被电子束的邻近效应所妨碍. 而衍射型 XIL 空间频率倍乘的性质使我们可以从周期为 50~100nm 的电子束刻蚀光栅获得高质量的亚 50nm 的高密度周期性纳米结构[34,35]. 衍射型 XIL 可以方便地实现多光束干涉光刻, 通过掩模板上光栅组合的不同设计产生多种类的周期性结构, 而且占空比等参数可调. 这方面的技术还在不断发展[36~38].

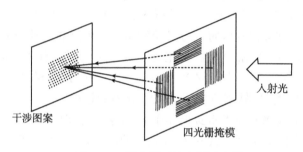

图 19.9 四光栅干涉光刻示意图

以瑞士光源 (SLS) 的 XIL 线站为例, 使用 Calixarene(一种试验中的 EUVL 光刻胶), 条纹线宽已小到 12.5nm[39]. XIL 能够制造大面积 (~mm²) 高密度周期性结构, 尤其是亚 50nm 周期的纳米周期结构的制作上, 相对于其他具有纳米加工能力的方法, 有其独特的优势:

(1) 与激光干涉方法相比, 现有 XIL 所用波长 (13nm)[40] 比激光波长 (193nm 或 157nm) 短得多. 使用激光干涉方法制备的纳米结构周期下限约为 100nm, 而 XIL 目前已达 20nm 左右.

(2) 与电子束直写刻蚀和原子力显微镜刻蚀方法相比, 它没有邻近效应, 能够方便地制作大面积 (~mm²) 高密度周期性结构.

(3) XIL 是并行曝光过程, 它还具有可实用化的投片率.

(4) 与自组装方法比较: 自组装方法生成的结构一般只能做到短程有序, 经常需要模板的引导才能达到长程有序. 实际上, 用 XIL 技术可以制备这样的模板[41]. 另外, 自组装方法对材料的选择有较强的限制, 而 XIL 则可以用任何材料制作周期性图案, 只要它能作为薄膜沉积在基底上.

(5) 与聚焦离子束刻蚀比较: 首先, 与电子束刻蚀相同, 聚焦离子束刻蚀也是缓慢的顺序刻蚀的过程. 其次, 它对刻蚀的结构单元边缘损伤较大. 当结构单元尺度缩小时, 这个影响会增大.

(6) 与纳米压印 (nanoimprint lithography) 比较, XIL 是非接触的, 没有表面粒子污染的问题, 也不会给基底施加应力.

19.3 同步辐射微纳加工的技术要求

19.3.1 同步辐射深度光刻技术要求

同步辐射深度光刻技术是 LIGA 技术的第一步, 也是最为关键的一步, 它是 LIGA 技术高加工精度的来源[42]. 通过同步辐射深度光刻技术获得的光刻胶结构是电铸 LIGA 模具的母模, 它决定了模具以及后续微结构的质量和精度. 一般来说, 实现平行光刻需要三个元素: 光源 (光子束、电子束和粒子束)、掩模和记录介质 (光刻胶). 光子束或电子束照射到掩模上, 按照掩模表面的吸收体组成的图案产生投影, 利用记录介质将投影图案记录下来. 由于记录介质被光子束或电子束照射的部分产生了化学变化, 这样通过显影可以有选择的将被照射部分溶解除掉 (正性光刻胶) 或者将未被照射部分溶解除掉 (负性光刻胶). 图 19.10 是同步辐射深度光刻系统的示意图, 从电子储存环出来的一束同步辐射光经过滤光片后, 照射在掩模后面的样品上, 通过扫描电机带动掩模和样品进行往复运动从而实现二维方向上的曝光. 掩模是由透 X 射线的掩模衬底和不透 X 射线的吸收体组成. 对正胶来说 (如 PMMA), X 射线经过透光区域照射在样品上形成曝光区域, 在曝光区域光刻胶的大分子被打断或裂解, 可溶于相应的显影体系, 留下未曝光区域, 即光刻胶结构; 而负胶 (如 SU8) 的情形则相反, 曝光区域发生分子交联, 在显影时成为保留在相应显影体系中的光刻胶图形.

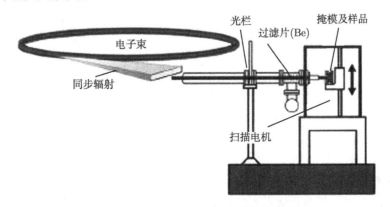

图 19.10 同步辐射深度光刻系统的示意图

1. 光源要求

LIGA 技术的深度光刻, 要求光源具有以下特点:

1) 光子能量高

在深度光刻过程中, 为了保证很高的加工精度, 要求光刻胶层上下表面的曝光剂量不能相差太大, 以便获得宽度上下一致的微结构, 这就要求光子具有很高的能量, 在光刻胶层中的衰减小, 能够透过光刻胶层照射到衬底表面.

同步辐射光谱范围很宽, 在用于同步辐射深度光刻时, 波长较长的光在光刻胶中的穿透性较差, 会造成光刻胶表面的曝光剂量过大, 因此需要将波长较长的部分滤除. 目前用于同步辐射深度光刻的光刻胶主要是 PMMA, 在深度 X 射线光刻工艺中, 对光刻胶表面和光刻胶底面的曝光剂量都有一定要求 (上下表面曝光剂量比小于 6): 底层光刻胶的曝光剂量不能小于 3.5kJ/cm^3, 否则显影无法除净曝光部分; 表面光刻胶的曝光剂量不能大于 25kJ/cm^3, 剂量太大将会导致光刻胶出现裂隙和起泡. 这就要求光刻所用的波段对 PMMA 的透过率比较高, 以便减小光刻胶上下表面的曝光剂量比, 获得高质量的光刻胶微结构. 图 19.11 是 PMMA 光刻胶衰减长度与 X 射线波长的关系. 从图中可以看到, 在 X 射线波段, 波长越短的 X 射线在 PMMA 中的透过率越高, 当光刻胶 PMMA 厚度大于 $1000\mu\text{m}$ 时, X 射线的波长应小于 0.2nm. 因此, 为了得到更大的光刻深度, 就要选择波长更短的 X 射线用于光刻.

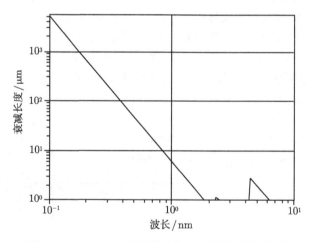

图 19.11　PMMA 衰减长度与 X 射线波长的关系

2) 辐射光强度大

光强是光刻工艺中非常重要的参数, 光源的强度越大, 曝光的效率就越高. 能量为几个 GeV 的电子储存环 (储存电流为几百毫安) 的平均辐射功率可达 100kW

量级, 而最大的旋转靶 X 射线机的平均辐射功率仅 10W 左右. 可见, 同步辐射光是一种强度非常高的光源, 非常合适开展 X 射线光刻工艺.

3) 光的发散角要小

在深度光刻过程中, 由于微结构的高度较高, 为了保证微结构的宽度上下一致, 光的发散角必须要小, 否则将极大地影响光刻所得微结构的精度.

高能电子的辐射是一个沿着轨道切线方向的光锥, 光锥半张角一般小于 1mrad, 其方向性可以和激光的方向性相比. 同时, 在同步辐射中, 波长越短的光, 其发散角越小, 越接近平行光. 所以, 同步辐射 X 射线波段是发散角非常小的准平行光, 可以为获得较好的光刻精度提供有力的保证.

4) 光的稳定性要好

在深度光刻过程中, 光刻时间较长, 经常是数个小时. 在这种情况下, 光的稳定性也非常重要. 虽然曝光剂量是光强与时间的积分, 但如果光的能量、发散角、强度、光谱线分布在曝光过程中有较大变化, 也将影响光刻的质量.

2. 掩模要求

X 射线掩模是同步辐射光刻成功应用的关键, 曝光得到的光刻胶图形质量依赖于 X 射线掩模图形精度, 所以为了保证图形的质量, 对掩模有一定的要求[43,44].

X 射线的特性决定了 X 射线光刻掩模技术与普通光学光刻掩模的情况完全不同, 它应具有对 X 射线足够高的反差 (> 100). 掩模反差一般可由吸收体的反差特性简单地决定, 并等于吸收体透射率的倒数. 对于同步辐射光源而言, 它是一定波长范围内各种波长 X 射线作用的平均结果.

X 射线光刻掩模的制作比光学光刻掩模的制作困难得多, 主要原因是目前找不到一种材料, 使之可像光学掩模上的 Cr 层吸收光一样, 在很薄时就能完全吸收 X 射线; 同时, 也找不到像光学掩模上光学玻璃一样的材料, 使之在比较厚时能对 X 射线有很高的透过率. 因此, 掩模衬底需用原子序数较小的轻元素制作, 而且应有比较好的耐辐照能力、不易变形、和支撑基片黏结牢固等性质. 同时, 为了实现多次曝光, 掩模衬底应该具有较高的可见光透过率. 表 19.1 归纳了 LIGA 技术对掩模衬底和吸收体的要求. 表 19.2 对几种能够用于 LIGA 掩模的衬底材料的性质进行了比较. 由表 19.2 可以看出 Be、金刚石和石墨是比较理想的制作掩模衬底的材料. 但由于 Be 的毒性较大, 所以一般不使用 Be; 而金刚石的表面粗糙度很难满足要求, 在近阶段也难于实用化; 石墨的可见光透过率虽然较差, 但其他性能较好, 目前已在不少实验室中得到应用; 现阶段使用最多的掩模衬底材料还是 Si_3N_4、SiC 和聚酰亚胺等.

表 19.1　LIGA 技术对掩模衬底和吸收体的要求

掩　模　衬　底		掩模吸收体	
X 射线透过率	>50% (0.6~1.0nm)	对比度	> 100 (对 PMMA 而言)
表面粗糙度	r_a <50nm	厚度	1~2μm (中间掩模)
平整度	< ±2μm		10~20μm (工作掩模)
均匀性	< ±5%	内应力	<20MPa
杨氏模量	>100GPa		
热膨胀系数	较小, 与支撑环一致		
化学稳定性	不易氧化		

同步辐射深度光刻中, 曝光剂量比较大, 为了获得足够的掩模反差, 掩模吸收体应采用原子系数较大的重元素制作. 表 19.3 列出可以用于制作掩模吸收体的材料并对它们的性质进行了比较. 可以看出 Au、Ta、W 等都是制作掩模吸收体的良好材料, 现阶段实验室中使用较广的是 Au. 由于 X 射线的强穿透性, 用于同步辐射光刻掩模吸收体的 Au 必须具有一定的厚度, 才能在曝光过程中吸收绝大部分的入射 X 射线, 在光刻胶上形成具有一定对比度的光刻胶图形. 不同胶厚和不同使用波长 (一般 X 射线深度光刻的波长小于 0.7nm), 其吸收体厚度也不同, 一般要求大于 10μm.

表 19.2　各种可用于掩模衬底材料的各种性能

性　　质	Be	金刚石	SiC	Si	石墨	Ti
X 射线透过率	++	+	o	-	+	-
杨氏模量	+	++	+	o	+	o
可见光透过率	–	++	+	o	–	–
表面粗糙度	+	-	++	++	+	+
化学稳定性	o	++	++	++	++	o
背散射电子	++	+	o	o	+	-
无毒性	–	++	++	++	++	++

注: ++: 优良, +: 较好, o: 一般, -: 较差, –: 非常差.

表 19.3　可用于掩模吸收体的几种材料的各种性能比

性　　能		Au	W	Ta	Pt
X 射线吸收系数		++	++	+	++
与衬底热膨胀系数比较	Be	++	-	-	+
	SiC	-	+	+	o
	金刚石	–	++	+	-
	Ti	+	-	-	++
吸收体图形制作	RIE	–	++	++	
	电镀	++	–	–	

注: ++: 优良, +: 较好, o: 一般, -: 较差, –: 非常差.

目前, X 射线掩模的制作路线主要有三种, 如图 19.12 所示. 方法 1 是首先制作 Cr 掩模, 然后采用紫外接触式光刻直接进行 X 射线掩模的复制, 适应于图形精度要求不高的掩模的制作; 方法 2 是首先采用紫外光刻来制作中间掩模 (吸收体为 1~2μm), 然后通过软 X 射线光刻来完成结构复制, 适合于制作吸收体厚且结构精度高的掩模. 如果需要获得微结构精度非常高的掩模, 则要按照方法 3 来制作, 首先利用电子束光刻直接制作中间掩模, 然后通过软 X 射线光刻将电子束光刻的制作精度转移到深度光刻掩模中.

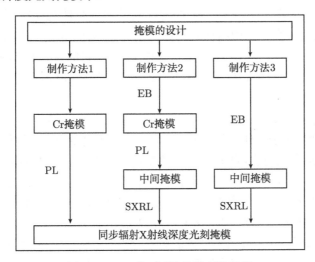

图 19.12   三种不同的掩模制作路线

EB 表示电子束曝光, PL 表示接触式紫外光刻, SXRL 表示软 X 射线光刻

3. 光刻胶要求

用于 LIGA 工艺的光刻胶与一般用于集成电路或半导体光刻工艺的光刻胶在性能要求上不同. 在集成电路或半导体光刻工艺中, 光刻胶的涂层一般很薄 (约几百纳米) , 而在 LIGA 工艺中的光刻胶必须能实现深度 (几百微米甚至几个毫米) 刻蚀, 因此要求光刻胶必须具备良好的光敏性、分辨率以及良好的机械强度, 低应力和与基片良好的黏附性.

目前在 LIGA 工艺中, 一般采用聚甲基丙烯酸甲酯 (PMMA) 正性光刻胶. 要得到较大高宽比的微结构, 光刻胶必须很厚 (数百微米甚至几个毫米), 通常的甩胶工艺难以胜任. 对于厚胶的使用, 目前主要有两种方法. 一种是 1986 年由 Mohr 等[45]提出的原位聚合法 (casting process), 将 30%PMMA 溶于甲基丙烯酸甲酯 (MMA), 同时加入过氧化苯甲酰和二甲基苯胺作引发剂、交联剂, 在基片上浇铸固化成数百微米厚的光刻胶层. 这种方法的优点在于工艺灵活, 能够实现不同分子量分布的

PMMA 聚合物, 同时获得的涂层与基底的黏附性也较好, 但缺点是步骤复杂, 样品制备时间长, 胶体内应力大. 另一种是 1995 年由 Juckel 等提出贴片法 (glue-down process), 直接采用 PMMA 片材, 通过 MMA 单体键合在基片上. 这种方法的优点是工艺简单, 制备快, 并有商用的不同分子量分布的 PMMA 片材可供使用, 缺点是 PMMA 片材与基底的键合强度不够, 容易造成微结构的黏附性问题.

PMMA 光刻胶具有很高的分辨率, 并且在获得金属微结构后可以很容易地去除, 是目前 LIGA 工艺中最主要的光刻胶. 但是, PMMA 的光敏性不高, 曝光效率较低, 针对这方面的不足, Microchem 公司开发了 SU8 负性光刻胶, 也可用于 LIGA 的光刻研究, 实现大高宽比微结构的制作[46,47]. 它的优势在于: ① 光敏性好, SU8 对 X 射线的光敏性比 PMMA 高两个量级以上, 因此它能大大地节约曝光时间, 提高效率; ② SU8 使用方便、显影快速, 机械强度、光学性能都不错, 可用于光刻胶结构的快速成型应用.

SU8 是一种化学增幅型的负性光刻胶, 成膜材料中的多环氧功能团结构使得 SU8 的黏附性明显优于其他厚膜光刻胶. 由于功能团较多, 感光可以导致高度交联, 使得已交联的 SU8 具有良好的抗蚀性, 热稳定性大于 200°C, 因而可以在高温、腐蚀性工艺中使用; 同时, 成膜材料具有良好的物理及光塑化特性, 光刻胶微结构本身就很合适作为 MEMS 的最终产品. 但是, SU8 的高度交联也给去胶带来了很大的困难. 由于光刻胶的溶解性差, 加上很好的化学和热稳定性, 很难找到合适的溶剂来去除胶膜, 这是 SU8 应用中最大的难题. 到目前为止, 还没有发现一种能有效去除交联后 SU8 胶的溶剂, 多采用高温裂解 (600~700°C) 的方式来实现去胶, 这对金属微结构的性能, 如机械强度、硬度都有一定的影响.

4. 影响同步辐射深度光刻精度的因素

在同步辐射深度光刻中, 影响光刻精度的因素比较多. 通过了解这些因素对光刻结果影响的趋势和大小, 可以优化光刻工艺, 提高光刻精度. 影响光刻精度的因素主要包括 X 射线的衍射以及光电子效应、掩模吸收体的倾斜、同步辐射入射光束发散角、X 射线在基底处的二次电子效应以及掩模的畸变效应.

1) X 射线的衍射和光电子效应[48,49]

在同步辐射深度光刻中, 光刻胶的厚度一般为几百微米; 同时为了防止掩模在光刻过程中被损坏, 同步辐射深度光刻多采用接近式光刻, 掩模与光刻胶表面之间也有几十微米的间隙, 因此 X 射线的衍射效应无论对微结构的表面还是底部都有影响, 特别是对小尺寸的微结构. 除了衍射效应会造成微结构尺寸的横向偏差外, 高能的 X 射线带来的光电子效应也会影响微结构横向尺寸. X 射线入射到光刻胶中, 将激发出大量的光电子, 所产生的电子在光刻胶里穿行, 它的能量将最终被光刻胶所吸收, 从而引起光刻胶的曝光. 在靠近掩模边缘的地方, 光电子将进入由掩模覆盖的部分, 从而影响光刻线宽的精度. 图 19.13 为 X 射线衍射和光电子效应对图形精度的影响. 可以看到, 衍射效应引起的微结构的横向偏差与波长的平方根成正比, 波长越短, 图形的横向偏差越小; 光电子效应引起的微结构的横向偏差是与波长的平方成反比的, 波长越短, X 射线产生的光电子的能量越高, 所能影响的区域会越大, 图形的横向偏差也越大. 综合考虑这两种效应, 对于 $500\mu m$ 的光刻胶来说, 最佳 X 射线曝光波长为 0.2nm, 这时的微结构的横向偏差优于 $0.1\mu m$. 由此可以看出, 衍射和光电子效应对微结构的侧壁陡直度影响很小, 可以得到几乎垂直的侧壁.

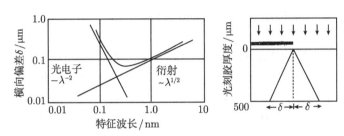

图 19.13 X 射线衍射和光电子效应对图形精度的影响

在同步辐射深度光刻中, 大多的微结构尺度为几十微米到数百微米, 从以上分析可以看到, X 射线衍射和光电子效应引起的微结构尺寸变化较小. 但对于尺度比较小的微结构, 比如齿轮尖、间隙等, 衍射和光电子效应对光刻所得精度影响比较大, 因此在光刻工艺中, 应该根据微结构的尺寸和光刻胶的厚度来选择最合适波长的同步辐射, 以便获得最佳的光刻精度.

2) 掩模吸收体倾斜[50]

由于 X 射线具有很强的穿透性, 为了获得较大的对比度 (>100:1), 吸收体的厚度一般需要 $10\sim15\mu m$. 制作如此厚的吸收体, 很难保证微结构侧壁非常陡直, 特别是利用光学曝光制作的吸收体微结构, 侧壁的倾斜往往会超过 $10°$, 而这对微结构的精度有较大地影响. 由于吸收体的侧壁不垂直, 侧壁部分对 X 射线的吸收会处处不同, 从而造成对应的 PMMA 光刻胶会被部分曝光, 带来微结构的横向尺寸偏差, 降低了光刻的精度. 所以, 为了获得高精度的微结构, 要求吸收体的侧壁陡直, 这就要求采用电子束直写中间掩模、然后利用同步辐射软 X 射线光刻来制作掩模图形.

不过, 吸收体的侧壁总是很难保证完全陡直的. 一个非常有趣的现象是, 吸收体侧壁稍有倾斜时的光刻精度比不倾斜时还要高. 这是由于吸收体侧壁的倾斜, 改变了 X 射线在吸收体边缘的相位和振幅, 使掩模有类似于相移掩模的作用, 从而改变了光刻的精度和侧壁的陡度. 当然, 这里吸收体侧壁的倾角只有在一个很小的范围内变动才是有利于提高光刻精度的, 而且提高的程度也很有限, 所以, 掩模的制作工艺中总是要求尽量地提高吸收体的侧壁陡直度.

3) 同步辐射入射光束发散角

为了得到侧壁陡直的微结构, 入射光束最好是平行光, 但是在光刻过程中用到的同步辐射光本身有一定的发散角, 并非绝对的平行光. 同步辐射中, 辐射只集中在向前的一个极小的圆锥内, 该圆锥的轴为圆形轨道的切线, 特定波长同步辐射的半顶角可以根据同步辐射装置的参数来计算. 在同步辐射中, 波长越短的光, 其发散角越小, 越接近平行光. 对于 X 射线深度光刻来说, 所用到的波长范围一般 <0.7nm, 发散角非常小. 因此, 同步辐射的本征角发散可以不予考虑, 认为是完全的平行光, 基本不影响光刻精度.

4) X 射线在基底处的二次电子效应[51,52]

X 射线不仅会在光刻胶中产生大量的光电子, 造成微结构横向尺寸的偏差, 还会透过光刻胶与基底物质作用, 激发出二次电子, 使得非曝光区的底层光刻胶也会部分曝光, 影响光刻精度. 一般来说, 基底处产生的光电子带来的曝光剂量较小, 远低于光刻胶可被显影的阈值, 不会对微结构产生影响. 但是, 如果入射的 X 射线波长很短, 那么大部分 X 射线将穿透光刻胶层与基片作用, 给非曝光区的底层光刻胶带来较大的曝光剂量, 在后续的显影过程中, 由于这部分光刻胶被显影会造成微结构与基片的附着力大大降低, 线宽较小的微细结构 (通常也是图形比较密集处) 甚至会脱落. X 射线波长越短, 这种情况就越严重, 并且不能通过增加吸收体的厚度来缓解.

5) 掩模的畸变效应[53]

同步辐射掩模的衬底材料虽然对 X 射线有很高的透过率, 但是同步辐射深度光刻一般时间比较长 (几小时), 加上曝光大多都在真空环境下进行, 所以由于其自身的吸收引起的热效应也不容忽视. 特别是那些导热性能不好的衬底材料, 曝光过程中的温升能达到几十摄氏度, 这会造成掩模的畸变, 影响光刻精度. 所以, 同步辐射深度光刻过程中, 不仅需要通过样品架来冷却样品和掩模, 还需要在曝光腔中通入导热系数非常大的氦气来冷却掩模表面.

5. LIGA(同步辐射深度光刻) 光束线站

为了有效地实现同步辐射深度光刻, LIGA 光束线的基本要求如下: 从同步辐射储存环中引出光束, 通过滤波获得所需的曝光波长, 同时确保同步辐射储存环的真空安全; LIGA 实验站的基本要求为: 确保入射光束与样品的垂直, 能够获得所需的均匀曝光面积.

LIGA 光束线的设计与光源的特征波长是密切相关的. 在同步辐射深度光刻中, 由于衍射和光电子效应, 对于特定的光刻胶有对应的最佳曝光波长. 如果光源中高能 X 射线含量较低, 为了获得最佳的曝光波长, 光束线的主要功能是要滤去大部分低能入射光, 使得到达样品的同步辐射主要波段在最佳曝光波长附近, 滤波系统多采用吸收薄膜来滤波; 如果光源中高能 X 射线含量较高, 光束线的主要功能是要分别滤去高能和低能入射光, 使得到达样品的同步辐射主要波段在最佳曝光波长附近, 滤波系统通常采用反射镜通过掠入射对高能 X 射线进行滤波, 同时采用吸收薄膜对低能入射 X 射线滤波. 前者, LIGA 光束线中没有光学元件, 结构相对比较简单; 后者, LIGA 光束线中包含镀有各种反射膜的反射镜, 并且需要精确控制掠入射角, 结构相对复杂. 目前, 国际上两种设计的光束线都有, 以前者居多, 本节中主要介绍前一种光束线, 后一种与高分辨率 X 射线光刻的光束线比较接近, 将在后续章节中介绍.

典型的 LIGA 光束线站的结构如图 19.14 所示[54]. 光束线的滤波系统一般含有两个铍窗和一个吸收薄膜腔. 其中, 靠近光源的铍窗主要用于对较长波长的吸收, 承担主要的热负载, 一般需要冷却; 靠近光束线末端的铍窗不仅具有滤波的功能, 还能实现光束线和实验站的真空隔离. 经过这两个铍窗的滤波, 到达样品处的 X 射线一般已经符合同步辐射深度光刻的要求. 但是, 由于不同的 MEMS 对加工工艺的要求千差万别, 所需的光刻胶的种类和厚度也有很大不同, 因此, 对应的需要精细地调整入射光束的波长范围, 以便获得最佳的曝光结果. 光束线上的吸收薄膜腔通常包含一组不同厚度的薄膜, 根据光刻胶种类和厚度的不同来计算所需的吸收薄膜的厚度, 然后通过导入机构将薄膜导入光路中来实现滤波, 满足光刻精度和光刻效率的需要.

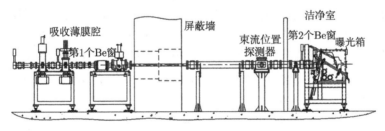

图 19.14　LIGA 光束线站示意图

LIGA 光束线的结构比较简单, 而 LIGA 实验站则相对比较复杂. 为了实现同步辐射深度光刻, 要求 LIGA 实验站能够提供所需的均匀曝光面积. 同步辐射 X 射线在垂直方向上的发散角很小, 即使经过很长的光束线垂直方向上宽度仍然很窄, 难以提供足够的曝光面积; 同时入射 X 射线强度又有一定的分布, 需要通过均匀化来保证曝光的均匀性. 所以, LIGA 实验站大多采用移动 (样品/掩模) 法来获取所需的均匀的曝光面积, 这就要求运动机构能够提供非常匀速的运动, 避免造成各处的曝光剂量不同. 同时, 样品在运动过程中要与入射 X 射线保持垂直, 这也对运动机构的运动精度提出了很高的要求. 当然, 为了获得复杂的三维微结构, 样品台还需要有倾斜、旋转和对准等功能. 由于 LIGA 技术加工的微结构一般尺寸较大, 所以深度光刻中大多以离线对准为主, 较复杂的在线对准较少采用. 目前, 国际上不少 LIGA 实验站都采用商业化的扫描曝光系统来实现同步辐射深度光刻, 常用的是 JenOptik 和 Oxford 两家公司的产品. 相对于自己设计和加工的扫描曝光系统, 这些商品化的设备可以提供更好的工艺稳定性.

同步辐射深度光刻可以在大气或真空环境中进行. 大气环境中掩模可以很好散热, 但 X 射线的吸收较严重, 并且在大气环境中曝光会对掩模和铍窗的使用寿命产生影响; 真空环境中掩模不能很好散热, 掩模的畸变效应明显. 所以, 目前大多在氦气氛中进行曝光, 氦气对 X 射线的吸收较小, 同时又具有很好的导热本领, 可以有效地冷却掩模, 减小畸变.

19.3.2　高分辨率 X 射线光刻技术要求[55]

高分辨率 X 射线光刻与 LIGA 技术中同步辐射深度光刻具有比较相似的技术要求, 下面分别从光源、掩模和光刻胶三方面进行讨论.

1. 光源要求

(1) 合适的光子能量. 上节中提到, 从曝光分辨率来考虑, 受衍射和光电子效应的影响, 高分辨率 X 射线光刻的最佳曝光波长为 0.7~1.2nm. 实际的曝光工艺中, 曝光波长的选择还需要考虑光刻胶对 X 射线的吸收效率. 如果选择的曝光波长与光刻胶的感光波长不匹配, 则大量的入射光将消耗在传输过程中, 最终转化为热能. 不仅影响曝光效率, 还会因为热效应带来的形变而影响曝光精度. 光刻胶的感光能谱可以通过 "掩模-光刻胶滤波函数" 来决定[56], 通常的感光能谱在 1~2keV. 只要选择的曝光波长与感光能谱相匹配, 就可以很好地利用 X 射线, 获得最佳的曝光效率. 可以看出, 光刻胶的感光能谱与可获得最佳曝光分辨率的波长相匹配, 所以, 合适的曝光波长为 0.7~1.2nm.

(2) 辐射光强度大. 光源的强度越大, 曝光的效率就越高. 同步辐射是一种亮度非常高的光源, 非常合适开展软 X 射线光刻工艺.

(3) X 射线的发散角要小. 为了减小由于入射 X 射线的不平行入射在光刻胶上形成的半阴影, 要求光源的发散角必须要小. 同步辐射软 X 射线波段是发散角非常小的准平行光, 半阴影通常在 1nm 左右, 对曝光精度的影响很小.

2. 掩模要求

掩模是软 X 射线光刻技术中最关键的部分. 由于软 X 射线光刻是 1:1 的接近式曝光, 为了实现很高的曝光分辨率, 对掩模的要求非常高, 制作比较困难. 软 X 射线光刻对掩模衬底材料和吸收体材料的要求与 LIGA 技术比较相似, 大多采用相同的衬底和吸收体材料. 掩模衬底材料多采用 Si_3N_4、SiC 和聚酰亚胺等, 吸收体材料为 Au、Ta、W 等. 由于软 X 射线的穿透性不强, 为了减少掩模衬底的吸收, 薄膜的厚度一般不超过 1μm. 为了增大掩模的反差, 通常要求吸收体越厚越好. 由于高分辨 X 射线光刻中需要复制的结构非常小, 很厚的吸收体就意味着结构的高宽比很大, 而制作大高宽比的纳米结构是电子束光刻难以胜任的. 所以, 吸收体的厚度通常小于 500nm. 可以看出, 掩模能够提供的反差一般只有 10 左右, 曝光过程中吸收体下的光刻胶也会有一定程度地曝光. 所以, 一般选用较弱的显影条件来获得较高的曝光分辨率.

掩模的制作可以通过两种方式来实现. 首先都是在基片上制作掩模衬底薄膜, 一种是直接在薄膜上曝光、电铸来获得吸收体结构, 然后从基片背面腐蚀至衬底薄膜, 获得曝光窗口. 这种方法制作过程相对标准, 但由于薄膜和金属微纳结构在制作过程中都会有内应力, 如果两者的内应力不匹配, 在薄膜释放过程中可能会因为应力集中引起结构松动甚至脱落或者薄膜开裂, 造成掩模制作的失败. 另一种是先从背面腐蚀基片, 开好窗后, 在窗口上进行曝光、电铸来获得吸收体结构. 这种方法由于先开窗, 薄膜的内应力已经释放, 所以一般不会因为金属结构的内应力造成结构的破坏. 但是, 薄膜厚度通常只有 1μm, 很容易破损, 所以整个制作工艺需要非常小心. 由于前一种加工方式中的主要问题出现在最后一步工艺中, 而且湿法开窗无法很好地进行控制, 所以目前后一种加工方式使用相对较多. 可以看出, 两种方式都存在较大的制作难度, 成品率很低, 所以目前国际上只有很少研究机构提供高分辨率 X 射线光刻掩模的加工, 而且价格非常昂贵, 这大大限制了软 X 射线光刻技术的应用.

3. 光刻胶要求[57,58]

一般认为, 光刻胶对软 X 射线的感光机理和它对电子束的感光机理基本一致. 不同的是, 电子束曝光过程中, 入射电子束直接与光刻胶分子作用, 引起化学键的断裂或结合; 软 X 射线曝光过程中, 光刻胶分子与入射 X 射线作用形成激发态, 产生大量的二次电子, 然后这些二次电子再与光刻胶分子作用, 引起化学键的断裂或结合. 所以, 一般对电子束敏感的光刻胶都可以用于软 X 射线光刻. 最常用的光刻胶是 PMMA. 到目前为止, 最早使用的 PMMA 仍然是分辨率最高的光刻胶. 同时, 它的对比度也很高 (大于 10), 可以适应掩模提供的反差, 适合大高宽比纳米结构的制作. 但是, 它的缺点也比较明显: 灵敏度低, 曝光效率不高; 不耐等离子刻蚀, 不适合用做干法刻蚀的掩模. 为了改善光刻胶的性能, 后来又逐渐发展了一些新的光刻胶, 极大地提高了光刻胶的灵敏度和耐干刻性. 常用的有 ZEP520 和化学放大胶 SAL601.

4. 影响高分辨率 X 射线光刻精度的因素

软 X 射线光刻适合制作大高宽比的纳米结构, 加工精度非常高. 19.3.1 节中提到, X 射线的衍射以及光电子效应、同步辐射入射光束发散角等对曝光分辨率的影响都比较小, 理论上, 其曝光分辨率可以优于 20nm. 但在实际的曝光工艺中, 仍有一些因素限制了其加工精度, 使得高分辨率的实现非常困难. 这些因素主要包括掩模间隙的控制和掩模的畸变效应[59].

由式 (19.1) 可知, 为了实现高分辨率 X 射线光刻, 要求掩模间隙尽可能的小 (小于 10μm). 但由于掩模的机械强度很低, 与样品接触往往会造成掩模的破损, 加上掩模以及样品本身的不平整, 使得掩模间隙的控制非常困难. 特别是比较大的样品, 由于需要分步重复曝光, 样品与掩模之间有相对运动, 掩模间隙的控制就更困难了. 这往往需要借助控制精度非常高的工作台来实现, 设备成本非常高.

掩模的畸变效应对光刻精度的影响也很大. 掩模的畸变会被软 X 射线 1:1 地复制到光刻胶上, 造成很大的曝光缺陷, 严重影响光刻精度. 掩模的畸变有两个来源: 内应力和外应力. 内应力来自于掩模衬底薄膜和金属吸收体结构的制作过程. 由于制作工艺中衬底薄膜的内应力已经事先从基片上释放, 所以主要的内应力来自于金属吸收体图形的沉积工艺. 实验中可以通过改善沉积工艺减小金属吸收体层的内应力, 通过优化图形设计减小吸收体结构的局部应力. 外应力包括间隙控制和掩模固定过程中的外力以及曝光过程中由于温度变化引起的热应力. 掩模的安装过程中的任何挤压都会产生应力, 引起掩模形变, 影响光刻精度. 这种应力也可以借助高精度的工作台来消除. 掩模在曝光过程中的温升来自于其对软 X 射线的吸收, 可以通过增强冷却来减小温升、消除热应力带来的掩模畸变.

5. 高分辨率 X 射线光刻光束线站

高分辨率 X 射线光刻光束线站的基本要求如下[60]: 从同步辐射储存环中引出光束, 通过滤波获得所需的曝光波长, 在样品处获得所需的均匀曝光面积, 同时确保同步辐射储存环的真空安全.

为了获得很高的曝光分辨率, 软 X 射线光刻光束线的主要功能是要分别滤去入射光中高能和低能部分, 尽可能多地保留合适的曝光波段 (0.7~1.2nm). 滤波系统通常采用反射镜通过掠入射对高能 X 射线进行滤波, 同时采用吸收薄膜对低能入射光滤波, 使得到达样品的同步辐射主要波段在最佳曝光波长附近.

典型的软 X 射线光刻光束线光路示意图如图 19.15 所示. 为了有效地过滤低能入射光, 通常在光路中添加 Be 窗进行高通滤波. 与 LIGA 光束线不同的是, 由于所需的曝光波长在软 X 射线波段, 而 Be 窗对软 X 射线的吸收也比较严重, 所以光路中的 Be 膜一般都比较薄, 不能很好承担隔离真空的作用. 同步辐射储存环的真空度一般都很高 (10^{-7}Pa), 而曝光处真空度都比较低, 为了便于曝光并确保储存环的真空安全, 光束线中一般都有比较长的差分段来有效地进行真空过渡.

对于高能的 X 射线, 通常采用镀膜的平面反射镜通过掠入射进行低通滤波. 不同的膜层配合不同的掠入射角可以获得不同的反射光谱, 目前使用较多的膜层有 Au、Cr、Rh、SiC 等, 通常的掠入射角为 1° 左右, 可以根据不同的入射光来选择对应的膜层和掠入射角, 精细调节到达样品处的同步辐射波段和功率. 同步辐射在垂直方向上为高斯分布, 为了获得均匀的曝光, 需要在垂直方向上进行扫描. 常用的扫描方式有两种: 光源扫描和样品扫描, 各有优缺点. 光源扫描包括摆动反射镜法和移动反射镜法. 摆动反射镜法是通过旋转平面反射镜进行扩束和光束均匀化, 在样品处形成均匀的曝光. 其优点是结构简单, 容易控制; 缺点是由于平面反射镜的旋转, 使得样品与掩模无法与入射光保持垂直, 带来一定的半阴影, 同时不同的掠入射角对应不同的反射光谱, 影响光束的均匀性. 移动反射镜法是通过平面反射镜的平移进行扩束和光束均匀化. 其优点是在曝光过程中掠入射角不变, 可以提供平行光束; 缺点是在掠入射状态下进行反射镜平移, 要求反射镜的尺寸要很大, 工程实施上有一定困难. 从图 19.15(a) 可以看出, 光束线中采用一块反射镜, 则要求光束线与光源有一定夹角, 实际设计中为了获得较大的曝光面积一般光束线都比较长, 这不利于光束线站的排布和运行; 同时, 靠近光源的反射镜如果出现不均匀运动, 则会在远离光源的样品处形成较大面积的不均匀. 所以, 也有不少光束线采用两块反射镜来滤波和扩束 (图 19.15(b)), 通过固定反射镜位置来固定反射光谱, 同时可以保证出射光与入射光平行. 采用凸面反射镜可以通过扩束在样品处获得足够大的曝光面积, 整个光路中没有运动部件, 可以减少机械运动带来的影响; 采用凹面反射镜对入射光有一定的聚焦作用, 可以减小光束线截面, 有利于真空差分系统的实现, 但需要通过样品扫描获得足够大的均匀曝光.

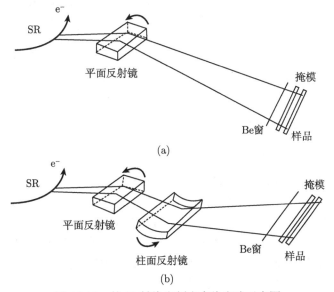

(a)

(b)

图 19.15　软 X 射线光刻光束线光路示意图

　　目前, 国际上软 X 射线光刻光束线上大多采用摆动反射镜法来实现扩束, 也有一些采用双反射镜系统. 还有一些实验室, 将软 X 射线光刻光束线与 LIGA 光束线从同一个同步辐射出光口引出, 并共用一个实验站. 如图 19.16[61] 所示, 将第一块反射镜提起, 则光路中没有光学元件, 到达样品处同步辐射在硬 X 射线波段; 放下反射镜, 则光路中为双反射镜系统, 可以保证到达样品处的软 X 射线与样品垂直.

　　软 X 射线光刻实验站的主要功能是进行分步曝光和套刻对准. 从光束线引出的软 X 射线曝光面积一般为 30mm×30mm 左右, 难以满足大尺寸样品, 所以要求曝光台能够进行精确的往复运动, 实现多次分步曝光. 纳米图形的对准套刻, 要求曝光台的对准精度很高, 其加工的难度很大, 成本也非常高. 如果系统采用样品扫描的方式来获得均匀的曝光, 则要求曝光台还要加上扫描功能, 其加工的难度就更大了, 这也是为什么大多数实验室采用光源扫描的原因. 目前, 国际上不少软 X 射线光刻实验站采用商业化的曝光系统来实现软 X 射线光刻, 常用的有 Karl Suss、SVGL 和 Canon 等公司的产品. 当然, 如果采用单次曝光模式, 则曝光台就相对简单, 主要考虑的是如何控制掩模间隙, 所以也有不少实验室采用这种方式来进行软 X 射线光刻.

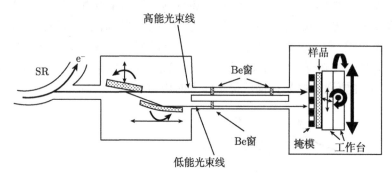

图 19.16　X 射线光刻光束线 (共用出光口) 光路示意图

19.3.3　X 射线干涉光刻技术要求

1. 光源的要求以及相关实验装置

　　XIL 需要高亮度相干 X 射线光源, 这正是第三代同步辐射装置的优势所在, 它的应用也拓宽了第三代同步辐射光源的应用领域. 图 19.17 和 图 19.18 是瑞士光源 (SLS) 上的 XIL 线站示意图. 图 19.17 为 XIL 光束线[62], 它为另一条软 X 射线的分支线. 图 19.18 为实验站核心设备 -XIL 曝光腔[63]. 曝光腔的主要功能是在高真空环境下实现光束的分束、叠加, 以及在光刻胶上形成干涉图案. 其中核心部件是掩模–样品精密平台组合. 该曝光腔采用衍射 XIL技术.

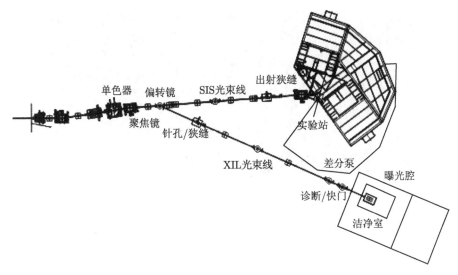

图 19.17　瑞士光源 (SLS) 上的 XIL 分支线

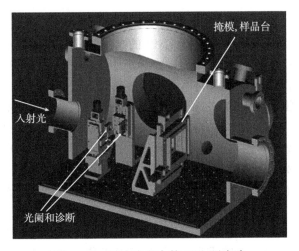

图 19.18　瑞士光源上的 XIL 曝光腔

2. 掩模技术要求

XIL 掩模就是将软 X 光分束以用于形成干涉条纹的装置. 使用透射光栅的衍射进行分束获得的光场质量比用反射镜分束的好. XIL 技术中一般在一个基底上用电子束刻写多个这样的光栅 (图 19.9). 若要获得上面所说的高密度 (亚 50nm 周期) 的大面积 (~1mm²) 的图案, 分束光栅周期将在 100nm 以下, 面积约为 1mm². 这样的光栅一般需用较高档的电子束曝光机才能实现.

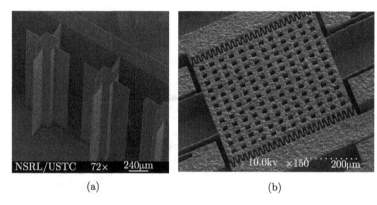

图 19.19   LIGA 技术制作的大高宽比微结构

19.4   同步辐射微纳加工技术的研究现状及展望

19.4.1   LIGA 技术

LIGA 技术非常适合于制作有高精度要求的、具有大高宽比结构的微电子机械, 特别是微惯性 MEMS、微光学 MEMS 的制作. 目前已用于微传感器、微电机、微制动器、微机械零件、集成光学和微光学器件、微波器件、电真空器件、微医疗器械、微流体组件、各种层状和片状微结构等的制造[64~69].

大高宽比的微惯性器件在很多特殊领域有着广泛的应用, 它的器件性能主要取决于微结构的几何尺寸, 优良的器件性能来自于微结构大的高宽比. LIGA 技术特别适合进行大高宽比微结构的制作, 如图 19.19(a) 所示, 微结构的高度超过 1mm, 线宽为 10μm, 高宽比超过 100. 这可以大大提高惯性器件的性能, 满足特殊条件下的应用. 图 19.19(b) 中为加速度传感器, 器件的性能取决于四个悬臂梁的高宽比, 很多应用于特别大加速度测量的器件只能依靠 LIGA 技术来制作.

LIGA 技术也特别适合对加工精度要求非常高的微光学器件的制作. 同步辐射深度光刻制作的微结构不仅侧壁陡直性好, 表面粗糙度也非常小 (小于 20nm). 图 19.20(a)[70] 为利用 LIGA 技术制作的自聚焦反射光栅, 它是已经商品化的微型光谱仪的核心元件. 微结构的侧壁为反射光栅面, 对面型和表面粗糙度要求都很高, 目前也只有 LIGA 技术可以胜任. LIGA 技术的一个优势是可以制作三维复杂结构, 典型的应用是制作三维光子晶体. 图 19.20(b)[71] 为简单立方的三维光子晶体, 它利用三次对准同步辐射深度曝光, 克服了掩模阴影效应的影响, 不仅可以获得接近真三维的光子晶体结构, 还可以方便地实现缺陷的添加.

LIGA 技术起源于德国, 在德国发展得最为成熟, 研究和应用水平最高, 已经研制出多种微结构元件或微系统, 有些已经商业化. 美国以及一些欧盟国家也有较高

的研究和制造水平. 国内也很早就开展了 LIGA 技术研究, 北京高能物理所和国家
同步辐射实验室经过多年的基础工艺和应用器件的研究, 已经基本能够满足用户提
出的加工要求. 同时, 他们还对 LIGA 技术进行了拓展, 分别开发了一些特色的加
工技术, 取得了一些较好的结果[72,73].

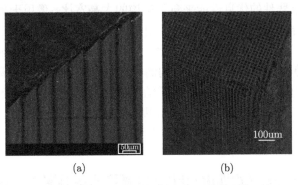

(a)   (b)

图 19.20   LIGA 技术制作的微光学器件

LIGA 技术的研究及应用已经超过 20 年. 20 多年来, LIGA 技术给微纳加工带
来了很多惊喜, 大大拓宽了微纳加工的加工能力, 完成了很多以前无法实现的三维
大高宽比复杂结构的制作, 成为一种不可替代的加工手段. 但是, 近几年来, LIGA
技术研究及应用似乎停止了前进的步伐, 相关文献和报道越来越少, 一些同步辐射
装置上的 LIGA 线站也停止了运行. 造成 LIGA 技术现状的主要原因有两点: 一
是 MEMS 的需求不旺. 目前, 大多数 MEMS 器件不需要 LIGA 这样高的加工精
度, 硅加工技术基本可以满足其需要. 没有需求, LIGA 技术应用的动力不足; 二是
LIGA 技术本身的不足, 有很多固有问题需要解决, 造成加工工艺的不稳定, 难以满
足 MEMS 加工的需求. 针对这些问题, 一个有效的方法是大力发展高精度、大高
宽比 MEMS, 坚持以发展 LIGA 技术来带动用户需求, 通过深化 LIGA 技术来解决
加工问题. 同时, 还应该看到, 由于商业机密以及国家安全的原因, 基于 LIGA 技术
的不少产品一直处于低调生产状态, 所以相关文献和报道很少. 德国目前刚刚建造
完成一条自动化的 LIGA 装置也是一个很好的证明. 所以, LIGA 技术的前景并不
暗淡, 关键是如何很好地利用它所具有的不可替代的技术优势.

19.4.2   高分辨率 X 射线曝光技术

高分辨率 X 射线曝光技术曾经作为下一代光刻的主要候选技术之一被大规模
的开发. 到 20 世纪 90 年代中期, 软 X 射线曝光技术已经基本成熟, 相配套的设备
也逐渐商品化, 多种集成电路芯片逐步利用软 X 射线曝光技术被实现. 虽然由于
工艺成本等问题软 X 射线曝光技术最终未能走入产业化进程, 但是由于其自身的
技术优势使得其在纳米器件的批量复制中仍然发挥着很大作用. 国家同步辐射实

验室、中国科学院高能物理所和微电子所也较早就开展了相关的工艺和器件研究,已利用高分辨率 X 射线曝光技术实现了多种纳米器件的批量复制, 为相关的国家需求提供了有力的技术支持.

高分辨率 X 射线曝光技术非常适合于制作具有大高宽比的纳米结构[74~77] (图 19.21). 很多纳米器件的优良性能来自于结构的大高宽比. 像用于高频通讯的砷化镓器件, 其栅极的高宽比决定了其性能; 用于 X 射线显微的波带片, 其最外环的宽度和高宽比决定了其分辨本领和衍射效率. 在特种半导体器件、纳米光学器件以及高能诊断器件等具有大高宽比纳米结构的器件研制中, 软 X 射线曝光技术逐步成为一种不可替代的加工手段. 但是, 由于纳米器件的研制工作大多还处在初步研究阶段, 较高的加工成本使得对软 X 射线曝光技术的需求长期不足. 相信随着纳米科技的逐渐发展, 这种情况会逐步改善, 软 X 射线曝光技术的技术优势将得到很好的应用.

$$(a)\qquad\qquad\qquad\qquad (b)$$

图 19.21   软 X 射线光刻制作的大高宽比纳米结构

(a) 厚度 2μm, 线宽 300nm; (b) 厚度 5μm, 线宽 250nm

19.4.3   X 射线干涉光刻技术

用 XIL 技术制备的周期性结构已经成功地用于磁点阵[78]、纳米光学器件 (如 UV 波段起偏器、光子晶体等)、自组织导向模板 (如胶体、共聚物、量子点阵的自组织生长)、量子点阵、X 射线显微用波带片、纳米嫁接等领域. 这些应用领域都是当前科学技术发展的前沿. 在工业应用方面, XIL 可以成为 EUVL 光刻胶研究的重要检测工具. 目前, 上海光源正在建设 XIL 分支线站, 拟在国内开展这方面的技术及应用研究.

1. 纳米光学器件 (如 UV 波段起偏器、光子晶体等)

以金属线光栅起偏器为例, 间隙小于二分之一波长的金属线光栅可以用作起偏器: TM 波可以通过金属线间隙形成的波导, 而 TE 波不能. 两层紧密相靠而又适当错位的光栅可以通过调节 Fabry-Perot 干涉和近场耦合进一步增强偏振度.

Ekinci 等在石英基底上用 XIL 制作了 20~90nm 的 PMMA 的周期性条纹, 占空比
为 0.3~0.5. 然后直接将铝热蒸镀在其表面, 很方便地制成了 UV 波段双层金属线
光栅起偏器 (图 19.22)[79]. 通过调节两层光栅的间隙和错位程度, 得到了 50%的
TM 波透过率和 40dB 的偏振度. 更重要的是, 使用 XIL 工艺可以方便地将此起偏
器集成到集成光学器件中.

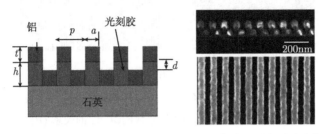

图 19.22　用衍射型 XIL 和热蒸镀方法相结合制作的双层金属线光栅起偏器

2. 自组装导向模板 (如胶体、共聚物、量子点阵的自组装生长)

这方面目前是 XIL 应用最多的领域. 图 19.23 说明了利用 XIL 制作的模板进
行共聚物导向自组装的结果[41], 给出了模板上的条纹间距 L_s 与无模板引导时的自
组装条纹间距 L_0 的关系: $L_s = L_0$ 时, 模板可以完美地引导该共聚物的自组装过
程; $L_s \neq L_0$ 时, 两者的冲突将导致缺陷.

另一个例子是 Si 基底上 Ge 量子点的引导生长. Si-Ge 材料体系的自组装近
些年引人注目, 因为它有可能用于许多新型器件的制造. 在自组装过程中 Ge 点阵
单元成核位置需要精确定位, 需要使用亚 100nm 的模板. 而用 XIL 制备的模板具
有内在的严格周期性, 再加上大面积和快速并行曝光的优点, 很适合在 Si-Ge 自组
装器件大规模制造中使用. Käser 等利用这样的模板和分子束外延生长 Ge 量子点.
结果显示模板能够有效地约束 Ge 的生长.

目前 XIL 技术商业化应用尚未大规模展开, 但已有小规模的商业开发.

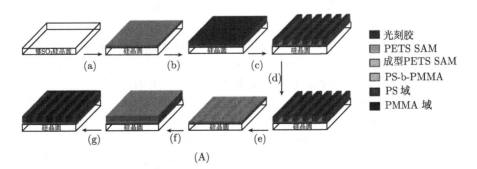

无模板引导时表面　　　　　有模板引导时表面 $L_s = L_O$

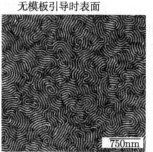

对称性聚合物(苯乙烯-b-异丁烯酸甲脂) $L_0 \sim 48$nm

(B)

图 19.23　利用 XIL 制作的模板进行共聚物导向自组装实验的过程 (A) 及模板上的条纹间距 L_s 与无模板引导时的自组装条纹间距 L_0 的关系 (B)

(A) 表示利用化学方法制作纳米周期模板表面, 研究块状共聚领域的外延自组装. (a) PETS SAM 沉积在硅晶圆表面; (b) 光刻胶旋涂在 SAM 衬底上; (c) 用 XIL 制作各种占空比和周期的条纹; (d) 在氧气氛中, 利用软 X 射线照射 SAM 表面上样品, 将光刻胶区间的形状定型转化为化学定型; (e) 用溶剂反复清洗, 除去光刻胶; (f) 将对称的薄片形 PS-b-PMMA 共聚物旋涂在模板 SAM 表面; (g) 利用热处理, 直接在表面形成块状共聚物. 表面上化学处理的区域出现氧分子极性基, 并被 PMMA 选择性浸润, 未被处理的区域呈现中性浸润行为

刘　刚　吴衍青

参 考 文 献

[1] Mehregany M, Tai Y C. Surface micromachined mechanisms and micromotors. J Micromech Microeng, 1991, (1): 73–85.

[2] Van Zant P. Microchip Fabrication: A Practical Guide to Semiconductor Processing. 3rd Edition. McGraw-Hill, 1997.

[3] Masuzawa T, Kuo CL, Fujino M. A combined electrical machining process for micronozzle fabrication. CIRP Annals - Manufacturing Technology. 1994, 43: 189–192.

[4] Tonshoff H K, Courtois B, Crary S B, et al. Precision machining using UV and ultrashort pulse lasers. SPIE, 1999, 3680: 536–545.

[5] Xia Y, Whitesides G M. Soft lithography. Angew Chem Int Ed, 1998, 37: 550–575.

[6] Smith H I, Spears D L, Bernacki S E. X-ray lithography: a complementary technique to electron beam lithography. J Vac Sci Technol, 1974, 10: 913–917.

[7] Dellaguardia R, R. DellaGuardia, C. Wasik D, et al. Fabrication of a 64Mbit DRAM using X-ray lithography. SPIE, 1995, 2144: 112–125.

[8] Becker E W, Ehrfeld W, Hagmann P, et al. Fabrication of microstructures with high aspect ratios and great structural heights by LIGA process. Microelectronic Engineering,

1986, 4: 35–56.

[9] Ehrfeld W, Munchemye D. Three dimensional microfabrication using synchrotron radiation. Nucl Instrum Methods Phys Res, 1991, A303: 523–531.

[10] Munchmeyer D, Langen J. Manufacture of three dimensional microdevices using synchrotron radiation. Rev Sci Instrum, 1992, 63: 714–721.

[11] Guo Y, Liu G, Tian Y, Investigation on overplating high-aspect-ratio microstructure. SPIE, 6109, 61090M (2006).

[12] Liu G, Huang X L, Xiong Y, et al. Fabricating HARMS by using megasonic assisted electroforming. Microsystem Technologies, 2008, 14(9–11): 1223.

[13] Zhang P, Liu G, Tian Y, et al. The properties of demoulding of Ni and Ni-PTFE mould insert. Sensors and Actuator, 2005, A118: 338–341.

[14] Piotter V, Bauer W, Hanemann T, et al. Replication technologies for HARM devices: status and perspectives, Microsyst Technol, 2008, 14: 1599–1605.

[15] Worgull M, Hetu J F, Kabanemi K K, Heckele M, Modeling and optimization of the hot embossing process for micro- and nanocomponent fabrication. Microsyst Technol, 2006, 12(10–11): 947–952.

[16] Burbaum C, Mohr J, Bley P. Fabrication of capacitive acceleration sensors by the LIGA technique. Sensor and Actuators, 1991, A25-27: 559–563.

[17] Marques C, Desta Y M, Rogers J, et al. Fabrication of high-aspect-ratio microstructures on planar and nonplanar surfaces using a modified LIGA process. J Mems, 1997, 6(4): 329–336.

[18] Ehrfeld W, Bauer H D. Application of micro- and nanotechnologies for the fabrication of optical devices. SPIE, 1998, 3276: 2–14.

[19] Ramotowski M R, Johnson E D. Automated micromachining at the NSLS. AIP Conference Proceedings, 2000, 521: 147–150.

[20] Bley P. The LIGA process for fabrication of three-dimensional microscale structure. Intedisc Sci Rev, 1993, 18: 267–271.

[21] Feinerman A D, Lajos R E, Denton D D, et al. X-ray lathe: an X-ray lithographic exposure tool for nonplanar objects. J Mems, 1996, 5(4): 250–255.

[22] Sugiyama S, Khumpuang S, Kawaguchi G. Plain-pattern to cross-section transfer technique for deep X-ray lithography and applications. J Micromech Microeng, 2004, 14: 1399–1404.

[23] Ehrfeld W, Lehr H. Deep X-ray lithography for the production of three dimension microstructures from metals, polymers and ceramics. Radiation Physics & Chemistry, 1995, 45(3): 349–365.

[24] Cheng Y, Shew B Y, Chyu M K, et al. Ultra-deep LIGA process and its applications. Nucl Instrum Methods Phys Res, 2001, A:467-468.

[25] Heuberger A. X-ray lithography. J Vac Sci Technol, 1988, B6: 107–121.

[26] Atoda N, Kawakatsu H, Tanino H, et al. Diffraction effects on pattern replication with synchrotron radiation. J Vac Sci Technol, 1983, B1: 1267–1270.

[27] Guo J Z Y, Cerrina F. Modeling X-ray proximity lithography. IBM J Res Develop, 1993, 37: 331–349.

[28] Spiller E. Soft X-Ray Optics. Bellingham, WA: SPIE Optical Engineering Press, 1994.

[29] Watanabe H, Marumoto K, Sumitani H, et al. 50 nm pattern printing by narrowband proximity X-ray lithography, Jpn J Appl Phys, 2002, 41: 7550–7555.

[30] Yuli V, Antony B, Olga V, et al. Demagnification in proximity X-ray lithography and extensibility to 25 nm by optimizing fresnel diffraction. J Phys D Appl Phys, 1999, (32): L114–L118.

[31] Kong J R, Wilhelmi O, Moser H O. Gap optimisation for proximity X-ray lithography using the super-resolution process. Int J Comp Eng Sci, 2003, 4: 585–588.

[32] Bourdillon A J, Boothroyd C B, Williams G P, et al. Near field X-ray lithography simulations for printing fine bridges. J Phys D Appl Phys, 2003, 36: 2471–2482.

[33] Cerrina F. X-Ray Lithography. Handbook of Microlithography, Micromachining and Microfabrication. New York: SPIE Optical Engineering Press, 1997.

[34] Sunggook P, Helmut S, Harun H, et al. Stamps for nanoimprint lithography by extreme ultraviolet interference lithography. J Vac Sci Technol B, 2004, 22(6): 3246–3250.

[35] Solak H, David C, Gobrecht J, et al. Sub-50 nm period patterns with EUV interference lithography. Microelectronic Engineering, 2003, 67–68: 56–62.

[36] Solak H. Space-invariant multiple-beam achromatic EUV interference lithography. Microelectronic Engineering, 2005, 78–79: 410–416.

[37] Harun H, Christian D. Patterning of circular structure arrays with interference lithography. J Vac Sci Technol B, 2003, 21(6): 2883–2887.

[38] Barclay P, Srinivasan K, Borselli M, et al. Probing the dispersive and spatial properties of photonic crystal waveguides via highly efficient coupling from fiber tapers. Appl Phys Lett, 2004, 85: 4–6.

[39] Cheng Y, Wang Y H, Wang G, et al. Optimization and integration of trimethylsilane-based organosilicate glass and organofluorinated silicate glass dielectric thin films for Cu damascene process. J Vac Sci Technol B, 2007, 25(1): 96–101.

[40] Harun H, Yasin E. Achromatic spatial frequency multiplication: a method for production of nanometer-scale periodic structures. J Vac Sci Technol B, 2005, 23(6): 2705–2710.

[41] Kim S O, Solak H H, Stoykovich M P, et al. Epitaxial self-assembly of block copolymers on lithographically defined nanopatterned substrates. Nature, 2003, 424: 411–414.

[42] Guckle H. LIGA and LIGA like processing with high energy photons. Microsystem Technologies, 1996, 2: 153–156.

[43] Schombur W K, Baving H J, Bley P. Ti and Be X-ray masks with alignment windows for LIGA process. Microelectronic Engineering, 1991, 13: 322–326.

[44] Maldonado J. X-ray lithography system development at IBM: overview and status. SPIE, 1991, 1465: 6.

[45] Mohr J, Ehrfeld W, Munchmeyer D. Requirements on resist layers in deep-etch synchrotron radiation lithography. J Vac Sci Technol B, 1988, B(6): 2264–2267.

[46] Bogdanov A L, Peredkov S S. Use of SU8 photoresist for X-ray lithography. Microelectronic Engineering, 2000, 53: 493–496.

[47] Malek K, Chantal G. SU8 resist for low-cost X-ray patterning of high resolution, high-aspect-ratio MEMS. Microelectronics J, 2002, 33(1-2): 101–105.

[48] Feiertag G, Ehrfeld W, Lehr H. A schmidt and M schmidt. Calculation and experimental determination of the structure transfer accuracy in deep X-ray lithography. J Micromech Microeng, 1997, 7: 323–331.

[49] Murata K. Theoretical studies of the electron scattering effect on developed pattern profiles in X-ray lithography. J Appl Phys, 1985, 57(2): 575–580.

[50] Simon G, Chen Y, Haghiri-Gosnet A M, et al. Absorber edge effect in proximity X-ray lithography. Microelectronic Engineering, 1998, (3): 297–300.

[51] Pantenburg F J, Mohr J. Influence of secondary effects on the structure quality in deep X-ray lithography. Nucl Instrum Methods Phys Res B, 1995, 97: 551–556.

[52] Itoga K, Marumoto K, Kitayama T, et al. Effect of secondary electron from the substrate in X-ray lithography using harder radiation spectra. J Vac Sci Technol B, 2001, 19: 2439–2443.

[53] Nash S, Faure T B. X-ray mask process-induce distortion study. J Vac Sci Technol B, 1991, 9: 3324.

[54] Chen A, Liu G, Jian L K, et al. Synchrotron radiation supported high aspect ratio nanofabrication. Cosmos, 2007, 3(1): 79–88.

[55] Hector S D, Smith H I, Schattenburg M L. Simultaneous optimization of spectrum, spatial coherence, gap, feature bias and absorber thickness in synchrotron based X-ray lithography. J Vac Sci Technol B, 1993, 11(6), 2981.

[56] Khan M, Mohammad L, Xiao J, et al. Updated system model for X-ray lithography. J Vac Sci Technol B, 1994, 12: 3930–3935.

[57] Kitayama T, Itoga K, Watanabe Y, et al. Proposal for a 50 nm proximity X-ray lithography system and extension to 35 nm by resist material selection, J Vac Sci Technol B, 18: 2000, 2950–2954

[58] Deguchi K, Nakamura J, Kawai Y, et al. Lithographic performance of a chemically amplified resist developed for synchrotron radiation lithography in the sub-100-nm region. Jpn J Appl Phys, 1999, 38: 7090–7093.

[59] Yanof A W, Resnick D J, Jankoski C A, et al. X-ray mask distortion: process and pattern dependence. SPIE, 1986, 632: 118–132.

[60] Li D C, Sun C Y. Integration of a synchrotron based X-ray lithography system. J Sci & Ind Res, 1994, 53: 745.

[61] Utsumi Y, Kishimoto T, Hattori T, et al. Large-area X-ray lithography system for LIGA process operating in wide energy range of synchrotron radiation. Jpn J Appl Phys, 2005, 44(7B): 5500–5504.

[62] http://sls.web.psi.ch/view.php/beamlines/xil/layout/index.html

[63] http://sls.web.psi.ch/view.php/beamlines/xil/endstations/index.html

[64] Ehrfelda W, Schmidt A. Recent developments in deep X-ray lithography. J Vac Sci Technol, 1998, B16(6): 3526–3534.

[65] Chou M C, Pan C T, Wu T T, et al. Study of deep X-ray lithography behaviour for microstructures. Sensors and Actuators, 2008, (A141): 703–711.

[66] Yi F, Zhang J, Xie C, et al. Activities of LIGA and Nano LIGA Technologies at BSRF. Journal of Physics: Conference Series, 2006, (34): 865–869.

[67] Guo Y, Liu G, Kan Y, et al. The study of deep lithography and moulding process of LIGA technique. AIP Conference Proceedings, 2007, (879): 1494–1498.

[68] Kupk R K, Bouamrane F, Cremers C, et al. Microfabrication: LIGA-X and applications. Applied Surface Science, 2000, (164): 97–110.

[69] Huang X L, Liu G, Ying X. Applications of thick sacrificial-layer of zinc in LIGA process. Microsystem Technologies, 2008, 14(9-11): 1257–1261.

[70] Mohr J, Anderer B, Ehrfeld W. Development of micromachined devices using polyimide-based processes. Sensor & Actuators, 1991, (A27): 571–575.

[71] Liu G, Tian Y, Xiong Y, et al. Fabrication of 3D Photonicx Crystal by deep X-ray lithography. SPIE, 2006, (6110): 61100R1–R4.

[72] Guo Y, Liu G, Xiong Y, et al. Study of the demolding process-implications for thermal stress,adhesion and friction control. J Micromech Microeng., 2007, (17): 9–19.

[73] Guo Y, Liu G, Xiong Y, et al. Study of hot embossing using nickel and Ni-PTFE LIGA mold inserts. J MEMS, 2007, 16(3): 589–597.

[74] Scott H. Status and future of X-ray lithography. Microelectronic Engineering, 1998, (41/42): 25–30.

[75] Mappes T, Achenbach S, Mohr J. X-ray lithography for devices with high aspect ratio polymer submicron structures. Microelectronic Engineering, 2007, (84): 1235–1239.

[76] Liu L H, Liu G, Xiong Y. Fabrication of Fresnel zone plates with high aspect ratio by soft X-ray lithography. Microsystem Technologies, 2008, 14(9–11): 1251–1255.

[77] Matsumoto M, Takiguchi K, Tanaka M, et al. Fabrication of diffraction grating for X-ray Talbot interferometer. Microsystem Technologies, 2007, (13): 543–546.

[78] Heyderman L, Solak H, David C, et al. Arrays of nanoscale magnetic dots: Fabrication by X-ray interference lithography and characterization. Appl Phys Lett, 2004, (85): 4989–4991.

[79] Ekinci Y, Solak H H, David C, et al. Bilayer Al wire-grids as broadband and high-performance polarizers. Optics Express, 2006, 14(6): 2323–2334.

索　引

《现代物理基础丛书·典藏版》书目